“十二五”普通高等教育本科国家级规划教材
普通高等教育“十一五”国家级规划教材

机械原理与机械设计

（上册）

第3版

主　编　张　策
副主编　王　喆　　项忠霞　　林　松
参　编　陈树昌　　孟彩芳　　卜　炎　　程福安　　王　多
　　　　杨玉虎　　车建明　　宋轶民　　孙月海　　王国锋
　　　　葛　楠　　刘建琴　　王世宇　　朱殿华
主　审　吴宗泽　　张春林

机械工业出版社

本套书按照教育部颁发的相关课程的教学基本要求编写，并适当地扩充了内容，适用于高等学校机械类专业本科的机械原理和机械设计两门课程的教学。

本套书分上、下两册，包含八篇。

本书为上册，共四篇。第一篇紧密结合几种典型的实例，引出一些基本概念，并介绍机械设计的一般过程和本课程在产品全生命周期中的地位和作用；第二、三、四篇分别介绍机构的组成和分析、常用机构及其设计和机器动力学基础知识，为机械原理课程的主要内容。下册（另成一册），也有四篇。其中第五、六篇分别介绍机械零部件的工作能力设计和结构设计，为机械设计课程的主要内容；"机械的方案设计"作为第七篇，放在两门课程的最后，可结合课程设计来讲授，以适应课程设计方面的教学改革；第八篇"机械创新设计"既可作为选修课的内容，也可作为学生的课外阅读资料，以适应当前课外科技活动的新形势。

本书也可供机械工程领域的研究生和科研、设计人员参考。

图书在版编目（CIP）数据

机械原理与机械设计. 上册/张策主编. —3 版. —北京：机械工业出版社，2018.6（2023.12 重印）

普通高等教育"十一五"国家级规划教材 "十二五"普通高等教育本科国家级规划教材

ISBN 978-7-111-59506-9

Ⅰ.①机… Ⅱ.①张… Ⅲ.①机构学–高等学校–教材②机械设计–高等学校–教材 Ⅳ.①TH111②TH122

中国版本图书馆 CIP 数据核字（2018）第 059282 号

机械工业出版社（北京市百万庄大街 22 号 邮政编码 100037）
策划编辑：刘小慧 责任编辑：刘小慧 安桂芳 刘丽敏 赵亚敏
责任校对：刘 岚 封面设计：张 静
责任印制：单爱军
北京虎彩文化传播有限公司印刷
2023 年 12 月第 3 版第 6 次印刷
184mm×260mm · 22.75 印张 · 555 千字
标准书号：ISBN 978-7-111-59506-9
定价：59.00 元

电话服务

客服电话：010-88361066
             010-88379833
             010-68326294

封底无防伪标均为盗版

网络服务

机 工 官 网：www.cmpbook.com
机 工 官 博：weibo.com/cmp1952
金 书 网：www.golden-book.com
机工教育服务网：www.cmpedu.com

第 3 版前言

本套书参考了教育部高等学校机械基础课程教学指导委员会修订的最新版"机械原理课程教学基本要求"和"机械设计课程教学基本要求",在保持第 2 版基本框架不变的前提下,主要做了如下修改:

1）突出重点,适当压缩篇幅,适当引入德国教材的一些好的思想和设计方法,增加相关知识的拓展,对原有的部分内容做了调整。例如,在第十七章中引入了德国教材的设计方法,增加了"各种带和链传动的速度"应用范围的选择方法,进一步明确了链速不均匀性与链轮齿数的相互关系;又如,在连杆机构部分对解析法的教学内容进行了适当删减,增加了空间连杆机构的应用实例;对第二章的内容进行了调整,从产品全生命周期的视角出发,讨论产品在研发过程中的系统模式、设计类型及其基本方法;并对弹簧的内容进行了调整。

2）更新了某些国家标准。例如,渐开线圆柱齿轮承载能力计算方法、弹簧标准等。

3）在每一章的开始,增加了少量描述该种机构或零件历史发展的文字。

与国内同类教材相比,本套书属于篇幅稍大的一种。编者认为,教材内容应多于讲课内容,以便给学有余力的学生、工程技术人员提供更多的阅读资料。

参加本套书修订工作的有:张策（第一章）,林松（第二章）,王多（第三、五章）,孟彩芳（第四章）,刘建琴（第六、九章）,杨玉虎（第七、八章）,王世宇（第十、二十八章）,宋轶民（第十一、十二章）,卜炎（第十三、二十二章）,项忠霞（第十四章）,王国锋（第十五、十九章）,朱殿华（第十六、二十三章）,程福安（第十七章）,王喆（第十八、二十四、二十五、二十七章）,孙月海（第二十章）,陈树昌（第二十一章）,葛楠（第二十六、二十九章）,车建明（第三十、三十一章）。本书由张策任主编,王喆、项忠霞、林松任副主编;张策、卜炎参加了本套书编写组的内部审稿工作。

本套书仍由清华大学吴宗泽教授和北京理工大学张春林教授担任主审,他们提出了许多宝贵意见,在此向他们表示衷心感谢!

我们对教材进行了认真修订,但难免仍有错误和欠妥之处,敬请学界同仁和广大读者批评指正。

编　者

第2版前言

本套书参考了教育部高等学校机械基础课程教学指导分委员会修订的最新版"机械原理课程教学基本要求"和"机械设计课程教学基本要求",在保持第1版基本框架不变的前提下,主要做了如下修改:

1) 突出重点、加以精简,适当压缩篇幅,对原有的部分内容做了调整。例如:连杆机构一章删除了空间连杆机构的运动分析,增加了空间连杆机构的应用实例;运动分析一章增加了速度、加速度影像法;滑动轴承内容做了调整;螺纹连接改为螺纹紧固件连接,适当增加了连接的防松措施;带传动的力分析内容有所调整。

2) 更新了某些国家标准。例如,链传动的功率图、链轮标准等。

3) 在每一章的开始,增加了少量描述该种机构或零件历史发展的文字。

与国内同类教材相比,本套书属于篇幅稍大的一种。编者认为,教材内容应多于讲课内容,以便给学有余力的学生、工程技术人员提供更多的阅读资料。

参加本版编写工作的有:

张策(第一章、第二章、第八章),陈树昌(第二十一章、第二十九章大部分内容),孟彩芳(第四章、第六章、第二十八章、第十章第二节和第四节),卜炎(第十三章、第二十二章、第二十七章),王多(第三章、第五章),程福安(第十七章、第十九章、第二十三章),潘凤章(第十八章、第二十五章),项忠霞(第十四章、第十五章),杨玉虎(第七章、第十章第一节和第三节),宋轶民(第十一章、第十二章),车建明(第三十章、第三十一章),郭玉申(第十六章、第二十九章部分内容),孙月海(第二十章),刘建琴(第九章),葛楠(第二十六章),王喆(第二十四章)。

本套书仍由清华大学吴宗泽教授和北京理工大学张春林教授担任主审,他们提出了许多宝贵意见,在此向他们表示衷心感谢!

本套书虽在教学内容改革方面做了一些工作,但限于编者水平,肯定仍存在不少可改进之处,衷心希望国内广大同仁提出宝贵意见。

编 者

第1版前言

本套书是普通高等教育"十五"国家级规划教材，适用于高等学校机械类专业本科的"机械原理"和"机械设计"两门必修课以及"机械创新设计"选修课的教学。本套书按照教育部颁发的机械原理和机械设计两门课程的教学基本要求编写，并在其基础上适当地扩充了内容。在本套书编写过程中吸收了近年来在教学改革中形成的正确的教学思想和一些改革成果。

目前，国内各高校机械类专业的"机械原理"和"机械设计"两门课程的设置有三种情况：①大多数学校的这两门课程分别设课，课程设计也独立进行；②少数学校将两门课程完全合并；③不少院校在将两门课程的课程设计合二为一方面进行着探讨和实践，但两门课程的课堂教学仍基本上单独进行。例如天津大学，两门课"独立设课、密切配合"，大体上属于第三种模式。

本套书分上、下两册，包含如下八篇。

上册有：

第一篇　导论

第二篇　机构的组成和分析

第三篇　常用机构及其设计

第四篇　机器动力学基础

下册有：

第五篇　机械零部件的工作能力设计

第六篇　机械零部件的结构设计

第七篇　机械的方案设计

第八篇　机械创新设计

第二、三、四篇为机械原理课程的主要内容；第五、六篇为机械设计课程的主要内容。"机械的方案设计"内容一般放在机械原理教材中。但是，方案设计中包含着原动机的选择和传动系统的设计，这些内容都离不开机械设计课程的知识。因此，我们将它作为第七篇，放在了两门课程的最后，可以结合课程设计来讲授。这样的编写安排适应了当前不少学校将机械原理课程设计和机械设计课程设计合二为一的改革。

第一篇相当于机械原理和机械设计两门课程的总绪论。在这一篇介绍了几种有代表性的机器，既有传统机器，也有现代机器。设置本篇的目的是：①使学生在学习系列课程的一开始就认识到进行机械设计所需要的知识结构，并对将要学习的数门课程有一定的概括了解，以增强学习的目的性；②作为学习两门课程的从感性认识导入的环节；③激发学生的学习兴趣。该篇可以结合参观典型机器、参观机构与零件的模型和进行机器的拆装这样一些实践教学环节来组织教学。

近年来，课外科技活动在不少高校都有了相当规模的开展，一些学校已举办过多轮机械创新设计竞赛。2004年我国举办了"首届全国大学生机械创新设计大赛"。这种趋向符合教育部在建设理工科基础课程教学基地的要求中所提出的"建立课内课外为一体的教学体系"

的方针。为此，我们编写了第八篇"机械创新设计"。它既可以作为选修课的内容，也可以作为学生的课外阅读资料。

本套书的编写虽有如上考虑，但它当然也可以用于两门课程完全分离和完全合并的情况。

在教学内容方面应注意如下几个问题：

1）在机械原理的运动分析与设计方法中，既有解析法，又有图解法，但以解析法为主。不仅介绍了解析法的数学模型，而且介绍了框图设计和编程的注意事项，这有利于学生掌握计算机分析的全过程，也便于自学。用位移矩阵将连杆机构的综合理论统一起来，既将该方法用于刚体导引机构的综合，也将它用于函数生成机构与轨迹生成机构的综合；既可用于平面机构的综合，也可用于空间机构的综合。在运动分析的部分内容中，将图解法和解析法结合起来，发挥图解法直观、容易建立清晰的概念的优点。

2）在"第十一章 机械系统动力学"中，提高了论述问题的起点。拉格朗日方程是广泛用于动力学分析的基本方程，在理论力学中也学习过。我们用拉格朗日方程先推导出多自由度机械系统的动力学模型，然后用它分析单自由度机械系统这一特例，印证并解释了等效动力学模型。

3）将原机械设计课程的内容归纳为工作能力设计和结构设计两大部分，分为两篇讲述。传统教材中各种零件的结构设计一般分散在各章中，使这部分的内容偏软、偏弱。加强结构设计的内容，是强化工程意识、提高设计能力的重要措施。本教材将结构设计单独成篇，总结了结构设计的一般规律和方法，并对轮类零件结构、轴系结构、箱体和导轨结构分别进行分析，力求使结构设计的内容既有实际，又有理论。

4）注意引入科技发展的新成果，如机器人机构、三环减速器、陶瓷轴承等。引入现代科技新成果已是近年来新教材的共同趋势，但重要的是如何做到适度而不过分。我们采用三种方法：稍加提及、简单叙述、适度展开。在每章之后编写"文献阅读指南"，在极其有限的篇幅内对一些有重要价值、但又不宜展开的内容稍加提及，并介绍有关参考文献，这样可以使读者开阔眼界、了解发展趋势，使教材具有开放性。

参加本套书编写的人员为：张策（第一、二、八章和第十章第一、三节），陈树昌（第二十一、二十六章，第二十九章的一部分），孟彩芳（第四、五、六、二十八章），卜炎（第十三、二十二、二十七章），陆锡年（第三章、第十章第二节），潘凤章（第十八、二十五章），程福安（第十七、十九、二十三章），唐蓉城（第十四、十五、二十四章），车建明（第三十、三十一章），宋轶民（第十一、十二章），郭玉申（第十六章，第二十九章的一部分），杨玉虎（第七章），孙月海（第二十章），刘建琴（第九章）。本书由张策任主编，陈树昌、孟彩芳任副主编；卜炎、陆锡年、潘凤章参加了审稿工作。

本套书由清华大学吴宗泽教授和北京理工大学张春林教授担任主审，他们认真地审阅了全书，并提出了许多宝贵的修改意见。对此，向他们表示衷心的感谢！

我们是第一次按这样的体系编写教材，限于水平，错误和欠妥之处在所难免，敬请学界同仁和广大读者批评指正。

主 编 张 策

副主编 陈树昌、孟彩芳

目 录

第三篇　常用机构及其设计

第四篇　机器动力学基础

第一篇

导 论

本书研究机械的理论与设计。

本篇是机械原理和机械设计两门课程的总绪论，包括两章。

在第一章"机械的组成、分类与发展"中，介绍了几种具有一定典型性的机器。其中既有传统机器，也有现代机器——机器人；既有做功的机器，也有转换能量的机器。在这些机器中，包含了一些常用机构和通用零件。通过这些介绍，首先使学生对机器、机构、构件和零件有一个感性认识，进而再给出它们的定义。本章还介绍了机器的分类和组成，并对机械的历史发展过程做了扼要的描述。

在第二章"本课程在产品全生命周期中的地位和作用"中，介绍了从产品全生命周期的视角出发，讨论产品在研发过程中的系统模式、设计类型及其基本方法。在此基础上给出了机械原理和机械设计在产品研发中的作用和相互关系，重点介绍了机械原理和机械设计两门课程的内容和学习方法。

第一章 机械的组成、分类与发展

内容提要 V

　　本章首先结合认知实践这一教学环节，介绍几种有一定典型性的机器，进而介绍机器、机构、构件和零件等的基本概念，介绍机器的分类和组成，并对机械的历史发展过程做扼要的描述。

第一节　认识机器

　　人们对机器并不陌生，从家用洗衣机、缝纫机，到汽车、推土机和车床，大家对这些机器都有一些感性认识。在此，首先认识几种有一定典型性的机器。

一、内燃机

　　图 1-1 所示为单缸四冲程内燃机，它的功能是将燃气的热能转换为机械能。其主系统由气缸 1、活塞 2、连杆 3 和曲轴 4 组成。活塞 2 可在气缸 1 中做往复直线运动，活塞 2 与连杆 3、连杆 3 与曲轴 4、曲轴 4 与机座之间均为可相对转动的活动连接。在这里，我们暂将活塞、连杆、曲轴和气缸这些能做相对运动的部分称为构件或杆件。这四个构件组成了一个连杆机构。为了能抓住事物的本质，我们绘制了内燃机主传动系统的简图，如图 1-2a 所示。在这个简图中，用小圆圈表示可做相对转动的铰链，用连接圆圈间的直线表示构件。

　　内燃机的工作循环如图 1-3 所示。在图 1-3a 中，活塞处于上止点，随后向下运动；进气阀处于打开状态，吸进可燃混合气体。图 1-3b 中，活塞从下止点向上运动，进气阀关闭，可燃气体被压缩。图 1-3c 中，活塞运动到了上止点；火花塞点火，使混合可燃气体迅速燃烧，燃烧产生的高压推动活塞向下运动；活塞又通过连杆带动曲轴转动，

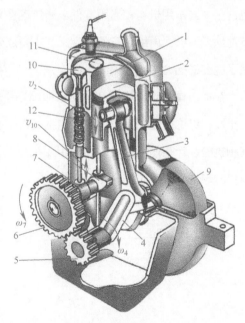

图 1-1　单缸四冲程内燃机构造示意图

1—气缸　2—活塞　3—连杆　4—曲轴　5—小齿轮
6—大齿轮　7、8—凸轮　9—圆盘（飞轮）
10—进气阀　11—排气阀　12—弹簧

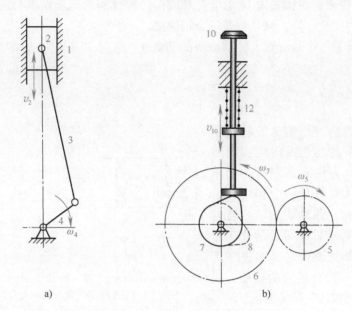

图 1-2 单缸四冲程内燃机简图
a）主传动系统简图 b）进气阀系统简图

从而将热能转变为机械能。图 1-3d 中，活塞再向上运动时，排气阀打开，废气得以排出。

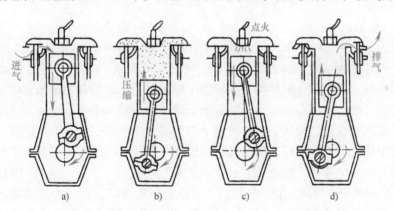

图 1-3 单缸四冲程内燃机工作循环图
a）进气 b）压缩 c）燃烧-膨胀 d）排气

　　气缸上部有一个进气阀和一个排气阀。从内燃机的上述工作过程可知，在一个工作循环中，这两个阀门应各开启、闭合一次；而且其开启、闭合均应发生在工作循环中的特定瞬间。这个动作是由图 1-2b 所示的系统完成的，这个系统包括一个齿轮机构和两个凸轮机构。安装在曲轴 4 上的小齿轮 5 带动大齿轮 6 旋转。在大齿轮的轴上安装着两个凸轮 7 和 8。凸轮 7 的轮廓与气门挺杆底端接触处的半径逐渐增大时，便推动气门挺杆向上运动，使进气阀 10 开启，同时复位弹簧 12 被压缩。当这个半径逐渐减小时，挺杆向下运动，进气阀闭合。弹簧的作用是使挺杆底端和凸轮永远保持接触而不分离。齿轮机构的传动比为 2。在一个工作循环中，活塞往返两次，曲轴转动两周，凸轮转动一周，进气阀开启、闭合一次。为了清楚起见，图 1-2b 中未绘出排气阀 11 的挺杆和阀门。排气阀的运动操纵与进气阀完全一样，两个凸轮的轮廓也完全一样，只是相差一个相位角。

在曲轴上安装着一个具有很大转动惯量的圆盘 9，称为"飞轮"，它的功能是保持曲轴转速的均匀。

二、空气压缩机

图 1-4 所示为空气压缩机的功能原理图。空气压缩机的功能是将机械能转变为气体的势能，提供有一定压力的压缩空气。它的主体部分是一个和内燃机中相同的连杆机构。曲轴 8 旋转，通过连杆 7、滑块 5、连接杆 4 带动活塞 3 做往复运动，将气体压缩。它也有进气阀门 9 和排气阀门 1 配合活塞的运动，以控制气体的进入和高压气体的排出。

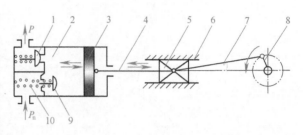

图 1-4　空气压缩机的功能原理图

1—排气阀门　2—气缸　3—活塞　4—连接杆　5—滑块
6—机架　7—连杆　8—曲轴　9—进气阀门　10—弹簧

三、牛头刨床

牛头刨床用来切削加工小型零件上的平面。它的机械部分主要包括两个系统：主传动系统和进给传动系统。

（一）主传动系统

图 1-5 所示为将床身部分剖开后看到的牛头刨床的主传动系统。在滑枕 5 的前端安装有刨刀 7。当滑枕向前运动时，刨刀切削工件，称为工作行程；当滑枕向后运动时，刨刀返回，称为空回行程。滑枕的往复移动完成切削工作，这是机床消耗功率最大的运动，称为牛头刨床的主运动。使滑枕实现往复运动的机械系统称为主传动系统。

主传动系统的组成是：滑块 2 通过铰链 A 与圆盘 1（也即一大齿轮）连接，滑块 2 可在导杆 3 的导轨中往复移动。导杆 3 的上端通过铰链 C 与滑枕 5 相连，导杆 3 下端的导轨和摇块 4 形成能相对滑动的连接。摇块 4 通过铰链 B 连接在机架 6 上。圆盘 1、滑块 2、导杆 3、摇块 4、滑枕 5 和机架 6 组成一套六杆机构，它也是一种连杆机构。为了清楚地表达主传动系统的动作原理，这里给出图 1-6a 所示的简图。当圆盘 1 绕其支承轴线 O 等速旋转时，通过这一套六杆机构带动滑枕 5 往复移动。

圆盘 1 的运动是由一个转速为 1450r/min 的交流电动机通过带传动和一系列齿轮传动（图中未绘出）减速后得到的。

图 1-6b 所示为滑枕的速度变化情况，横坐标为滑枕的位置，纵坐标为滑枕的速度。横坐标轴上面和下面的两条曲线分别表示工作行程和空回行程的速度。由此可看出，滑枕的往复运动有两个特点：①空回行程中滑枕的平均速度较大，以缩短空回的时间，提高生产率；②在大部分工作行程中，滑枕的运动速度变化不大，这是切削加工所要求的。这两点是对牛头刨床主运动的基本要求，这一套连杆机构的设计首先要满足这些要求。

（二）进给传动系统

图 1-7 所示为牛头刨床进给传动系统。杆件 1（OA）、2（AB）、3（BC）和机架 8 构成一

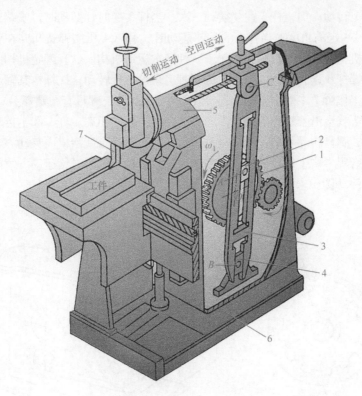

图 1-5　牛头刨床主传动系统

1—圆盘　2—滑块　3—导杆　4—摇块　5—滑枕　6—机架　7—刨刀

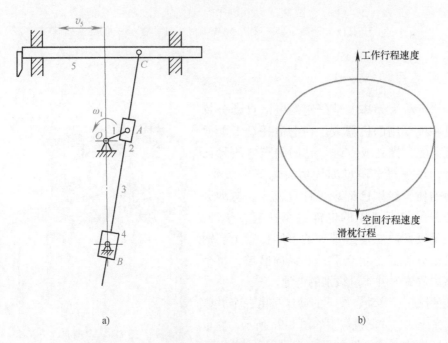

a)   b)

图 1-6　牛头刨床主传动系统简图及滑枕的速度曲线

a) 主传动系统简图　b) 滑枕的速度曲线

套四杆机构。杆 1 转动一周，杆 3 往复摆动一次。当杆 3 逆时针摆动时，安装在杆 3 上的棘爪 4 推动棘轮 5 转过一定的角度；当杆 3 顺时针摆动时，棘爪 4 压缩弹簧 9 并在棘轮上滑回，棘轮不转动。这个机构称为棘轮机构，它属于一种间歇运动机构。这套棘轮机构又带动一套螺旋机构。棘轮 5 与螺杆 6 连为一体，当棘轮转动时，带动螺杆转动，螺杆在其轴线方向上被限制而不能移动。在工作台 7 中固定着一个螺母（图中未画出），螺母套在螺杆上。当螺杆转动时，螺母连同工作台 7 就会沿着螺杆的轴线方向移动一个很小的距离。杆 1 和主传动系统中的圆盘是一体的。所以，圆盘转动一周，滑枕往复运动一次，工作台就沿横向移动一步。这个移动发生在滑枕的空回行程中。工作台的这个运动称为进给运动。有了进给运动，才能刨削出安装于工作台 7 上的工件（图中未表示出）的整个被加工平面。

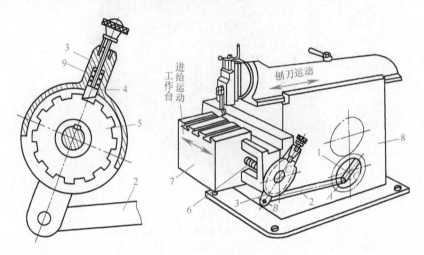

图 1-7　牛头刨床进给传动系统

1、2、3—杆件　4—棘爪　5—棘轮　6—螺杆　7—工作台　8—机架　9—弹簧

四、电池自动分拣机

图 1-8 所示为天津大学研制的电池自动分拣机，它是一种专用的机器人。在电池托盘 1 上放置着一批电池，排列成方阵。它们的充电质量已经过测量，并按充电质量的优劣分为五个级别。每个电池的质量级别已记录于计算机中。自动分拣机的任务是将托盘中的电池逐个抓起、移动，并按其质量级别放在输送带 3 的不同位置上。输送带 3 被划分为五个相互平行的纵向区域，每个纵向区域内放置一种质量级别的电池。

电池的抓起、移动、放下的动作是由一个并联机械手 2 完成的。并联机械手如图 1-9a 所示，它也是一种连杆机构，其简图如图 1-9b 所示。它由两个支链组成。杆件 1、2、3、4、5 与动平台 6 和机

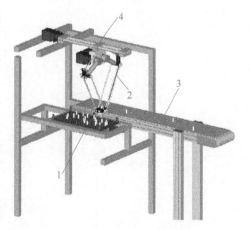

图 1-8　电池自动分拣机

1—电池托盘　2—并联机械手
3—输送带　4—纵向进给机构

架 9 组成一个支链。各个杆件间均用铰链形成可相对转动的连接。杆件 1、杆件 2、机架 9 和角形杆 3 形成一个平行四边形，杆件 4、杆件 5、角形杆 3 和动平台 6 又形成一个平行四边形。杆件 1′、2′、3′、4′、5′与动平台 6 和机架 9 组成另一个完全相同的支链。杆件 1 和 1′分别由两个电动机 7 经齿轮减速器驱动。两个平行四边形的这种几何关系保证了动平台 6 做平面平行运动，动平台在运动过程中永远保持水平。动平台上有一个垂直放置的夹头 10，夹头由压缩空气操纵，可以张开、并拢。由图 1-9a 可看出，杆件 4 和 4′各有两个，相互平行，这是为了加强系统的刚度。

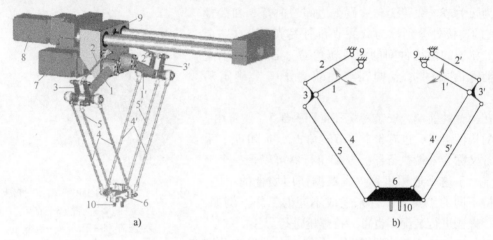

图 1-9 并联机械手及其简图

a）并联机械手 b）机构简图

1（1′）、2（2′）、3（3′）、4（4′）、5（5′）—杆件

6—动平台 7、8—电动机 9—机架 10—夹头

驱动杆件 1 和 1′的两个电动机 7 均为伺服电动机，它们转过的角位移和转动的角速度都是可以控制的。机械手逐个地抓取托盘一行中的电池。计算机按照程序"指挥"两台电动机驱动机械手的动平台移动到要抓取的电池处；利用压缩空气驱动夹头张开，抓取电池，再并拢。然后机械手移动电池，并根据它的质量级别将它移动到输送带的适当位置；夹头张开，将电池放下。输送带用磁力吸住垂直放置的电池。

动平台和夹头抓取电池后，应按图 1-10 所示的轨迹运动，这样可以避

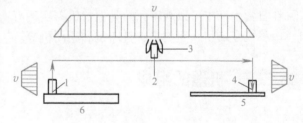

图 1-10 夹头和电池的运动轨迹

1、2、4—电池 3—夹头 5—输送带 6—电池托盘

免水平移动电池时碰倒其他的电池。图中还示意性地表示出速度 v 沿行程的变化：在三段直线中的每一段，都是零速起动，然后做加速运动、等速运动，再做减速运动，以保证平稳，减小冲击。

在逐个抓取完方阵一行中的全部电池后，伺服电动机 8、驱动机架 9 移动一段距离，机械手再逐个抓取和分拣下一行中的电池。

五、工业机器人

图 1-11 所示为空间六自由度通用工业机器人。图中只绘出了它的机械部分——操作机。

该机器人操作机由多个构件组成，各构件间均为可相对转动的活动连接，这些活动连接在机器人中通常称为"关节"。这个操作机模拟人的上肢运动。立柱 1 可在机座 6 中绕垂直轴线转动，它们之间的连接处称为腰关节。大臂 2 和立柱 1 之间、前臂 3 和大臂 2 之间的连接处分别称为肩关节和肘关节。当这三个关节处相连的两构件间的相对转角 ϕ_1、ϕ_2 和 ϕ_3 确定时，前臂前端的 B 点便在空间获得了一个确定的位置。

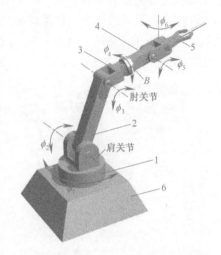

在前臂的前端，安装着腕部 4 和手部 5。腕部由 3 个小的构件组成，也有 3 个关节转角 ϕ_4、ϕ_5 和 ϕ_6。手部通常又称为末端执行器。末端执行器可以是一个夹持器。对于这个通用机器人，根据使用场合的不同，可夹持不同的工具或工件来完成不同的工作。例如，可夹持螺栓进行装配，也可夹持焊枪进行焊接。

图 1-11 空间六自由度通用工业机器人
1—立柱 2—大臂 3—前臂
4—腕部 5—手部 6—机座

操作机的这 6 个关节需要 6 个伺服电动机来分别驱动。电动机在计算机的控制下按设计好的运动规律转动，这 6 个关节的转角变量连续变化，末端执行器就按一定的运动规律运动。因此，除了这个机械部分，在机器人中还有计算机控制系统和传感装置。传感装置的作用是测量各关节的真实转角，并将测量结果随时反馈给控制系统，然后控制系统发出指令对伺服电动机的运动加以调节。

六、其他的机器实例

在日常生活中可以观察到的其他的机器实例有：汽车、缝纫机、洗衣机、挖掘机、起重机、电梯、复印机、照相机、打印机和绘图机等。

第二节　机器的组成

一、机器与机构

上一节介绍的几种机器的构造和用途各不相同，但都具有一些共同的特征。可对机器给出如下定义：

机器是人为实物的组合体，具有确定的机械运动，它可以用来转换能量、完成有用功或处理信息，以代替或减轻人的劳动。

根据用途的不同，机器可分为动力机器、加工机器、运输机器和信息机器。

动力机器的用途是转换机械能。将其他形式的能量转换为机械能的机器称为原动机，如蒸汽机、内燃机和电动机等；将机械能转换为其他形式能量的机器称为换能机，如空气压缩机。

加工机器用来改变被加工对象的尺寸、形状、性质或状态，如金属切削机床、纺织机、轧钢机和包装机等。

运输机器用来搬运物品和人，如各种汽车、飞机、起重机和运输机。

加工机器和运输机器都要完成有用功。

信息机器的功能是处理信息，如复印机、打印机和绘图机等。信息机器虽然也做机械运动，但其目的是处理信息，而不是完成有用的机械功，因而其所需的功率甚小。

现代机器的出现使上述机器功能的划分变得模糊起来，如机器人可以作为一种加工机器，进行焊接和装配，也可以用来搬运物品，而且是按照一定的信息来搬运。电池分拣机实现了电池的搬运，但它是根据电池的质量信息来进行分拣后的搬运。

在上一节讲述这几种机器时，我们提到了它们的组成中包含有连杆机构、凸轮机构、齿轮机构和棘轮机构等。那么什么是机构呢？

在内燃机中，通过连杆机构，活塞的往复移动被转换为曲轴的转动。在牛头刨床和空气压缩机中，通过连杆机构，圆盘和曲轴的转动被转换为滑枕和活塞的往复移动。这些构件间都形成可相对转动或相对移动的活动连接，这些装置的目的也类似：都是实现往复移动和转动之间的运动变换，我们便将其统称为连杆机构。凸轮机构、齿轮机构和棘轮机构实现的运动转换则与连杆机构不同，构件之间的连接形式也不同，构件的形状也不同。

因此，可对机构给出如下的定义：

机构是人为实物的组合体，具有确定的机械运动，它可以用来传递和转换运动。

机器是由机构组成的。简单的机器，可能只含有一个机构，如空气压缩机只含有一个连杆机构。但大部分机器一般都含有多个机构。机器中的单个机构不具有转换能量或完成有用功的功能。连杆机构、凸轮机构和齿轮机构再加上火花塞和燃气系统，才形成了内燃机。内燃机具有转换机械能的功能，而其中的各个机构只起到转换运动的作用。

机械是机器和机构的总称。

在各种机械中广泛使用的一些机构称为常用机构，如连杆机构、凸轮机构、齿轮机构和间歇运动机构等。

我们已经多次使用了"构件"这个术语。活塞、连杆、曲轴和滑枕等都是构件。构件是组成机构的有确定运动的单元。它和我们常用的另一个术语——"零件"有所区别。例如，图 1-12 是内燃机中的连杆，它是由连杆体 1、连杆头 2、轴套 3、轴瓦 4 和 5、螺杆 6、螺母 7 及开口销 8 等零件装配而成的。这些零件间没有相对运动，它们作为一个整体来运动。因此，构件是运动的单元，而零件是制造的单元。

各种机械中广泛使用的零件称为通用零件，如螺栓、轴、齿轮和弹簧等。只在某一类机械中使用的零件称为专用零件，如内燃机中的活塞、曲轴等。通用零件中主要包括三大类零件：传动零件（齿轮、带、链等）、连接零

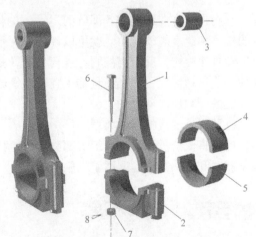

图 1-12 组成连杆的各零件
1—连杆体 2—连杆头 3—轴套 4、5—轴瓦
6—螺杆 7—螺母 8—开口销

件（螺栓、键等）和轴系零件（轴、轴承等），此外还包括应用很广的弹簧等零件。

■■ 二、机器的组成

所有机器都包含如下三个部分：

1. 驱动装置

驱动装置常称为原动机，它是机器的动力来源。常用的有电动机、内燃机、液压缸和气动缸等，其中以各种电动机的应用最为普遍。

2. 执行装置

执行装置处于整个传动路线的终端，按照工艺要求完成确定的运动，是直接完成机器功能的部分。对牛头刨床而言，执行装置就是前端夹持着刨刀的滑枕和夹持工件的工作台。执行装置随机器的用途不同而不同，它属于各种专业机械课程研究的内容。

3. 传动装置

传动装置介于驱动装置和执行装置之间。将原动机的运动和动力传递给执行装置，并实现运动速度和运动形式的转换。例如，电动机都是做回转运动，而机器的执行部分则可能有各种运动形式：回转运动、往复摆动、往复移动、间歇运动。还有的执行部分要走出一定的轨迹，这就需要实现运动形式转换的各种机构。一般原动机的转速都比较高，而机器的执行部分的速度则各不相同，而且许多机器还需要执行装置有多种不同的速度，这就需要实现速度变换机构。从上一节实例中可以清楚地看出，连杆机构、凸轮机构和棘轮机构用来实现运动形式的转换，而齿轮机构和带传动则用来实现速度变换。

极少数机器直接由原动机带动执行装置，中间没有传动装置，如鼓风机。

近二三百年来工业发展中出现的很多机器都只包含上述三个部分。牛头刨床就是其中的一个典型。但是，随着20世纪后半叶以来现代科学技术的发展，特别是控制理论的发展和计算机在工业中的应用，使得机器的组成更加复杂了。许多现代机器除了上述三个部分之外，又包含了控制装置。

4. 控制装置

它的作用是控制机器各部分的运动。例如，电池分拣机中，若使动平台沿着图1-10所示的轨迹和速度规律运动，就可以计算出两个伺服电动机的运动规律。要让伺服电动机按这个运动规律旋转，就需要控制。既要控制，就需要有传感器，它的作用是测量机器中运动构件的真实运动情况，并将测量结果随时反馈给控制系统，然后由控制系统发出指令，对伺服电动机的运动加以调节。

机器人是现代机器的典型。

如果将传统机器的三个组成部分形象地比喻为人的心脏、躯干和手，那么现代机器有了控制装置和传感器就是增添了大脑和眼睛。

■ 第三节　机械的发展

■■ 一、机械发展历程简介

在远古时代，人类就使用了杠杆、轮轴、滑轮、斜面、螺旋和劈等简单机械。

在数千年中，人类发明了许多工具和机械，如犁铧、播种器、扬谷器、磨和水车，纺车和织布机，舟船和车辆，起重工具，鼓风机，天文观测仪器以及武器等。中华民族曾有很多机械方面的巧妙发明，占据世界领先地位达千年之久。图1-13a所示为公元1世纪（东汉）发明的用水力鼓风炼铁的"水排"，其中就应用了绳轮机构和两种连杆机构。图1-13b所示的指南车是中国古代的一项卓越发明。它无论向何方行进，其上之木人永远手指南方。据考证，指南车是早在西汉时期所发明，后失传，三国时期和宋代均曾再造。其中应用了复杂的齿轮系，因此被国际著名科技史专家评价为"第一台控制论机械"。

图1-13　中国古代机械

a）水排　b）指南车

图1-14是于1900年在希腊安提基特拉岛附近的沉船里发现的一种古代青铜仪器的残骸，被称为"安提基特拉机构"。据考证，其制作年代约在公元前87年。美国《自然》期刊曾载文分析，证实它是一个预测天体位置的太阳系仪。安提基特拉机构是世界上已知的最早的齿轮装置，其中有30多个齿轮保存至今。

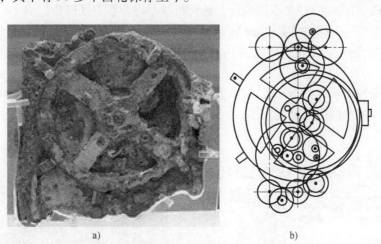

图1-14　安提基特拉机构

a）主体碎片　b）对其结构的一种分析和猜想

古代的机械仅用人力、畜力和水力来驱动，动力制约了机械的发展。数百年来，动力的变革推动了机械的飞速发展和广泛应用。

13世纪以后，机械钟表在欧洲发展起来。在文艺复兴时代，达·芬奇（L. da Vinci）便已基本知晓了现在使用的许多最常用的机构。

在 18 世纪的英国工业革命中，瓦特（J. Watt）发明了蒸汽机（图 1-15）。它给人类带来了强大的动力，许多由动力驱动的产业机械——纺织机、车床等，如雨后春笋般出现。

由于蒸汽机无法实现小型化，所以在当时的工厂里采用集中驱动的方式。如图 1-16 所示，动力由蒸汽机传递给"天轴"，再由天轴经许多带传动传递给各个生产机械。

图 1-15　瓦特的蒸汽机

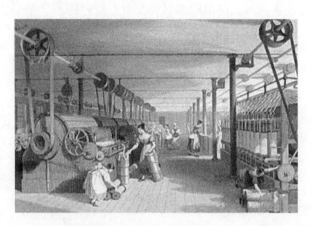

图 1-16　蒸汽机时代的纺织工厂

19 世纪，内燃机和电动机的发明是又一次技术革命。在绝大多数场合，电力代替了蒸汽。集中驱动被抛弃了，在每台机床和纺织机上都安装了独立的电动机。而内燃机的发明则为汽车和飞机的出现提供了可能性。

蒸汽机气缸等大型金属零件的加工，要求提高机械加工的生产率和精度。完全由金属制成的镗床和车床（图 1-17）在英国问世，近代机械制造业在英国诞生。到 19 世纪中叶，通用机床的各种类型已大体齐备；到 19 世纪末，出现了精密机床、自动机床和大型机床。

19 世纪中叶发明了新的炼钢法，从那时一直到现在，钢铁始终是制造机械最主要的材料。

为了满足日益增长的社会需求，20 世纪初叶，以美国福特汽车的生产为标志，机械制造进入了大批量生产模式的时代。图 1-18 所示为早期的福特汽车装配线。

图 1-17　现代车床的雏形

图 1-18　早期的福特汽车装配线

动力的变革、材料的改善和制造水平的提高，使得机器速度的大幅度提高成为可能。由于不断提高生产率的需要，机器速度的提高是几百年来始终未曾停止的发展趋势。由于提高产品质量和进行大批量生产的要求，机器的精密化和自动化成为机器发展的另外两个重要趋势。在这样的发展趋势中，一方面，机器中的传动系统不断发展和完善，如 18 世纪欧拉（L. Euler）首次提出了采用渐开线作为齿轮的齿廓（见第八章），从而使高速、大功率的机械传动成为可能；另一方面，更多的新机构被发明出来，20 世纪出现了各种大传动比、结构紧凑的新型传动机构（见第九章），出现了高速的间歇运动机构（见第十章）和精密的滚动螺旋传动（见第十六章）。机构的创新一直到今天也没有停止。

在 20 世纪，计算机的发明是科学技术发展史上划时代的大事。随着计算机和伺服电动机的出现，机器人作为现代机器的代表走上了历史舞台。机器人不仅正在越来越广泛地应用于工业生产中（图 1-11 和图 1-19），而且在潜水、管道修理、墙壁清洗（图 1-20）、外科手术、生物工程和星际探索等领域应用着多种形式的特种机器人，承担着许多不宜或无法由人工直接操作的工作。

图 1-19　工业机器人

图 1-20　清洗高楼墙壁的机器人

与此同时，计算机控制系统和伺服电动机被引入到传统机器中来，使这些机器的组成、面貌和功能都发生了革命性的变化，数控机床的出现就是一个最典型的例子，如图 1-21 所示。现代机器正向着主动控制、信息化和智能化的方向发展，从这个意义上讲，正如有的学者所说，"今后的机器都将是机器人"。

图 1-21　数控机床

二、机械设计及理论发展历程简介

机器的发展，呼唤着机械的理论和设计方法；而牛顿经典力学的建立则为此准备了理论基础。

机器要运动，要传递力和力矩，因此最先发展起来的是机构的运动分析方法、机器的静力分析方法和机械零件的强度设计方法。

1834 年，机构学被承认为一个独立的学科。1847 年，英国机械工程师学会成立。这两个事件标志着机械工程成为一个独立的工程学科。

19 世纪下半叶，在第二次工业革命期间，以德国为代表，形成了机构学的系统化理论，这推动了机构和机器发明的热潮。随着机器运转速度的不断提高，机器的振动、速度波动等问题引起了人们的重视，机械动力学发展起来。首先是力学中的达朗贝尔原理被引用到机械的力分析中来，同时，一些高速旋转的轴和轴系的振动成为振动学科研究的课题。

基于材料的强度理论，形成了轴的强度设计方法；基于弹性力学中的接触问题的研究成果，形成了齿轮强度和轴承寿命的计算方法。

到 20 世纪前半叶，已经形成了比较系统的机器与机构的分析、设计方法，但这些方法多基于图解和手工计算。

20 世纪的最后 30 年，计算机应用的普及极大地推动了机械分析与设计方法的革新。

以美国学者为先导，建立了机构分析与设计的解析方法，计算机计算代替了手工计算法和图解方法。

在机械的设计中有许多设计参数，同时受到尺寸、体积、强度和刚度等多方面的约束，要找到一个可用的设计方案有时要经过复杂、反复的计算，而要找到一个最优的设计方案就更加困难。优化设计方法的出现使设计师可以用一定的计算方法借助计算机找到最优设计方案。

用常规的强度计算方法只能计算一些形状简单的零件。在有限元法出现以后，现在任意复杂程度的特殊形状构件的强度与变形都可以借助计算机来计算。

机械动力学需要很复杂的计算，很多计算用手工方法根本无法进行，而在计算机上采用各种数值方法则使之成为可能。因此，只是在最近 30 多年，高速凸轮机构、高速连杆机构、高速齿轮传动的动力学研究才得到极大的发展。

计算机不仅可以进行数值计算，而且可以处理各种用符号和方案表达的知识，因此现在已可以在计算机上进行方案设计。可以将众多设计专家头脑中的经验性知识通过一定的方法储存在计算机中，构成知识库，缺少设计经验的新手也可以用被称为"专家系统"的软件进行机械系统设计。

现在用计算机绘制设计图样已很普遍。在计算机上还可以绘制出所设计成的产品的三维图形，用户可以在计算机上迅速地看到产品的形状和外观。设计的快速化和可视化适应了产品多样化和产品更新速度加快的新形势。在美国，像复杂的大型民航客机这样的产品也已经实现了无图纸化生产，即由计算机进行设计后直接将数据传递给数控机床进行零件的加工，实现了计算机辅助设计（Computer-Aided Design，CAD）和计算机辅助制造（Computer-Aided Manufacturing，CAM）的连接。

因而可以看出，计算机绝不仅是大大地提高了计算速度，它已成为机械分析与设计的前所未有的强大手段，使整个机械设计的理论和方法焕然一新。"计算机辅助绘图""计算机辅助设计""计算机辅助…"这样一些词汇曾风靡一时；而今，"计算机辅助"这一修饰语正在走向过时，因为，现代意义上的机械设计已经根本离不开计算机了。

文献阅读指南

在本章中，介绍了几种有一定典型性的机器，使同学们对机器、机构和机械有一个总体的、感性的认识。多认识一些具体的机器和机构对后续章节的学习是有益的。本书将对各种机构和零件做分章介绍。在每一章的开始都有该种机构或零件的类型介绍，从中可先概略地浏览，以扩大知识面。

关于机械发展的历史，本章中的介绍非常扼要、简短。陆敬严、华觉明主编的《中国科学技术史：机械卷》（北京：科学出版社，2000）和张策所著的《机械工程史》（北京：清华大学出版社，2015）能提供给你更丰富的资料。

思 考 题

1-1 机械、机器和机构三者有何区别和联系？

1-2 机械一般由哪四部分组成？各部分的作用是什么？传统机器和现代机器的主要区别是什么？

1-3 构件和零件有何区别和联系？

习 题

观察本章所介绍的几种机器以外的一、两种机器，用草图和简短的文字说明它的基本结构和动作原理。

第二章 本课程在产品全生命周期中的地位和作用

内容提要 V

从产品全生命周期视角出发，讨论产品在研发过程中的系统模式、设计类型及其基本方法。在此基础上给出了机械原理和机械设计在产品研发中的作用和相互关系，介绍从流程和方法上机械设计的要求和规范、技术内容、过程和方法，以及各种常用机构和通用零件的分析和设计。结合大学机械类专业，简单介绍机械设计类主要课程的设置，并重点介绍机械原理和机械设计两门课程的内容和学习方法。

第一节 基于全生命周期的产品研发和设计

一、产品全生命周期

产品全生命周期始于产品需求的提出，终止于产品的回收，随后重新开始进入产品的下一个生命周期。产品全生命周期可以认为是由产品研发、产品制造、产品使用和产品回收等四个主要阶段循环构成，这些主要阶段分别有各自的起始点，即产品规划、生产准备、市场投入和产品停用等。图2-1给出了产品全生命周期的示意图，从中可以看出从产品研发到产品制造是一个产品"生长"的过程，称为产品生成，这一过程也是产品价值的创造过程。相应地，从产品使用到产品回收是产品生命周期的"回落"阶段。一个产品的成功与否，应该兼顾产品整个生命周期的每一个阶段，从整体去评价。

产品研发从拟定需求开始，通过产品的虚拟生成，对产品的生产、使用和回收过程进行模拟，完成整个生命周期过程的研发。传统的产品研发过程只考虑与研发阶段及其前后相邻的生命阶段的

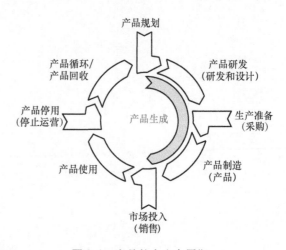

图2-1 产品的全生命周期

需求，产品研发的改进需求只能在产品生命周期的后期才能凸显出来，因而研发过程需多次重复循环。只有通过集成研发，才能在产品研发阶段兼顾产品生命周期各阶段的需求。由此可见，产品研发设计在很大程度上决定了产品在全生命周期中每一个阶段的特性，对产品的成功与否起着决定性的作用。

二、产品的技术系统

在上一章里，我们认识了内燃机、空气压缩机、牛头刨床、电池自动分拣机和工业机器人。在工业实际中，还有各种各样的产品，如果对这些产品直接分类，会形成一个复杂的分类系统，不便于对产品进行系统性研究。为此，可以运用系统学的理论，把每一个产品抽象成技术系统，从系统学的观点出发去描述产品的各种系统特性，使产品的分析和研发设计更有条理。

如图 2-2 所示，一个系统需要用"系统边界"在"系统环境"中规定它的作用范围，在系统边界内可以含有若干个"子系统"或"系统元素"，这些子系统和系统元素都通过一定的"关系"相互链接在一起，形成系统内部的关联关系。整个系统通过"输入量"和"输出量"对系统环境发生作用。因此，系统就是由系统边界、子系统或系统元素、系统内部关系、系统输入量和系统输出量构成的集合。

产品可以认为是一个技术系统。从技术功能来看，可归纳为能量转换型、物料转换型和信息转换型产品，分别以"能量流""物料流"和"信息流"为产品系统中的主要功能流或附加功能流，产品就是拥有"能量流""物料流"或"信息流"的技术系统（图 2-3）。在第一章里所提到的内燃机和空气压缩机便是能量转换型产品，牛头刨床、电池自动分拣机可划分为物料转换型产品，而我们常用的手机、计算机，则可以认为是信息转换型产品。

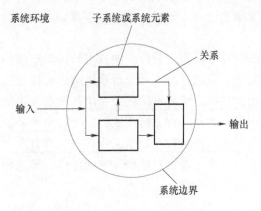

图 2-2　技术系统：系统边界、子系统或系统　　　　图 2-3　技术系统：能量、物料、信息
　　　　元素、关系、输入量和输出量

产品的研发设计涉及产品不同的技术层面，这些表现产品特性的技术层面可以通过不同的系统模式来表述。产品的系统模式主要是指产品的功能系统、产品的机理系统和产品的组成系统，如图 2-4 所示。

功能系统表述了产品各部分功能之间的相互关系。功能系统的结构可以看成是将图 2-4

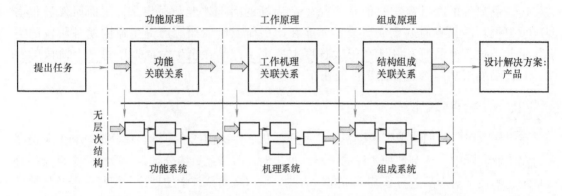

图 2-4 产品技术系统的三种模式：功能系统、机理系统、组成系统

中的总功能划分成若干个子功能（图 2-4），并将其按功能逻辑顺序连接起来的技术系统，产品的输入量和输出量就是通过功能系统联系起来的。无论是总功能还是子功能，它们都表述了能量、物料和信息等功能流通过物理过程或逻辑变换的转换结果，从产品使用的角度表现了产品的功能组合。

机理系统揭示了实现产品功能的作用机理。它与产品的功能系统相对应，建立起产品系统中所有子功能工作原理之间的关系，从而把产品的输入输出量在工作原理上联系起来，形成实现产品功能的技术求解方案。产品的机理系统给出求解方案中的原理性的尺度和构型，表达了工作机理的四个方面，即机理发生的位置、几何条件、运动形式和材料特性。这些特性也体现了产品的能量流、物料流或信息流以物理过程、化学过程或生物过程的方式所发生的转换，它们也可以是某种逻辑变换。

组成系统包含了产品在结构组成方面的信息。例如，机器、部件或零件在结构组成方面的相互关系。组成系统从产品各部分在组成上的从属关系、装配顺序、尺寸、数量和材料等方面表述了产品的组成情况，它可以根据不同的准则来建立，如设计原则、经营原则、制造原则、装配原则以及维修原则等。

产品的三个系统模式从不同角度反映了同一产品在不同研发阶段时的技术特性。产品的分析和综合，实质上是对产品的功能系统、机理系统和组成系统不断进行系统构建和优化的过程，产品研发的最终目的是使产品有最简单的功能系统、最可靠的机理系统和最低成本的组成系统。在从概念到产品的具体化过程中，利用产品的这三种系统模式，使得每个产品的总功能都可以分解为多个子功能，每个子功能都有多种工作机理，每个工作机理又都有多个组成结构方案，由此可以得到每个子功能的多个求解方案。经过对这些方案的评估、筛选和重组，可得到多个技术总方案，实现产品系统的创新和最优化。

三、机械设计的基本要求和产品研发的评价指标

产品的组成系统通常是通过机械设计来完成的，机械设计的基本要求是：

1. 功能性要求

机械产品必须完成规定的功能。机械的功能可表达为一个或几个功能指标。这些指标在设计之初就要由用户提出或由设计者与用户协商确定下来，它们是机械设计最基本的出发点。例如，电池分拣机（见第一章）的主要功能指标是每分钟分拣电池的个数。而切削机

床的功能要求则是多方面的，以牛头刨床为例，确定它的功能指标时应注意以下几方面要求：

1）被加工工件的尺寸范围。

2）为满足不同切削工艺的要求，滑枕应具有若干种不同的运动速度。

3）应能供给并传递足够的功率，以克服切削力。

4）工作台沿横向应能实现若干种不同的进给量。

5）应能保证一定的加工精度。

2. 机理要求

机理要求是指对产品工作原理方面提出的技术要求，是实现产品功能的保障，其中以可靠性尤为重要。机械在工作时要传递力和力矩。在力的作用下，机械零件的内部和表面会产生应力和变形，从而有可能导致零件的失效。例如，轮齿齿面间的作用力过大会造成齿面金属剥落或轮齿折断，凸轮表面有可能发生磨损，轴和连杆因截面积过小会发生断裂。

机械应能保证在规定的使用寿命期限内，零件不发生断裂、磨损等各种形式的失效。对一些通用零件和重要零件，这种可靠性以"可靠度"——不发生失效的概率来衡量。按机械和零件的重要性的不同，对可靠度有不同的要求。

要满足可靠性要求，就要进行强度、刚度和寿命等的计算或校核，其工作量在整个设计过程中占了很大的比例。

3. 组成要求

产品的结构组成是用于实现产品工作机理的物理技术系统。它首先要满足机理要求中的技术条件，其经济性和社会性也是不可忽视的重要因素。

经济性是指所设计的机械应力求在制造和使用过程中成本较低。这里所用的"成本"一词是一个广义的概念，而不仅是指由工厂财务部门核算出的产品成本。

制造成本在总成本中所占的比例最大，为此，要在设计过程中注意：构思合理的工作原理，简化结构；选用适当的原材料，既要减小尺寸和质量，还要注意材料的价格；确定既能满足工作要求，又能降低加工费用的合理的加工精度；最大限度地采用标准化、系列化和通用化的零、部件等。此外，还要降低使用成本，这就要注意减少机械的能量损失，并在设计阶段就考虑到维修的方便性和经济性。

特别需要指出的是，设计阶段的工作如何，就基本上决定了一个产品成本的高低。

社会性要求主要指所设计的机械产品不应对人、环境和社会造成消极影响，而要有和谐的人机关系。例如，要注意操作者的安全和舒适，注意机械的造型和色彩美观、大方、宜人，要符合国家和有关部门在环境保护方面的法规等。

对不同的机械，可能还有其他一些要求，但上述三项是各种机械都必须满足的基本要求。因此，在产品研发中，研发成功与否，都可以通过量化指标来评价，其中，三个主要的评价指标是成本、时间和质量。例如，研发时间的缩短可以大大减少研发风险。成功的产品研发一定是同时兼顾这三个指标，使其达到给定的预期值。研究表明，产品研发的成本只占整个产品成本的5%~7%，但研发结果决定了产品成本的75%~85%（图2-5），产品在质量和研发周期方面，也表现出类似的特性。由此可以看出，研发阶段在产品整个生命周期里对产品成本、产品生成时间和产品质量所起的决定性作用。

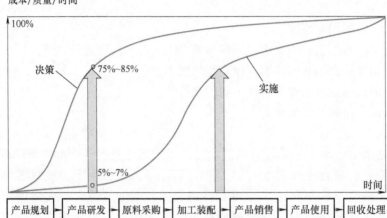

图 2-5 产品开发与产品成本的关系

第二节 产品研发与设计的模式和策略

一、产品研发的基本模式

产品的研发模式指在产品研发设计过程中所遵循的有条理的和有逻辑性的工作流程，其复杂程度取决于产品研发的目的和需求，产品研发者借以拓宽研发思路，使之更为合理。

德国 VDI2221 所拟订的产品研发一般流程是最基本的直线型研发模式，如图 2-6 所示。它包含七个工作步骤，每个步骤之后都会得到一个相应的中间结果。这些工作步骤也被归纳成四个研发阶段，每个阶段都对应着相应的研发设计结果，其对应关系见表 2-1。

表 2-1 产品研发模式 VDI2221 的工作阶段及其结果

产品研发设计阶段	工 作 内 容	工 作 结 果
第一阶段	需求设计	研发计划，技术要求
第二阶段	概念设计	功能系统，机理系统
第三阶段	实体设计	组成系统
第四阶段	完善设计	研发结果，技术文件

在实际产品研发设计中，这四个研发阶段是以"反复的推进和后退"方式来进行的，这也反映出研发过程的检验和修正步骤。这一研发模式具有很强的顺序性和可操作性，注重文档结果生成。

二、产品研发设计的类型和机械设计的基本内容

1. 产品研发设计的类型

产品研发设计的工作内容和步骤视设计任务的不同而异，这种差异在实际研发中非常重

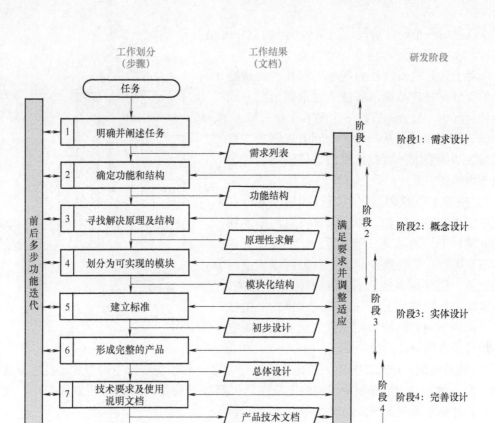

图 2-6　产品研发模式 VDI2221

要，因为它将直接影响到产品研发中所投入的人力、物力和方法。最常见的三种产品研发设计类型分别为创新设计、适配设计和变型设计。

（1）创新设计　这一设计过程要求提出新的功能原理或为现有功能原理寻求新的求解方案，同时也可以是在改变设计任务后对产品进行重新设计。在机械制造中有 20%～25% 的产品研发设计属于这类设计任务。例如，第一辆脚踏板驱动的自行车的设计。

（2）适配设计　当现有的产品工作环境或工作极限改变了，就需要对该产品进行适配设计，但产品的功能原理保持不变。在对产品进行适配设计时，经常需要对其中的某个部件或零件进行重新设计，这类设计在机械制造中占有 50%～55% 的比例。例如，具有变速档的山路自行车的设计。

（3）变型设计　保持现有产品的功能原理不变，仅仅改变其产品功能的"量"，如改变尺寸大小、工作功率、组成架构、材料和制作工艺等，这种设计属于变型设计。在机械制造中有 20%～30% 的设计属于变型设计。例如，具有碳素纤维增强复合材料架的自行车的设计。

图 2-7 给出了上述三种产品研发设计类型在产品研发设计阶段（VDI2221）中的对应关系。这些对应关系可以帮助设计者拟订正确的研发路径、研发内容，选择相应的研发方法和工具。由图 2-7 可知，产品研发中创新性机遇的不同，设计过程的流程也不同。其中创新设

计要求通过每一个研发阶段，而变型设计的流程最短。

2. 机械设计的基本内容

针对上述对机械设计的基本要求和产品研发设计的类型，在产品规划和技术要求提出后，机械设计过程中一般应完成以下主要工作：

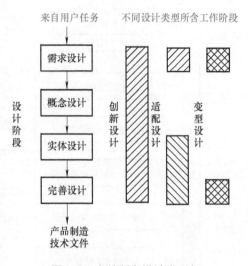

图 2-7　产品研发设计类型与设计阶段的对应关系

（1）方案设计：从产品功能到求解原理　根据机械的功能要求，确定机械的总体方案。它包括以下内容：

1）确定工作原理。实现同一功能，可以有不同的工作原理。例如，加工螺纹可以用车削加工或丝锥加工，还可以采用滚压加工。又如，在将矿石破碎后，矿物颗粒和脉石颗粒可以依据两者的比重、磁性或者吸附性能的不同进行分离，在选矿学中分别被称为重选、磁选和浮选。机械的工作原理不同，机械的面貌就完全不同，确定工作原理是方案设计的第一步。

2）确定机械系统运动方案。确定机械执行装置（如牛头刨床中的滑枕、电池分拣机中的动平台）的运动，选择原动机；确定从原动机到执行构件间的传动装置的布局；采用哪些机构，如何实现运动形式的转换和速度的转换。

方案设计是机械设计中至关重要的一步，它会从根本上影响机械结构的繁简、性能的优劣和成本的高低。进行方案设计之前应充分调查研究，集思广益，提出多种方案，并按照对机械设计的四项基本要求，认真地进行比较、分析，以选择出最优方案。

3）运动学分析与设计。根据机械运动的要求，对所拟订的传动装置中的各个机构进行运动学分析与设计，确定这些机构的基本几何参数。例如，确定牛头刨床主传动机构的各杆杆长来保证滑枕的速度规律符合要求，确定内燃机中凸轮的轮廓曲线，确定齿轮的齿数等。

4）工作能力分析与设计。根据机械传递的载荷，对各个机械零件进行工作能力分析与设计，以保证零件在一定的使用期限内不发生断裂、过度磨损等失效现象，也不产生过大的弹性变形，通过设计确定零件的参数和基本尺寸。

5）动力学分析与设计。对运转速度较高的机械，会产生振动和速度波动等有害的动力学现象，应进行必要的动力学分析与设计，并在此基础上对参数进行必要的修改，或采取一些措施减轻其不利影响。

（2）实体设计：从工作原理到结构组成　在确定了各个零件基本参数的基础上，对各零件的结构进行构思，确定零件的全部尺寸。这部分设计工作主要体现在图样上。

（3）完善设计：装配图和零件图的绘制　作为制造的依据，应绘制出整个机械的装配图、组成机械的各个部件的装配图，以及全部非标准化零件的零件图。图样上应标明制造所需要的全部信息：材料、热处理、基本参数和所有必要的尺寸，以及加工精度等技术条件。此外，还应提出所有外购件的明细栏。

三、产品研发设计的流程、方法和工具

1. 产品研发设计的流程

对现有产品进行技术分析时，首先可以利用产品的组成系统了解诸如整机、单元、部件、零件及其连接技术等组成形式，进而可以通过建立产品的机理系统，分析产品的作用机理和其中的物理效应，由此抽象出产品的子功能和功能系统。可见，对现有产品进行技术分析是一个"结构—机理—功能"的抽象化过程，这对现有产品进行适配设计、变型设计及扩大产品竞争范围尤其重要。

与上述过程相反，对未来产品的研发设计是一个"功能—机理—结构"的具体化过程。首先抽象描述产品的技术需求，建立起产品的功能系统，从物理、几何和材质等方面确定能实现每个子功能的工作机理，进而得到产品的机理系统。然后在机理系统的基础上进一步具体化，建立起产品的组成系统，借以拟订出产品所需的各部分的组成、构形、尺寸和连接方式。这一从抽象到具体的过程，使得产品的创新设计、技术改进及其技术优化，从理念和方法上都更有逻辑性和条理性，使产品研发更为合理。

（1）需求设计　需求设计就是要针对给定的产品研发目标，明确研发任务，制订技术要求清单。明确研发任务就是要从管理的角度规定任务的内容和范围，确认产品系统与系统环境的关联作用，拟订研发协议；而制订技术要求清单就是要从技术、经济方面对各种需求进行提炼、整理和排序列表。其中需求被分为刚性和柔性两类。刚性需求（F）是指产品必须满足的需求，而柔性需求（W）只是希望产品在尽可能的情况下能满足的需求。产品需求可以从多方面提出，表2-2给出了产品研发的需求清单。在产品规划中所拟订的产品研发协议，从管理上明确了研发任务，准确表达出研发目标，并通过产品研发需求清单，在技术方面完整地表达出产品研发的各项指标，且这些技术指标要求互不矛盾。

表2-2　产品研发的需求清单（基于产品全生命周期）

F = 刚性需求 W = 柔性需求	编　号	产 品 需 求	日　期	负 责 人
F	01	几何、运动、传力需求		
W	02	能量、材料、信号需求		
…	…	强度、安全、人机需求		
		制造、控制、装配需求		
		运输、使用、维修需求		
		回收、成本、时间需求		
		……		

（2）概念设计　概念设计是在产品规划的基础上，建立产品功能系统，借以拟订产品的机理系统，重组所有子功能的求解方案，并通过评估和决策得到产品的总求解方案。

功能系统的建立需先根据产品规划的结果提炼基本功能，并通过物理的或逻辑的关系连接输入输出量的相应状态来描述总功能。将得到的总功能分解成若干子功能，并根据功能的逻辑关系用功能流（能量流、物料流和信息流）将所有的子功能连接起来，即得到产品的

功能系统。图2-8给出了功能分解过程。

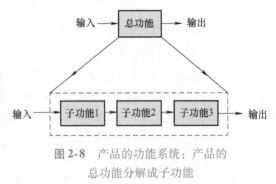

图2-8 产品的功能系统：产品的
总功能分解成子功能

机理系统的拟订可以分三步进行：首先为功能系统中的每一个子功能寻求相应的解决方案，即作用机理。子功能可以分别通过不同的作用机理来实现（多解）。其次，需要细化各子功能的作用机理，即从几何与材料方面充实作用机理，在必要的情况下，一个子功能的作用机理需要多个物理效应来实现。最后，可以通过一定的准则对所得求解方案进行评估和选择。表2-3通过有条理的逻辑思维，系统地拟定出平面传动机构求解方案的所有可能性。

表2-3 子功能的求解方案：传动机构求解方案

输出运动 ＼ 输入运动		驱 动 方 式	
		转动 R	移动 T
运动方案	转动 R	传动函数 R-R	传动函数 T-R
	移动 T	传动函数 R-T	传动函数 T-T
	导向运动 G	传动函数 R-G	传动函数 T-G

子功能求解方案的重组就是要把每一个子功能的求解方案综合成总功能的求解方案。由于子功能一般有多解方案，因此在推导系统总功能的求解方案时，就需要从每一个子功能的解域中按给定的技术边界条件选取适当的子功能求解方案，然后根据产品功能系统的关联，建立起求解方案间的逻辑关系或物理关系，并通过"功能流"连接起来，实现系统综合，最终建立起产品的机理系统。这一过程可以通过对所有子功能求解方案的排列组合来进行，从而可以系统地得到所有可能的总功能技术方案。

形态矩阵是对子功能求解方案进行系统的排列组合的有效工具。在组合过程中，必须注意被连接的各子方案之间在物理、几何和材质方面的相容性。表2-4给出了通过形态矩阵所得到的三个组合方案。

表2-4 用形态矩阵进行求解方案组合

子功能 ＼ 解决方案	子功能的解决方案（按优先次序排列）					
	1	2	...	j	...	m
子功能 1	解决方案 11	解决方案 12	...	解决方案 1j	...	解决方案 1m
子功能 2	解决方案 21	解决方案 22	...	解决方案 2j	...	解决方案 2m
...	...	...	...	...	...	...
子功能 i	解决方案 i1	解决方案 i2	...	解决方案 i	...	解决方案 im
...	...	...	...	...	...	...
子功能 n	解决方案 n1	解决方案 n2	...	解决方案 nj	...	解决方案 nm
总方案	组合方案 1	组合方案 2	组合方案 3	...		

工业实践中，虽然利用子功能的多解性可以组合出大量的总体求解方案，但其中只有

10%左右的总体求解方案具有实用价值，因此需要对这些方案进行进一步的评估与选择。

　　解决方案的评估和决策，就是要在一定的框架下对所得到的求解方案进行分析和评估，选出最佳方案，满足质量和成本对产品研发的要求。最重要的评估框架即为产品技术性和经济性的综合评估。图 2-9 分别以技术评估和经济评估的结果为坐标值，给出了三个经过加权评估计算的产品总体方案 L_1、L_2 和 L_3，其中方案 L_2 是对方案 L_1 的改进，方案 L_3 是对方案 L_2 的改进。由图可见，方案 L_1 和方案 L_2 偏重于产品技术性，方案 L_3 偏重于产品经济性，但综合评价方案 L_3 最好，而最理想的方案应该是 L_0。

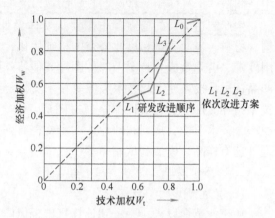

图 2-9　技术-经济加权评估比较

　　（3）实体设计　实体设计的目的就是要根据产品的机理系统拟定相应的组成系统，即找到适当的构形，使产品机理系统中所规定的工作原理正常起作用。在实体设计中首先要确定零件的构形特性和材料特性，这些特性将直接决定产品在其整个生命周期中的特征质量。设计者可以通过对这两种基本特性的确定，来满足产品在全生命周期里所需要达到的各种技术指标。实体设计是一个迭代优化的过程，涵盖以下四个方面：

　　1）构形设计：根据功能需求确定产品的外形结构及所使用的材料。

　　2）设计计算：基于解析或数字计算方法，计算零件的尺寸和空间维数。

　　3）数字模拟：建立虚拟系统仿真模型，验证虚拟产品是否能完成预期功能。

　　4）样机试验：在实际条件和具体环境下试验产品的工作过程和真实功能。

其中，构形设计是实体设计中最主要的部分。

　　构形设计是根据一定的基本原理，遵照相应的技术规范，对零件进行结构外形设计，并拟定各组成部分的连接顺序和方式。任何结构设计都必须满足其基本要求，表 2-5 给出了构形设计的基本要求、基本原理，以及应该遵守的相关技术规范和技术指南。在实际设计时，要求所设计的产品需符合所有技术规范是不现实的，这往往会导致设计复杂或经济性极差，甚至根本就没有适合的设计方案。因此，设计者应该根据产品研发的具体要求，仅将核心部分

表 2-5　构形设计的基本要求、基本原理、技术规范和技术指南

基 本 要 求	基 本 原 理	主要技术规范	其他技术指南
● 功能明确 ● 结构简单 ● 结构可靠	● 力的传导原理 ● 功能分解原理 ● 自适应原理 ……	● 基于材质的结构设计 ● 基于强度的结构设计 ● 基于制造的结构设计 ● 基于装配的结构设计 ● 基于回收的结构设计 ● 基于人机的结构设计 ……	● 磨损 ● 腐蚀 ● 稳定/共振 ● 检验/监控 ● 运输 ● 安装 ● 使用 ● 环保 ● 标准化 ……

需满足的技术规范作为主要设计需求。

（4）完善设计 完善设计就是在实体设计的基础上将整个设计结果文档化，建立产品生产制造、运行使用、报废回收等的技术文档。

生产制造文档的建立首先需要从实体设计的总装图里提取每个零件图，并对其进行结构、材料、表面质量和尺寸公差的精细优化，划分自制件和外购件，确认现有零件的重复使用度等，由此生成总装图、部件图和其他特殊图样，以及零件清单。运行使用文档包括用于产品调试、投入使用和技术服务等技术文件。报废回收文档是指产品回收、清除时所需要的技术指导文件。这些文档都是通过图形、文字、表格和实物整理而成，图形文档包括CAD模型、技术图样、规划和照片；文字文档有列表、操作指导、工作条例或制造规范等。除此之外还有样品、模型和试制品等。

2. 产品研发设计的方法和工具

（一）常规设计方法

从工业革命以来，一直到计算机出现以前，随着力学和材料科学的发展，已经形成了机械的运动学、动力学和工作能力的较为完整的分析与设计方法。这些方法称为常规设计方法或传统设计方法。

在常规设计方法中，机械的方案设计——机构的选型和传动系统的布局，主要是依靠设计者的经验，并参考同类机械已有的设计，通过类比分析的方法来进行。方案设计中的创造性则主要依赖于设计者的灵感。

机构的尺度设计有较为系统的理论和方法，如解析法、作图法和实验法。但有时只能近似地满足运动学和动力学要求。由于受到计算手段的制约，只能进行较为粗略的动力学分析。

主要机械零件工作能力的分析与设计，虽以力学理论为基础，但常常将复杂问题做某种简化，得出近似公式或经验公式。例如，一般按静态载荷进行计算，对动态载荷则通过引入动载系数的方法做简化处理。一些次要零件或结构复杂的零件的尺寸确定，以及零件细部的结构设计则常常采用类比的方法。

常规设计方法有以下不足：

1）方案设计过分依赖设计者个人的经验和水平；技术设计一般满足于获得一个可用方案，而不是最佳方案。

2）受计算手段的限制，难以进行真正的理论分析，简化假定较多，影响了设计质量。

3）设计工作周期长、效率低，不能满足市场竞争激烈、产品更新速度加快的新形势。

尽管现代设计方法已经兴起，但常规设计仍被广泛应用。设计者应该首先掌握常规设计方法，才能进一步学习现代设计方法。

（二）现代设计方法

计算机在工程上的应用为设计提供了强大的手段，从而推动了设计理论的发展。近30年来，机械设计方法发生了革命性的变化，提出了许多现代设计方法。下面对几种重要的现代设计方法做一个扼要的介绍。

1. 计算机辅助设计（CAD）

机械设计中包含着大量的计算和绘图工作。许多计算的工作量很大，手工计算的时间很长，甚至有许多设计问题其计算量大到根本无法用手工方法计算的程度。一部机器，其图样总数可能达到数百张甚至更多。设计过程中相当多的计算与绘图属于繁琐的重复性工作。

近数十年来，社会需求呈现多样化的发展趋势，产品更新速度加快。如果设计速度慢，就会贻误商机，造成不可弥补的经济损失。因此，提高设计速度成为设计方法革新的最主要的目标之一。

计算机辅助设计就是利用计算机运算快速、准确、存储量大和逻辑判断功能强等特点，借助计算机完成设计工作的一种现代设计方法。相对于传统的设计方法，它有以下的优越性：

1）显著提高设计效率，大大缩短设计周期，加快产品的更新换代，增强市场竞争力。

2）能在较短的时间内给出多个方案，供设计者比较、选择，以确定最佳方案。

3）使设计人员从繁琐的计算、绘图等重复性工作中解脱出来，将时间和精力集中到创造性的工作上。

"计算机辅助设计（CAD）"这个术语已经出现40多年了。早期的CAD局限在借助计算机进行绘图和计算。现在市场上已经有了很多通用的和专用的计算机软件，包括绘图软件、运动分析与动力分析的软件、有限元分析的软件等。

2. 机械设计专家系统（Expert System）

机械设计专家系统是计算机辅助设计在20世纪90年代的新发展。专家系统是一种计算机程序，它使计算机具有学习、推理、决策和创造等智能行为，并能够在专家的水平上工作。

机械设计可大致分为两类工作：一类是计算型的工作，包括计算与绘图；另一类是推理型的工作，如方案设计、结构设计。例如，一个机械传动系统方案中机构的选型和布局问题，就不是用公式能求解的。为了将回转运动转换为直线运动，可有多种选择：用连杆机构，还是用凸轮机构、齿条机构、螺旋机构？为了减速，也有多种选择：用齿轮传动，还是用带传动、链传动？这涉及效率、质量、体积、运动的准确性、动力学响应、制造周期与成本、使用和维护、机器的空间布局、市场供货情况等诸多方面的问题。

CAD所能解决的问题局限在数值计算型工作的范围，而提出"专家系统"这一概念的目的就是要用计算机软件来进行推理型的工作。

图2-10简单地说明了专家系统的构成。专家系统主要包括两个特有的组成部分：

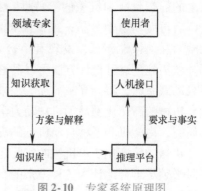

（1）知识库　知识库储存大量的特定领域的知识，包括书本知识和实践经验。许多机械设计领域的专家在长期工作中积累了大量经验，这些经验甚至还没能充分地反映到专门的著作中。应从这些"领域专家"处获取他们的经验，纳入知识库。只有依靠这些知识，才能保证系统在专家水平上工作。

图2-10　专家系统原理图

（2）推理平台　推理平台能针对使用者提出的问题，调用知识库中的知识，并按照专家的思维规律进行分析、推理和综合，最终得出解决问题的方案。

3. 优化设计（Optimal Design）

在设计一个机构或零、部件时，都希望得到一个最优方案。所谓最优，就是使某一项指标达到最小（如质量）或最大（如机械效率）。但是，机械设计的问题一般都较复杂，这个使指标达到最小或最大的问题并不是用微分方法求极值就能简单解决的问题。第二次世界大战后，在应用数学领域发展出一个分支——数学规划理论。该理论提供了很多求优的数值方法，这些方法都以在计算机上进行大量的数值迭代计算为基础。为了采用这些优化方法，就需要将具体设计问题的物理模型转化为一个数学模型。

针对具体的设计对象，可规定几个、几十个甚至更多待定的设计参数，称为设计变量。在设计中，希望达到最优的目标可以用数学方法表达为设计变量的函数，称为目标函数。这些设计变量的取值受到尺寸、强度、刚度、运动学与动力学性能、布局空间等多方面的约束，这些约束也可以表达为包含设计变量的等式或不等式，称为设计约束。设计变量、目标函数和设计约束三者构成了优化问题的数学模型。选用适当的优化方法，借助计算机求解该数学模型，即可得出最佳设计方案。

现以某一个只有两个设计变量 x_1、x_2 的问题来说明。如图 2-11 所示，在以两个设计变量为坐标轴的平面上，目标函数可以用一系列等值线来表示，目标函数值越小越好。四个不等式形式的设计约束在平面上形成了一个"可行区域"。平面上任一点即代表了一个设计方案，但设计方案只能取在该可行区域内。如果没有设计约束，P 点就是优化点；而有设计约束存在时，Q 点就是优化点。从任一点 M 出发，用优化方法可以通过数值搜索找到优化点 Q。

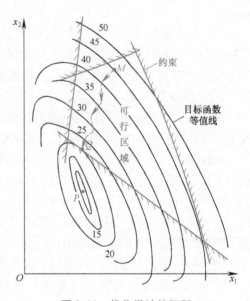

图 2-11　优化设计的解释

4. 动态设计（Dynamic Design）

在传统设计中，一般采用静态设计方法。所谓静态设计，是指在设计机械时只考虑作用在机械上的静态载荷和机械的静特性，在设计参数确定以后再做动力学分析，或产品试制出来以后做动载荷和动特性测试，发现有不合要求之处再采用补救措施。这种设计方法可以简称为"静态设计、动态校核补救"。在静态设计中也常常引入动载系数，将计算载荷加大，来计入动载荷的影响。但那常常是较为粗略的。

机械的高速化推动了机械动力学的发展。例如，汽车的高速化推动了对汽车振动与噪声的研究，内燃机和各种自动机械的高速化推动了对高速凸轮机构动力学的研究。

机械的精密化要求机械的实际运动尽可能与期望运动相一致。这一要求使我们在分析误差时必须尽可能地计入各种因素的影响，如构件间的间隙、构件的弹性和制造误差等。特别是要注意机械在高速下的动态精度与静态时有很大区别。

车辆等机械设备，若振动和噪声过大，则会影响乘坐的舒适性并污染环境，从而使其不受人们欢迎而被挤出市场。所以必须在设计阶段就分析车辆的振动情况。

动态设计是近数十年以来才发展起来的新的设计理念。它是考虑机械的动态载荷和系统的动特性，以动力学分析为基础来设计机械。这种设计方法可以使机械的动态性能在设计时就得到比较准确的预测和优化。

机械系统动力学分析的数学模型是微分方程。这种微分方程一般无法得到显式解，需要在计算机上用数值迭代法求解。所以，动态设计也只是在计算机获得较为普遍的应用后才能发展起来。

5. 可靠性设计（Reliability Design）

可靠性设计也称为概率设计（Probabilistic Design），它是将概率论、数理统计、失效物理和机械学相结合而形成的一种综合性设计技术。在可靠性设计中，将设计中所涉及的物理量都视为按某种规律分布的随机变量，用概率统计的方法确定零、部件的主要参数和尺寸，使机械满足所提出的可靠性指标。

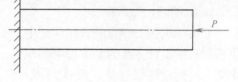

图 2-12　承受轴向载荷的钢杆

如图 2-12 所示的钢杆承受轴向载荷 P，在常规设计中，基于材料力学给出了如下设计公式

$$A \geqslant P/[\sigma] \qquad [\sigma] = \sigma_s/n$$

式中，A 为杆的截面积；$[\sigma]$ 为许用应力；σ_s 为材料的屈服极限；n 为安全因数。

在这样的设计中存在以下问题：

1）把载荷 P、材料的性能 σ_s、截面积 A 均视为确定的常数，忽略了各种随机因素的影响，因而不能很好地反映实际情况。

2）安全因数的选择往往带有很大的主观性，不同的设计者可能得出差异很大的结果。

3）没有一个衡量设计结果的安全程度的数字化指标，因而设计者对其安全程度只有一个模糊的感觉。

而在可靠性设计中，则明确地定义了可靠度的概念：系统在规定的运行条件下和规定的时间内能正常工作的概率。将载荷、材料性能和尺度参数这些物理量均视为按某种规律分布的随机变量，并给出它们的分布参数（若为正态分布，则需给出它们的均值和均方差），然后按基于概率论的方法设计出杆件尺寸，并可以明确地计算出可靠度。

每一个零、部件的可靠度算出以后，还可根据零、部件之间的连接关系计算出整部机器的可靠度。

在第二次世界大战期间，美国由于飞行故障而损失的飞机比被击落的飞机多 1.5 倍。对机械可靠性的研究也正是应航天事业的需要，兴起在 20 世纪 60 年代的美国。今天，可靠性设计已应用于从宇宙飞船到家用电器的广阔领域，成为机械产品设计现代化的重要标志之一。

6. 创造性设计（Creative Design）

机械设计中的创造性设计是指：利用人类已有的科技成果，充分发挥设计者的创造力，设计出具有新颖性、创造性和实用性的新机构和新机械产品。所谓新颖性，是指机械所实现的功能、机械的工作原理和机械的主体结构三者中至少应该有一项是首创的。因此，也可以说创造性设计就是前面提到过的开发性设计。

实际上，从古代的水车到现代的机器人，任何新机构与机器的发明，无一不是创造性的设计。这些发明依靠的是能工巧匠和专家学者的灵感和创造性的思维。如何产生灵感？如何进行创造性的思维？在历史长河中，这些智慧火花是零散的而非系统的，是多种多样的而非单一的。为了启迪更多的设计者，帮助他们进行创造性思维，提高创新能力，一些学者对历史上大量发明构思的过程进行了分析和归纳，总结出一些进行创造性思维的方法，形成了"创造学"。今天的创造性设计，是特指以创造学理论为基础进行机械创新的方法。

除了上述几种方法以外，现代设计方法还包括人机工程学设计、反求设计和并行设计等。

第三节 本课程在产品研发中的关系和作用

一、机械原理和机械设计在产品研发中的作用

1. 机械设计类课程简介

在大学机械类专业的教学计划中，安排了一组机械设计类课程。这些课程的目的是向学生提供机械设计方面的基本理论和知识，并通过各种教学环节使学生具备进行机械设计的基本能力。这些课程包括：机械制图、机械原理、机械设计、现代设计方法和机械创新设计等。

（1）机械制图 机械制图课程介绍图形表达的基本理论和方法，以及零件图和装配图的画法，包括在计算机上绘制工程图样。

（2）机械原理 机械原理课程介绍组成机器的各种常用机构的基本理论和知识，介绍机械动力学的基本理论和知识。这些理论和知识是进行机械系统方案设计、机构运动学分析与设计、机械系统动力学分析与设计必不可少的。

（3）机械设计 机械设计课程介绍各种通用机械零件的基本知识，以及对其进行工作能力分析与设计的基本理论。这些知识和理论是进行机械系统方案设计、机械零件工作能力分析与设计、结构设计必不可少的。

机械制图、机械原理和机械设计这三门课程都是必修课，都是机械类专业重要的学科基础课。这三门课程所提供的知识，是与本章第二节所介绍的机械设计基本内容相对应的。

（4）现代设计方法 这是一门选修课。在机械原理、机械设计两门课程中介绍的主要是机械的常规设计方法，而在这门课程中扼要地介绍几种现代设计方法。

（5）机械创新设计 这也是一门选修课。在这门课程中扼要地介绍创造学的基本内容，并结合机械设计的实例，介绍进行机械创造性设计的基本方法。

2. 本课程的关键知识与产品研发各阶段的对应关系

产品研发过程实质上是一个问题求解的过程。问题求解的能力表现在三个方面：智力、创造力和决策力。这些能力取决于设计者多方面的素质，如设计者所具备的基础和专业知识、研究能力、规划能力、评估能力、独立工作和团队工作的能力等。其中，设计者所具备的基础和专业知识是重要的基本素质之一，除了数学、物理、化学和力学之外，机械原理和机械设计更是重中之重。

机械原理和机械设计都从属于设计学科，是产品研发的重要技术基础。从知识使用的角度来看，机械原理和机械设计的知识要点是认识、分析、设计和应用四个方面。在认识方面，首先是了解技术对象（如机构或零件）的结构组成，即技术对象的组成系统；在分析方面，主要是指如何获得技术对象的组成系统、机理系统和功能系统等方面的特性，通常指机械特性和功能特性等方面，这是一个"结构—机理—功能"的过程；在设计方面，主要是指如何拟定技术对象的组成系统，来实现预期的工作机理，从而满足给定的产品功能，这是一个"功能—机理—结构"的过程；最后，在应用方面，主要是指如何用技术对象去解决工程实际问题，涉及不同的工业技术领域。

从产品研发设计的类型与研发阶段之间的关系（图2-7）可以看出，不同类型的产品研

发设计所经历的研发阶段也不同。创新设计要求经历需求设计、概念设计、实体设计到完善设计四个研发阶段，而变型设计只需要经过产品规划和完善设计两个研发阶段。因研发内容不同，不同的研发阶段所涉及的系统模式也不同。概念设计是由功能系统到机理系统的设计过程，而实体设计则是从机理系统到组成系统的设计过程。为了把研发阶段和系统模式直接对应起来，可用产品系统模式代替图 2-7 中的研发阶段，得到图 2-13 所示的三种研发设计类型与系统模式的对应关系，从中可以看出创新设计、适配设计和变型设计需要改变和优化产品不同的系统模式。

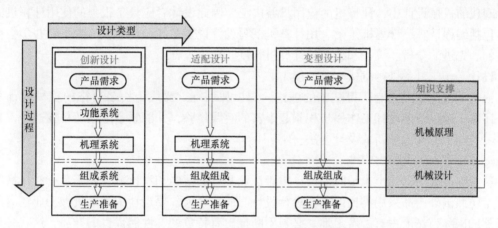

图 2-13　产品研发设计类型、产品系统模式和知识支撑的对应关系

在产品规划和概念设计阶段，也即产品功能系统和机理系统的拟定时，机械原理的知识是不可缺少的专业基础；而在产品结构设计阶段，也即产品组成系统的确定时，机械设计知识是主要的技术支撑（图 2-13）。

图 2-14 给出了机械原理与机械设计在产品研发过程中的地位和作用，由图可以看出：

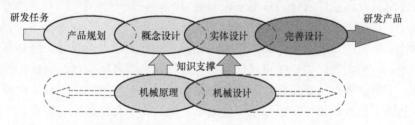

图 2-14　机械原理与机械设计在产品研发过程中的地位和作用

1）机械原理和机械设计都是产品研发过程中的重要专业基础知识和技能。
2）机械原理主要用于产品的概念设计，拟订产品的功能系统和机理系统。
3）机械设计主要用于产品的实体设计，确定产品的组成系统。
4）机械原理和机械设计随着产品研发的需要，交叉应用。

二、对设计者的基本要求

1. 掌握设计机械所需要的基本知识和能力

从前述的机械设计的要求、内容、过程和方法可知，一名机械设计师应该掌握比较全面的知识和技能。其中最基本和最主要的是：会进行各种常用机构的运动分析和力分析；会根据具体的应用场合选择机构和零件的类型，并正确地进行设计；会用图样表示出所设计的机械和零件。只有掌握了这些知识，才能使所设计的机械满足功能性要求和可靠性要求。

除此之外，设计者应了解机械制造的过程，了解零件毛坯的成形方法和机械加工方法，以及装配机械的知识。只有这样，才能使所设计的零件和机械能够并且易于制造和装配，能够满足经济性要求。设计者还应了解国家的有关法规，了解环保方面的知识，有一定的美学观念，才能使所设计的机械满足社会性要求。

现代的机械设计中，计算机的应用日益广泛，因此设计者应具备很强的使用计算机的能力，包括编程计算、计算机绘图、用计算机撰写设计说明书等；此外，还应了解并学会使用现成的、先进的分析、设计和绘图的计算机软件。

设计者还应具备进行机械实验的能力。

通过学校的学习只能获得基本的理论、知识和训练。要成为一名合格的机械设计工程师，还需要通过长期设计工作逐步积累起丰富的实践经验，并能紧紧地跟随科技进步，不断地学习各种新的知识和新的设计方法。

2. 具有创新意识和创新能力

新中国成立后的一个很长时期内，由于工业基础的薄弱和设计能力的不足，在机械制造中常常仿照国外产品采用类比的方法进行设计。而在今天，要想让中国的机械工业在竞争空前激烈的国际市场上占有一席之地，必须不断推出有特色的、性能优良的产品，这就必须开展自主设计。要使所设计的产品拥有自己的知识产权，就必须创新。创新是一个民族进步的灵魂。

为此，设计者应具有强烈的创新意识，要有强烈的求知欲望和创造冲动。这种创造冲动来源于对国家振兴和事业发展的强烈的责任感。创新意识的培养应贯穿于基础教育和高等教育的全过程，这也是当前中国教育界讨论的热点课题之一。

设计者还应具有创造性设计的基本知识和能力。

3. 具有团队精神和协调工作能力

一名设计者掌握的知识越多、实践越多，他独立工作的能力就越强。但是只有独立工作能力是不够的。一个大规模的机械设计任务不可能只靠一两名能工巧匠完成，而是需要很多人协同工作。卫星、航天飞机的设计和制造更是有数万人参与的巨型工程。此外，设计工程师还需要和制造工程师、销售工程师就一些问题共同讨论、交换意见。因此，除了独立工作能力之外，还要求设计者具有协调工作的能力，具有团队合作的精神。

4. 具有认真细致、一丝不苟的工作作风

设计是很细致的工作，设计中的数据必须准确，来不得半点马虎粗心。设计中的错误，在制造中可能造成巨大的浪费，在使用中会出现各种严重的问题。虽然在计算和绘图中使用了计算机，会使出现错误的概率减小，但并不能杜绝错误的发生。因为计算机是按程序运行的，而程序是由人来编写的。

三、关于机械原理课程和机械设计课程的学习

1. 在学好知识的基础上注重能力的培养

学习知识和培养能力，这两者是相辅相成的。掌握必要的知识量是具备能力的基础。所

谓能力，主要包括：自学能力，分析问题和解决问题的能力，创新能力。能力，不是有了知识就自然而然地能形成的，它需要自觉地去培养。

由于这两门课程的内容较多，课时有限，因此教师在授课时着重讲重点、讲难点、讲思路、讲方法。两门课程中都有一些基于数学、力学理论的重要公式的推演过程，机械设计课程中还有大量的资料性内容，这些都要求同学们在课外复习或课程设计时通过自学加以了解。提高了自学能力，才能在变化迅速的当今世界中及时地、不断地获取新知识。

要在教师的引导下，分清主次，分清哪些内容是要牢牢掌握的，哪些内容只需做一般了解。哪些是重要的基本理论和概念；哪些是一般的资料性知识，不需要记忆，设计时查阅手册即可解决的。应特别注意掌握的是：提出问题、分析问题和解决问题的基本思路和方法。只有具备了分析问题和解决问题的能力，才能成为一个学以致用的真正的人才。

创新能力的基础是知识的积累，厚积才能薄发。今天所应用的各种机构和零件，都是人类在长期的科学实验和生产实践中不断创新的结果。在学习中要注意这些机构和零件在历史中产生的类型变化，就能抓住很多灵感的火花，领略出一些创造性思维的脉络。而创新意识的强弱并不与知识的多寡成正比，它是一种思维的积极性，是一种精神状态。同学们应注意在课程学习过程中，特别是在课程设计时应自觉地培养创新意识和创新能力。此外，还建议学有余力的同学应选修机械创新设计等相关课程，并积极地参加课外科技活动。

2. 注意和先修课程的联系

机械原理和机械设计两门课程所需要的先修课知识主要包括数学、物理和力学。

机械原理课程虽然比物理和力学课更加贴近工程实际，但它仍是一门理论性较强的学科基础课。理论力学，包括运动学、静力学和动力学，是机械原理课程教学内容的直接基础。学好了理论力学，机构和机器的运动分析和力分析并不难掌握。因而，在机械原理课程的授课中不会在这些分析方法上花费很多时间，但又要求同学们很好地掌握。

机械设计课程比机械原理课程具有更强的实践性，它是一门综合性较强的学科基础课。理论力学和材料力学课程为机械零件工作能力设计提供了最主要的基础知识。除此之外，机械零件的设计还涉及材料的知识、制造的知识，涉及国家的技术经济政策，设计出的零、部件还需要用图样来表达。因此，机械工程材料、机械制造技术基础、机械制图这些课程都与机械设计课程有着密切的关系。

因此，在学习机械原理和机械设计这两门课程的时候，要注意到所讲授的内容和这些先修课程相关部分的联系；要注意复习相关的先修课程，特别是理论力学和材料力学的知识。

3. 将一般与特殊相结合，将理论与实际相结合

在机械原理课程中，要研究关于机构和机器的一般的共性理论，如机构结构学、机构运动学、机器动力学，也要研究各种常用机构（如连杆机构、凸轮机构等）的特殊问题。

各种机械零件虽然门类繁多，但并非支离破碎、无章可循。各种机械零件的设计，也有其一般规律。机械零件的失效形式、设计准则、设计方法、结构设计等也有其一般的共性理论。

共性理论和特殊问题在教材和授课中都自成系统，但它们本质上是互相密切联系的。在学习过程中应注意自觉地将一般的理论和方法与研究某种机构和零件时的具体运用密切地联系起来。这既是一般和特殊的结合，也是理论与实际的结合。

在日常能见到的各种生产机械、运输机械以及日用机械中，都能见到各种机构和零件的

大量应用实例，要善于观察、分析和比较，把所学的知识用于实际，就能达到举一反三的目的。本课程中的实验、课程设计，以及与本课程相关的机械设计竞赛和课外科技活动，也都给同学们提供了理论联系实际和学以致用的机会。

文献阅读指南

本章主要介绍了机械设计的要求、内容、过程和方法。

机械设计方法分为常规设计方法和现代设计方法。常规设计方法是本书后续各章中要详细介绍的内容。《机械工程师手册》第2版编辑委员会所编的《机械工程师手册》（2版，北京：机械工业出版社，2000）第五篇对机械设计有更详细的介绍。

现代设计方法的全面介绍基本上不属于本书的范围，在本章只作为初步了解性的内容做一拖要介绍。如需进一步了解，可参考潘兆庆、周济主编的《现代设计方法概论》（北京：机械工业出版社，1991），唐照民主编的《计算机辅助设计》（北京：机械工业出版社，1992）和牟致忠主编的《可靠性设计》（北京：机械工业出版社，1993）。

思 考 题

2-1 对机械设计有哪些基本要求？

2-2 一个好的机械设计工程师应该掌握哪些知识？

2-3 机械设计课程和哪些课程有联系？

习 题

试分析对家用卧式自动洗衣机、自动绘图机和轿车的设计应分别提出哪些功能性要求？

第二篇

机构的组成和分析

本篇研究机构的一般理论，包括机构的组成和机构的分析两部分。

机构的组成是研究机构的基础。在第三章"机构的组成和结构分析"中，重点对平面和空间机构的自由度计算和机构运动的确定性进行了论述，并阐明了机构运动简图绘制的目的、方法和步骤。简要地介绍了运动链的拓扑构造。探讨了机构的组成原理和结构分析。对单自由度平面低副机构的类型综合也做了扼要的叙述。

机构的分析包括运动分析和力分析两部分。

机构的运动分析不但用于分析现有机械的工作性能，而且是机构综合和动力分析的基础。在第四章"平面机构的运动分析"中，阐述了当已知原动件的运动规律时，如何确定机构其余构件的运动；主要介绍了速度瞬心法和解析法（重点论述了整体分析法，简单介绍了杆组法）；简单介绍了相对运动图解法。

在第五章"平面机构的力分析"中，主要阐明了动态静力分析法中的解析法，并介绍了机械效率和运动副中的摩擦及自锁；简述了考虑摩擦时机构的力分析方法。

第三章 机构的组成和结构分析

内容提要 ∨

　　本章主要阐述机构的组成以及机构运动简图绘制的目的、方法和步骤，对平面和空间机构的自由度计算和机构运动的确定性进行研究，并从结构的观点探讨机构的组成原理和结构分析。简要地介绍运动链的拓扑构造，对单自由度平面低副机构的类型综合做扼要的叙述。

第一节　机构的组成

　　早在 19 世纪中后期，德、俄等国学者已开始对机构的组成要素、组成方式以及分类方法等问题进行了研究，提出的诸如运动副等基本概念、机构自由度计算等基本方法一直沿用至今。20 世纪中期，俄国学者提出基本杆组的概念，以及相应的结构分析、运动分析等分析方法；美国学者将图论引入机构结构学的研究，通过描述机构的拓扑结构，使机构结构分析及型综合等方面的研究水平得以提升。我国学者近几十年中，在机构的组成原理及拓扑分析等方面进行了卓有成效的研究工作，也取得了许多有价值的研究成果。

　　机构是传递运动和力或者导引构件上的点按给定轨迹运动的机械装置。机构主要是由彼此间形成可动连接的基本元件组成。根据元件抗载能力的特性，通常将不发生弹性变形且能承受拉、压等载荷的元件称为刚性构件；将仅能传递拉力的元件（如带、索和链等）称为拉曳构件或挠性构件；而将仅在一个方向上具有抗载能力的元件（如液态、气态介质以及可塑性的或粒状的物质）称为压力（构）件。同时，将构件间的可动连接称为运动副。因此，机构的组成要素通常为构件和运动副。生产中所使用的各种机械均由一个或多个类型相同或不同的机构所组成。

一、构件

　　构件是组成机构的基本要素之一。构件是由一个或多个彼此无相对运动的零件组成的。从运动观点来说，构件是机构中的一个运动单元体，简称为杆。

　　图 1-12 所示为内燃机中的连杆，它由连杆体、连杆头等诸多零件组成。组成该构件的所有零件作为一个整体参与运动而彼此间均无相对运动；构件中的每一零件必须单独加工制作，因而从加工的观点来说，零件是制造的单元体。

　　有时，形成可动连接的两构件并不直接接触，而是通过中间物体相互连接，其间的物体

称为中间元件。被连接的构件间也常常会
附加弹簧等弹性元件，以便使连接构件间
相互压紧，或使中间元件与构件间保持接
触的力，从而保证可动连接正常工作。通
常将这种弹簧称为机构中的附加元件。

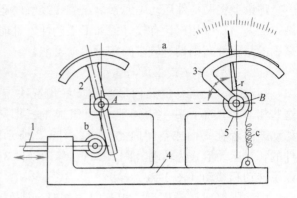

图 3-1 所示为一测量某种物理量的仪
表机构。被测量的物理量通过传感器（图
上未表示）作用于构件 1（测量杆），并
使之相对于固定构件（即机架 4）做往复
移动；构件 1 通过中间元件 b（滚子）与
构件 2（输入杆）相接触，并使之绕轴线
A 摆动；构件 2 又通过挠性件 a 与构件 3
（输出杆）相连，使其绕轴线 B 摆动。与

图 3-1　仪表机构
1—测量杆　2—输入杆　3—输出杆　4—机架　5—滑轮
a—挠性件　b—中间元件　c—弹簧　r—指针

构件 3 相固结的指针 r 可指示被量度的物理量大小。附加元件为弹簧 c，滑轮 5、指针 r 均为
组成构件 3 的零件。

二、运动副

运动副是组成机构的另一基本要素。机构是由许多构件组合而成的，每个构件都以一定
方式与其他构件相互连接。显然，这种连接不应是刚性的，彼此间应能产生某种形式的相对
运动。通常将两个构件直接接触而又能产生相对运动的连接称为运动副。图 3-1 中构件 1 和
b、2 和 4、3 和 4，以及构件 1 和 4 间均构成了运动副。

（一）运动副元素

两构件组成运动副，并不是整个构件均参与接触。因此，通常将运动副中两构件能参与
接触的几何元素（点、线与面）统称为运动副元素。

图 3-2 表示了几种运动副元素。图 3-2a 中构件 1 的圆柱孔和构件 2 的圆柱销相接触，
其运动副元素为圆孔面和圆柱面，两构件做相对转动；图 3-2b 中两构件 1 和 2 分别以矩形
孔和棱柱面相接触，其运动副元素为平面，两构件做相对移动；图 3-2c 中两构件 1 和 2 分
别以曲面 aa 和 bb 相接触，其运动副元素为两曲面，以线相接触，两构件既能以接触线 PP
为轴线做相对转动，又可沿两曲面的切平面 tt 方向做相对移动。显然，运动副元素的几何形
状决定了两构件的相对运动形式。

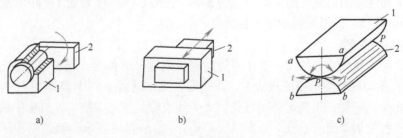

a)　　　　　　　　　　b)　　　　　　　　　　c)

图 3-2　运动副元素
a）圆柱面　b）平面　c）曲面

理论上将两构件运动副元素以点或线接触的运动副称为高副，做面接触的运动副称为低副。低副与高副相比，有较好的加工工艺性，且能承受较大的载荷，磨损也较轻；而在组成高副的两构件间则具有较多的相对运动可能。

（二）运动副的自由度与约束度

运动副（元素）的几何形状和接触情况决定了相连接构件间相对运动的可能和形式，这些相对运动是由一些基本运动所组成的，即转动、移动或两者在平面或空间内的合成。图 3-2 所示两构件的相对运动形式为转动（图 3-2a）、移动（图 3-2b）以及转动和移动（图 3-2c）。

两构件组成运动副后，相互间的相对运动便会受到某些限制，这些限制称为相对约束度或简称为约束度，以符号 s 表示；而尚存的相对运动称为运动副自由度或活动度，以符号 f 表示。设有构件 1 和 2，若将构件 2 与图 3-3 所示直角坐标系相固连，则当构件 1 尚未与构件 2 组成运动副时，它在坐标系中相对构件 2 的运动完全是自由的，构件 1 相对构件 2 的每一个自

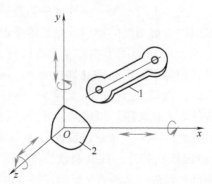

图 3-3　构件的自由度

由度都对应着沿某一坐标轴的移动或绕某一坐标轴的转动。设每一自由度或相对运动都是独立的，则构件 1 相对构件 2 能分别产生沿三个坐标轴的移动和绕三个坐标轴的转动，故构件 1 所具有的自由度 $f=6$。若构件 1 和 2 组成运动副，则必然对构件间的相对运动添加了 s 个限制或 s 个约束度，因而构件 1 或 2 所具有的自由度 $f<6$，也就是说，由运动副所引入的约束度必然是构件所丧失的自由度，即运动副的自由度应为两构件构成可动连接后一构件相对另一构件的自由度，且满足

$$s+f=6 \qquad\qquad (3-1)$$

同理，设有两个做平面运动的构件 1 和 2，若将构件 2 与直角坐标系相固连，则当构件 1 尚未与构件 2 组成运动副时，构件 1 在平面内的运动是自由的，它具有的自由度 $f=3$。组成运动副后，由于添加了 s 个约束度，必然使构件间的某些独立的相对运动受到限制。构件 1 的自由度 f 必将减少，即 $f<3$，但满足

$$s+f=3 \qquad\qquad (3-2)$$

当两构件用运动副相连后，通常将其相对运动具有空间运动性质的运动副称为空间运动副；而将具有平面运动性质的运动副称为平面运动副。由式（3-1）和式（3-2）可知，空间运动副和平面运动副的最大约束度分别为 5 和 2；最小约束度均为 1。相应地，空间运动副的自由度 $f=1\sim5$；而平面运动副的自由度 $f=1\sim2$。

（三）运动副类型

通常将运动副所能施加的约束度作为运动副类别编号的依据。当约束度 s 分别为 5、4、3、2 和 1 时，运动副的类别相应地为 Ⅴ、Ⅳ、Ⅲ、Ⅱ 和 Ⅰ 类，即 Ⅴ 类运动副（或简称 Ⅴ 类副）可提供 5 个约束度；Ⅳ 类运动副可提供 4 个约束度，依此类推。在机构中所出现的对应于 Ⅴ、Ⅳ……各类运动副的数量，分别以 p_5、p_4、p_3、p_2 和 p_1 表示。运动副除了按其约束度加以分类外，也常根据两构件间相对运动的形式进行命名，如两构件能彼此产生相对转动、相对移动或螺旋运动等的运动副分别称为转动副、移动副或螺旋副等。还可根据两构件间的

相对运动性质是否为平面运动或空间运动而将运动副分为平面运动副或空间运动副。在空间机构中必然会采用各种类型的空间运动副，如球面副和圆柱副等；而在平面机构中一般采用转动副、移动副和平面高副等平面运动副。

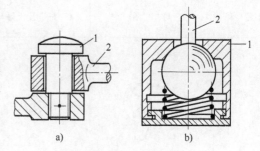

运动副元素间有效表面的接触以及所期望的构件间的相对运动，可通过运动副元素的几何形状或外力加以保证，常称之为几何（形）锁合（闭锁或封闭）或力锁合。几何锁合可由运动副元素的结构特性来保持两构件的运动副元素互不分离；而力锁合则可以采用重力、弹簧力或气、液力来保证两构件运动副元素的接触。图 3-4a、b 分别为构件 1 和 2 间的几何锁合和利用弹簧的力锁合。

图 3-4　运动副的锁合方式
a) 几何锁合　b) 力锁合

常用运动副的类型及简图符号见表 3-1。

表 3-1　常用运动副的类型及简图符号

名　称	简　图	符号及代号[1]	自由度	约束度	相对运动数		类　别
					许可转动	许可移动	
空间点高副			5	1	3	2	I
空间线高副	直线接触		4	2	2	2	II
	圆弧接触				3	1	
球面副		(S)	3	3	3	0	III
平面副		(E)	3	3	1	2	III

（续）

名　称	简　图	符号及代号①	自由度	约束度	相对运动数		类　别
					许可转动	许可移动	
球销副	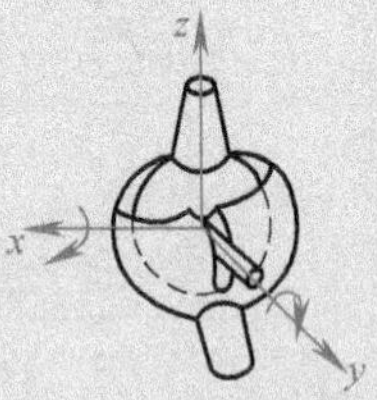 (S′)		2	4	2	0	Ⅳ
圆柱副	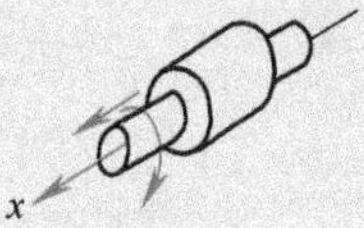 (C)	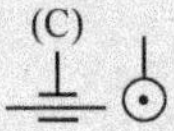	2	4	1	1	Ⅳ
平面高副	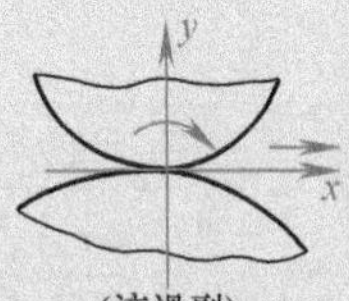 (滚滑副)	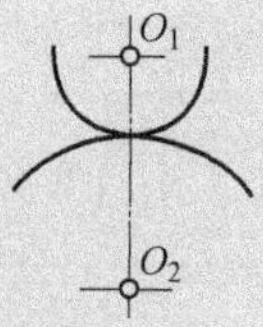 O_1 O_2	2	4	1	1	Ⅳ
转动副	 (R)	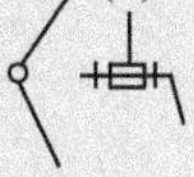	1	5	1	0	Ⅴ
移动副（棱柱副）	 (P)	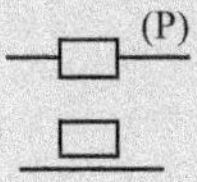	1	5	0	1	Ⅴ
螺旋副	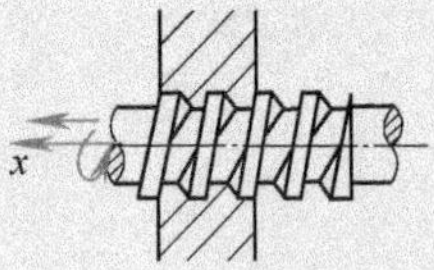 (H)	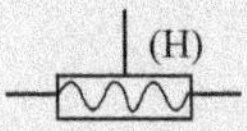	1	5	1 (0)	0 (1)	Ⅴ

① 表中符号：S—Spherical，E—Even，C—Cylindrical，R—Rotary，P—Prismatic，H—Helical，S′—Sphere-pin。

三、运动链

　　运动链是各构件用运动副相连而成的系统。设构件上的运动副数以符号 α 表示，则 $\alpha = 1$ 的构件称为单副杆，如轴上自由旋转的轮子；$\alpha = 2$ 的构件称为双副杆；$\alpha > 2$ 的构件称为多副杆或基础构件。在运动链结构简图中，常用简单的线条（如直线）和图形（如三角形等）来表示不同 α 时的构件。图 3-5a、b 分别为双副杆和三副杆的表达方式。单副杆和双副杆常用直线段表示，而基础构件或多副杆常用三角形、四边形等表示。

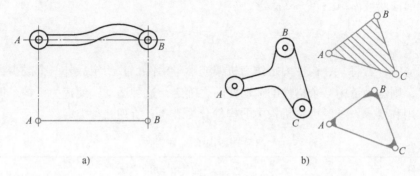

图 3-5 运动链中的构件

a）双副杆 b）三副杆

当组成运动链时，如果运动链中每个构件至少包含两个运动副元素，则各构件形成首尾封闭的系统，这种运动链称为闭式运动链或闭（式）链；如果运动链中至少有一个构件仅包含一个运动副元素，因而未构成首尾封闭的系统，这种运动链称为开式运动链或开（式）链；兼有开链和闭链的运动链称为混合运动链。图 3-6a、b、c 分别表示了闭式链、开式链和混合链。闭式链广泛用于各种机械，开式链则主要用于机械手等多自由度机械。

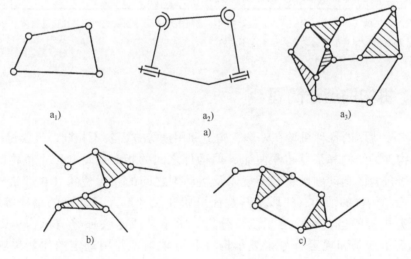

图 3-6 运动链类型

a）闭式链 b）开式链 c）混合链

在闭式运动链中存在一个或多个由不同构件组成的闭合回路，图 3-6a_1、a_3 分别表示了具有一个和三个回路的运动链。设链中运动副数为 p，构件数为 n，闭合回路数（环数）为 k，则由图 3-6a_1、a_3 可知，单环运动链的构件数 n 与运动副数 p 相等，而多环运动链可以认为是在单环运动链基础上叠加了 p 副和 n 杆之差等于 1 的运动链所组成，由此可推算出

$$p = n + k - 1 \tag{3-3}$$

式中，p 为运动链中的运动副数；n 为运动链中的杆数；k 为运动链中的环数（回路数）。对于开式链，因回路数 $k=0$，故 $p=n-1$。

四、机构

在运动链中，若将某一构件固定作为机架或参考构件，并给定另外一个或少数几个构件的运动规律，则运动链中其余构件的运动便随之确定，这种运动链便成为机构。按照构件在机构中的作用和要求，一般可将机构中的构件分为表 3-2 所列几种类型。

表 3-2　机构中的构件类型

构 件 名 称	构件的作用和要求
机架（参考构件）	机构中视为不动的构件[1]，用于支承和作为研究其他构件运动的参考坐标
输入（主动）件	机构中运动规律为给定或已知的一个或几个构件
从动件	其运动规律取决于机构形式、机构运动尺寸或参数以及主动件运动规律；除主动件以外的所有可动构件均可视为从动件
输出件	机构中具有期望运动规律或运动要求的从动件
传动件	在主动件和输出件间传递运动和动力的所有构件
导引件	在机构中具有给定位置或轨迹要求的所有构件
原动件	由外界输入驱动力或驱动力矩的构件

[1] 一般情况下，机械（构）安装在地面上，机架相对于地面固定不动。如果机架安装在运动物体（如车、船、飞机等）上，那么机架相对于该运动物体是固定不动的。

第二节　机构的运动简图

生产中实际使用的各种机械在外形、构造和用途等方面各不相同，组成机械的各种机构以及各个构件的结构和形状也很复杂，但构件之间的相对运动和整个机构的运动状态仅与机构中所包含的运动副数量、类型以及运动副之间的相对位置（也即机构的运动尺寸）有关，而与构件的结构、外形及其截面形状和尺寸以及运动副的结构等因素无关。因此，在研究机构的运动时，为了便于分析，常不计或略去那些与机构运动无关的因素，而仅用简单线条和规定符号来表示构件和运动副，并用选定的比例尺画出各运动副间的相对位置，如转动副中心间的距离和移动副导路中心线位置等。这种表明机构类型和运动特征的简单图形称为机构运动简图。不按尺寸比例绘制的机构图形称为机构示意图。

（一）机构运动简图中常用的规定符号

表 3-3 列出了机构运动简图常用的规定符号。

（二）绘制机构运动简图的步骤和方法

1）绘制机构运动简图时首先应恰当地选择投影面。该投影面应与机构中大多数构件的运动平面平行，必要时也可选择两个或更多的投影面，然后展示到同一图面上。

表3-3　机构运动简图常用的规定符号

名称	符号	说明	名称	符号	说明
单副元素构件		构件1与相邻构件2在平面或空间内组成转动副	双副元素构件		构件1（偏心轮）分别与相邻机架2和构件3组成转动副
		机架1与相邻构件2在平面或空间内组成转动副			构件1分别与相邻构件2和3组成移动副
		构件1与相邻构件2组成移动副	三副元素构件		基础构件1分别与相邻构件2、3和4组成转动副
		构件1与相邻构件2组成球面副			三个转动副的中心位于同一直线上
双副元素构件		构件1分别与相邻构件2和3在平行平面或空间内组成转动副			三副元素构件的另一种表达方法
		构件1分别与相邻的机架2和构件3在平面或空间内组成转动副			基础构件1分别与相邻构件2、4和3组成转动副和移动副

（续）

名称	符号	说明	名称	符号	说明
常用传动机构		外啮合圆柱齿轮传动	常用传动机构		内啮合圆柱齿轮传动
		齿轮齿条传动			锥齿轮传动
		蜗杆传动			棘轮传动
		凸轮传动			装在支架上的电动机
		带传动			链传动

2）确认机架、输入构件和输出构件。

3）搞清机构运动传递路线。标出机架和主动件，按照机构运动传递路线，分清有几个活动构件，各实现何种形式的运动，并标上构件序（件）号。应注意，某些构件在机构中的运动量是很微小的；某些起调节作用的构件在调节机构运动时是活动构件，而当调节过程完成后即成为固定构件。

4）沿运动传递路线逐一分析每两相邻构件的相对运动形式，确定运动副的类型和数目。

5）确定与机构运动特性相关的运动要素：运动副间的相对位置，如转动副中心的位置和移动副导路的方位；高副的廓线形状，包括其曲率中心和曲率半径等。同一构件（如双副元素杆）上转动副中心间的连线即代表该构件，常称为杆长。

6）选取适当的长度比例尺 μ_l。μ_l = 实际尺寸（m）/图面尺寸（mm），用规定符号绘出相应于主动件某一位置时的机构运动简图。在不致产生歧义的情况下，也可以使用习惯画法绘制运动副符号。

7）在主动（输入）构件和输出构件上标出其运动形式和方向。

表 3-4 给出了几个绘制机构运动简图的图例。

表 3-4 绘制机构运动简图的图例

名称	机构结构简图	机构运动简图	绘制的步骤和方法
冲压机构			1) 取与视图面平行的平面为机构运动简图的投影面 2) 机构共有四个构件,分别标上件号:其中构件 1 为机架,构件 2(由曲轴 2′、键 2″和偏心轮 2‴等零件组成)为主动件,绕定轴线 A 转动;装有冲头的从动滑块 4 做往复冲压运动,构件 3 为连接主动件 2 和从动件 4 的连杆,做平面运动 3) 相邻构件间的相对运动形式为:主动件 2 与机架 1 组成转动副 A;构件 2 与连杆 3 组成转动副 B;连杆 3 与滑块 4 组成转动副 C;滑块 4 与机架 1 组成移动副,导路中心线 mm 通过轴心 A 4) 选定比例尺 μ_l 后以主动件 2 的竖直位置作为画图位置,用规定符号画出机构运动简图
压力机			1) 取与视图面平行的平面为机构运动简图的投影面 2) 机构由九个构件组成:当主动件 1(由曲轴和齿轮固连)转动时,通过连杆 2、移动导杆 3 使连杆 4 上的点 C 获得确定运动;与此同时,主动件上齿轮 6(与从动齿轮固连),绕轴线 O_6 转动,连杆 4 获得确定的平面运动,连杆 4 带动滑块 7 使连杆 8 上下移动 3) 主动件 1 和凸轮 6 分别和机架 9 组成转动副;杆 8 和杆 3 分别和机架 9 组成移动副;杆 3 分别和杆 2、4 组成转动副,杆 7 和杆 1 的转动副中心为杆 1 上偏心轴的儿何中心 A;杆 7 分别和杆 4、8 组成移动副和转动副;凸轮 6 与从动齿轮 5 以及一对外啮合齿轮作分别组成高副 4) 选定比例尺 μ_l 和作图位置,按实际尺寸和作 μ 绘制机构运动简图

（续）

名称	机构结构图	机构运动简图	绘制的步骤和方法
液压泵机构			1) 取与视图面平行的平面为机构运动简图的投影面 2) 机构共有四个构件：其中圆盘1为主动件，绕固定轴线A转动，并带动柱塞2做平面运动；柱塞2带动构件3在泵体（机架）4中绕固定轴线C做复摆动；当构件3的右侧孔中在复摆动；当构件3底部小孔对准泵体4的圆孔中心时，将油吸入；对准左侧孔时，将油排出 3) 构件1和机架4组成转动副A；构件1和2组成转动副B；构件2和3组成移动副；构件3和4组成转动副C 4) 选定比例尺μl和作图位置，按实际尺寸和μl绘制机构运动简图
颚式破碎机			1) 取与视图面平行的平面为机构运动简图的投影面 2) 机构由四个构件组成：轴1及与其固结的偏心轮绕固定轴线B转动，偏心轮几何中心为B；动颚板2由偏心轮2绕带动做一般平面运动；与摆杆3相连的动颚板带动摆杆3绕固定轴D做复摆动 3) 杆1和杆2是通过中间元件（滚动轴系）而组成的转动副B；杆3两端运动副元素为弧面，与相邻构件2和4也分别组成转动副C和D 4) 选定比例尺μl和作图位置，按实际尺寸和μl绘制机构运动简图

（三）机构运动简图的识别

机构运动简图是剔除了机械中与运动无关的因素而简洁地表示机械运动特征的图形。但无论是由实际机械所绘制出的机构运动简图，还是新设计的机构运动简图，都会因运动副绘制或表达方式的不同而使同一机构所绘出的机构运动简图形态不尽相同，从而不利于对机构进行分析。为此，必须正确识别各种机构运动简图。

1. 由于移动副绘制和表达方法的不同而出现的简图"差异"

组成移动副的两构件做相对移动时，相对移动的方向仅取决于移动副的方位，而与移动副两元素（包容面和被包容面）的具体形状和位置无关。因而移动副两元素之一以长方框表示滑块，另一元素以直线表示导杆，它可以是固定导杆而成为机架，也可以是具有其他运动形式的摆动导杆、转动导杆或移动导杆。由于对哪个构件上的移动副元素以长方框或直线表示未做统一规定，导路位置又未限定，所以具有这种移动副的机构可绘制成几种不同的图形，从直观上会感到有所差异。图 3-7 中 b、c、d、e 所示四种具有移动副的机构运动简图实际上表示了同一种机构（图 3-7a）。在这些机构中，相邻构件所组成的运动副类型保持不变；当绘制由构件 2 和 3 组成的移动副时，可以将构件 2 作为导杆，构件 3 作为滑块（图 3-7b、c），也可将构件 2 作为滑块，构件 3 作为导杆（图 3-7d、e）；这样做的前提是，构件 2 和构件 3 所组成的移动副导路方位或导路中心线方向应保持相同，图示机构中为直线 $BO_3 // AK$。

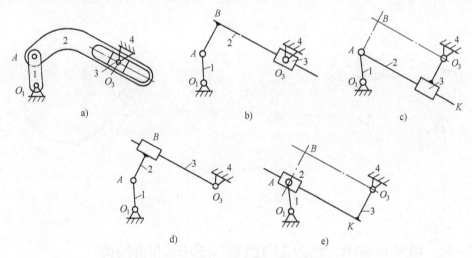

图 3-7　机构中移动副的不同绘制方法

图 3-8a、b 均为牛头刨床主运动机构的运动简图，两图在画法上虽有不同，但所表示的机构各构件间的相对运动完全相同。在绘制简图时仅将构件 3 和 4 的包容面和被包容面做了更替，并将图 3-8a 中由构件 3 和 4 组成的移动副移到了图 3-8b 所示机构的下部，以便于润滑和使机构结构更趋合理。

2. 由于转动副元素尺寸变化而出现的简图"差异"

两个不同形状的构件组成转动副时，不论构件外形以及转动副元素尺寸是否改变，只要两构件组成的转动副中心保持不变，则两构件的相对运动性质是相同的。

图 3-9a 所示为一由四个构件组成的机构简图，图 3-9b 所示为其运动简图，图 3-9c 所

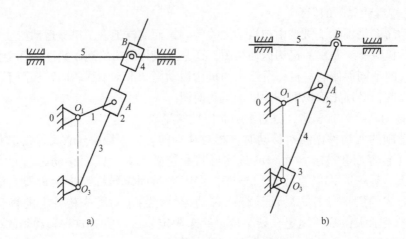

图 3-8　牛头刨床的主体机构

示为对应于同一运动简图的另一个机构简图。在图 3-9c 所示的机构中，构成运动副 B 的构件 2 和 3 的运动副元素已由图 3-9b 所示的销轴和销孔扩大为圆盘和圆环。由此可知，当保持转动副中心位置不变而仅改变构件形状和运动副元素尺寸时，即可得到对应同一机构运动简图的不同机构结构简图；当原设计机械的空间尺寸受限而不允许在运动副中心（如图3-9b所示 B 处）有构件实体存在时，可采用图 3-9a 所示的机构结构。

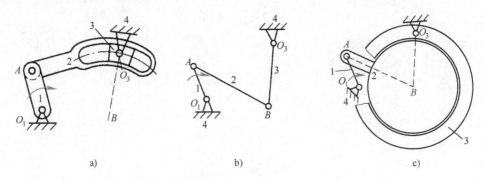

图 3-9　机构中转动副的构形变化

第三节　机构的自由度和机构具有确定运动的条件

一、机构的自由度

（一）构件的自由度

一个在平面内不受任何约束的做平面运动的自由构件，在平面参考坐标系 Oxy 内，其运动可分解为沿 x 轴和沿 y 轴的独立移动以及绕垂直于 xOy 平面的轴的独立转动。因此，要确定该构件在平面中的位置需要三个独立的位置参数。如图 3-10a 所示平面运动构件，取其上任一标线 AB，三个独立的位置参数分别为构件标线上 A 点的坐标（x_A，y_A）以及标线 AB 相对 x 轴的倾角 θ。对图 3-10b 所示在空间不受任何约束而做空间运动的自由构件，在参考坐

标系 $Oxyz$ 内，其运动分别为绕 x、y 和 z 轴的独立转动以及沿这三个坐标轴的独立移动。因此，确定该构件在空间中的位置需要六个独立的位置（运动）参数。设取空间运动构件上的标线为 AB，则其位置参数应为 A 点的坐标（x_A，y_A，z_A）和该标线 AB 相对以 A 点为原点的三个坐标轴 Ax'、Ay' 和 Az' 中任意两轴的夹角（图示为相对 Ax' 和 Ay' 轴的夹角 α 和 β），以及构件绕该标线 AB 由某一位置算起的转角 γ。

　　确定平面或空间运动构件位置所需的独立位置（运动）参数的数目称为构件的自由度。因此，平面和空间运动构件分别具有三个和六个自由度。

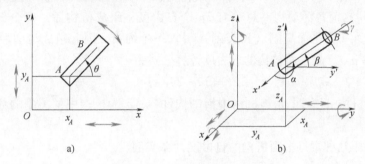

图 3-10　构件自由度和位置参数

a）平面运动构件　b）空间运动构件

（二）机构的自由度

　　机构的自由度是机构中各构件相对机架所具有的独立运动的数目，或组成该机构的运动链的位形相对于机架或参考构件所需的独立位置参数的数目，通常以符号 F 表示。

　　如图 3-11a 所示平面四杆机构，只要使主动杆 1 以给定的运动规律由位置 AB_1 运动至位置 AB_2 时，其余构件的运动和位置便完全确定，或者说该四杆机构的位形完全由一个位置参数 θ_1 确定，因而该机构的自由度 $F=1$。而对图 3-11b 所示平面五杆机构，当主动杆 1 的运动规律或其位置确定后，其余构件的运动或位置尚无法确定，如机构位形可以为 $AB_1C_1D_1E$，也可以为 $AB_1C_2D_2E$。因此，只有同时给定杆 1 和杆 4 的独立运动或独立位置参数（如图 3-11b 所示参数 θ_1 和 θ_4）时，其余构件的运动或位置才能确定。因此，该五杆机构的独立运动的数目或独立位置参数为 2，即该机构的自由度 $F=2$。

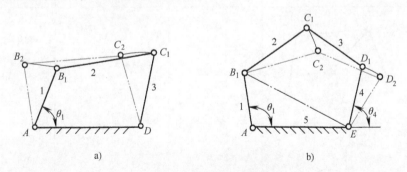

图 3-11　机构自由度

a）平面四杆机构　b）平面五杆机构

　　机构的自由度一般与各构件的运动尺寸和功能无关，而与机构中的构件数、运动副数和类型以及运动副间的相互配置有关。

二、平面机构的自由度

（一）平面机构自由度计算公式

在平面机构中，各构件的运动均限制在同一平面或平行平面内。组成运动副前每一构件的自由度均为 3，连接各构件的运动副大多采用转动副、移动副和平面高副。

设一个由 N 个构件组成的运动链，其中 V 类副（低副）的数目为 p_5 个；Ⅳ类副（平面高副）的数目为 p_4 个；在 N 个构件中取一个作为机架或参考构件，故机构中活动构件数为 $n = N - 1$。组成机构前各活动构件总计有 $3n$ 个自由度；组成机构后，每个低副（V 类副）引入两个约束，而每个平面高副（Ⅳ类副）引入一个约束，因此组成机构后总计引入的约束数应为 $(2p_5 + p_4)$，故平面机构的自由度计算公式为

$$F = 3n - 2p_5 - p_4 \tag{3-4}$$

式中，F 为平面机构自由度；n 为机构中活动构件数；p_5 为机构中 V 类副的数目；p_4 为机构中Ⅳ类副的数目。

表 3-5 给出了几种常见平面机构的自由度计算实例。

表 3-5 平面机构自由度计算实例

名　称	机构运动简图	构件、运动副数	自由度计算	说　　明
曲柄滑块机构		$N = 4$ $n = 3$ $p_5 = 4$ $p_4 = 0$	$F = 3n - 2p_5 - p_4$ $= 3 \times 3 - 2 \times 4 = 1$	机构有一个自由度，可取构件 1 为主动件，独立位置参数为 θ_1
铰链五杆机构		$N = 5$ $n = 4$ $p_5 = 5$ $p_4 = 0$	$F = 3 \times 4 - 2 \times 5 = 2$	机构具有两个自由度，可选定两个主动件 1 和 4，独立位置参数为 θ_1 和 θ_4
五杆运动链		$N = 5$ $n = 4$ $p_5 = 6$ $p_4 = 0$	$F = 3 \times 4 - 2 \times 6 = 0$	该运动链自由度为零。不能产生相对运动的运动链，无法作为机构
凸轮机构		$N = 3$ $n = 2$ $p_5 = 2$ $p_4 = 1$	$F = 3 \times 2 - 2 \times 2 - 1 = 1$	该机构包含平面高副，自由度为 1。通常取凸轮 1 为主动件，独立位置参数为 θ_1

（续）

名　称	机构运动简图	构件、运动副数	自由度计算	说　明
凸轮连杆机构		$N=8$ $n=7$ $p_5=9$ $p_4=1$	$F=3\times7-2\times9-1=2$	该机构是组合机构，自由度为2。通常取杆1和7为主动件，独立位置参数为 θ_1 和 θ_7

（二）计算平面机构自由度时的注意事项

应用式（3-4）计算平面机构自由度时，必须正确了解和处理下列几种特殊情况，否则将不能算出与实际情况相符的机构自由度。

1. 复合铰链

复合铰链是指由 m 个构件构成的一组同轴线转动副。图 3-12a 表示了三个构件在运动简图上 A 处组成转动副，但它应视为分别由构件 1 和 2 以及构件 1 和 3 组成的转动副，如图 3-12b 所示。图 3-12c 为其结构简图。因此，在 A 处的转动副数应计为 2。若由 m 个构件在运动简图上的同一处构成复合铰链，则其转动副数应为（$m-1$）个。

2. 局部自由度

在某些机构中，常常存在某些不影响输入件与输出件之间运动关系的个别构件的独立运动的自由度。通常将这种自由度称为局部自由度或多余自由度，并以符号 f' 表示。在计算机构自由度时，应将此局部自由度除去不计。为此，可在平面机构自由度计算公式（3-4）中附加一修正项，即

$$F=3n-2p_5-p_4-f' \tag{3-5}$$

式中，f' 为机构中所存在的局部自由度数。

图 3-13a 所示为滚子直动推杆盘形凸轮机构，推杆 3 端部的滚子 2 绕轴线 B 的独立转动不影响输入凸轮 1 和输出构件 3 之间的运动关系。由图可知，机构中的 $n=3$、$p_5=3$、$p_4=1$，且局部自由度数 $f'=1$，故该机构的自由度 $F=3\times3-2\times3-1-1=1$。有时也可如图 3-13b 所示，先将滚子 2 与推杆 3 刚性固连，此时 $n=2$、$p_5=2$、$p_4=1$，然后计算机构自由度 F，则 $F=3\times2-2\times2-1=1$。

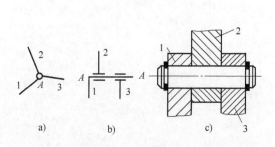

图 3-12 复合铰链

a）复合铰链 b）实际构成 c）结构简图

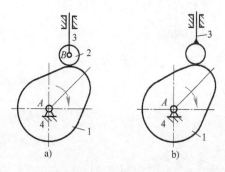

图 3-13 局部自由度

a）含有局部自由度的机构 b）除去局部自由度的机构

机构中的局部自由度常用于以滚动摩擦代替滑动摩擦来提高机械效率以及减少高副运动副元素的磨损。

3. 虚约束

机构的自由度不仅与机构中的构件数以及运动副的数目和类型有关，而且与运动副间的相互配置，也即与转动副间的距离、移动副的方位以及高副元素曲率中心位置和接触点（线）的法线方位有关，而机构自由度计算公式未能计及这些几何条件的影响。但在特定的几何条件下，机构中由某些运动副所提供的约束及其限制作用往往是重复的，因而这些约束对机构的运动实际上并未真正构成约束或不起独立的限制作用，通常将这种约束称为虚约束。在计算机构自由度时，必须先去除这些虚约束，然后再按机构自由度公式进行计算。机构中所出现的虚约束常发生于下列几种情况和场合。

（1）连接点的轨迹相重合　如果将以运动副相连接的两个构件在连接处拆开后，两构件各自连接点处的运动轨迹依然重合，则该运动副（连接）引入的是一个虚约束。表 3-6 列出了两种具有虚约束的机构及其自由度的计算。

表 3-6　具有虚约束的机构及其自由度计算

机构运动简图	几 何 条 件	机构自由度计算	虚 约 束	机构实际自由度
	$AB//CD//EF$ 和 $\overline{AB}=\overline{CD}=\overline{EF}$	对图 a 所示机构 $n=4$ $p_5=6$ $p_4=0$ $F=3\times4-2\times6=0$	1）在运动副 E 处拆开构件 2 和 4 2）构件 2 上 E_2 点的轨迹和构件 4 上 E_4 点的轨迹重合，均为以点 F 为圆心、$\overline{EF}$（$=\overline{AB}=\overline{CD}$）为半径的圆 ee	1）去除杆 4 和转动副 E、F，相当于去除了对机构起限制作用的一个约束 2）由图 b 所示机构得 $n=3$，$p_5=4$，$F=3\times3-2\times4=1$
	$\overline{AB}=\overline{BC}=\overline{BE}$	对图 a 所示机构 $n=4$ $p_5=6$ $p_4=0$ $F=3\times4-2\times6=0$	1）在运动副 E 处拆开杆 2 和 5 2）杆 2 上的 E_2 点和杆 5 上的 E_5 点轨迹重合，均为过点 A 的直线 ee	1）去除杆 5 和转动副 E 以及杆 5 和机架 4 组成的移动副，相当于去除了对机构起限制作用的一个约束 2）由图 b 所示机构得 $n=3$，$p_5=4$，$F=3\times3-2\times4=1$

（2）两点间的距离始终保持不变 若机构运动时两不同构件上两点间的距离始终保持不变，在该两点间添加一个构件且以两转动副分别和两构件相连，则会使机构引入一个虚约束。如图 3-14 所示，因机构尺寸满足 $AE /\!/ FD$ 且 $\overline{AE} = \overline{FD}$，所以当机构运动时，杆 1 上的 E 点和杆 3 上的 F 点之间的距离始终保持不变，因而由杆 6 和两个转动副 E、F 所引入的是一个虚约束，在计算机构自由度时应将此构件和两转动副去除。机构去除杆 6 和转动副 E、F 后计算得 $n = 5$，$p_5 = 7$，故 $F = 3 \times 5 - 2 \times 7 = 1$。

（3）两构件在多处组成运动副且满足特定的几何条件时会出现虚约束 计算机构自由度时应仅考虑一处（个）运动副的约束作用。

1）两构件在多处组成转动副，且转动副轴线相互重合。图 3-15a 所示为一对外啮合齿轮传动，轮 1 和轮 2 分别安装于轴 Ⅰ 和 Ⅱ 上，并同固定构件 3 分别组成轴线相重合的转动副 A 和 A' 以及 B 和 B'。计算机构自由度时，应仅考虑转动副 A 和 B（或 A' 和 B'），其余视为虚约束。

2）两构件在多处组成移动副，且其导路中心线相重合或平行。图 3-15b 所示为带有移动副的四杆机构，其中移动导杆 3 和机架 4 在 D 和 D' 处分别组成移动副，且两处移动副导路中心线相互重合（也可相互平行）。计算机构自由度时，应仅考虑其中一处的移动副，其余视为虚约束。

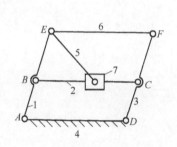

图 3-14 机构虚约束（点距不变）

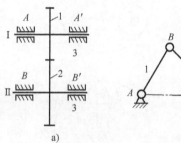
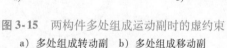

图 3-15 两构件多处组成运动副时的虚约束
a）多处组成转动副 b）多处组成移动副

3）两构件在多处组成平面高副，且高副元素接触处的公法线相重合。图 3-16a、c 分别表示了由构件 1 和 2 组成的渐开线齿轮啮合副和凸轮副，它们的高副元素同时在 A 处和 B 处接触，且接触处的公法线 nn 相重合。在计算机构自由度时，应仅计算某一处高副的约束度，其余视为虚约束；图 3-16b 为由构件 1 和 2 在 A 和 B 处组成的复合高副，运动副元素接触处的公法线 nn 和 $n'n'$ 不重合，因此不存在虚约束，其约束度相当于 Ⅴ 类运动副，计算机构自由度时应计入。

（4）对称或重复结构 在机构的输入与输出构件之间经常采用多组完全相同的运动链来传递运动。因此，从机构自由度来说，这时仅有一组运动链起独立传递运动或实际约束的作用，其余各组均为虚约束。在计算机构的实际自由度时也应将这些虚约束去除。图 3-17a_1、b_1 分别表示了周转轮系机构和冲压机构。为了卸载和受力均衡，分别采用了三组和两组对称布置的运动链。为了得到与实际情况相符的机构自由度，应根据图 3-17a_2、b_2 所示仅由一组运动链构成的机构进行机构自由度计算。

机构中的虚约束都是在某些特定的几何条件下出现的，有些虚约束的判断是较困难的。

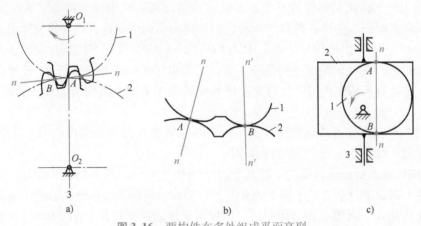

图 3-16　两构件在多处组成平面高副

a）渐开线齿轮啮合副　b）复合高副　c）凸轮副

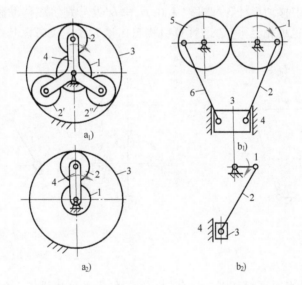

图 3-17　具有对称或重复结构的机构虚约束

a_1）三组运动链的周转轮系机构　a_2）单组运动链的周转轮系机构

b_1）双组运动链的冲压机构　b_2）单组运动链的冲压机构

在机构中采用或引入虚约束的目的在于增加构件的刚度，使构件受力均匀，改善平衡，渡过机构死点以及满足工作要求（如泵的空间分隔或多轴输出）等。但必须注意，对具有虚约束的机构应提高其制造和装配精度，以免使虚约束转化为实际约束，导致机构自由度减少而造成机构卡死或无法运动。

三、空间机构的自由度

（一）空间机构自由度计算公式

在空间机构中，通常采用的运动副类型是从Ⅴ类副到Ⅰ类副；而组成运动副的各构件之间的相对自由度是从 1 到 5，故空间机构的自由度计算公式可表达为

$$F = 6(N-1) - 5p_5 - 4p_4 - 3p_3 - 2p_2 - p_1 \tag{3-6}$$

或
$$F = 6n - \sum_{i=1}^{5} ip_i \tag{3-7}$$

式中，N 为机构中总的构件数；n 为机构中活动构件数；p_i 为第 i 类运动副的数目；i 为第 i 类运动副的约束度（$i=1$，2，3，4，5）。

图 3-18 所示为自动驾驶仪操纵装置内使用的空间四杆机构。主动活塞 2 相对缸体 1 移动时，通过连杆 3 使摇杆 4 相对机架 1 摆动。活动构件为件 2、3 和 4；V 类转动副为 B 和 D；Ⅳ类圆柱副为 A；Ⅲ类球面副为 C；即 $n=3$、$p_5=2$、$p_4=1$ 和 $p_3=1$；由式（3-7）可计算得机构自由度 $F = 6n - 5p_5 - 4p_4 - 3p_3 = 1$。

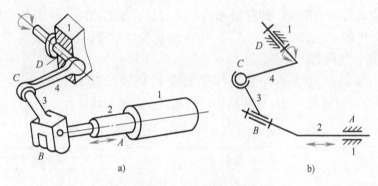

图 3-18　空间四杆机构自由度

a）机构结构简图　b）机构运动简图

（二）计算空间机构自由度时的注意事项

在用式（3-6）或式（3-7）计算空间机构自由度时，与平面机构相类似，除了必须考虑机构中存在的复合铰链和虚约束外，还应注意以下两种情况：

1. 局部自由度

除了上述平面机构中所出现的局部自由度外，在空间机构中同样还可能存在着不影响输入和输出件之间运动的另一种形式的局部自由度，它通常不应计入空间机构的整体自由度，而应从其总自由度中去除，即

$$F = 6n - \sum_{i=1}^{5} ip_i - \sum f' \tag{3-8}$$

式中，$\sum f'$ 为机构中存在的总的局部自由度数。

图 3-19a、b 分别表示 RSSR 和 CCSR 机构，机构中连杆 2 绕其本身轴线 kk 的自由转动为局部自由度，它对输入和输出杆 1 和 3 间的运动无任何影响，因此可采用式（3-8）进行计算。

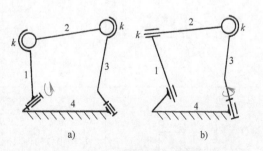

对图 3-19a 所示机构，因 $n=3$，$p_5=2$、$p_3=2$、$\sum f'=1$，故 $F = 6\times3 - 5\times2 - 3\times2 - 1 = 1$。

对图 3-19b 所示机构，因 $n=3$、$p_5=1$、$p_4=2$、$p_3=1$、$\sum f'=1$，故 $F = 6\times3 - 5\times1 - 4\times2 - 3\times1 - 1 = 1$。

图 3-19　具有局部自由度的空间四杆机构

a）RSSR 机构　b）CCSR 机构

2. 公共约束

在某些机构中，由于运动副的特殊组合和配置，使得机构中所有构件同时受到某些约束而共同丧失了某些独立运动的可能性，通常称这类约束为公共约束。因此在计算这些机构的自由度时就需要对空间机构自由度计算公式加以修正。

对于具有 M 个公共约束的机构，其中任一活动构件在组成运动链时，仅具有 $(6-M)$ 个自由度；而对于所有类别的各种运动副，它们除了运动副本身固有的约束度外，还应减去公共约束度，故具有公共约束的空间机构自由度计算公式应表达为

$$F = (6-M)n - \sum_{i=5}^{M+1}(i-M)p_i \tag{3-9}$$

式中，M 为机构的公共约束度，即各活动构件共同具有的约束度，也为各构件共同失去的自由度，对空间机构，通常 $M=1$，2，3，4；n 为机构中活动构件数；p_i 为第 i 类运动副的数目；i 为第 i 类运动副的约束度，$i=5$，4，3，$\cdots$，$(M+1)$。

表 3-7 列出了几种具有不同公共约束的空间机构及其自由度计算。表中的 S_i 和 $\theta_i(i=x，y，z)$ 分别为沿某一坐标轴的移动和绕某一坐标轴的转动。

表 3-7　具有不同公共约束的空间机构及其自由度计算

机构运动简图	公共约束	M	机构自由度计算
	S_x 任何构件都不可能沿 x 轴方向移动	1	$n=3$，$p_5=3$，$p_3=1$ $F=(6-1)n-(5-1)p_5-(3-1)p_3=1$
	θ_y、S_z 任何构件都不可能绕 y 轴转动和沿 z 轴方向移动	2	$n=4$，$p_5=5$ $F=(6-2)n-(5-2)p_5=1$
	S_x、S_y、S_z 机构中四个转动副轴线相交于一点，各构件均不能沿 x、y、z 轴移动	3	$n=3$，$p_5=4$ $F=(6-3)n-(5-3)p_5=1$
	θ_y、θ_z、S_y、S_z 机构中各构件只能沿 x 轴方向移动和绕 x 轴转动	4	$n=2$，$p_5=3$ $F=(6-4)n-(5-4)p_5=1$

图 3-20a 为具有转动副和移动副的两种单闭环四杆机构，由于各构件已共同失去了绕 x 轴和 y 轴的转动 θ_x 和 θ_y，以及沿 z 轴的移动 S_z，故公共约束度 $M=3$。由式（3-9）得机构自由度计算公式为

$$F=(6-3)n-\sum_{i=5}^{M+1}(i-3)p_i=3n-2p_5-p_4$$

该式即为平面机构自由度的计算公式（3-4）。

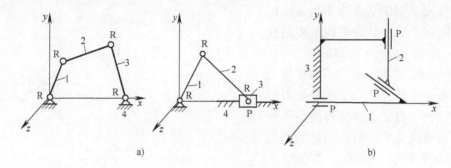

图 3-20 单闭环四杆机构

a）低副四杆机构 b）全移动副四杆机构

对图 3-20b 所示全部由移动副组成的机构，由于各构件共同失去了绕三个坐标轴的转动 θ_x、θ_y、θ_z，以及沿 z 轴的移动 S_z，故公共约束度 $M=4$。因 $n=2$、$p_5=3$，故 $F=(6-4)n-(5-4)p_5=2\times2-1\times3=1$。

判断各种空间机构的公共约束可以有各种方法，如直观判断法、查表法和计算法等，但对于各运动副轴线任意配置的空间机构，则一般不存在公共约束。实际机械中常用的大多是 $M=0$ 的一般空间机构以及 $M=3$ 的平面和球面机构。

四、机构具有确定运动的条件

由计算机构的自由度可知，当所得的自由度小于或等于零时，机构的构件间不可能产生相对运动，机构将蜕化为刚性桁架或超静定桁架；当机构的自由度大于零时，若主动件的独立运动数大于机构的自由度，则将导致机构损坏；反之，若主动件的独立运动数小于机构的自由度，则机构的运动将变得不确定或做无规则的运动，因而失去应用价值；只有当主动件的独立运动数等于机构的自由度时，机构才有确定的运动。设由平面或空间机构自由度计算式求得机构自由度 $F=2$，则必须使机构采用两个彼此独立运动的主动（输入）杆，机构才有完全确定的运动。

因此，机构具有确定运动的条件是：机构自由度大于零且机构的主动杆数等于机构的自由度。

第四节 平面闭链机构的组成原理及结构分析

一、平面闭链机构的组成原理

机构具有确定运动的条件是机构的主动件数等于机构的自由度。因此，若在机构中保留

机架和主动件，并将从动系统由机构中拆出，则所拆出的从动系统必定是自由度为零的构件组。图3-21a所示为一平面六杆机构，机构自由度$F=1$。设杆1为机构的主动杆，显然该机构的运动是确定的。现若将主动杆1和机架6从机构中拆出（图3-21b），则余下的是由杆2、3、4和5以及六个Ⅴ类副组成的从动系统，其自由度$F=3n-2p_5=3\times4-2\times6=0$。有时，还可将自由度为零的从动系统再拆分为若干个更简单的自由度为零的构件组。通常将最后不能再拆的、自由度为零的构件组称为组成该机构的基本杆组（或简称为杆组）。图3-21c是将图3-21b所示的从动系统再拆分为两个自由度为零的两杆三副的基本杆组。

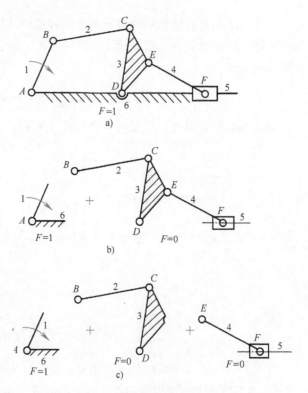

图3-21　平面六杆机构的组成

a）机构运动简图　b）主动杆和从动系统

c）主动杆和基本杆组

由上述可知，<u>机构的组成原理是：任何机构都可以看作是由若干基本杆组依次连接到主动件和机架上或相互连接而成</u>，即

$$自由度为F的机构 = F个主动杆 + 1个自由度为零的机架$$
$$+ 若干个自由度为零的基本杆组$$

二、平面闭链机构的结构分析

机构的结构分析是将已知机构分解为主动杆、机架和基本杆组，并根据杆组的类别或组成形态，确定机构的级别。由于杆组是组成机构的核心，它除了具有自由度为零及不可再分拆的结构属性外，还具有运动和力确定的属性。因此，在进行机构的运动和动力分析时，可以将类型繁多的各种机构的分析问题归纳为数量有限的几种基本杆组的分析和求解问题，从而简化了机构的分析。

（一）基本杆组及其属性

在各种平面低副机构中，设组成杆组的构件数为n，Ⅴ类运动副数为p_5，因杆组的自由度为

$$F=3n-2p_5=0$$

故

$$p_5=\frac{3}{2}n \tag{3-10}$$

由于p_5和n都应为整数，因此可得$n=2$，4，6，…及与之对应的$p_5=3$，6，9，…。

根据杆组的复杂程度和结构形态，可将杆组中由运动副和构件所形成的闭廓（包括刚性闭廓）形态加以分级，即以杆组中所存在的最高级别的闭廓形态作为杆组的级别。若杆

组中最高级别的闭廓形态为双边形或一直线，则此杆组为Ⅱ级（类）；若闭廓形态为三边形，则此杆组为Ⅲ级（类）；其余类推。一般可分为Ⅱ、Ⅲ和Ⅳ等级（类）别的杆组。此外，还可按杆组与外部连接的运动副（有时称为外副）的数目加以分序。若杆组的外副为2个，则此杆组为2序，依此类推。

最简单的基本杆组是由两个构件和三个低副组成的Ⅱ级杆组。大多数常用机构都是由Ⅱ级杆组所构成的。根据杆组中转动副和移动副的不同组合，Ⅱ级杆组总共有五种不同的类型，见表3-8。

表3-8　Ⅱ级杆组形式

杆组形式	RRR 型	RRP 型	RPR 型	PRP 型	PPR 型
杆组简图	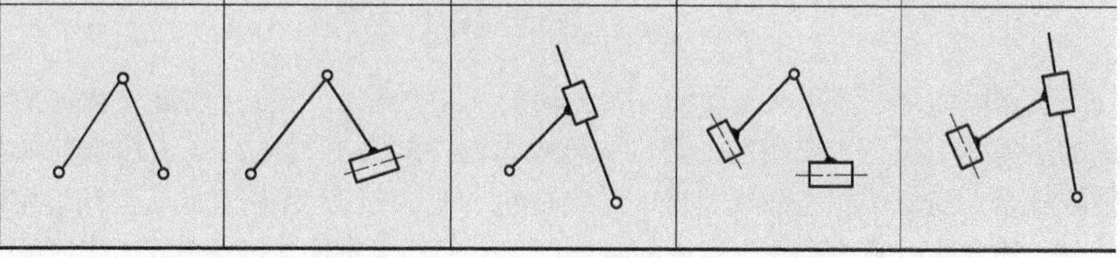				

注：表中符号 R 和 P 分别表示转动副和移动副。

表3-9列出了机构中几种常见级别的杆组，其Ⅴ类副均以转动副表示。

表3-9　常见级别的杆组类型

级别	Ⅱ	Ⅲ		Ⅳ	
杆数、运动副数	$n=2$，$p_5=3$	$n=4$，$p_5=6$	$n=6$，$p_5=9$	$n=4$，$p_5=6$	$n=6$，$p_5=9$
杆组简图	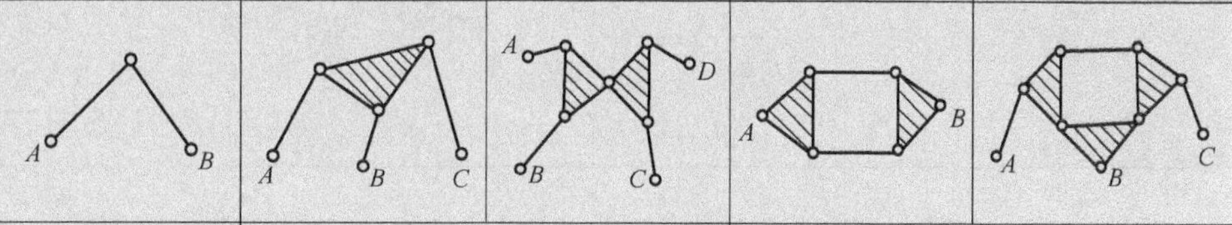				
闭廓形态①	双边形	三边形（刚性闭廓）		四边形	
外副	A 和 B	A、B 和 C	A、B、C 和 D	A 和 B	A、B 和 C
序数	2	3	4	2	3

① 闭廓形态指杆组中存在的最高级别的闭廓形态。

与Ⅱ级杆组的各种形式相似，表3-9中其他级别杆组中的转动副也可以转换为移动副而派生出多种形式的杆组，同时保持级别不变。

在构造含有移动副的平面机构时，为保证得到机构的可动性和强制运动，必须注意：

1）不能仅用一个构件去连接两个导路方向相互平行的移动副（图3-22a）。这样连接会因杆4固有的移动性而使两个转动副失去作用。

2）在运动链中一般不允许存在仅含移动副的Ⅱ级杆组。在图3-22b所示含有PPP型Ⅱ级杆组5-6的运动链中，由于杆5和6所固有的移动性，将使所有转动副失去作用。

3）在一个封闭的运动链内所含的转动副数不得少于两个，否则转动副将失去作用，如

图 3-22c 所示。

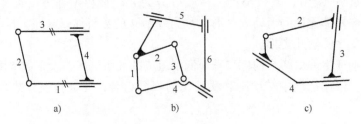

图 3-22 含有移动副的运动链
a）移动副的导路方向平行　b）仅含移动副的 II 级杆组
c）具有一个转动副的封闭链

机构中如含有液压、气动元件，主动副（由具有已知独立位置参数的两相邻构件所组成的运动副）不与机架相连，则机构可视为由一些带有气压缸或液压缸的派生杆组（简称带缸杆组）与机架相连而成。这些派生杆组的自由度不为零，而等于杆组中的缸数，这正是与上述全部由刚性构件所组成的自由度为零的杆组不同之处。这类机构的自由度应为组成机构的各带缸（派生）杆组自由度之和，即等于机构中的总缸数。由于带缸杆组是由一般杆组派生而得，故带缸杆组的级别与原杆组相同，由杆组的闭廓形态决定。表 3-10 列出了常见的单自由度带缸杆组。

表 3-10 单自由度带缸杆组

杆组级别	II 级带缸杆组	III 级带缸杆组	IV 级带缸杆组
杆组简图			

在同一机构中可含有不同级别的杆组，而机构的级别应由组成该机构的杆组的最高级别来确定。如果机构中最高级别的杆组为 III 级，则该机构为 III 级机构。这种规定同样适用于带缸机构。一般来说，机构的级别越高，其运动和动力分析也越困难。

（二）平面机构中的高副低代

为了便于对含有高副的平面机构进行分析研究，可以将机构中的高副根据一定的条件用一种虚拟的低副和构件的适当组合来替代。这种用低副代替高副的方法称为高副低代。高副低代后的机构就变换为仅具有低副的机构。

机构中高副低代时必须满足的条件是：

1）代替前后机构的自由度保持不变。

2）代替前后机构的瞬时速度和瞬时加速度完全相同。

图 3-23a 所示为自由度等于 1 的平面高副机构，构件 1 和 2 上的高副元素（轮廓曲线）接触于点 C。若过接触点 C 作高副元素的公法线 nn，则在公法线上可分别找出两高副元素在接触点处的曲率中心 O_1 和 O_2，现引入一虚拟构件 4，且用两个转动副 O_1 和 O_2 将其分别与构件 1 和 2 相连，则可得图 3-23b 所示的全部为低副（图示为转动副）的替代机构。因为用

一个虚拟构件和两个转动副的组合会引入一个约束，而原机构中的一个平面高副也具有一个约束。因此，必然使替代前后的两机构的自由度保持不变。将转动副中心配置于高副元素接触点的曲率中心处，可使高副低代后机构的瞬时运动（速度和加速度）保持不变。

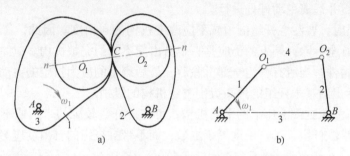

图 3-23 平面高副的低代

a）平面高副机构 b）替代后的平面低副机构

显然，对于一般高副元素为非圆曲线的高副机构，由于高副元素在不同位置接触时，其曲率半径和曲率中心位置不同，因此就有不同的瞬时替代机构。如果两高副元素之一为直线，则因直线的曲率中心已趋于无穷远，故该替代转动副演化为移动副；如果两高副元素之一为一个点，则因该点曲率半径为零，故该曲率中心就在接触点处。常见的高副低代类型见表 3-11。

表 3-11 常见的高副低代类型

高 副 元 素	曲线和曲线	曲线和直线	曲线和点	点 和 直 线
高副机构				
瞬时替代机构				

（三）平面机构结构分析的步骤

机构结构分析的目的在于确定机构的结构组成和判定机构的级别。对于任一平面机构，其结构分析的步骤如下：

1）除去机构中的虚约束和局部自由度，计算机构的自由度。

2）指定机构的主动件。因为不同的主动件会对应不同的机构结构组成和不同的机构级别。

3）将机构中的全部平面高副替换为低副。

4）拆分杆组。一般应从远离主动件处着手拆分，先试拆杆数 $n=2$ 的 Ⅱ 级杆组；如若不可能，再试拆 $n=4$ 或 $n=6$ 的 Ⅲ 级杆组。当已拆离了一个杆组后，再拆第二个杆组时，仍需从最简单的杆组并远离主动杆处进行。

5）拆分杆组时，要注意杆组的增减不应改变机构的自由度。因此，每当拆下一个杆组后，只要杆组没有全拆除，剩下的仍应是一个自由度不变的完整机构。应注意不能将机构拆散而出现孤立的构件。当所有杆组全部拆除后，最后剩下的应为指定的主动杆和机架。

6）根据所拆出的基本杆组的最高级别决定机构的级别。

7）对于带有气压缸或液压缸的平面机构，可先拆杆数较少的带缸或不带缸的杆组。应该注意，拆下的带缸杆组，其自由度等于缸数；而不带缸杆组的自由度应等于零。

例题 3-1　图 3-24a 所示为平面八杆机构简图，设滑块 1 为主动件，试分析该机构的组成及确定该机构的级别。

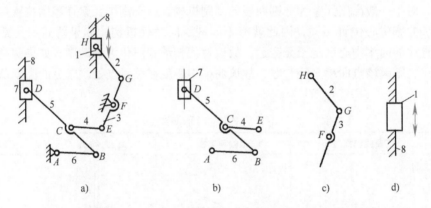

a)　　　　　　　　b)　　　　　　　　c)　　　　d)

图 3-24　平面八杆机构及其组成

a) 平面八杆机构简图　b) Ⅲ级杆组　c) Ⅱ级杆组　d) 主动杆和机架

解：该机构无平面高副、虚约束和局部自由度，机构的活动构件数 $n=7$，Ⅴ 类副 $p_5=10$，机构自由度 $F=1$；机构指定的主动杆数与机构自由度相符；从远离主动杆 1 处先拆出由杆 4-5-6-7 组成的Ⅲ级杆组（图 3-24b）；再拆出由杆 2-3 组成的Ⅱ级杆组（图3-24c）；最后剩余的是主动杆 1 和机架 8（图 3-24d）；机构中最高级别的杆组为Ⅲ级，故该机构为Ⅲ级机构。

例题 3-2　如图 3-25a 所示含有平面高副的四杆机构，设主动杆为凸轮 1，试分析该机构的组成及确定该机构的级别。

解：该机构无虚约束，但滚子 5 相对于推杆 3 的转动为局部自由度，在结构分析时可设想将滚子 5 和推杆 3 视为同一构件；机构的活动构件数 $n=3$，Ⅴ 类运动副 $p_5=3$，Ⅳ 类运动副 $p_4=2$，机构自由度 $F=3 \times 3-2 \times 3-1 \times 2=1$，机构的自由度与给定的主动杆数相符；将机构中杆 1 和 2 以及杆 2 和 3 间的平面高副分别用低副代替，替换后的低副机构简图如图 3-25b 所示，其中杆 7 和 6 分别为高副低代后的虚拟构件；从离主动杆 1 最远处拆出由杆 3-6 组成的Ⅱ级杆组（图 3-25c），再拆出由杆 2-7 组成的Ⅱ级杆组（图 3-25d），

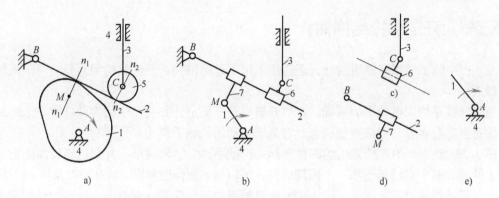

图 3-25　含有平面高副的四杆机构及其组成

a) 机构简图　b) 高副低代机构　c)、d) Ⅱ级杆组　e) 主动杆和机架

最后余下的为主动杆 1 和机架 4 （图 3-25e）；机构中的所有杆组均为Ⅱ级杆组，故该机构为Ⅱ级机构。

例题 3-3　图 3-26a 所示为挖掘机机构简图，该机构由 3 个液压缸作为主动副以实现构件 11 （挖斗） 的复杂动作。试分析该机构的结构组成，并确定该机构的级别。

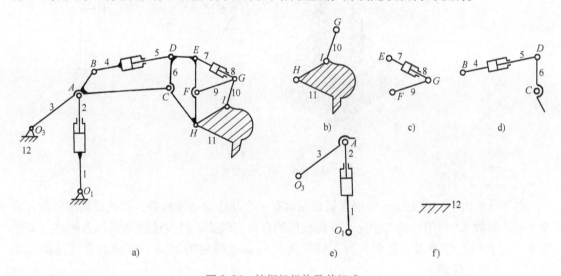

图 3-26　挖掘机机构及其组成

a) 挖掘机机构简图　b) Ⅱ级杆组　c)、d)、e) 带缸Ⅱ级杆组　f) 机架

　　解：该机构无虚约束和局部自由度，机构的活动构件数 $n=11$，Ⅴ类运动副 $p_5=15$ （其中转动副 G 为复合铰链），机构自由度 $F=3\times11-2\times15=3$，该机构自由度与所给定的 3 个液压缸数相符；先从机构中拆出杆 10-11 组成的Ⅱ级杆组 （图 3-26b），由于 G 副为复合铰链，拆除一个转动副后尚剩余一转动副；再拆出由构件 7-8-9 组成的带缸Ⅱ级杆组 （图 3-26c）；然后拆出由杆 4-5-6 组成的带缸Ⅱ级杆组 （图 3-26d）；最后拆出杆 1-2-3 组成的带缸Ⅱ级杆组 （图 3-26e）；剩余的仅为机架 12 （图 3-26f）；该机构中的杆组 （包括带缸杆组） 均为Ⅱ级，因此该机构为具有三个自由度的带缸Ⅱ级机构。

第五节　开链机构结构简介

在生产中除了应用闭链机构外，还广泛采用了开链机构，开链机构大部分应用于机械手和机器人。

通常开链是构成机械手的基础。若将开链中首杆固定，并使其中的主动杆数与该链相对首杆的自由度数相等，则该链便成为具有确定运动的机械手机构。

图 3-27a 是生产中广为采用的圆柱坐标式机械手，它结构简单，并能达到较高的定位精度。手臂具有两个直线运动和一个回转运动，可以沿 x 轴伸缩和沿 z 轴升降以及绕 z 轴回转；此外，手爪还能相对手臂回转。图 3-27b 为机械手的运动简图，它有四个活动构件和四个运动副，首杆 1 为固定构件。

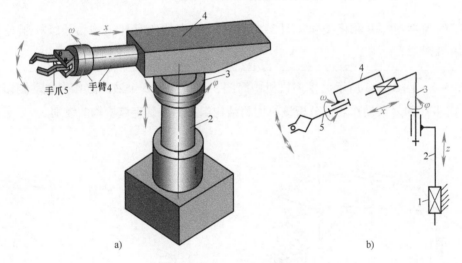

图 3-27　圆柱坐标式机械手

a）结构简图　b）运动简图

在开链机构中，每配置一个串联运动副就有一个相连的运动构件，因此活动构件数 n 应等于运动副数 p。与闭链机构相比，开链机构的自由度较多，可以适应末端执行构件（如手爪等）的多种工作要求。当然，为了使开链机构具有确定的运动，所需的主动件或主动（输入）参数也较多。

开链机构中一般采用多种类型的运动副，因此其自由度应等于各类运动副相对自由度的总和，即

$$F = \sum_{j=1}^{p} f_j \tag{3-11}$$

或

$$F = \sum_{i=1}^{5} (6-i) p_i \tag{3-12}$$

式中，f_j 为第 j 个运动副的自由度；p 为开链机构中运动副总数；i 为第 i 类运动副的约束度，$i = 1, 2, \cdots, 5$；p_i 为第 i 类运动副数。

表 3-12 列出了几种开链机构及其自由度计算。

在开链机构中，超出或大于 6 的自由度称为机动度。自由度的多少一般可作为衡量机械手技术水平的指标之一。自由度越多，可以完成的工艺动作就越复杂，通用性也越强，应用范围也越广，但控制系统和机械结构复杂，体积增大，质量增加；反之，结构简单，精度也易保证。因此，应根据生产工艺要求和精度来确定开链机构的自由度。

表 3-12 开链机构及其自由度计算

机 构 名 称	机构运动简图	构件数 N、杆数 n、运动副数 p	自由度计算
SRS 机构	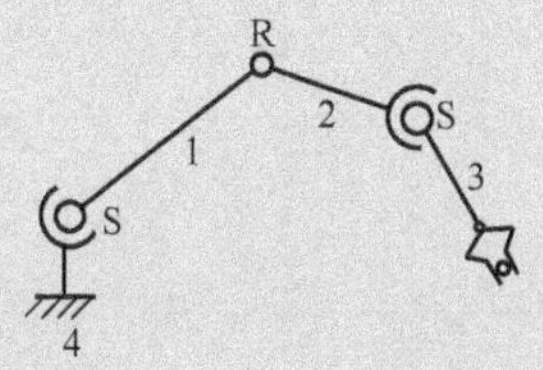	$N=4$ $n=3$ $p=3$	1）机构中： S—Ⅲ类球面副，$i=3$，$p_3=2$ R—Ⅴ类转动副，$i=5$，$p_5=1$ 2）由式（3-12）得机构自由度 $F=(6-3)\times2+(6-5)\times1=7$
SCS 机构	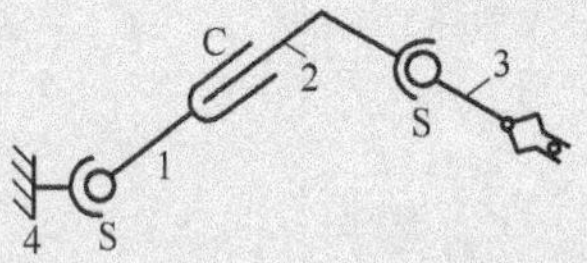	$N=4$ $n=3$ $p=3$	1）机构中： S—Ⅲ类球面副，$i=3$，$p_3=2$ C—Ⅳ类圆柱副，$i=4$，$p_4=1$ 2）由式（3-12）得机构自由度 $F=(6-3)\times2+(6-4)\times1=8$
RHPR 机构	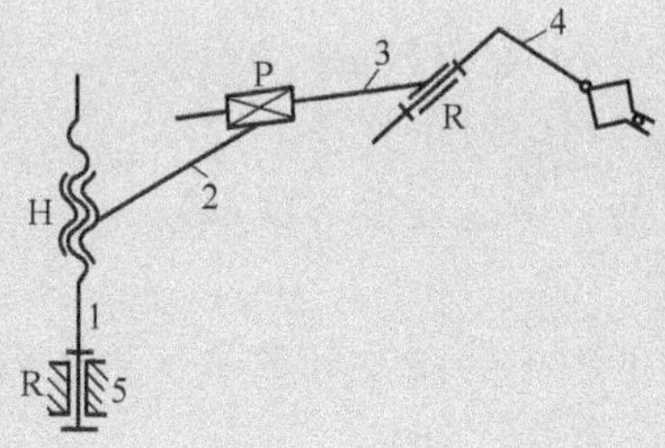	$N=5$ $n=4$ $p=4$	1）机构中： R—Ⅴ类转动副，$i=5$，$p_5=2$ H—Ⅴ类螺旋副，$i=5$，$p_5=1$ P—Ⅴ类棱柱副，$i=5$，$p_5=1$ 2）由式（3-12）得机构自由度 $F=(6-5)\times4=4$

第六节　机构的拓扑构造和类型综合

一、机构的拓扑构造

在分析和设计机构时，尽管用机构运动简图来表示机构的结构组成较为直观和简明，但难以建立起数学运算关系。而机构的拓扑构造是采用"拓扑图"来研究机构的结构、运动副的类型和数目、构件类型和数目以及它们之间的连接关系。在机构结构组成原理中引入拓扑图后，可以将机构的型综合问题转化为一定数量的顶和边以及它们能够连接成多少种不同构图的问题，或者说是研究一定数量的构件和运动副可以组成多少种机构形式的型综合问题。

（一）平面机构的拓扑图

对任一平面机构而言，设以顶点（图示为"●"）表示构件，以边（图示为"⌒"）

表示运动副，则当两构件间有运动副直接连接时，该两构件所对应的两顶点之间用一条边加以连接，再将每一条边标出数字或文字以表示运动副类型（当机构中的运动副均为转动副时也可省略），则得到平面机构的拓扑图。表3-13为几种平面机构拓扑图示例，并以符号 I 表示主动副。

表3-13 平面机构拓扑图示例

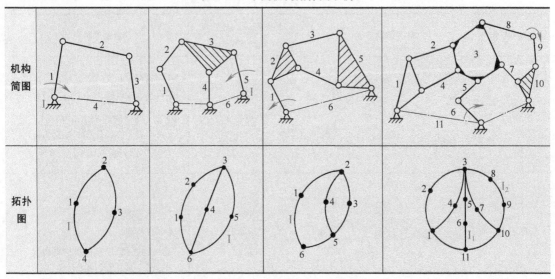

拓扑图具有以下特性：

1）顶点的度（即与该点连接的边数）为该顶点相应构件的运动副数目。

2）闭式链机构的拓扑图中的每一条边必至少与两个顶点关联。

3）开式链机构的拓扑图中定有悬挂点（即仅与一条边连接的顶点）。

4）拓扑图不涉及构件的尺度关系。

5）拓扑图与机构结构间互为对应关系，因此可用拓扑图及其数学运算进行机构结构组成理论的研究。

6）为了表示机构中的复合铰链，可引入双色拓扑图，即用黑色顶点（●）表示构件，白色顶点（○）表示运动副。黑色顶点的度为该顶点对应构件上的运动副数（构件上的副数）；白色顶点的度（与该白点相关联的边数）减去 1 为该白色顶点代表的实际运动副数，故度数大于 2 的白色顶点表示复合铰链。图3-28a、b 分别表示了八杆机构及其具有复合铰链的双色拓扑图。白色顶点 $1°$ 的度为 4，故实际运动副数为 $4-1=3$，即顶点 $1°$ 为复合铰链。

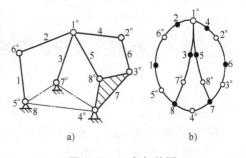

图3-28 双色拓扑图

（二）拓扑图的矩阵表示

为了将机构的结构用数学形式表达，常采用关联矩阵或邻接矩阵，现简介如下：

1. 关联矩阵

对无自环（即一条边的起止点相同时）的拓扑图以 $G(V, E)$ 表示，V 和 E 分别为拓

扑图 G 中点和边的集合，其关联矩阵可表示为

$$A = (a_{ij})_{m \times n}$$

式中，$a_{ij} = 1$ 或 0，当第 i 点与第 j 边相关联时，$a_{ij} = 1$；当第 i 点与第 j 边不关联时，$a_{ij} = 0$；m 为顶点数，即构件数；n 为边数，即运动副数。

关联矩阵可以描述拓扑图的全部特征，每一行代表一个顶点 v_i，每一列代表一条边 e_j，元素 a_{ij} 表示连接情况。如果一顶点是一条边的两端点之一，则称该边与该顶点相关联，而同一条边的两个顶点则为邻接顶点。

在关联矩阵中，矩阵 A 的行表示了顶点与各边的关联关系，每一行的非零元素的数目为该顶点的度，即该顶点相应构件的运动副数目；若某行仅有一个非零元素，则该行相应于悬挂构件；矩阵 A 的每列应有两个非零元素，因为每条边必与两个顶点相关联，即一个运动副应由两个构件组成。

若将矩阵 A 的两行或两列相互置换，相当于同一拓扑图中点和边的重新编号。

两种六杆机构（运动链）的拓扑图及其关联矩阵示例见表 3-14。

表 3-14　两种六杆机构（运动链）的拓扑图及其关联矩阵示例

机构运动简图	运动链	拓扑图	关联矩阵
			$\begin{array}{c} \\ v_1 \\ v_2 \\ v_3 \\ v_4 \\ v_5 \\ v_6 \end{array} \begin{array}{cccccccc} e_1 & e_2 & e_3 & e_4 & e_5 & e_6 & e_7 \\ 1 & 0 & 0 & 0 & 0 & 1 & 1 \\ 1 & 1 & 0 & 0 & 0 & 0 & 0 \\ 0 & 1 & 1 & 0 & 0 & 0 & 0 \\ 0 & 0 & 1 & 1 & 0 & 0 & 1 \\ 0 & 0 & 0 & 1 & 1 & 0 & 0 \\ 0 & 0 & 0 & 0 & 1 & 1 & 0 \end{array}$
			$\begin{array}{c} \\ v_1 \\ v_2 \\ v_3 \\ v_4 \\ v_5 \\ v_6 \end{array} \begin{array}{cccccccc} e_1 & e_2 & e_3 & e_4 & e_5 & e_6 & e_7 \\ 1 & 0 & 0 & 0 & 0 & 1 & 1 \\ 1 & 1 & 0 & 0 & 0 & 0 & 0 \\ 0 & 1 & 1 & 0 & 0 & 0 & 0 \\ 0 & 0 & 1 & 1 & 1 & 0 & 0 \\ 0 & 0 & 0 & 0 & 1 & 1 & 0 \\ 0 & 0 & 0 & 1 & 0 & 0 & 1 \end{array}$

根据运动链性质，在由运动链构成拓扑图时，还需注意所构成的图必须是平面图，即各边除了在顶点相交外，没有其他相交的边，并使运动链图中的最长环路尽量作为外环，拓扑图图形应按环的边数顺序组成，且杆数（顶点数）、环数和运动副数（边数）应满足式（3-3）。此外，两邻接顶点间不能用一条以上的边连接，因为两构件间不能构成多于一个的运动副。

有了运动链，就可以绘出拓扑图，写出关联矩阵。反之，有了关联矩阵，就有了构件和运动副间的连接关系，进而可以绘出运动链的图形。

　2. 邻接矩阵

机构（运动链）的邻接矩阵也可用于描述机构拓扑图的全部特征。在拓扑图中，若一

个点是一条边的端点，称该点与该边相关联；若两个点与同一条边相关联，则称该两点相邻接，两点中的一点称为另一点的邻点。对无平行边（一对顶点间有两条或更多条边时称为平行边）的拓扑图 $G(V, E)$，其邻接矩阵为

$$D = (d_{ij})_{m \times m}$$

式中，$d_{ij} = 1$ 或 0，当点 i 与点 j 间由一条边直接连接时，$d_{ij} = 1$；当点 i 与点 j 间没有边直接相连时，$d_{ij} = 0$；m 为顶点数，即构件数。

当且仅当拓扑图无自环时，D 的主对角线元素 d_{ij} 皆为零，且 D 为实对称矩阵；矩阵的每一行和每一列均对应了一个构件；矩阵 D 的行（或列）的非零元素数目为该行（或该列）对应顶点的度，即对应构件的运动副数目；若某行（列）仅有一个非零元素，则该行（列）的对应顶点所对应的必为悬挂构件。邻接矩阵主对角元素连线的右上部分或左下部分中非零元素数之和即为运动链中总转动副数。六杆机构（运动链）的邻接矩阵示例见表 3-15。表中第二行的邻接矩阵是将运动链中杆 1 和 2 的编号置换后得出，也可将表中第一行邻接矩阵中第一和第二行以及对应的第一和第二列元素同时置换而得，当然与行列置换的先后次序无关。显然，对同一运动链来说，不论其杆件如何编号，只要经过矩阵元素的适当置换，总能得到相同的邻接矩阵。

表 3-15　六杆机构（运动链）的邻接矩阵示例

运 动 链	拓 扑 图	邻 接 矩 阵
		$\begin{array}{c@{}c} & \begin{matrix}1 & 2 & 3 & 4 & 5 & 6\end{matrix} \\ \begin{matrix}1\\2\\3\\4\\5\\6\end{matrix} & \begin{pmatrix}0 & 1 & 0 & 0 & 1 & 1\\1 & 0 & 1 & 0 & 0 & 0\\0 & 1 & 0 & 1 & 0 & 0\\0 & 0 & 1 & 0 & 1 & 1\\1 & 0 & 0 & 1 & 0 & 0\\1 & 0 & 0 & 1 & 0 & 0\end{pmatrix} \end{array}$
		$\begin{array}{c@{}c} & \begin{matrix}1 & 2 & 3 & 4 & 5 & 6\end{matrix} \\ \begin{matrix}1\\2\\3\\4\\5\\6\end{matrix} & \begin{pmatrix}0 & 1 & 1 & 0 & 0 & 0\\1 & 0 & 0 & 0 & 1 & 1\\1 & 0 & 0 & 1 & 0 & 0\\0 & 0 & 1 & 0 & 1 & 1\\0 & 1 & 0 & 1 & 0 & 0\\0 & 1 & 0 & 1 & 0 & 0\end{pmatrix} \end{array}$

（三）运动链的同构判定

若两运动链的拓扑图分别为 $G_1(V_1, E_1)$ 和 $G_2(V_2, E_2)$，且两拓扑图的点和边的关联保持着相同的对应关系，则两拓扑图 G_1 和 G_2 同构，即相应的两运动链的拓扑结构完全相同，可视为同一运动链。

为判定运动链的同构，根据其定义，可首先将两拓扑图的点和边编号，做出其邻接矩阵，再将某一拓扑图的邻接矩阵行和相对应的列相互对调或置换。若这种对调或置换能使其邻接矩阵变为与另一拓扑图相同的邻接矩阵，则两拓扑图为同构，否则为不同构。显然同构

判定的计算量是很大的，如运动链的拓扑图有 10 个顶点，则需进行 10! 次的变换和比较。目前在机构学中已有多种方法用于判断同构性。

运动链的同构判定对机构的结构类型综合以及优选结构类型具有重要作用。若将非同构运动链视为同构，则可能会丢失有应用价值的新运动链；反之，若将本为同构的运动链视为不同，则可能会造成机构结构类型的重复或相同，从而失去了机构结构类型综合的意义。

■ 二、平面低副机构的型综合

平面机构的类型综合是研究将一定数量的构件和运动副组合后可构成多少种形式的机构，通常将这类研究问题称为机构的型综合。实际上它是机构结构分析的逆过程。由于机构型综合能将给定构件数与运动副数时组成的所有机构形式全部罗列和加以展示，因此为选择理想的机构形式提供了各种可能，也为机构的系列设计奠定了良好的基础。

设单自由度的低副机构全部由转动副组成，机构原始运动链在参考系中必具有 4 个自由度，即给定作为机架的某一参考构件的 3 个自由度以及主动构件相对参考构件的 1 个自由度，故该运动链的自由度 F 应为

$$F = 3n - 2p_5 = 4$$

或
$$p_5 = \frac{3}{2}n - 2 \tag{3-13}$$

式中，n 为运动链中的构件数，应为整数；p_5 为运动链中的转动副数，应为整数，且为简便将 p_5 写为 p。

组成一个闭环运动链的 n 个构件中，可以是双副杆、三副杆或 i 副杆。设其杆数分别用 n_2、n_3 或 n_i 表示，则有

$$n_2 + n_3 + \cdots + n_i = n \tag{3-14}$$

每一个双副杆提供两个运动副元素，i 副杆则提供 i 个运动副元素。设在闭式运动链中共有 p 个运动副，而每两个运动副元素必构成一个运动副，故得

$$2n_2 + 3n_3 + \cdots + in_i = 2p \tag{3-15}$$

闭式运动链可以是单环或多环的形式，而多环闭式运动链是在单环闭式运动链杆数 n 等于副数 p 基础上发展而成的。如图 3-29 所示双环闭链平面六杆机构，它是在由杆 1-2-3-4 组成的单环 $ABCD$ 的基础上叠加了由杆 5-6 和三个转动副 E、F、G 所组成的第二个闭环 $EFGD$。由式（3-3）可知，运动链的环数 k、运动副数 p 和杆数 n 之间的关系应满足下式

$$k = p - n + 1$$

将式（3-13）代入上式后得
$$p - 3k = 1 \tag{3-16}$$

将式（3-14）和式（3-15）代入式（3-13）经整理后可得
$$n_2 = 4 + n_4 + 2n_5 + 3n_6 + \cdots + (i-3)n_i \tag{3-17}$$

在闭式运动链中，具有 i 个转动副元素的构件总共能连接 i 个构件，而这 i 个构件至少应与 $(i-1)$ 个双副杆相互连接，如图 3-30 所示。由图可知，运动链中总的构件数 n 应满足下列不等式

$$n \geqslant 1 + i + (i-1)$$

故 $$i_{\max} = \frac{n}{2} \qquad\qquad (3\text{-}18)$$

式中，$i_{\max}$ 为运动链中每一构件的最大转动副数。

由图 3-29 和图 3-30 可知，在 $k=1$ 的单闭环运动链中，具有最大运动副元素数的构件为双副杆；在 $k=2$ 的双闭环运动链中，最大运动副元素数的构件为三副杆（如图 3-29 中的构件 3 和 4）；推而广之，对 k 个闭环的运动链，必有

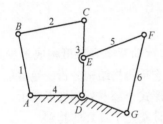 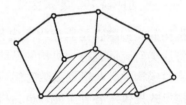

图 3-29　双环闭链平面六杆机构　　　　　图 3-30　具有 i 副杆的运动链

$$i_{\max} = k + 1 \qquad\qquad (3\text{-}19)$$

对于单自由度闭式运动链，其常用的杆数、运动副数和闭环数之间的可能组合可由式（3-13）和式（3-16）得出，即

$$
\begin{aligned}
&n=4 &&p_5=4 &&k=1\\
&n=6 &&p_5=7 &&k=2\\
&n=8 &&p_5=10 &&k=3\\
&n=10 &&p_5=13 &&k=4
\end{aligned}
$$

由上述可知，单自由度闭式运动链的杆数不可能为奇数，且最少杆数应为 $n=4$。

以下将分析当单自由度闭式运动链采用不同杆数 n 时可能的各种机构结构形式。

1. 四杆运动链

$n=4$，运动链只有一个闭环，且由式（3-18）知 $i_{\max}=2$，运动链中有四个双副杆件。运动链仅有一种形式。

2. 六杆运动链

$n=6$，运动链有两个闭环，其运动副数 $p=7$；$i_{\max}=3$，即链中最大运动副元素数的构件为三副杆，而 $n_4=n_5=0$，由式（3-14）和式（3-17）知

$$n_2 + n_3 + n_4 + \cdots = 6 \qquad n_2 = 4 + n_4 + 2n_5 + \cdots$$

故由此得 $n_2=4$ 和 $n_3=2$。

综上所述，单自由度六杆闭式运动链的基本参数为：$n=6$，$p=7$，$k=2$，$n_3=2$，$n_2=4$。为确定六杆闭式运动链在已知杆数和运动副数情况下的基本形式，可借助拓扑图加以分析。在拓扑图中该链对应的顶点为六个，边数应为七条，其中具有三条边的顶点必为两个，满足这些给定参数的六杆运动链基本形式见表 3-16。

根据拓扑图中外环边数和内环边数的排列组合即可得到表 3-16 中的各种类型，其中有的已蜕化为四杆运动链。因此，真正成为六杆运动链机构的仅为两种形式，即瓦特型和斯蒂芬森型六杆运动链。至于外环边数为 7 和内环边数为零或外环边数为 2 和内环边数为 5 的拓扑图均已不符合已知的杆数、运动副数或闭环数等条件。

表 3-16 六杆运动链基本形式

类型	拓 扑 图		运动链形式	说 明
	外环边数	内环边数		
Ⅰ	6	1		1）拓扑图满足六个顶点和七条边的构成，顶点 1 和 4 的度数为 3 2）该六杆运动链为瓦特型，最为常用 3）三副杆 1 和 4 为相邻杆
Ⅱ	5	2		1）拓扑图满足给定参数，且顶点 2 和 5 的度数为 3 2）该六杆运动链为斯蒂芬森型，最为常用 3）三副杆 2 和 5 为相对杆
	5	2		1）拓扑图满足给定参数，且顶点 3 和 4 的度数为 3 2）运动链中杆 3、4 和 6 转化为同一刚性构件，运动链已蜕化为四杆运动链
Ⅲ	4	3		1）拓扑图满足给定参数，且顶点 2 和 3 的度数为 3 2）三副杆 2 和 3 为相邻杆 3）该六杆运动链为瓦特型，同类型 Ⅰ
	4	3		1）拓扑图满足给定参数，且顶点 2 和 4 的度数均为 3 2）三副杆 2 和 4 为相对杆 3）该六杆运动链为斯蒂芬森型，同类型 Ⅱ 中第一种情况

已知参数：$n=6$，$p=7$，$k=2$，（$n_3=2$，$n_2=4$）

（续）

类型	拓 扑 图		运动链形式	说 明
	外环边数	内环边数		
	3	4		
IV	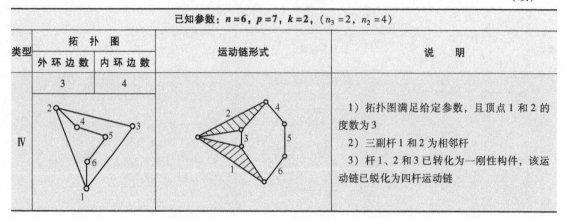			1）拓扑图满足给定参数，且顶点 1 和 2 的度数为 3 2）三副杆 1 和 2 为相邻杆 3）杆 1、2 和 3 已转化为一刚性构件，该运动链已蜕化为四杆运动链

已知参数：$n=6$，$p=7$，$k=2$，（$n_3=2$，$n_2=4$）

文献阅读指南

本章主要讨论了机构的组成以及构件系统运动的可能性和确定性问题，在此基础上还进一步研究了机构的组成原理和机构的结构分析，并简要地介绍了机构拓扑图。本章内容不仅对现有机构的运动和动力分析具有重要的意义，而且对机构设计或创新设计也具有重大作用。限于篇幅，本章不可能过多地和深入地涉及相关内容，但在学习时必须注意下列几点：

1）绘制机构运动简图常常是机构分析和设计时的首要任务。绘制时应熟知各种机构的结构和运动特征以及绘制方法，并具有足够的生产实际知识。为此，除参与各种生产实践活动外，还可参考机械工程手册、电机工程手册编辑委员会编著的《机械工程手册》（北京：机械工业出版社，1996）和孟宪源主编的《现代机构手册》（北京：机械工业出版社，1994）中相关内容。

2）关于机构自由度计算。本章介绍了平面和空间机构自由度的计算公式，在计算时有时会遇到由于机构中各运动副的特殊配置而产生的公共约束，判断公共约束有多种方法，诸如列表分析法、直观分析法和矩阵求秩法等。对此，可参阅机械工程手册、电机工程手册编辑委员会编著的《机械工程手册》（北京：机械工业出版社，1996）和冯润泽编著的《机械原理解题技巧和 CAD 程序设计》（西安：陕西科技出版社，1987）；至于简单的空间四杆机构和六杆机构的公共约束数可查阅机械设计手册编委会编著的《机械设计手册》（北京：机械工业出版社，1991）。

3）本章所述的机构自由度计算仅适于单闭环或各环公共约束数相同的多闭环运动链系统。一般情况下的多闭环系统运动链自由度计算可参阅张启先所著的《空间机构的分析与综合》（北京：机械工业出版社，1984）。

4）关于机构组成原理及结构分析这一部分较系统和深入的内容可参见曹惟庆编著的《机构组成原理》（北京：高等教育出版社，1984）。

5）有关机构拓扑图的详细内容可参阅杨廷力编著的《机械系统基本理论——结构学、运动学、动力学》（北京：机械工业出版社，1996）一书中的结构学部分。

思 考 题

3-1 机构的组成要素是什么？

3-2 何谓构件？何谓零件？试举例说明。

3-3 什么是运动链？平面运动链的自由度如何计算？多环运动链中的环数、杆数和运动副数应满足何种关系？

3-4 什么是机构运动简图？绘制机构运动简图的目的是什么？如何绘制？

3-5 机构具有确定运动的条件是什么？当机构的自由度与机构中的主动件数不一致时会出现什么情况？

3-6 构件自由度和机构自由度有何区别？机构自由度计算和运动链自由度计算有何不同？

3-7 开链机构中杆数和运动副数间应满足什么关系？开链机构的自由度如何计算？

3-8 计算平面机构自由度时应注意哪些事项？

3-9 在平面机构中，高副低代的目的是什么？如何进行代替？

3-10 具有两个自由度的平面机构，其杆数和运动副数间应满足什么关系？

3-11 杆组在机构结构分析中有何特点？如何确定杆组的级别？

3-12 从机构结构分析的观点，自由度为 F 的机构，其机构的组成是什么？

3-13 如何确定机构的级别？影响机构级别变化的因素是什么？

3-14 平面机构结构分析的步骤是什么？

3-15 如何进行具有气压缸和液压缸的机构结构分析？

3-16 如何研究机构的拓扑构造？其目的是什么？运动链同构的判定条件是什么？

习 题

3-1 如图 3-31 所示机构的结构简图，主动杆 1 按图示方向绕固定轴线 A 转动。试画出该机构的运动简图。图中几何中心 B 和 C 分别为杆 1 和 2 以及杆 3 和 4 所组成的转动副中心。

3-2 如图 3-32 所示简易冲压机构结构简图，主动杆 1 按图示方向绕固定轴线 A 转动；杆 1 和滑块 2 组成转动副 B；杆 3 绕固定轴线 C 转动，4 为连杆，杆 5 为冲头，在导路 6 中往复移动。试绘制该机构的运动简图。

3-3 图 3-33 所示为由凸轮 1 控制的肘杆式冲压机构结构简图。盘形槽凸轮 1 为主动件，滚子 2 安装在摆臂 3 上，通过与凸轮 1 相接触的滚子 2 的作用，摆臂 3 拉动连杆 4 和肘杆 5、6，从而驱使

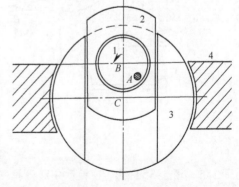

图 3-31 习题 3-1 图

冲头 7 和垂直滑块 8 一起上下运动。构件 9 为固定构件。试画出该机构的运动简图，并计算该机构的自由度。

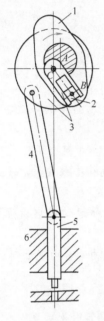

图 3-32 习题 3-2 图

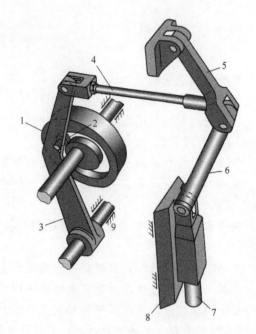

图 3-33 习题 3-3 图

3-4 图 3-34a、b 所示分别为简易压力机和手动压力机初拟结构设计方案。图 3-34a 中动力由齿轮 1 输入，从而使固连于轮 1 的凸轮 2 绕固定轴线 A 转动，借助从动推杆 3 使冲头 4 上下运动以实现冲压目的。在图 3-34b 中依靠手动使主动杆 1 绕固定轴线 A 做往复摆动，从而通过连杆 2 和摇杆 3 带动冲头 4 上下运动以完成冲压工艺。试绘出这两种方案的机构运动简图，并分析这种构件的组合是否成为机构。如果不是，请在保持主动件运动方式不变的情况下修改初拟方案，以成为真正可满足工艺要求且自由度为 1 的机构。

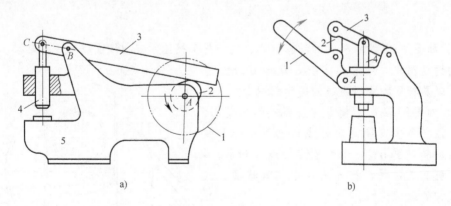

a)   b)

图 3-34 习题 3-4 图

3-5 图 3-35a、b、c 所示分别为排气机构、压力机构和筛料机构简图，试分别计算这些机构的自由度，若有局部自由度、复合铰链和虚约束请指出。试问按图示标出的主动件，这些机构的运动是否确定？

注：图 3-35b 中构件尺寸满足 $CD\underline{\parallel}EF$ 和 $CG\underline{\parallel}EH$。

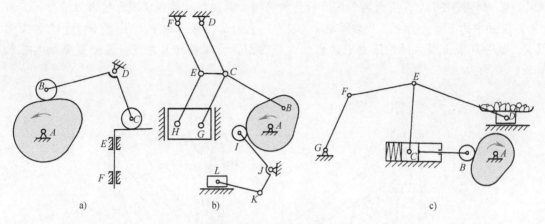

图 3-35 习题 3-5 图

3-6 如图 3-36a、b 所示空间机构，已知图 3-36a 所示机构的公共约束 $M=1$，图 3-36b 所示机构的公共约束 $M=0$，该两种机构均无多余自由度和虚约束，试分别确定这两机构的自由度。

3-7 如图 3-37 所示机构，试计算其机构自由度，并分析其机构组成，确定杆组的类型和数量以及机构的级别。

3-8 如图 3-38 所示热剪机剪切机构的结构简图。机构工作前，下剪板 2 落在鞍座 3 上固定不动。当曲柄 1 绕固定

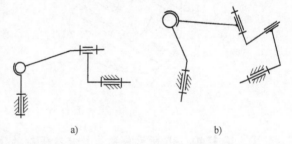

a)   b)

图 3-36 习题 3-6 图

轴线 A 转动时，通过连杆 9 带动上剪板 8，使上刀架 5 下降，直至被限位轴 6 挡住为止（轴 6 的位置可据钢坯厚度加以调整，图上未示调整结构）；当曲柄 1 继续转动时，上刀架 5 不动，通过拉杆 7 将下剪板 2 绕固定轴线 A 上抬，从而剪切钢坯 4。图示为剪切位置。试绘制该剪切机构剪切前和剪切时的机构运动简图，计算机构自由度和分析两种情况时的机构组成。

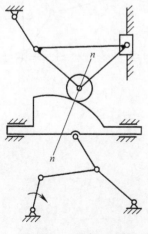

图 3-37 习题 3-7 图

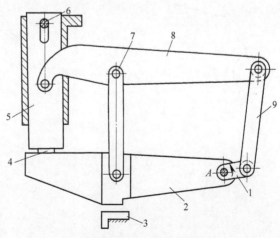

图 3-38 习题 3-8 图

3-9　如图 3-39a、b 所示两种压力机结构简图，两种机构均能实现大的增力效应，设液（气）压缸中的驱动力为 P，从动滑块 2（或 6）上的工作阻力为 F_r，且 $F_r \gg P$。构件 1 为机架，试分别绘出图示两种压力机的机构运动简图，计算机构自由度，并分别分析其机构组成。

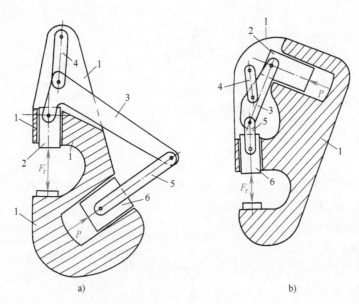

图 3-39　习题 3-9 图

3-10　图 3-40a、b 所示分别为具有液压缸的飞机起落架机构和倾卸机构。试分别计算这两个机构的自由度，并利用带缸杆组分析机构的组成。

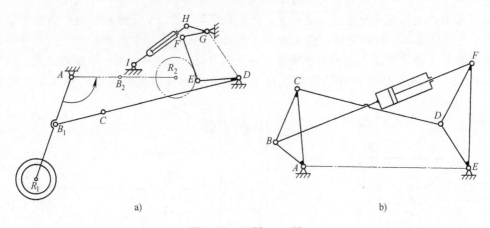

图 3-40　习题 3-10 图

第四章 平面机构的运动分析

内容提要 ∨

　　本章论述平面机构的运动分析，即已知原动件的运动规律，确定机构其余构件上点的位移、速度和加速度，以及各构件的角位移、角速度和角加速度。简单介绍相对运动图解法，重点介绍速度瞬心法和解析法。在解析法中重点阐述整体分析法，简单介绍杆组法。

第一节　概述

一、机构运动分析的历史

　　1841 年，英国学者威利斯（R. Willis）对相对运动的分析做出了贡献。德国学者卢莱（F. Reuleaux）在 1875 年发表的《理论运动学》被视为机构运动学的奠基之作。1885 年，英国学者史密斯（R. Smith）首次用图解法进行速度和加速度分析。一直到 20 世纪 50 年代，图解法是运动分析的主要方法。20 世纪 60 年代以后，随着计算机的发展与应用，以美国学派为先导，运动分析的解析法得到蓬勃发展。

二、机构运动分析的目的和应用

　　对机构进行运动分析时，将不考虑引起机构运动的外力、机构构件的弹性变形和机构运动副中间隙对机构运动的影响，而仅仅从几何角度研究在原动件的运动规律已知的情况下，以确定机构其余构件上各点的轨迹、位移、速度和加速度，以及机构中其余构件的角位移、角速度和角加速度等运动参数。

　　机构的运动分析不但用于分析现有机械的工作性能，而且当进行新机构的综合时，综合的结果也需要通过运动分析来检验其性能是否符合要求。

　　通过轨迹分析，可以确定某些构件运动所需要的空间，判断它们运动时是否相互干涉。通过速度分析，可以确定机构中从动件的运动速度是否合乎要求，并为进一步做机构的加速度分析和受力分析提供必要的数据。通过加速度分析，可为惯性力的计算提供依据，尤其对于高速机械和重型机械等惯性力较大的机械，进行加速度分析是非常必要的。

　　由上述可知，运动分析既是机构综合的基础，也是力分析的基础。此外，在研究机器的动力学时，也必须首先对机构进行运动分析。

三、机构运动分析的方法

机构运动分析的方法可以分为图解法和解析法两种。图解法具有形象、直观的特点，但精度不高，对于高速机械和精密机械中的机构，用图解法做运动分析的结果往往不能满足高精度的要求。解析法借助电子计算机可使机构运动分析获得高精度的结果。尤其是求解机构在一个运动循环中的速度和加速度等运动规律时，解析法不但效率高，而且速度快。此外，通过解析法可建立各种运动参数和机构尺寸参数间的函数关系式，这更便于对机构进行深入的研究。

用解析法做机构运动分析包括位移分析、速度分析和加速度分析三个方面的内容，其中关键问题是位移分析。有了位移表达式，对时间分别求导一次和两次后，解线性方程组，即可得到速度和加速度。

机构运动分析的解析法可分为两种：杆组法和整体分析法。

在杆组法中，把组成机构的基本杆组作为研究对象，分别建立各个基本杆组运动分析的子程序。由于平面连杆机构都是由主动构件、机架和不同的基本杆组组成，故对其进行运动分析时，只需根据其组成原理和特点，编一个正确的调用所需基本杆组子程序的主程序即可。该方法的缺点是必须首先有各个基本杆组运动分析的子程序库。

整体分析法，即把所研究的机构置于一个直角坐标系中，自始至终都把整个机构作为研究对象。该方法不需要首先建立各个基本杆组运动分析的子程序库，故应用范围更广泛，且适用于机构的运动优化综合。

本书将主要介绍整体分析法，对杆组法也做适当的介绍。

除以上介绍的方法以外，对于速度分析，速度瞬心法也是一种常用的方法。

第二节　用速度瞬心法做平面机构的速度分析

速度瞬心法，属于一种古老的图解法。对于简单的平面机构，用速度瞬心法分析速度较简单和方便。顾名思义，它只能用于求速度，不能求加速度。

一、速度瞬心的概念和种类

（一）速度瞬心的概念

如图 4-1 所示，当任一刚体（构件）2 相对于刚体（构件）1 做相对平面运动时，在任一瞬时，其相对运动都可以看作是绕某一重合点 P_{21} 的转动，该重合点称为速度瞬心，简称瞬心。因此，<u>速度瞬心是两构件上瞬时的等速重合点。瞬时，是指瞬心的位置随时间而变；等速，是指在瞬心这一点，两构件的绝对速度相等（包括大小和方向）、相对速度为零；重合点，是指瞬心既在构件 1 上，也在构件 2 上，是两构件的重合点。</u>

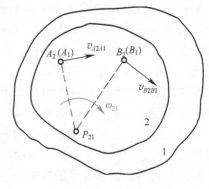

图 4-1　速度瞬心

（二）速度瞬心的种类

根据构成瞬心的两个构件是否均处于运动中，瞬心可分为两种，即绝对瞬心和相对瞬心。若其中一个刚体固定不动，则瞬心点的绝对速度为零，该瞬心称为绝对瞬心；若两个刚体都处于运动中，则在瞬心这一点，两刚体的绝对速度相等、相对速度为零，该瞬心称为相对瞬心。由此可知，绝对瞬心是相对瞬心的一种特殊情况。

二、机构中速度瞬心的数目及其位置的确定

（一）机构中瞬心的数目

因为做相对运动的每两个构件就有一个瞬心，设机构中有 N 个（注意：包括机架）构件，则该机构中总的瞬心数目为

$$K = \frac{N(N-1)}{2} \tag{4-1}$$

（二）机构中瞬心位置的确定

1. 通过运动副直接相连的两构件的瞬心

两构件做平面相对运动时，若已知其上两点的相对速度方向，如图 4-1 所示，已知在 A 点（A_1 和 A_2 的重合点）和 B 点（B_1 和 B_2 的重合点），构件 2 相对于构件 1 的相对速度的方向分别为 v_{A2A1} 和 v_{B2B1}，则过这两点分别做两相对速度方向的垂线，它们的交点即为瞬心，用 P_{21} 或 P_{12} 表示。

（1）两构件组成移动副　当两构件做相对移动时，因为构件 1 上的各点相对于构件 2 的相对速度方向都平行于移动副的导路方向（图 4-2a），所以，瞬心 P_{12} 在垂直于导路的无穷远处。

（2）两构件组成转动副　当两构件做相对转动时，因其中一构件相对于另一构件是绕该转动副中心转动，故该转动副的中心便是它们的瞬心（图 4-2b）。

（3）两构件组成纯滚动的高副　当两构件做纯滚动时，其接触点的相对速度为零，所以接触点就是瞬心（图 4-2c）。

（4）两构件组成滑动兼滚动的高副　当两构件做滚动兼滑动时，因接触点的公切线方向为相对速度方向，所以，瞬心应在过接触点的公法线 nn 上（图 4-2d），具体位置由其他条件来确定。

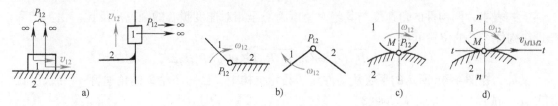

图 4-2　运动副与瞬心

a）移动副　b）转动副　c）纯滚动的高副　d）滑动兼滚动的高副

2. 三心定理

如上所述，当两构件直接组成运动副时，其瞬心的位置可以很容易地直观确定；如果两构件未形成运动副，则它们的瞬心位置需要用三心定理来确定。三心定理的内容是：做平面相对运动的三个构件共有三个瞬心，它们位于同一直线上。现用反证法说明，如图 4-3 所示，构件 1、2 和 3 做平面相对运动，因 $N=3$，故由式（4-1）可知，瞬心的数目 $K=3$，它

们分别是 P_{12}、P_{13} 和 P_{23}。设构件 1 为机架，因构件 2 和 3 均以转动副与构件 1 相连，故 P_{12} 和 P_{13} 位于转动副中心。若不直接组成运动副的构件 2 和 3 的瞬心 P_{23} 为图示的 M 点，即与 P_{12} 和 P_{13} 不在一条直线上，则构件 2 上该点的绝对速度方向应垂直于 $P_{12}M$，构件 3 上该点的绝对速度方向应垂直于 $P_{13}M$，显然，因两者的方向不同，不符合速度的大小相等且方向相同的要求，故 P_{23} 不可能在该点。为了使这两个绝对速度的方向相同，P_{23} 与 P_{12} 和 P_{13} 就必须在同一条直线上。

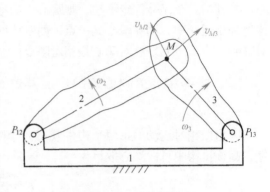

图4-3 三心定理

三、速度瞬心法在平面机构速度分析中的应用

在图 4-4a 所示的均由转动副组成的四杆机构（称为铰链四杆机构）中，设构件 1 为机架，已知构件 2 的角速度 ω_2 和图中的长度比例尺 μ_l，单位为 m/mm，求构件 4 上 E 点的速度 v_E。要想求 v_E，首先应求构件 4 的角速度 ω_4。为了由已知的 ω_2 求出未知的 ω_4，应先求得与构件 2 和 4 相关联的相对瞬心 P_{24}。因构件 2 和 4 不是直接以运动副相连，故必须采用三心定理。为此，先用直接观察法求出以运动副相连的构件的瞬心，它们分别为 P_{12}、P_{14}、P_{23} 和 P_{34}。对于 2、3 和 4 这三个构件共有三个瞬心，即 P_{23}、P_{34} 和 P_{24}，根据三心定理，未知的 P_{24} 应与 P_{23}、P_{34} 在同一条直线上；同理，对于构件 2、1 和 4 三个构件，未知的瞬心 P_{24} 还应与瞬心 P_{12}、P_{14} 在同一条直线上，故直线 $P_{23}P_{34}$ 和直线 $P_{12}P_{14}$ 的交点便是瞬心 P_{24}。由瞬心同速点的概念可知，在 P_{24} 点，构件 2 和 4 的绝对速度相等，由此可得下式

$$\omega_2 \overline{P_{12}P_{24}} \mu_l = \omega_4 \overline{P_{14}P_{24}} \mu_l$$

由上式得

$$\omega_4 = \frac{\overline{P_{12}P_{24}}}{\overline{P_{14}P_{24}}} \omega_2 \tag{4-2}$$

上式表明，两构件的角速度与其绝对速度瞬心至相对速度瞬心的距离成反比。由上式和 E 点在构件 4 上的位置可得

$$v_E = \omega_4 \overline{P_{14}E} \mu_l = (\omega_2 \overline{P_{12}P_{24}} / \overline{P_{14}P_{24}}) \overline{P_{14}E} \mu_l$$

又如，在图 4-4b 所示的平底从动件盘形凸轮机构中，已知凸轮 2 的角速度 ω_2 和长度比例尺 μ_l，试用瞬心法求从动件 3 在此瞬时的速度 v_3。已知 2 件的速度，要求 3 件的速度，应先求与两者相关联的相对瞬心 P_{23}。因 1、2 两构件组成转动副，由直接观察法可得 P_{12}；因 1、3 两构件组成移动副，故 P_{13} 应在垂直于构件 3 导路的无穷远。由三心定理可知，P_{13} 与 P_{12}、P_{23} 必须在同一

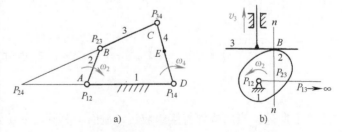

图4-4 速度瞬心法在平面机构速度分析中的应用
a）铰链四杆机构 b）平底从动件盘形凸轮机构

条直线上，故应过 P_{12} 作导路的垂线；另一方面，构件 2 和 3 组成滑动兼滚动的高副，故 P_{23} 应在过接触点 B 所作的公法线 nn 上，这两直线的交点便是 P_{23}。在 P_{23} 点，构件 2 与 3 的绝对速度应相等，故 v_3 的大小为

$$v_3 = \omega_2 \overline{P_{12}P_{23}} \mu_l$$

依据 ω_2 的转向可知，v_3 的方向为垂直向上。

第三节　用相对运动图解法做平面机构的运动分析

运动分析图解法的理论基础是理论力学中的速度合成定理和加速度合成定理。该方法几何概念清楚、直观，还可用来检验解析法计算的正确性，但精度较低。

一、机构各构件上相应点之间的速度和加速度矢量方程

当机构运动时，机构各构件上相应点之间的速度和加速度关系，可根据速度合成定理和加速度合成定理用相对运动矢量方程式表示。根据不同的相对运动情况，又可分为两类。

（一）同一构件上两点间的速度和加速度关系

如图 4-5a 所示，构件 AB 做平面运动时，可以看作是随其上任一点（基点）A 的牵连运动和绕基点 A 的相对转动的合成。因此，该构件上任一点 C 的绝对速度可用矢量方程式表示为

$$v_C = v_A + v_{CA} \tag{4-3}$$

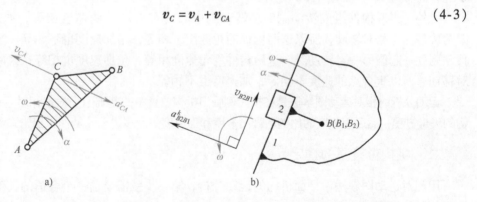

图 4-5　同一构件上两点及两构件组成移动副时重合点之间的速度和加速度关系

a) 同一构件上两点间的速度和加速度关系　b) 组成移动副两构件重合点间的速度和加速度关系

式中，A 点的速度 v_A 为牵连速度；v_{CA} 为 C 点相对于 A 点的相对速度。v_{CA} 的方向与直线 AC 垂直，指向与 ω 一致，大小等于该构件的瞬时角速度 ω 与 A、C 两点间的实际距离 l_{AC} 的乘积，即

$$v_{CA} = \omega l_{AC}$$

同理，C 点的加速度可用矢量方程式表示为

$$a_C = a_A + a_{CA} = a_A + a_{CA}^n + a_{CA}^t \tag{4-4}$$

式中，A 点的加速度 a_A 为牵连加速度；a_{CA} 为 C 点相对于 A 点的相对加速度。为了便于表达其方向和大小，又将 a_{CA} 分解为 C 点相对于 A 点的相对法向加速度 a_{CA}^n 和相对切向加速度 a_{CA}^t。其中，相对法向加速度 a_{CA}^n 的方向平行于 AC 且由 C 指向 A，大小为

$$a_{CA}^n = \omega^2 l_{AC} = v_{CA}^2 / l_{AC}$$

相对切向加速度 a'_{CA} 的方向垂直于 AC 且其指向与该构件的瞬时角加速度 α 一致，大小为

$$a'_{CA} = \alpha l_{AC}$$

（二）组成移动副两构件重合点间的速度和加速度关系

图 4-5b 所示为构件 1 和 2 组成移动副且一起以角速度 ω 转动，角加速度为 α；滑块 2 随导杆 1 一起转动的同时又沿导杆 1 相对移动，即做复合运动。B 点是构件 1 上的 B_1 点与构件 2 上的 B_2 点的重合点。根据牵连运动为转动时的速度合成定理，动点 B_2 的绝对速度等于它的重合点的牵连速度和相对于重合点的相对速度的矢量和，即

$$v_{B2} = v_{B1} + v_{B2B1} \tag{4-5}$$

式中，v_{B1} 为构件 1 上 B_1 点的速度，是牵连速度；v_{B2B1} 为 B_2 点相对于 B_1 点的相对速度，它的方向与导路平行，它与 v_{B1B2} 大小相等且平行，但指向相反。根据牵连运动为转动情况下的加速度合成定理，得

$$a_{B2} = a_{B1} + a^k_{B2B1} + a^r_{B2B1} \tag{4-6}$$

式中，a_{B1} 为构件 1 上 B_1 点的加速度，是牵连加速度；a^r_{B2B1} 为 B_2 点相对于 B_1 点的相对加速度，其方向平行于导路，它与 a^r_{B1B2} 大小相等且平行，但指向相反；a^k_{B2B1} 为哥氏加速度，且

$$a^k_{B2B1} = 2\omega \times v_{B2B1} \tag{4-7}$$

对于平面机构，因 ω 与 v_{B2B1} 间的夹角始终为 $90°$，故 a^k_{B2B1} 的大小等于牵连角速度 ω 与相对速度 v_{B2B1} 的大小乘积的两倍。其方向是将相对速度 v_{B2B1} 的矢量箭头绕箭尾沿牵连角速度 ω 的方向转过 $90°$，如图 4-5b 所示。

另外，当两构件组成转动副时，转动副中心（重合点）的速度相等，加速度也相等；因两构件间有相对转动，所以这两构件的角速度不相等，角加速度也不相等。当两构件组成移动副并一起绕另一点转动时，这两构件的角速度相等，角加速度也相等；因两构件间有相对移动，所以重合点的速度不相等，加速度也不相等。

运动分析的相对运动图解法是在按比例画出机构位置图的基础上，根据相对运动原理列出机构的矢量方程，然后用相应的比例尺做出速度和加速度矢量多边形，从而求出未知参数的方法。

二、机构位置图的确定

用相对运动图解法做平面机构的运动分析，第一步就需要选一个合适的长度比例尺，确定机构的位置图。

Ⅱ级机构中的Ⅱ级组的内部运动副相对于外部运动副的轨迹不是圆弧，就是直线。参阅图 4-11 中Ⅱ级组 BCD 中的内副 C 相对于外副 B、D 的轨迹是圆弧，故其位置可由两圆弧的交点确定。而图 4-10 中Ⅱ级组 BCD 中的内副 C 相对于外副 B 的轨迹是圆弧，相对于外副 D 是直线，故其位置可由直线与圆弧的交点来确定。

Ⅲ级机构中的Ⅲ级组其内副相对于外副的轨迹，除了圆弧和直线外还可能是其他高次曲线。因此，必须首先求出该高次曲线，然后利用它与圆弧或直线的交点才能确定各构件的位置。如图 4-6 所示，除主动件 AB 和机架外的四个构件组成一个Ⅲ级组。其内副 C 相对于外副的轨迹就是一个高次

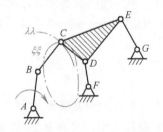

图 4-6　Ⅲ级机构位置图的确定

曲线 $\xi\xi$ 和一个圆弧 $\lambda\lambda$。C 点的位置也应由 $\xi\xi$ 与圆弧 $\lambda\lambda$ 的交点来确定。求该高次曲线的方法可以用型转化法，即假设构件 EG 为主动件，此时的机构变为 II 级机构，便可求出 C 点的轨迹 $\xi\xi$，然后由已知的主动件 AB 的位置，以 B 为圆心、以 BC 的长为半径作弧 $\lambda\lambda$ 与 $\xi\xi$ 的交点便是 C 点的真实位置。C 点的位置确定后，D、E 点的位置便迎刃而解。

在下文中将只介绍 II 级机构的速度分析和加速度分析的相对运动图解法。

三、机构的速度分析

用相对运动图解法做机构的速度分析时，首先画出对应于主动件某一位置时的机构的位置图；然后，根据前述的速度关系列出各构件上相应点之间的速度矢量方程，再按选定的速度比例尺做出与速度矢量方程对应的矢量多边形，求出构件上各指定点的速度和各构件的角速度。

以图 4-7a 所示的六杆机构为例来说明速度分析的步骤。已知各构件的长和主动件 1 的位置及其等角速度 ω_1。现用相对运动图解法求构件 5 的角速度 ω_5 和角加速度 α_5。

首先选定长度比例尺 μ_l，画出图 4-7a 所示的机构位置图；然后分析机构的组成。该机构是由 II 级组 2、3 和 II 级组 4、5 依次连于主动件 1 和机架 6 上组成的，从而确定解题步骤应从主动件 1 开始，先对 II 级组 2、3 进行速度分析，然后再对 II 级组 4、5 进行速度分析。

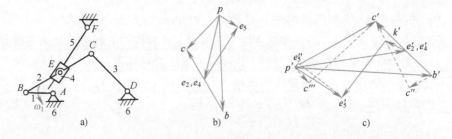

图 4-7　运动分析的相对运动图解法

a）机构位置图　b）速度图　c）加速度图

因构件 1 和 2 以转动副相连，故 $\boldsymbol{v}_{B2} = \boldsymbol{v}_{B1}$，其大小等于 $\omega_1 l_{AB}$，其方向垂直于 AB 线，指向与 ω_1 一致。同理，$\boldsymbol{v}_{C2} = \boldsymbol{v}_{C3}$，故 C 点的速度垂直于 CD 线。根据式（4-3），列同一构件 2 上 B、C 两点之间的速度矢量方程，得

$$\boldsymbol{v}_C \;=\; \boldsymbol{v}_B \;+\; \boldsymbol{v}_{CB}$$
$$方向 \quad \perp CD \quad \perp AB \quad \perp CB$$
$$大小 \quad ? \quad l_{AB}\omega_1 \quad ?$$

式中，仅 $\boldsymbol{v}_C$、$\boldsymbol{v}_{CB}$ 的大小未知，所以可以用图解法求解。任选一点 p 作为速度极点，取速度比例尺

$$\mu_v = \frac{真实速度大小(\mathrm{m/s})}{图中线段长度(\mathrm{mm})} = \frac{v_B(\mathrm{m/s})}{\overline{pb}(\mathrm{mm})}$$

作出矢量 $\boldsymbol{pb}$ 代表 $\boldsymbol{v}_B$，然后，过 b 点作 $\boldsymbol{v}_{CB}$ 的方向线与过 p 点的 $\boldsymbol{v}_C$ 的方向线交于 c 点（图4-7b）。根据矢量方程标出矢量 $\boldsymbol{pc}$ 和 $\boldsymbol{bc}$ 的指向，则矢量 $\boldsymbol{pc}$ 和 $\boldsymbol{bc}$ 便分别代表 $\boldsymbol{v}_C$ 和 $\boldsymbol{v}_{CB}$，其大小分别为

$$v_C = (\overline{pc})\mu_v, \quad v_{CB} = (\overline{bc})\mu_v$$

构件 3 和 2 的角速度大小分别为　$\omega_3 = v_C/l_{CD}$ 和 $\omega_2 = v_{CB}/l_{BC}$

将代表 v_C 的矢量 $\boldsymbol{pc}$ 和代表 v_{CB} 的矢量 $\boldsymbol{bc}$ 平移到机构图上的 C 点可知，ω_3 和 ω_2 的方向均为逆时针。

下面分析Ⅱ级组 4、5。在速度图中，从 p 点连 bc 上的各点（如 e_2 点），且箭头外指的矢量，便代表机构图中 BC 杆上对应点（如 E 点）的速度的大小和方向。通常将速度图上的 bc 称为机构图上 BC 的速度影像。这里，E、B、C 成一直线，从而可根据速度图与机构位置图中对应线段的比例关系求得 E 点的速度，即 $\overline{be_2} = (\overline{BE})/(\overline{BC}) \cdot \overline{bc}$，在速度图上得 e_2 点。因构件 2 和 4 在 E 处组成转动副，故 $v_{E2} = v_{E4}$，e_4 点与 e_2 点重合，即 $\overline{pe_2} = \overline{pe_4}$。对于构件 4 和 5，列两构件组成移动副、牵连运动为转动时的速度矢量方程得

$$v_{E5} = v_{E4} + v_{E5E4}$$
$$\text{方向} \quad \perp EF \quad \vee \quad /\!/ EF$$
$$\text{大小} \quad ? \quad \vee \quad ?$$

过极点 p 作 v_{E5} 的方向线与过 e_4 所作的 v_{E5E4} 的方向线交于 e_5 点，则 $\boldsymbol{pe_5}$ 和 $\boldsymbol{e_4e_5}$ 分别代表 v_{E5} 和 v_{E5E4} 的方向和大小，其大小分别为

$$v_{E5} = (\overline{pe_5})\mu_v, \quad v_{E5E4} = (\overline{e_4e_5})\mu_v$$

因构件 5 绕定点 F 转动，故 $\quad \omega_5 = v_{E5}/l_{EF} = v_{E5}/[(\overline{EF})\mu_l]$

将代表 v_{E5} 的矢量 $\boldsymbol{pe_5}$ 平移到机构图上的 E 点，可知 ω_5 的方向为逆时针。

由上面的分析可知（图 4-7b），在速度图中，极点 p 代表构件上所有速度为零的点；连接 p 点与任一点的矢量代表该点在机构位置图中的同名点的绝对速度，其指向是从 p 点指向该点；连接不过极点的任意两点的矢量代表该两点在机构位置图中的同名点间的相对速度，其指向与速度的角标相反，如矢量 $\boldsymbol{bc}$ 代表 v_{CB}，而不是 v_{BC}。v_{CB} 与 v_{BC} 大小相等，而方向相反。

▊ 四、机构的加速度分析

做机构的加速度分析时，根据前述的加速度关系列出各构件上相应点之间的加速度矢量方程，再按选定的加速度比例尺做出与加速度矢量方程对应的加速度矢量多边形，求出构件上各指定点的加速度和各构件的角加速度。在进行加速度分析时要用到速度分析的结果，因此它应置于速度分析之后。

仍以图 4-7a 所示的机构为例来说明。加速度分析的思路与速度分析相同，仍然是先分析Ⅱ级组 2、3，再分析Ⅱ级组 4、5。因构件 1 等速转动且与构件 2 在 B 处组成转动副，所以

$$a_{B2} = a_{B1}^n = \omega_1^2 l_{AB}$$

方向由 B 指向 A。因构件 2 和 3 在 C 处组成转动副，所以

$$\boldsymbol{a}_{C2} = \boldsymbol{a}_{C3}$$

列出同一构件上 B、C 两点间的加速度矢量方程得

$$\boldsymbol{a}_C = \boldsymbol{a}_B + \boldsymbol{a}_{CB}$$

为了便于分析，将上式中的加速度分解为切向加速度和法向加速度的矢量和，从而得

$$\boldsymbol{a}_C^n + \boldsymbol{a}_C^t = \boldsymbol{a}_B^n + \boldsymbol{a}_B^t + \boldsymbol{a}_{CB}^n + \boldsymbol{a}_{CB}^t$$
$$\text{方向} \quad C{\to}D \quad \perp CD \quad B{\to}A \quad \perp AB \quad C{\to}B \quad \perp CB$$
$$\text{大小} \quad \omega_3^2 l_{CD} \quad ? \quad \omega_1^2 l_{AB} \quad 0 \quad \omega_2^2 l_{CB} \quad ?$$

式中，只有 $\boldsymbol{a}_C^t$ 和 $\boldsymbol{a}_{CB}^t$ 的大小为未知量，可以用相对运动图解法求解。选取加速度比例尺

$$\mu_a = \frac{\text{实际的加速度值}(\text{m/s}^2)}{\text{图中线段长度}(\text{mm})} = \frac{a_B^n(\text{m/s}^2)}{\overline{p'b'}(\text{mm})}$$

后，任选一点 p' 作为加速度极点，如图 4-7c 所示，从 p' 点连续作矢量 $\boldsymbol{p'b'}$ 和 $\boldsymbol{b'c''}$，以分别代表 $\boldsymbol{a}_B^n$ 和 $\boldsymbol{a}_{CB}^n$，且 $\overline{p'b'} = a_B^n/\mu_a(\text{mm})$，$\overline{b'c''} = a_{CB}^n/\mu_a(\text{mm})$。以同样的比例尺再过 p' 点作矢量 $\boldsymbol{p'c'''}$ 代表 $\boldsymbol{a}_C^n$，过 c''' 点和 c'' 点分别作 CD 和 CB 的垂线，两垂线的交点即为 c'，$\boldsymbol{p'c'}$ 便代表 $\boldsymbol{a}_C$ 的方向和大小。矢量 $\boldsymbol{c''c'}$ 和 $\boldsymbol{c'''c'}$ 分别代表 $\boldsymbol{a}_{CB}^t$ 和 $\boldsymbol{a}_C^t$ 的方向和大小，它们的大小分别为

$$a_{CB}^t = (\overline{c''c'})\mu_a, \quad a_C^t = (\overline{c'''c'})\mu_a$$

同理，因加速度图上的 $b'c'$ 是机构图上 BC 的加速度影像，故可由

$$\overline{b'e_2'} = \frac{\overline{BE}}{\overline{BC}} \cdot \overline{b'c'}$$

来确定 e_2' 的位置。因构件 2 和 4 在 E 点组成转动副，故 e_2' 点也是 e_4' 点，即

$$a_{E4} = a_{E2} = (\overline{p'e_2'})\mu_a(\text{m/s}^2)$$

在 E 点，两构件 4 和 5 组成移动副且牵连运动为转动，根据式（4-6），列出其加速度矢量方程为

$$\boldsymbol{a}_{E5} = \boldsymbol{a}_{E5}^n + \boldsymbol{a}_{E5}^t = \boldsymbol{a}_{E4} + \boldsymbol{a}_{E5E4}^k + \boldsymbol{a}_{E5E4}^r$$

方向 $\quad E{\to}F \quad \perp EF \quad \checkmark \quad \perp EF \quad /\!/ EF$

大小 $\quad \omega_5^2 l_{EF} \quad ? \quad \checkmark \quad 2v_{E5E4}\omega_5 \quad ?$

式中，a_{E5E4}^k 为哥氏加速度，其大小等于相对速度与牵连角速度乘积的 2 倍，其方向为代表相对速度 v_{E5E4} 的矢量 $\boldsymbol{e_4e_5}$ 的箭头绕箭尾沿 ω_5 的方向（逆时针）转过 90°。过 p' 点作矢量 $\boldsymbol{p'e_5''}$ 代表 $\boldsymbol{a}_{E5}^n$ 得 e_5''，作矢量 $\boldsymbol{p'e_4'}$ 代表 $\boldsymbol{a}_{E4}$ 得 e_4' 点，再过 e_4' 点作矢量 $\boldsymbol{e_4'k'}$ 代表 $\boldsymbol{a}_{E5E4}^k$，得 k' 点。过 e_5'' 和 k' 分别作 $\boldsymbol{a}_{E5}^t$ 和 $\boldsymbol{a}_{E5E4}^r$ 的方向线，两线的交点便是 e_5'，矢量 $\boldsymbol{p'e_5'}$、$\boldsymbol{e_5''e_5'}$ 和 $\boldsymbol{k'e_5'}$ 分别代表加速度 $\boldsymbol{a}_{E5}$、$\boldsymbol{a}_{E5}^t$ 和 $\boldsymbol{a}_{E5E4}^r$ 的方向和大小，故

$$a_{E5} = (\overline{p'e_5'})\mu_a, \quad a_{E5}^t = (\overline{e_5''e_5'})\mu_a, \quad a_{E5E4}^r = (\overline{k'e_5'})\mu_a$$

构件 5 的角加速度为 $\qquad\qquad \alpha_5 = a_{E5}^t/l_{EF}$

将 $\boldsymbol{e_5''e_5'}$ 平移到 E 点可知，$\boldsymbol{\alpha}_5$ 的方向为逆时针。因构件 4 与 5 组成移动副，所以构件 4 的角加速度与构件 5 的角加速度相同。

由上面的分析可知（图 4-7c），在加速度图中，极点 p' 代表构件上所有加速度为零的点；连接 p' 点与加速度图上任一点的矢量就代表该点在机构位置图中的同名点的绝对加速度，其指向是从 p' 点指向该点；连接带有角标一撇（"'"）的任意两点的矢量就代表该两点在机构位置图中的同名点间的相对加速度，其指向与加速度的角标相反，如矢量 $\boldsymbol{b'c'}$ 代表 $\boldsymbol{a}_{CB}$，而不是 $\boldsymbol{a}_{BC}$（$\boldsymbol{a}_{CB}$ 与 $\boldsymbol{a}_{BC}$ 大小相等，方向相反）。代表法向加速度和切向加速度的矢量一般都用虚线表示。例如，虚线 $\boldsymbol{b'c''}$ 和 $\boldsymbol{c''c'}$ 分别代表 $\boldsymbol{a}_{CB}^n$ 和 $\boldsymbol{a}_{CB}^t$。

五、速度影像法和加速度影像法

当已知或已经求出某构件上两点的速度或加速度后，利用速度影像法或加速度影像法就可以很简便地确定其他点的速度或加速度、角速度或角加速度。

在图 4-8a 所示的曲柄滑块机构中，设已知曲柄 1 的角速度 ω_1（为常数）和各构件的尺

寸，欲求滑块 3 的速度 $v_3(v_C)$ 与加速度 $a_3(a_C)$ 及连杆 2 上 D 点的速度 v_D 和加速度 a_D。其速度图和加速度图分别如图 4-8b、c 所示。当求出 C 点的速度 v_C 和连杆 2 的角速度 ω_2 后，为了求连杆 2 上 D 点的速度 v_D，可分别取 B 和 C 为基点，得如下速度方程式

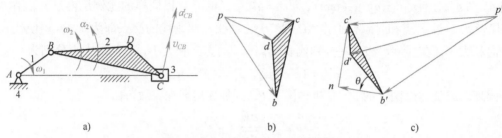

图 4-8　速度影像法和加速度影像法
a）机构简图　b）速度图　c）加速度图

$$v_D = v_B + v_{DB} = v_C + v_{DC}$$
方向　　$\sqrt{}$　　$\perp DB$　　$\sqrt{}$　　$\perp DC$
大小　　$\sqrt{}$　　$?$　　$\sqrt{}$　　$?$

在图 4-8b 中，过 b 点和 c 点分别作 DB 和 DC 的垂线，两者交于 d 点，则矢量 $\boldsymbol{pd}$ 代表 v_D，$v_D = \mu_v(\overline{pd})$。

对比图 4-8a 中的 BCD 和图 4-8b 中的 bcd 可知，因 $BC \perp bc$、$CD \perp cd$、$BD \perp bd$，故 $\triangle BCD$ 与 $\triangle bcd$ 相似，且两三角形顶角字母的排列顺序也一致，即 $B \to C \to D$ 和 $b \to c \to d$ 均为逆时针方向。我们将 $\triangle bcd$ 称为 $\triangle BCD$ 的速度影像。

在加速度关系中，因为

$$a_{CB} = \sqrt{(a_{CB}^t)^2 + (a_{CB}^n)^2} = \sqrt{(l_{CB}\alpha_2)^2 + (l_{CB}\omega_2^2)^2} = l_{CB}\sqrt{\alpha_2^2 + \omega_2^4}$$

同理　　　　　　　　$$a_{DB} = l_{DB}\sqrt{\alpha_2^2 + \omega_2^4} \quad a_{DC} = l_{DC}\sqrt{\alpha_2^2 + \omega_2^4}$$

得　　　　　　　　　$$a_{CB} : a_{DB} : a_{DC} = l_{CB} : l_{DB} : l_{DC}$$

即　　　　　$$\mu_a(\overline{b'c'}) : \mu_a(\overline{b'd'}) : \mu_a(\overline{c'd'}) = \mu_l(\overline{CB}) : \mu_l(\overline{DB}) : \mu_l(\overline{DC})$$

从而得　　　　　　　$$\overline{b'c'} : \overline{b'd'} : \overline{c'd'} = \overline{CB} : \overline{DB} : \overline{DC}$$

由此可见，加速度图中的 $\triangle b'c'd'$ 和机构位置图中的 $\triangle BCD$ 相似，且两三角形顶角字母的排列顺序也一致，即 $B \to C \to D$ 和 $b' \to c' \to d'$ 均为逆时针方向。我们将 $\triangle b'c'd'$ 称为 $\triangle BCD$ 的加速度影像。

利用速度影像和加速度影像的性质，当已知或已经求出某构件上两点的速度或加速度后，便可以利用影像法原理很简便地确定同一构件上其他点的速度或加速度。例如，在图 4-8 中，利用加速度影像法求 D 点的加速度时，可在加速度图的 $b'c'$ 边上作 $\triangle b'c'd'$ 与 $\triangle BCD$ 相似，并使字母绕行顺序也一致，由此得到与机构位置图上的 D 点对应的 d' 点，自 p' 点引至 d' 的矢量 $\boldsymbol{p'd'}$ 即代表 D 点的加速度 a_D。

第四节　平面矢量的复数极坐标表示法

在本节中，对平面矢量的复数极坐标表示法做一复习，它是下一节要讲述的"整体运

动分析法"的准备知识。

一、复数极坐标表示法

若用复数表示平面矢量 $\boldsymbol{r}$，则

$$\boldsymbol{r} = r_x + \mathrm{i}r_y$$

式中，r_x 和 r_y 分别为复数矢量的实部和虚部，如图 4-9
所示。矢量 $\boldsymbol{r}$ 还可以写为

$$\boldsymbol{r} = r(\cos\varphi + \mathrm{i}\,\sin\varphi)$$

式中，φ 称为幅角，由 x 轴的正向起逆时针为正，顺时
针为负；$r = |\boldsymbol{r}|$，是矢量的模。利用欧拉公式

$$\mathbf{e}^{\mathrm{i}\varphi} = \cos\varphi + \mathrm{i}\,\sin\varphi \tag{4-8}$$

可将矢量表示为极坐标形式 $\boldsymbol{r} = r\mathbf{e}^{\mathrm{i}\varphi}$。式中 $\mathbf{e}^{\mathrm{i}\varphi}$ 是一个单
位矢量，它表示矢量的方向。

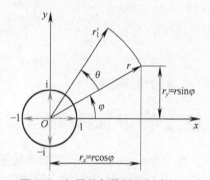

图 4-9 矢量的复数极坐标表示法

$$|\mathbf{e}^{\mathrm{i}\varphi}| = \sqrt{\cos^2\varphi + \sin^2\varphi} = 1$$

即 $\mathbf{e}^{\mathrm{i}\varphi}$ 表示一个以原点为圆心、以 1 为半径的圆周上的点。

将 $\varphi = 0$，$\pi/2$，π，$3\pi/2$ 分别代入式（4-8），则得到与坐标轴重合的四个单位矢量，
如图 4-9 所示。

二、矢量的旋转

单位矢量 $\mathbf{e}^{\mathrm{i}\theta}$ 乘以矢量 $\boldsymbol{r} = r\mathbf{e}^{\mathrm{i}\varphi}$ 可得一个新的矢量 $\boldsymbol{r}'$

$$\boldsymbol{r}' = r\mathbf{e}^{\mathrm{i}\varphi}\mathbf{e}^{\mathrm{i}\theta} = r\mathbf{e}^{\mathrm{i}(\varphi + \theta)}$$

由此可知，若 $\mathbf{e}^{\mathrm{i}\theta}$ 乘以矢量 $\boldsymbol{r}$，相当于把矢量 $\boldsymbol{r}$ 绕原点逆时针方向旋转了 θ 角。表 4-1 列
出了单位矢量 $\mathbf{e}^{\mathrm{i}\varphi}$ 旋转的几种特殊情况。

表 4-1 单位矢量 $\mathbf{e}^{\mathrm{i}\varphi}$ 旋转的几种特殊情况

被 乘 数	结 果	作 用
$\mathbf{i}$	$\mathbf{i} \cdot \mathbf{e}^{\mathrm{i}\varphi} = \mathbf{e}^{\mathrm{i}(\varphi + \pi/2)}$	相当于矢量逆时针转过 $\pi/2$ 角
$\mathbf{i}^2$	$\mathbf{i}^2 \cdot \mathbf{e}^{\mathrm{i}\varphi} = -\mathbf{e}^{\mathrm{i}\varphi} = \mathbf{e}^{\mathrm{i}(\varphi + \pi)}$	相当于矢量逆时针转过 π 角
$\mathbf{i}^3$	$\mathbf{i}^3 \cdot \mathbf{e}^{\mathrm{i}\varphi} = -\mathbf{i}\mathbf{e}^{\mathrm{i}\varphi} = \mathbf{e}^{\mathrm{i}(\varphi + 3\pi/2)} = \mathbf{e}^{\mathrm{i}(\varphi - \pi/2)}$	相当于矢量逆时针转过 $3\pi/2$ 角或顺时针转 $\pi/2$ 角

因 $\mathbf{e}^{\mathrm{i}\varphi} \cdot \mathbf{e}^{-\mathrm{i}\varphi} = \mathbf{e}^{\mathrm{i}(\varphi - \varphi)} = 1$，故 $\mathbf{e}^{-\mathrm{i}\varphi}$ 是 $\mathbf{e}^{\mathrm{i}\varphi}$ 的共轭复数。

三、复数极坐标表示的矢量的微分

设 $\boldsymbol{r} = r\mathbf{e}^{\mathrm{i}\varphi}$，则对时间的一阶导数为

$$\frac{\mathrm{d}\boldsymbol{r}}{\mathrm{d}t} = \frac{\mathrm{d}r}{\mathrm{d}t}\mathbf{e}^{\mathrm{i}\varphi} + r\frac{\mathrm{d}\varphi}{\mathrm{d}t}(\mathbf{i}\mathbf{e}^{\mathrm{i}\varphi}) = \qquad v_\mathrm{r}\mathbf{e}^{\mathrm{i}\varphi} \quad + \quad r\omega\mathbf{e}^{\mathrm{i}(\varphi + \pi/2)}$$

$$\begin{array}{cccc} \text{方向} & \mathbf{e}^{\mathrm{i}\varphi} & \mathbf{e}^{\mathrm{i}(\varphi + \pi/2)} \\ \text{大小} & v_\mathrm{r} & r\omega \\ \text{意义} & \text{相对速度} & \text{牵连速度} \end{array}$$

式中，v_r 为矢量大小的变化率（相对速度）；ω 为角速度；$r\omega$ 为线速度。

对时间的二阶导数为

$$\frac{\mathrm{d}^2 \boldsymbol{r}}{\mathrm{d}t^2} = \quad a_r \mathrm{e}^{\mathrm{i}\varphi} \quad + \quad 2v_r\omega \mathrm{e}^{\mathrm{i}(\varphi+\pi/2)} \quad + \quad r\omega^2 \mathrm{e}^{\mathrm{i}(\varphi+\pi)} \quad + \quad r\alpha \mathrm{e}^{\mathrm{i}(\varphi+\pi/2)}$$

方向	$\mathrm{e}^{\mathrm{i}\varphi}$	$\mathrm{e}^{\mathrm{i}(\varphi+\pi/2)}$	$\mathrm{e}^{\mathrm{i}(\varphi+\pi)}$	$\mathrm{e}^{\mathrm{i}(\varphi+\pi/2)}$
大小	a_r	$2v_r\omega$	$r\omega^2$	$r\alpha$
意义	相对 加速度	哥氏 加速度	牵连法向 加速度	牵连切向 加速度

式中，α 为角加速度。

第五节　平面机构的整体运动分析法

整体分析法是将所研究的机构置于一个直角坐标系中，自始至终都把整个机构作为研究对象，而不像前面所述的图解法那样，逐个对每一个Ⅱ级组进行分析。整体分析法属于解析法，要借助计算机进行计算。

运动分析的解析法可利用矢量、复数、矩阵和二元数、四元数等多种数学工具进行。本章仅介绍应用较广的复数矢量运算法。

一、平面机构运动分析的复数矢量法

用复数矢量法做机构运动分析的步骤为：

1）首先选定直角坐标系。

2）选取各杆的矢量方向与位置角，画出封闭矢量多边形。

3）根据封闭矢量多边形列出复数极坐标形式的矢量方程式，即位移方程式。

4）由位移方程式两边的实部和虚部分别相等解出所求位移参量的解析表达式。

5）将位移方程对时间求一阶导数和二阶导数，分别得到速度方程和加速度方程；解这些方程得到所求速度和角速度、加速度和角加速度的解析表达式。

在选取各杆的矢量方向及位置角时，对与机架用铰链连接的构件，建议其矢量方向由固定铰链向外指，这样便于标出位置角。位置角的正负，规定以 x 轴的正向为基准，逆时针方向转至所讨论矢量的位置角为正，反之为负。

二、曲柄滑块机构的运动分析

下面给出几种常用Ⅱ级机构的运动分析实例，并对Ⅲ级机构的运动分析做简要介绍。

如图 4-10 所示的曲柄滑块机构，已知曲柄的长 l_{AB}、连杆的长 l_{BC} 和偏距 e 以及原动件 AB 的位置角 φ_1 和等角速度 ω_1，对该机构进行位移、速度和加速度分析。

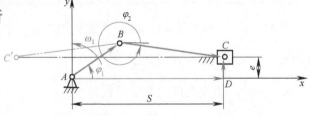

图 4-10　曲柄滑块机构的运动分析

1. 位移分析

取直角坐标系、机构中各杆的矢量方向和位置角如图 4-10 所示，由封闭矢量多边形

ABCD 可得矢量方程

$$\boldsymbol{AB} + \boldsymbol{BC} = \boldsymbol{AD} + \boldsymbol{DC}$$

写为复数形式

$$l_{AB}\mathbf{e}^{\mathrm{i}\varphi_1} + l_{BC}\mathbf{e}^{\mathrm{i}\varphi_2} = S\mathbf{e}^{\mathrm{i}0} + l_{DC}\mathbf{e}^{\mathrm{i}\pi/2} \tag{4-9}$$

由式（4-9）的实部和虚部分别相等可得

$$l_{AB}\cos\varphi_1 + l_{BC}\cos\varphi_2 = S \tag{4-10}$$

$$l_{AB}\sin\varphi_1 + l_{BC}\sin\varphi_2 = e \tag{4-11}$$

由式（4-10）和式（4-11）消去转角 φ_2，因

$$l_{BC}^2 = (S - l_{AB}\cos\varphi_1)^2 + (e - l_{AB}\sin\varphi_1)^2$$

故有

$$S = l_{AB}\cos\varphi_1 + M\sqrt{l_{BC}^2 - e^2 - l_{AB}^2\sin^2\varphi_1 + 2l_{AB}e\sin\varphi_1} \tag{4-12}$$

式中，$M = \pm 1$，应按所给机构的装配方案选取。在图 4-10 中，实线位置的 *BC* 相当于 $M = +1$ 的情况，而双点画线位置的 *BC'* 则与 $M = -1$ 相对应。

滑块的位置参数 S 确定后，对应于一组 φ_1、S 值，可由式（4-10）和式（4-11）得到连杆的位置角 φ_2，即

$$\varphi_2 = \arctan\frac{e - l_{AB}\sin\varphi_1}{S - l_{AB}\cos\varphi_1} \tag{4-13}$$

2. 速度分析

将式（4-9）对时间求导可得

$$l_{AB}\omega_1\mathbf{e}^{\mathrm{i}(\varphi_1+\pi/2)} + l_{BC}\omega_2\mathbf{e}^{\mathrm{i}(\varphi_2+\pi/2)} = \dot{S} \tag{4-14}$$

方向 $\quad \mathbf{e}^{\mathrm{i}(\varphi_1+\pi/2)} \qquad \mathbf{e}^{\mathrm{i}(\varphi_2+\pi/2)} \qquad //x$ 轴

大小 $\quad l_{AB}\omega_1 \qquad\qquad l_{BC}\omega_2 \qquad\qquad \dot{S}$

意义 $\quad \boldsymbol{v}_B \qquad + \qquad \boldsymbol{v}_{CB} \qquad = \qquad \boldsymbol{v}_C$

将式（4-14）的实部和虚部分别相等可得

$$-l_{AB}\omega_1\sin\varphi_1 - l_{BC}\omega_2\sin\varphi_2 = \dot{S} \tag{4-15}$$

$$l_{AB}\omega_1\cos\varphi_1 + l_{BC}\omega_2\cos\varphi_2 = 0 \tag{4-16}$$

由式（4-16）可得连杆的角速度

$$\omega_2 = \frac{-l_{AB}\omega_1\cos\varphi_1}{l_{BC}\cos\varphi_2} \tag{4-17}$$

将 ω_2 代入式（4-15）可求得滑块的速度 $v_C = \dot{S}$。

3. 加速度分析

将式（4-14）对时间求导可得

$$l_{AB}\omega_1^2\mathbf{e}^{\mathrm{i}(\varphi_1+\pi)} + l_{BC}\omega_2^2\mathbf{e}^{\mathrm{i}(\varphi_2+\pi)} + l_{BC}\alpha_2\mathbf{e}^{\mathrm{i}(\varphi_2+\pi/2)} = \ddot{S} \tag{4-18}$$

方向 $\quad \mathbf{e}^{\mathrm{i}(\varphi_1+\pi)} \qquad \mathbf{e}^{\mathrm{i}(\varphi_2+\pi)} \qquad \mathbf{e}^{\mathrm{i}(\varphi_2+\pi/2)} \qquad //x$ 轴

大小 $\quad l_{AB}\omega_1^2 \qquad l_{BC}\omega_2^2 \qquad l_{BC}\alpha_2 \qquad \ddot{S}$

意义 $\quad \boldsymbol{a}_B^n \qquad + \qquad \boldsymbol{a}_{CB}^n \qquad + \qquad \boldsymbol{a}_{CB}^t \qquad = \qquad \boldsymbol{a}_C$

将式（4-18）的实部和虚部分别相等可得

$$a_C = \ddot{S} = -l_{AB}\omega_1^2\cos\varphi_1 - l_{BC}(\omega_2^2\cos\varphi_2 + \alpha_2\sin\varphi_2) \tag{4-19}$$

$$-l_{AB}\omega_1^2\sin\varphi_1 - l_{BC}\omega_2^2\sin\varphi_2 + l_{BC}\alpha_2\cos\varphi_2 = 0 \tag{4-20}$$

由式（4-20）可得连杆的角加速度

$$\alpha_2 = \frac{l_{AB}\omega_1^2\sin\varphi_1}{l_{BC}\cos\varphi_2} + \tan\varphi_2\omega_2^2 \tag{4-21}$$

将 α_2 代入式（4-19）可求得滑块的加速度 a_C。

曲柄滑块机构的运动分析比较简单，故这里仅介绍如何建立数学模型，不再讨论其计算框图。

三、曲柄摇杆机构的运动分析

在图 4-11 所示铰链四杆机构中，因和机架 4 相连的构件（称为连架杆）1 和 3 分别能做整周转动和摆动，故分别称为曲柄和摇杆，从而该机构称为曲柄摇杆机构。已知该机构各杆的长度和原动件的等角速度 ω_1 和位置角 φ_1，要求确定曲柄 AB 在回转一周的过程中，每隔 30°时连杆 BC 和输出件 CD 的角速度 ω_2 和 ω_3 以及角加速度 α_2 和 α_3。

（一）建立数学模型

1. 位移分析

如图 4-11 所示，建立以 A 为原点、x 轴的正向与 AD 线一致的直角坐标系，标出各杆的矢量方向和位置角如图 4-11 所示，由封闭矢量多边形 $ABCD$ 可得

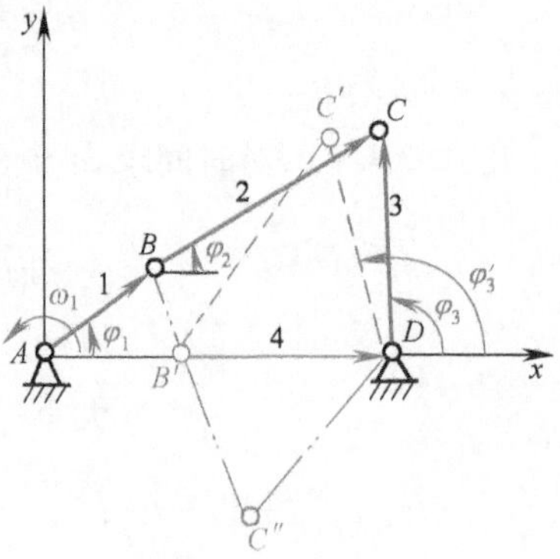

$$\boldsymbol{AB} + \boldsymbol{BC} = \boldsymbol{AD} + \boldsymbol{DC}$$

写为复数形式

$$l_{AB}\mathrm{e}^{\mathrm{i}\varphi_1} + l_{BC}\mathrm{e}^{\mathrm{i}\varphi_2} = l_{AD}\mathrm{e}^{\mathrm{i}0} + l_{DC}\mathrm{e}^{\mathrm{i}\varphi_3} \tag{4-22}$$

将式（4-22）的实部和虚部分别相等可得

$$l_{AB}\cos\varphi_1 + l_{BC}\cos\varphi_2 = l_{AD} + l_{DC}\cos\varphi_3 \tag{4-23}$$

$$l_{AB}\sin\varphi_1 + l_{BC}\sin\varphi_2 = l_{DC}\sin\varphi_3 \tag{4-24}$$

图 4-11　曲柄摇杆机构的运动分析

为了消去 φ_2 角，将式（4-23）和式（4-24）移项再求二次方和可得

$$l_{BC}^2 = (l_{AD} + l_{DC}\cos\varphi_3 - l_{AB}\cos\varphi_1)^2 + (l_{DC}\sin\varphi_3 - l_{AB}\sin\varphi_1)^2$$

为了方便求解 φ_3，将上式改写为如下的三角方程

$$A\sin\varphi_3 + B\cos\varphi_3 + C = 0 \tag{4-25}$$

其中 $A = -\sin\varphi_1$　$B = l_{AD}/l_{AB} - \cos\varphi_1$　$C = (l_{AD}^2 + l_{DC}^2 + l_{AB}^2 - l_{BC}^2)/(2l_{AB}l_{DC}) - l_{AD}\cos\varphi_1/l_{DC}$

为了便于用代数方法求解 φ_3，令 $x = \tan(\varphi_3/2)$，于是

$$\sin\varphi_3 = 2x/(1 + x^2), \quad \cos\varphi_3 = (1 - x^2)/(1 + x^2)$$

从而，式（4-25）可化成下列二次方程式

$$(B - C)\ x^2 - 2Ax - (B + C) = 0$$

由上式解出 x，可得　$\varphi_3 = 2\arctan x = 2\arctan\dfrac{A + M\ \sqrt{A^2 + B^2 - C^2}}{B - C} \tag{4-26}$

上式中的 $M = \pm 1$，表示给定 φ_1 时，φ_3 可有两个值，分别对应于图 4-11 所示交点 C 和

C''。对此应按照所给机构的装配方案取值：C 处，$M = +1$；而 C'' 处，$M = -1$。M 也可由运动的连续性选取，此时在程序中首先计算与 φ_1 的初值（如 $\varphi_1 = 0$）相对应的 φ_3 的初值（如图 4-11 中的 φ_3'）。由图可知，因

$$l_{BC}^2 = l_{DC}^2 + (l_{AD} - l_{AB})^2 - 2l_{DC}(l_{AD} - l_{AB})\cos(\pi - \varphi_3')$$

故
$$\cos\varphi_3' = \frac{l_{BC}^2 - l_{DC}^2 - (l_{AD} - l_{AB})^2}{2l_{DC}(l_{AD} - l_{AB})} = R \tag{4-27}$$

$$\varphi_3' = \arctan\frac{\sqrt{1 - R^2}}{R} \tag{4-28}$$

以后，在 φ_1 的循环中，每次都由 $M = +1$ 和 $M = -1$ 分别算出两个 φ_3 值分别设为 T_1 和 T_2。将它们分别与前一步的 φ_3 比较，哪个更接近，哪个就是合适的 φ_3，即如果 $|T_1 - \varphi_3| \le |T_2 - \varphi_3|$，则令 $\varphi_3 = T_1$；否则，$\varphi_3 = T_2$。

连杆的位置角 φ_2 可由式（4-23）和式（4-24）求得

$$\varphi_2 = \arctan\frac{l_{DC}\sin\varphi_3 - l_{AB}\sin\varphi_1}{l_{AD} + l_{DC}\cos\varphi_3 - l_{AB}\cos\varphi_1} \tag{4-29}$$

2. 速度分析

将式（4-22）对时间求导可得

$$l_{AB}\omega_1 e^{i(\varphi_1 + \pi/2)} \quad + \quad l_{BC}\omega_2 e^{i(\varphi_2 + \pi/2)} \quad = \quad l_{DC}\omega_3 e^{i(\varphi_3 + \pi/2)} \tag{4-30}$$

方向 $\quad e^{i(\varphi_1 + \pi/2)} \qquad\qquad e^{i(\varphi_2 + \pi/2)} \qquad\qquad e^{i(\varphi_3 + \pi/2)}$

大小 $\quad l_{AB}\omega_1 \qquad\qquad\quad l_{BC}\omega_2 \qquad\qquad\quad l_{DC}\omega_3$

意义 $\quad \boldsymbol{v}_B \qquad + \qquad \boldsymbol{v}_{CB} \qquad = \qquad \boldsymbol{v}_C$

将式（4-30）的实部和虚部分别相等可得

$$\begin{cases} l_{AB}\omega_1\sin\varphi_1 + l_{BC}\omega_2\sin\varphi_2 = l_{DC}\omega_3\sin\varphi_3 \\ l_{AB}\omega_1\cos\varphi_1 + l_{BC}\omega_2\cos\varphi_2 = l_{DC}\omega_3\cos\varphi_3 \end{cases} \tag{4-31}$$

由式（4-31）可解得

$$\omega_2 = \frac{-l_{AB}\sin(\varphi_1 - \varphi_3)}{l_{BC}\sin(\varphi_2 - \varphi_3)} \cdot \omega_1 \tag{4-32}$$

$$\omega_3 = \frac{l_{AB}\sin(\varphi_1 - \varphi_2)}{l_{DC}\sin(\varphi_3 - \varphi_2)} \cdot \omega_1 \tag{4-33}$$

角速度的正和负分别表示构件做逆时针和顺时针方向转动。

3. 加速度分析

将式（4-30）对时间再求导可得

$$l_{AB}\omega_1^2 e^{i(\varphi_1 + \pi)} + l_{BC}\omega_2^2 e^{i(\varphi_2 + \pi)} + l_{BC}\alpha_2 e^{i(\varphi_2 + \pi/2)} = l_{DC}\omega_3^2 e^{i(\varphi_3 + \pi)} + l_{DC}\alpha_3 e^{i(\varphi_3 + \pi/2)} \tag{4-34}$$

方向 $\quad e^{i(\varphi_1 + \pi)} \qquad e^{i(\varphi_2 + \pi)} \qquad e^{i(\varphi_2 + \pi/2)} \qquad e^{i(\varphi_3 + \pi)} \qquad\qquad e^{i(\varphi_3 + \pi/2)}$

大小 $\quad l_{AB}\omega_1^2 \qquad\quad l_{BC}\omega_2^2 \qquad\quad l_{BC}\alpha_2 \qquad\qquad l_{DC}\omega_3^2 \qquad\qquad l_{DC}\alpha_3$

意义 $\quad \boldsymbol{a}_{BA}^n \qquad + \qquad \boldsymbol{a}_{CB}^n \qquad + \qquad \boldsymbol{a}_{CB}^t \qquad = \qquad \boldsymbol{a}_{CD}^n \qquad + \qquad \boldsymbol{a}_{CD}^t$

将式（4-34）的实部和虚部分别相等可得

$$\begin{cases} l_{AB}\omega_1^2\cos\varphi_1 + l_{BC}\omega_2^2\cos\varphi_2 + l_{BC}\alpha_2\sin\varphi_2 = l_{DC}\omega_3^2\cos\varphi_3 + l_{DC}\alpha_3\sin\varphi_3 \\ -l_{AB}\omega_1^2\sin\varphi_1 - l_{BC}\omega_2^2\sin\varphi_2 + l_{BC}\alpha_2\cos\varphi_2 = -l_{DC}\omega_3^2\sin\varphi_3 + l_{DC}\alpha_3\cos\varphi_3 \end{cases} \tag{4-35}$$

由式（4-35）可解得

$$\alpha_3 = \frac{l_{AB}\omega_1^2\cos(\varphi_1 - \varphi_2) + l_{BC}\omega_2^2 - l_{DC}\omega_3^2\cos(\varphi_3 - \varphi_2)}{l_{DC}\sin(\varphi_3 - \varphi_2)} \tag{4-36}$$

$$\alpha_2 = \frac{l_{AB}\omega_1^2\cos(\varphi_1 - \varphi_3) + l_{BC}\omega_2^2\cos(\varphi_3 - \varphi_2) - l_{DC}\omega_3^2}{l_{BC}\sin(\varphi_3 - \varphi_2)} \tag{4-37}$$

（二）框图设计及编程注意事项

因为曲柄位置角每隔 30°作为一个计算位置，上述运动分析要在计算机上进行多次计算。曲柄摇杆机构运动分析框图如图 4-12 所示。

当按图 4-11 实线所示装配机构时，机构的构件 3 的初位角 φ_3' 只可能在第 Ⅰ、Ⅱ 象限，而计算机由反正切函数输出的 φ_3' 只可能在第 Ⅰ、Ⅳ 象限（当 $\tan\varphi_3' \geqslant 0$ 时，输出第 Ⅰ 象限的角；否则，输出第 Ⅳ 象限的角），故需做角度处理，如框图（图 4-12）中从上往下数第三框所示。而框图的第六、七、八框是用运动的连续性来确定 φ_3 的实际取值。

四、摆动导杆机构的运动分析

在图 4-13 所示的摆动导杆机构中，原动件 2 做整周转动，输出构件 4 只能左右摆动，滑块 3 随构件 4 一起摆动的同时还沿构件 4 移动。已知各构件的长度、原动件 2 的等角速度 ω_2 和位置角 φ_2，对其进行运动分析。

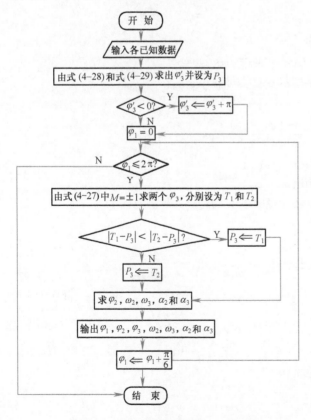

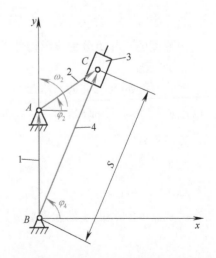

图 4-12　曲柄摇杆机构运动分析框图　　图 4-13　摆动导杆机构的运动分析

（一）建立数学模型

1. 位移分析

取以 B 为原点、y 轴的正向与机架 BA 线一致的直角坐标系，各杆的矢量方向及位置角如图 4-13 所示。由封闭矢量多边形 BAC 可得矢量方程式

$$BA + AC = BC \tag{4-38}$$

即

$$l_{BA}\mathrm{e}^{\mathrm{i}\pi/2} + l_{AC}\mathrm{e}^{\mathrm{i}\varphi_2} = S\mathrm{e}^{\mathrm{i}\varphi_4} \tag{4-39}$$

将式（4-39）的虚部和实部分别相等可得

$$\begin{cases} l_{BA} + l_{AC}\sin\varphi_2 = S\sin\varphi_4 \\ l_{AC}\cos\varphi_2 = S\cos\varphi_4 \end{cases} \tag{4-40}$$

由式（4-40）可得

$$\varphi_4 = \arctan\frac{l_{BA} + l_{AC}\sin\varphi_2}{l_{AC}\cos\varphi_2} \tag{4-41}$$

在三角形 ABC 中，根据余弦定理可得

$$S = \sqrt{l_{AC}^2 + l_{BA}^2 + 2l_{AC}l_{BA}\sin\varphi_2} \tag{4-42}$$

2. 速度分析

将式（4-39）对时间求导可得

$$l_{AC}\omega_2\mathrm{e}^{\mathrm{i}(\varphi_2+\pi/2)} = S\omega_4\mathrm{e}^{\mathrm{i}(\varphi_4+\pi/2)} + v_r\mathrm{e}^{\mathrm{i}\varphi_4} \tag{4-43}$$

	方向	$\mathrm{e}^{\mathrm{i}(\varphi_2+\pi/2)}$	$\mathrm{e}^{\mathrm{i}(\varphi_4+\pi/2)}$	$\mathrm{e}^{\mathrm{i}\varphi_4}$
大小		$l_{AC}\omega_2$	$S\omega_4$	v_r
意义	v_{C3}	$=$	v_{C4}	$+$ v_{C3C4}

将式（4-43）的实部和虚部分别相等可得

$$\begin{cases} -l_{AC}\omega_2\sin\varphi_2 = -S\omega_4\sin\varphi_4 + v_r\cos\varphi_4 \\ l_{AC}\omega_2\cos\varphi_2 = S\omega_4\cos\varphi_4 + v_r\sin\varphi_4 \end{cases} \tag{4-44}$$

将 Bxy 坐标系绕 B 点转 φ_4 角，则由式（4-44）可得

$$\begin{cases} -l_{AC}\omega_2\sin(\varphi_2-\varphi_4) = -S\omega_4\sin(\varphi_4-\varphi_4) + v_r\cos(\varphi_4-\varphi_4) \\ l_{AC}\omega_2\cos(\varphi_2-\varphi_4) = S\omega_4\cos(\varphi_4-\varphi_4) + v_r\sin(\varphi_4-\varphi_4) \end{cases} \tag{4-45}$$

由式（4-45）可求得构件 4 的角速度 ω_4 和相对速度 v_r 为

$$\omega_4 = \frac{l_{AC}\omega_2\cos(\varphi_2-\varphi_4)}{S} \tag{4-46}$$

$$v_r = -l_{AC}\omega_2\sin(\varphi_2-\varphi_4) \tag{4-47}$$

3. 加速度分析

将式（4-43）对时间再求导可得

$$l_{AC}\omega_2^2\mathrm{e}^{\mathrm{i}(\varphi_2+\pi)} = 2v_r\omega_4\mathrm{e}^{\mathrm{i}(\varphi_4+\pi/2)} + S\omega_4^2\mathrm{e}^{\mathrm{i}(\varphi_4+\pi)} + S\alpha_4\mathrm{e}^{\mathrm{i}(\varphi_4+\pi/2)} + a_r\mathrm{e}^{\mathrm{i}\varphi_4} \tag{4-48}$$

方向	$\mathrm{e}^{\mathrm{i}(\varphi_2+\pi)}$	$\mathrm{e}^{\mathrm{i}(\varphi_4+\pi/2)}$	$\mathrm{e}^{\mathrm{i}(\varphi_4+\pi)}$	$\mathrm{e}^{\mathrm{i}(\varphi_4+\pi/2)}$	$\mathrm{e}^{\mathrm{i}\varphi_4}$
大小	$l_{AC}\omega_2^2$	$2v_r\omega_4$	$S\omega_4^2$	$S\alpha_4$	a_r
意义	a_{C3}^n $=$	a_{C3C4}^k $+$	a_{C4}^n $+$	a_{C4}^t $+$	a_{C3C4}^r

将式（4-48）的实部和虚部分别相等可得

$$\begin{cases} -l_{AC}\omega_2^2\cos\varphi_2 = -2v_r\omega_4\sin\varphi_4 - S\omega_4^2\cos\varphi_4 - S\alpha_4\sin\varphi_4 + a_r\cos\varphi_4 \\ -l_{AC}\omega_2^2\sin\varphi_2 = 2v_r\omega_4\cos\varphi_4 - S\omega_4^2\sin\varphi_4 + S\alpha_4\cos\varphi_4 + a_r\sin\varphi_4 \end{cases} \tag{4-49}$$

将 Bxy 坐标系统 B 点转 φ_4 角，则由式（4-49）可得

$$-l_{AC}\omega_2^2\cos(\varphi_2-\varphi_4)=-S\omega_4^2+a_r \tag{4-50}$$

$$-l_{AC}\omega_2^2\sin(\varphi_2-\varphi_4)=2v_r\omega_4+S\alpha_4 \tag{4-51}$$

由式（4-50）可得构件3相对于构件4的相对加速度 a_r 为

$$a_r=S\omega_4^2-l_{AC}\omega_2^2\cos(\varphi_2-\varphi_4) \tag{4-52}$$

由式（4-51）可得构件4的角加速度 α_4 为

$$\alpha_4=-[2v_r\omega_4+l_{AC}\omega_2^2\sin(\varphi_2-\varphi_4)]/S \tag{4-53}$$

（二）框图设计及编程注意事项

当 $\varphi_2=\pi/2$ 或 $\varphi_2=3\pi/2$ 时，由式（4-41）可知，因分母为零会产生溢出而使程序计算无法进行，故应避开。由摆动导杆机构的运动可知，此时的 $\varphi_4=\pi/2$。因此，框图设计与编程时应加以注意。对于摆动导杆机构，角度 φ_4 只可能在第Ⅰ和第Ⅱ象限，而计算机由反正切求出的 φ_4 只可能在第Ⅰ和第Ⅳ象限，故需做角度处理。另外，通过旋转坐标系求解的方法只适用于速度分析和加速度分析，位移分析不能用。

五、平面多杆机构的运动分析

平面多杆机构通常具有多个封闭运动链，对其进行运动分析时，需依次对各个封闭运动链进行运动分析。如在图 4-14 所示的六杆机构中，已知各构件的尺寸 l_{AB}、l_{BC}、l_{CD}、l_{AD}、l_{BE}、l_{AF}，结构角 α、β 和主动件 1 的位置角 φ_1 及其等角速度 ω_1，要求确定构件 4 的位置角 φ_4、角速度 ω_4、角加速度 α_4 和构件 4 相对于摇块 5 的位置 S、速度 v_r 和加速度 a_r。

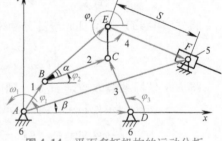

由图 4-14 可知，该机构由两个封闭运动链组成。对于第一个封闭运动链 $ABCD$，可用已经介绍过的铰链四杆机构运动分析的方法进行分析。对于第二个封闭运动链 $ABEF$，可写出如下的矢量方程

图 4-14 平面多杆机构的运动分析

$$AB+BE+EF=AF$$

即

$$l_{AB}e^{i\varphi_1}+l_{BE}e^{i(\varphi_2+\alpha)}+Se^{i\varphi_4}=l_{AF}e^{i\beta} \tag{4-54}$$

将式（4-54）的实部和虚部分别相等可得

$$\begin{cases}l_{AB}\cos\varphi_1+l_{BE}\cos(\varphi_2+\alpha)+S\cos\varphi_4=l_{AF}\cos\beta\\l_{AB}\sin\varphi_1+l_{BE}\sin(\varphi_2+\alpha)+S\sin\varphi_4=l_{AF}\sin\beta\end{cases} \tag{4-55}$$

由第一个封闭运动链的运动分析已求得构件 2 的位置角 φ_2、角速度 ω_2 和角加速度 α_2。在式（4-55）中只有线位移 S 和角位移 φ_4 是未知量，可解得

$$\varphi_4=\arctan\frac{l_{AF}\sin\beta-l_{AB}\sin\varphi_1-l_{BE}\sin(\varphi_2+\alpha)}{l_{AF}\cos\beta-l_{AB}\cos\varphi_1-l_{BE}\cos(\varphi_2+\alpha)} \tag{4-56}$$

$$S=[l_{AF}\cos\beta-l_{AB}\cos\varphi_1-l_{BE}\cos(\varphi_2+\alpha)]/\cos\varphi_4 \tag{4-57}$$

将式（4-54）对时间求一次导数后，便可从中解出构件 4 的角速度 ω_4 和构件 4 与 5 间的相对速度 v_r 的大小；求两次导数后，就可以从中解出构件 4 的角加速度 α_4 和构件 4 与 5 间

的相对加速度 a_t 的大小。

由此可知，对于由多个封闭运动链组成的多杆机构，进行运动分析时需要依次解多个封闭矢量方程，有时还需要联立求解。

六、Ⅲ级机构运动分析简介

前述均为Ⅱ级机构。对于单自由度的Ⅲ级机构（图 4-15），若仍用Ⅱ级机构的方法去分析，在封闭链 *ABCDF* 中将会出现由于未知数多于方程数而使方程无确定的解。解决问题的方法之一是将Ⅲ级机构转化为Ⅱ级机构，即用"型转化法"。由第三章可知，选机构中的不同构件为原动件，可能产生不同级别的机构。若将图 4-15 所示机构中的原动件由 1 改为 4，原来的Ⅲ级机构便成为由Ⅱ级组 *ABC* 和 *DEG* 及原动件和机架组成的Ⅱ级机构，而机构中各构件的相对运动关系却没有变化。因此，就可用分析Ⅱ级机构的方法来分析此机构。这里仅就位移和速度分析的方法简述如下：

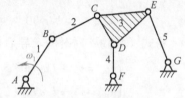

图 4-15　Ⅲ级机构运动分析

1）假设构件 4 为原动件，即假设构件 4 的位置角 φ'_4、角速度 ω'_4 为已知，求出构件 3 的位置角 φ'_3、角速度 ω'_3 和构件 5 的位置角 φ'_5、角速度 ω'_5 以及 *C* 点的速度参数。

2）在此基础上，求假设构件 4 是原动件时构件 1 的位置角 φ'_1、角速度 ω'_1 和构件 2 的位置角 φ'_2、角速度 ω'_2。

3）其真实速度与假设速度之间有一个比例关系，设 $v_B/v'_B = k_v$，则 k_v 适合于此机构各位置的速度参数的折算，故各构件上任意点的真实速度 $v_z = k_v v'_z$。

第六节　运动分析的基本杆组法

一、基本杆组法简介

由机构的组成原理可知，任何机构都可以看作是由一个或几个基本杆组依次连接于主动件和机架上而构成的。常用的基本杆组的类型不过有限几种。对每一个基本杆组可以建立运动分析方程，编写出子程序。不同类型的基本杆组的子程序组成一个子程序库。

进行某一机构的运动分析时，先将该机构分解为主动件、机架和基本杆组。编一个主程序，该主程序依次调用组成该机构的主动件和各个基本杆组的子程序，执行此主程序即可得到所求结果。下面介绍两个基本杆组运动分析的数学模型及调用该基本杆组的子程序时应注意的事项，并结合一个例子具体说明如何用基本杆组法对机构进行运动分析。

二、平面运动构件上某点的运动分析

如图 4-16 所示，设构件 *AM*（简称 i）做平面运动。已知构件 i 的长度 l_i、位置角 φ_i、角速度 ω_i 和角加速度 α_i 以及构件 i 上 *A* 点的位置（x_A，y_A）、速度（v_{Ax}，v_{Ay}）和加速度（a_{Ax}，a_{Ay}）。构件上有一点 *M'*，其位置可根据角度 δ 和 l_i 来确定。要求确定构件上 *M'*（或 *M*）的位置（$x_{M'}$，$y_{M'}$）、速度（$v_{M'x}$，$v_{M'y}$）和加速度（$a_{M'x}$，$a_{M'y}$）。

由图 4-16 可知，当角 δ 为零时，*M'* 点便成为 *M* 点。所以，下面的数学模型以 *M'* 点为研

究对象。从坐标原点 O 出发，分别以矢径连接 A 点和待求点 M' 得矢量 r_A 和 $r_{M'}$，从而得封闭矢量多边形 OAM'，并由此得如下矢量方程式

$$r_{M'} = r_A + AM' \qquad (4\text{-}58)$$

将上式投影在两坐标轴上可得

$$\begin{cases} x_{M'} = x_A + l_i\cos(\varphi_i + \delta) \\ y_{M'} = y_A + l_i\sin(\varphi_i + \delta) \end{cases} \qquad (4\text{-}59)$$

将式（4-59）对时间求导后得速度方程为

$$\begin{cases} v_{M'x} = v_{Ax} - l_i\omega_i\sin(\varphi_i + \delta) \\ v_{M'y} = v_{Ay} + l_i\omega_i\cos(\varphi_i + \delta) \end{cases} \qquad (4\text{-}60)$$

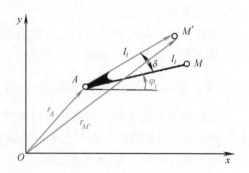

图 4-16　平面运动构件上某点的运动分析

将式（4-60）对时间再求导后得加速度方程为

$$\begin{cases} a_{M'x} = a_{Ax} - l_i\big[\omega_i^2\cos(\varphi_i + \delta) + \alpha_i\sin(\varphi_i + \delta)\big] \\ a_{M'y} = a_{Ay} - l_i\big[\omega_i^2\sin(\varphi_i + \delta) - \alpha_i\cos(\varphi_i + \delta)\big] \end{cases} \qquad (4\text{-}61)$$

将式（4-59）~式（4-61）编写为一个子程序，子程序的输入参数为一列矢量

$$X_{\mathrm{IN}} = \big[l_i,\ \varphi_i,\ \delta,\ \omega_i,\ \alpha_i,\ x_A,\ y_A,\ v_{Ax},\ v_{Ay},\ a_{Ax},\ a_{Ay}\big]^{\mathrm{T}} \qquad (4\text{-}62)$$

该子程序的输出参数为列矢量

$$X_{\mathrm{OUT}} = \big[x_{M'},\ y_{M'},\ v_{M'x},\ v_{M'y},\ a_{M'x},\ a_{M'y}\big]^{\mathrm{T}} \qquad (4\text{-}63)$$

考虑到各运动参数随时间而变，各运动参数应该用一维数组表示。因此，调用这样的子程序时，主程序中应有与各数组变量形式的最大值相一致的数组定义语句，并已给各输入参数的变量赋值。

三、RRR 型 II 级组的运动分析

如图 4-17 所示，已知 RRR 型 II 级组中点 M 和 Q 的位置 $(x_M,\ y_M)$ 和 $(x_Q,\ y_Q)$、速度 $(v_{Mx},\ v_{My})$ 和 $(v_{Qx},\ v_{Qy})$、加速度 $(a_{Mx},\ a_{My})$ 和 $(a_{Qx},\ a_{Qy})$ 以及构件 i 和 j 的长度 l_i 和 l_j。要求确定构件 i 和 j 的位置角 φ_i 和 φ_j、角速度 ω_i 和 ω_j、角加速度 α_i 和 α_j，以及内点 N 的位置 $(x_N,\ y_N)$、速度 $(v_{Nx},\ v_{Ny})$ 和加速度 $(a_{Nx},\ a_{Ny})$。

1. 位移分析

由图 4-17 所示的 Oxy 坐标系和矢量多边形 $OMNQ$ 可得内点 N 的矢量方程

$$r_N = r_M + MN = r_Q + QN \qquad (4\text{-}64)$$

将式（4-64）投影到 x、y 坐标轴上可得

$$x_N = x_M + l_i\cos\varphi_i = x_Q + l_j\cos\varphi_j \qquad (4\text{-}65)$$

$$y_N = y_M + l_i\sin\varphi_i = y_Q + l_j\sin\varphi_j \qquad (4\text{-}66)$$

仿照式（4-23）~式（4-26）的推导过程，可由式（4-65）和式（4-66）解出

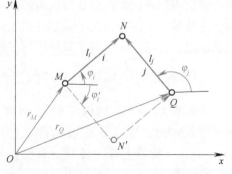

图 4-17　RRR 型 II 级组的运动分析

$$\varphi_i = 2\arctan\frac{A + M\sqrt{A^2 + B^2 - C^2}}{B - C} \tag{4-67}$$

其中 $\qquad\qquad A = 2l_i(y_Q - y_M) \quad B = 2l_i(x_Q - x_M) \quad C = l_i^2 + l_{MQ}^2 - l_j^2$

式（4-67）中的 M 为位置模式系数，当杆组中的点位沿 $M \rightarrow N \rightarrow Q$ 的次序为顺时针方向时，即图 4-17 中的实线位置时，取 $M = +1$；反之，即虚线位置 $MN'Q$ 时，取 $M = -1$。

由图 4-17 可知，M 和 Q 两点间的距离 l_{MQ} 为

$$l_{MQ} = \sqrt{(x_Q - x_M)^2 + (y_Q - y_M)^2} \tag{4-68}$$

求出 φ_i 后即可由以下三式求 N 点的坐标值和 φ_j。

$$\begin{cases} x_N = x_M + l_i\cos\varphi_i \\ y_N = y_M + l_i\sin\varphi_i \end{cases} \tag{4-69}$$

$$\varphi_j = \arctan\left[(y_N - y_Q)/(x_N - x_Q)\right] \tag{4-70}$$

在计算前应先检查机构是否满足装配条件。对于 RRR 型 II 级组而言，其可装配条件为

$$l_{MQ} \leqslant l_i + l_j \quad \text{且} \quad l_{MQ} \geqslant |l_i - l_j| \tag{4-71}$$

若不满足上述条件，则认为该 II 级组在机构中不能装配，此时无解。

2. 速度分析

将式（4-65）和式（4-66）对时间求导，并注意到

$$y_N - y_M = l_i\sin\varphi_i \quad x_N - x_M = l_i\cos\varphi_i$$

$$y_N - y_Q = l_j\sin\varphi_j \quad x_N - x_Q = l_j\cos\varphi_j$$

经整理可得 $\qquad\qquad -(y_N - y_M)\omega_i + (y_N - y_Q)\omega_j = v_{Qx} - v_{Mx} \tag{4-72}$

$$(x_N - x_M)\omega_i - (x_N - x_Q)\omega_j = v_{Qy} - v_{My} \tag{4-73}$$

解式（4-72）和式（4-73）组成的方程组，可得构件 i 和 j 的角速度

$$\omega_i = \frac{(v_{Qx} - v_{Mx})(x_N - x_Q) + (v_{Qy} - v_{My})(y_N - y_Q)}{(y_N - y_Q)(x_N - x_M) - (y_N - y_M)(x_N - x_Q)} \tag{4-74}$$

$$\omega_j = \frac{(v_{Qx} - v_{Mx})(x_N - x_M) + (v_{Qy} - v_{My})(y_N - y_M)}{(y_N - y_Q)(x_N - x_M) - (y_N - y_M)(x_N - x_Q)} \tag{4-75}$$

将式（4-69）对时间求导可得 N 点的速度分量

$$\begin{cases} v_{Nx} = v_{Mx} - \omega_i(y_N - y_M) \\ v_{Ny} = v_{My} + \omega_i(x_N - x_M) \end{cases} \tag{4-76}$$

3. 加速度分析

因 $\qquad\qquad\qquad y_N = y_Q + l_j\sin\varphi_j \tag{4-77}$

将该式对时间求导可得 $\quad v_{Ny} = v_{Qy} + l_j\omega_j\cos\varphi_j = v_{Qy} + (x_N - x_Q)\omega_j \tag{4-78}$

由上式得 $\qquad\qquad\qquad v_{Ny} - v_{Qy} = (x_N - x_Q)\omega_j \tag{4-79}$

用类似的方法可得 $\qquad v_{Nx} - v_{Qx} = -(y_N - y_Q)\omega_j \tag{4-80}$

由式（4-76）可得 $\qquad v_{Nx} - v_{Mx} = -\omega_i(y_N - y_M) \tag{4-81}$

$$v_{Ny} - v_{My} = \omega_i(x_N - x_M) \tag{4-82}$$

将式（4-72）和式（4-73）对时间求导并将式（4-79）~式（4-82）代入可得

$$\begin{cases} -(y_N - y_M)\alpha_i + (y_N - y_Q)\alpha_j = C_1 \\ (x_N - x_M)\alpha_i - (x_N - x_Q)\alpha_j = C_2 \end{cases} \tag{4-83}$$

其中
$$\begin{cases} C_1 = a_{Qx} - a_{Mx} + (x_N - x_M)\omega_i^2 - (x_N - x_Q)\omega_j^2 \\ C_2 = a_{Qy} - a_{My} + (y_N - y_M)\omega_i^2 - (y_N - y_Q)\omega_j^2 \end{cases}$$

解式（4-83）可得构件 i 和 j 的角加速度为

$$\alpha_i = \frac{C_1(x_N - x_Q) + C_2(y_N - y_Q)}{(x_N - x_M)(y_N - y_Q) - (y_N - y_M)(x_N - x_Q)} \tag{4-84}$$

$$\alpha_j = \frac{C_1(x_N - x_M) + C_2(y_N - y_M)}{(x_N - x_M)(y_N - y_Q) - (y_N - y_M)(x_N - x_Q)} \tag{4-85}$$

将式（4-76）对时间求导可得 N 点的加速度分量

$$\begin{cases} a_{Nx} = a_{Mx} - (x_N - x_M)\omega_i^2 - (y_N - y_M)\alpha_i \\ a_{Ny} = a_{My} - (y_N - y_M)\omega_i^2 + (x_N - x_M)\alpha_i \end{cases} \tag{4-86}$$

将上述公式编写为一个子程序，该子程序的输入参数为列矢量

$$\boldsymbol{X}_{\text{IN}} = [x_M, y_M, x_Q, y_Q, v_{Mx}, v_{My}, v_{Qx}, v_{Qy}, a_{Mx}, a_{My}, a_{Qx}, a_{Qy}, l_i, l_j]^{\text{T}} \tag{4-87}$$

输出参数为列矢量

$$\boldsymbol{X}_{\text{OUT}} = [\varphi_i, \varphi_j, \omega_i, \omega_j, \alpha_i, \alpha_j, x_N, y_N, v_{Nx}, v_{Ny}, a_{Nx}, a_{Ny}]^{\text{T}} \tag{4-88}$$

四、用基本杆组法做铰链四杆机构的运动分析

如图 4-18 所示，已知一双摇杆机构（两连架杆都不能整周转动）的各杆长 l_{AD}、l_{AB}、l_{BC}、l_{CD}、l_{BE}，原动件 AB 的等角速度 ω_1，连杆 2 上一点 E 的定位角 α，要求确定 φ_1 从 $0°$ 到 φ_{1max}、每隔 $\pi/12$ 时杆 2 上 E 点的速度 v_E 和加速度 a_E。

（一）分析机构组成确定解题步骤

根据题意，需首先求 φ_{1max}。φ_{1max} 可在三角形 $AB'D$（虚线）中用余弦定理求出。

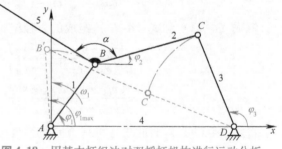

图 4-18　用基本杆组法对双摇杆机构进行运动分析

由图 4-18 可知，该机构由主动件 AB、RRR 型 Ⅱ 级组 BCD 和机架组成。所求运动点 E 在构件 2 上。E 点的运动参数可通过调用上述子程序来得到，具体步骤如下：

1）调用"平面运动构件上某点的运动分析子程序"，求得 B 点运动参数。参看式（4-62）和式（4-63），输入参数为

$$\boldsymbol{X}_{\text{IN}} = (l_{AB}, \varphi_1, 0, \omega_1, 0, 0, 0, 0, 0, 0, 0)^{\text{T}} \tag{4-89}$$

输出参数为
$$\boldsymbol{X}_{\text{OUT}} = [x_B, y_B, v_{Bx}, v_{By}, a_{Bx}, a_{By}]^{\text{T}} \tag{4-90}$$

2）调用"RRR 型 Ⅱ 级组的运动分析子程序"，求出构件 2 的运动参数。参看式（4-87）和式（4-88），输入参数为

$$\boldsymbol{X}_{\text{IN}} = [x_B, y_B, l_{AD}, 0, v_{Bx}, v_{By}, 0, 0, a_{Bx}, a_{By}, 0, 0, l_{BC}, l_{CD}]^{\text{T}} \tag{4-91}$$

输出参数为　$\boldsymbol{X}_{\text{OUT}} = (\varphi_2, \varphi_3, \omega_2, \omega_3, \alpha_2, \alpha_3, x_C, y_C, v_{Cx}, v_{Cy}, a_{Cx}, a_{Cy})^{\text{T}} \tag{4-92}$

3）再一次调用"平面运动构件上某点的运动分析子程序"，将上两步求得的结果作为

这一子程序的输入参数，求得 E 点的运动参数。参看式（4-62）和式（4-63），输入参数为

$$X_{IN} = (l_{BE}, \varphi_2, \alpha, \omega_2, \alpha_2, x_B, y_B, v_{Bx}, v_{By}, a_{Bx}, a_{By})^T \tag{4-93}$$

输出参数为

$$X_{OUT} = (x_E, y_E, v_{Ex}, v_{Ey}, a_{Ex}, a_{Ey})^T \tag{4-94}$$

再用下面两式求得 v_E 和 a_E 的大小

$$v_E = \sqrt{v_{Ex}^2 + v_{Ey}^2} \tag{4-95}$$

$$a_E = \sqrt{a_{Ex}^2 + a_{Ey}^2} \tag{4-96}$$

（二）程序设计的注意事项

在进行程序设计时，要特别注意各个子程序中的形式变量与所分析机构实际变量间的对应关系，这是正确调用各个子程序对机构进行运动分析的关键。

在本节中只给出了两个子程序。对其他类型的包括移动副的Ⅱ级组也可以推导出运动分析的公式，并编写出相应的子程序。这样可以形成一个完整的运动分析子程序库，可用来进行各种Ⅱ级机构的运动分析。

文献阅读指南

本章重点介绍了Ⅱ级机构的运动分析，Ⅲ级机构运动分析的复数矢量法可参阅杨基厚编著的《机构运动学与动力学》（北京：机械工业出版社，1987）和曹惟庆等编著的《连杆机构的分析与综合》（2 版，北京：科学出版社，2002）。

本章简要介绍了平面机构运动分析的相对运动图解法，更详细的平面机构运动分析的相对运动图解法，可参阅黄锡恺和郑文纬主编的《机械原理》（6 版，北京：高等教育出版社，1993）。解析法中的基本杆组法限于篇幅没有全面介绍，可参阅华大年、华志宏和吕静平编著的《连杆机构设计》（上海：上海科学技术出版社，1995）。有源连杆机构的运动分析和空间连杆机构的运动分析可参阅梁崇高和阮平生编著的《连杆机构的计算机辅助设计》（北京：机械工业出版社，1986）。由 J. 达菲著、廖启征等译的《机构和机械手分析》（北京：北京邮电学院出版社，1990）是一本更全面的运动分析著作。

机构的计算机辅助运动分析应用得越来越广泛。随着机构复杂性的提高和空间机构的发展，所用数学工具的难度在不断地提高。有关这方面的内容可参阅沈守范等编的《机构学的数学工具》（上海：上海交通大学出版社，1999）。

思 考 题

4-1 瞬心的概念：瞬时、等速、重合点的含义是什么？如何用此概念求未知速度？

4-2 瞬心有几种？各有何不同？

4-3 什么是三心定理？什么样的瞬心需要用三心定理求？

4-4 能否用本章介绍的瞬心法求加速度？

4-5 用相对运动图解法做机构的运动分析时，在什么条件下才可以用速度影像法和加速度影像法？

4-6 用相对运动图解法做机构的运动分析时，矢量方程满足什么条件才可以由已知量求出未知量？

4-7 用矢量运算法做机构的运动分析时，当选定直角坐标系后，如何选取各杆的矢量方向及位置角？为什么？所列矢量方程与机构矢量多边形有何关系？

4-8 用计算机辅助分析法对机构进行运动分析时，有哪两种方法？每一种的步骤和特点是什么？

习 题

4-1 在图 4-19 所示的机构简图中，已知各杆的长 $l_{AB}=21\text{mm}$，$l_{BC}=41.5\text{mm}$，$l_{CD}=30\text{mm}$，$l_{AD}=41.5\text{mm}$，主动件 2 的等角速度 $\omega_2=10\text{rad/s}$。要求用瞬心法求：

1）当 $\varphi_2=165°$ 时，C 点的速度 v_C。

2）当 $\varphi_2=165°$ 时，BC 线上速度最小点 E 的位置及其速度 v_E 的大小。

3）当 $v_C=0$ 时，φ_2 的大小。

4-2 在图 4-20 所示的摆动滚子从动件盘形凸轮机构的简图中，已知凸轮是以 O 为几何中心、以 A 为转动中心、半径为 $R=12\text{mm}$ 的圆，$l_{BC}=l_{AC}=24\text{mm}$，$l_{OA}=6.5\text{mm}$，凸轮的角速度 $\omega_1=5\text{rad/s}$。试用瞬心法求图示位置从动件 2 的角速度 ω_2。

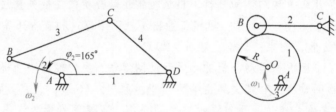

图 4-19 习题 4-1 图   图 4-20 习题 4-2 图

4-3 如图 4-21 所示，已知摆动导杆机构 ABC 的主动构件 1 以角速度 $\omega_1=8\text{rad/s}$ 转动，$l_{AB}=22\text{mm}$，$l_{AC}=24.5\text{mm}$，$\angle ACB=44°$，$l_{CD}=50\text{mm}$。试用瞬心法求构件 3 上 D 点的速度 v_D。

4-4 在图 4-22 所示机构中，已知主动件 1 的角速度 $\omega_1=10\text{rad/s}$，$l_{AD}=27\text{mm}$。试用瞬心法求构件 4 上 E 点的速度 v_E。

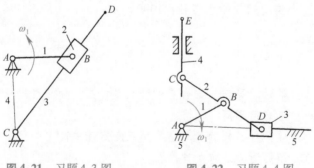

图 4-21 习题 4-3 图   图 4-22 习题 4-4 图

4-5 请写出与图 4-8b 的速度图对应的求 v_C 和与图 4-8c 的加速度图对应的求 a_C 的矢量方程，并注明两矢量方程中各矢量的大小和方向。

4-6 在图 4-23 所示的双滑块机构中，两导路互相垂直，滑块 1 为主动件，其速度 $v_1=$

0.1m/s = 常数，方向向右；$S_1 = 0.25m$；$l_{AB} = 0.5m$。试用解析法求在图示坐标系下图示位置构件2的角速度 ω_2、角加速度 α_2 和构件2上中点 C 处的速度 v_C、加速度 a_C。要求：

1）在图中标出各杆的矢量方向和位置角，写出与之对应的矢量方程。

2）推导出求各待求量的数学表达式，求出各待求量。

4-7　在图4-24所示机构中，已知 $l_{AC} = 56mm$，$l_{BC} = 82mm$，$\varphi_1 = 90°$，原动件的等角速度 $\omega_1 = 10rad/s$。请用解析法求在图示坐标系下图示位置构件3的角速度 ω_3 和角加速度 α_3 以及构件1与2间的相对速度 v_r 和相对加速度 a_r。

4-8　在图4-25所示的摆动导杆机构中，已知各杆的长 $l_{AB} = 60mm$，$l_{AC} = 120mm$，主动件1的等角速度 $\omega_1 = 10rad/s$ 及其位置角 $\varphi_1 = 330°$。试用相对运动图解法或解析法确定构件3的角速度 ω_3 和角加速度 α_3。要求：

1）当用解析法时，要求在图示坐标系下标出各杆的矢量方向和位置角，写出与机构中的矢量多边形对应的矢量方程，推导出 ω_3 和 α_3 的数学表达式，求出当 $\varphi_1 = 330°$ 时 ω_3 和 α_3 的大小和方向。

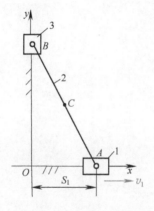

图4-23　习题4-6图

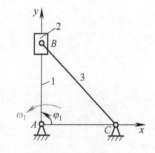

图4-24　习题4-7图

2）当用图解法时，要求写出速度和加速度的矢量方程，画出对应的速度和加速度矢量多边形，求出当 $\varphi_1 = 330°$ 时 ω_3 和 α_3 的大小和方向。

4-9　在图4-26所示的正切机构中，已知构件1的等角速度和位置角分别为 $\omega_1 = 1rad/s$ 和 $\varphi_1 = 45°$，$h = 283mm$。试用相对运动图解法或解析法确定构件3的速度 v_3 和加速度 a_3。要求：

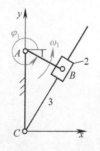

图4-25　习题4-8图

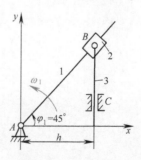

图4-26　习题4-9图

1）当用解析法时，要求在图示坐标系下标出各杆的矢量方向和位置角，写出与机构中矢量多边形对应的矢量方程，推导出 v_3 和 a_3 的数学表达式，求出当 $\varphi_1 = 45°$ 时 v_3 和 a_3 的大小和方向。

2）当用图解法时，要求写出速度和加速度的矢量方程，画出对应的速度和加速度矢量多边形，求出当 $\varphi_1 = 45°$ 时 v_3 和 a_3 的大小和方向。

第五章 平面机构的力分析

内容提要 ▽

本章主要介绍如何通过平面机构的力分析确定运动副中的约束反力和平衡力（平衡力矩）的方法，并研究运动副中的摩擦和机械效率及自锁。力分析主要介绍动态静力分析法中的解析法，包括平衡力和平衡力矩的概念及其直接解析确定法。运动副中的摩擦主要介绍移动副和转动副中的摩擦及自锁。

第一节 概述

在机构力分析中，考虑惯性的动态静力分析方法，是 19 世纪将达朗贝尔原理引入后而建立的；考虑摩擦的力分析方法，也是在数百年的时间里以力学理论为基础而逐步发展起来的。进入 20 世纪之后，各国学者对机构力分析方法的研究日趋广泛深入，特别是计算机的应用，极大地促进了解析法的发展，使机构力分析方法逐步摈弃将研究对象进行简化处理或理想假设的模式，而力图建立愈加符合实际状态的精细模型，并通过复杂的分析揭示研究对象的真实状况。

一、机构力分析的任务

机构力分析的任务有两个：一是确定各运动副中的约束反力；二是确定在原动件按给定规律运动时需加于机构上的平衡力或平衡力矩。这里所说的平衡力（矩）是指与作用在机械上的已知外力（包括外力矩）以及当该机械按给定规律运动时各构件的惯性力（包括惯性力矩）相平衡的未知力（矩）。例如，属于工作机的牛头刨床，若在已知切削阻力、重力和各构件的惯性力（矩）的作用下不平衡，需在原动件上再作用一未知的驱动力（矩）来和这些力相平衡，这个未知的驱动力（矩）就是平衡力（矩）。又如，属于原动机的内燃机，若在已知驱动力、各构件的重力和惯性力（矩）的作用下不平衡，需使作用在机器上的未知生产阻力（矩）和这些力相平衡，这个未知的生产阻力（矩）就是平衡力（矩）。

本章在对机构进行力分析的过程中，不考虑运动副中的间隙，且只涉及由刚性构件构成的平面机构力分析的有关问题。

二、机构力分析的原理和方法

进行机构力分析时，一般根据达朗贝尔原理，将惯性力和惯性力矩看作外力加在相应的构件上。这样，动态的机构就可以被看作处于静力平衡状态，从而用静力学的方法进行分析计算，这种方法称为机构的动态静力分析法。

为了求出各构件的惯性力和惯性力矩，必须首先对机构进行运动分析，因此力分析是以运动分析为基础的。

机构力分析的方法通常有图解法和解析法两种。前者形象、直观，但精度低，不便于进行机构在一个运动循环中的力分析；后者精度高，便于进行机构在一个运动循环中的力分析，并作出力的变化线图，但直观性差。本章只介绍机构力分析的解析法。

第二节　作用在机械上的力

一、作用在构件上的力

当机械运动时，作用在构件上的力可分为两大类，即给定力和约束反力（简称约束力）。给定力又可分为外加力和惯性力；约束反力又可分为法向反力和切向反力（摩擦力）。

在外加力中包括驱动力、阻抗力和重力。作用在平面运动构件上的力，其方向与力作用点的速度方向相同或成锐角时称为驱动力，与力作用点的速度方向相反或成钝角时称为阻力。同样地，作用在构件上的力矩与构件角速度方向一致时称为驱动力矩，与构件角速度方向相反时称为阻力矩。阻力（矩）还可分为工作阻力（矩）和有害阻力（矩）。驱动力（矩）所做的功称为输入功，工作阻力（矩）所做的功称为输出功或有益功，阻碍做有益功的力（矩）称为有害阻力（矩）。原动机发出的力（矩）是驱动力（矩），金属切削机床上刀具所受的力是工作阻力，而机床中的摩擦力是有害阻力，它使机器发热、磨损、减低机械的寿命。吊车在起吊重物时其重心上升，重力是工作阻力；而当重心下降时重力是驱动力。在一个运动循环中重力所做的功为零。惯性力（矩）是由于构件的变速运动而产生的，当构件加速运动时为阻力（矩），当构件减速运动时为驱动力（矩）。运动副中的约束反力对机构而言是内力，对构件而言是外力。单独由惯性力（矩）引起的约束反力称为附加动压力。

二、构件惯性力和惯性力偶的确定

进行机构的动态静力分析时应先确定各运动构件的惯性力和惯性力偶。

（一）做一般平面运动且具有平行于运动平面的对称面的构件

图 5-1a 所示曲柄滑块机构中的构件 2 做一般平面运动，设：S_2 为其质心，a_{S2} 是质心加速度，α_2 为构件的角加速度，m_2 是构件的质量，J_{S2} 是对过质心且垂直于运动平面的轴（简称质心轴）的转动惯量，则构件的惯性力系可表达为

$$F_{I2} = -m_2 a_{S2} \tag{5-1}$$

$$M_{I2} = -J_{S2} \alpha_2 \tag{5-2}$$

式中，负号表示惯性力 F_{I2} 与 a_{S2} 的方向相反、惯性力偶 M_{I2} 与 α_2 的方向相反。通常可将 F_{I2} 和 M_{I2} 合成为一个总惯性力 F'_{I2}，其距质心的距离是

$$h_2 = M_{I2}/F_{I2} \tag{5-3}$$

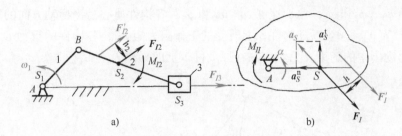

图 5-1 构件的惯性力

a）曲柄滑块机构各构件的惯性力　b）转轴不通过质心时转动件的惯性力

（二）做平面移动的构件

因移动构件的角加速度 α 为零，故只可能有惯性力。如图 5-1a 所示曲柄滑块机构中的滑块 3，若其质量为 m_3、加速度为 a_3，则惯性力 $F_{I3} = -m_3 a_3$。

（三）绕通过质心定轴转动的构件

因质心的加速度 a_S 为零，故只可能有惯性力偶。如图 5-1a 所示曲柄滑块机构中的曲柄 1，若其角加速度为 α_1、过质心定轴的转动惯量为 J_{S1}，则惯性力偶 $M_{I1} = -J_{S1} \alpha_1$。

（四）转轴不通过质心的转动件

对于图 5-1b 所示转轴 A 不通过质心 S 的转动件，其惯性力系包括一个惯性力偶 M_I 和作用于质心的惯性力 F_I，可以仿照式（5-1）和式（5-2）求得，而且同样可以把它们合成为一个总惯性力 F_I'。当角加速度为零时，仅有离心惯性力存在。

第三节　不考虑摩擦时平面机构的动态静力分析

一、用解析法做机构动态静力分析的步骤和注意事项

用解析法做机构动态静力分析的基本步骤是：首先将作用在机构上的所有外力、外力矩（包括惯性力和惯性力矩以及待求的平衡力和平衡力矩）加到机构的相应构件上；然后将各构件作为受力对象写出相应的力（矩）平衡方程式；最后通过联立求解这些力（矩）平衡方程式，求出各运动副中的约束反力和需加于机构上的平衡力或平衡力矩。一般情况下，可把这组力（矩）平衡方程式的求解归纳为解线性方程组的问题。

在分析计算时，常用带有脚注的符号 F_{ik} 和 F_{ki} 来表示运动副中约束反力（一对方向相反、大小相等而相互作用的内力），以便区别它们的方向；F_{ik} 表示构件 i 对构件 k 的作用力，F_{ki} 表示构件 k 对构件 i 的作用力；而且为减少未知量的数目，常将 F_{ki} 表示为 $-F_{ik}$。计算时，若已知力或其分量的方向与所设坐标轴的正向相同，则用正值代入，否则用负值代入；若已知力矩的方向为逆时针时，用正值代入，否则用负值代入。

二、铰链四杆机构动态静力分析的解析法

在图 5-2a 所示的铰链四杆机构中，已知各杆的杆长 l_{AB}、l_{AD}、l_{CD} 和 l_{BC}，各构件质心的位置尺寸 l_{AS_1}、l_{BS_2}、l_{CS_3} 和 l_{DS_3}；各构件质量 m_1、m_2 和 m_3 及对质心的转动惯量 J_{S_1}、J_{S_2} 和 J_{S_3}；

各杆的位置角 φ_1、φ_2 和 φ_3，角加速度 α_1、α_2 和 α_3；各构件质心沿坐标轴方向的加速度 a_{S_1x}、a_{S_1y}，a_{S_2x}、a_{S_2y} 和 a_{S_3x}、a_{S_3y} 以及构件 3 上所受的工作阻力矩 M_r，各构件的重力 G_1、G_2 和 G_3。要求确定各运动副中的约束反力和应加在原动件 1 上的平衡力矩 M_b。

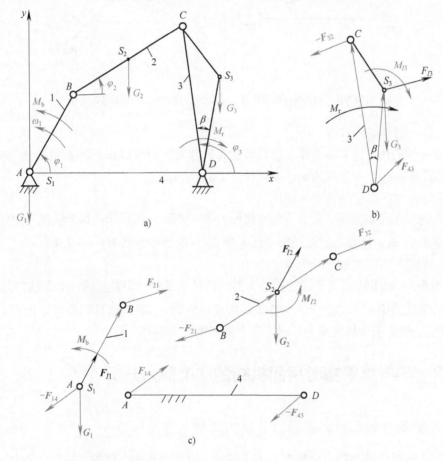

图 5-2　铰链四杆机构的力分析

a）机构简图　b）构件 3 的受力图　c）构件 1、构件 2 和机架 4 的受力图

（一）建立数学模型

建立如图 5-2a 所示的直角坐标系（应与运动分析所建直角坐标系相同），将各构件从机构中分离后画出其受力图，如图 5-2b、c 所示。

首先求出构件 3 上的 β 角。设

$$T = (l_{CD}^2 + l_{DS_3}^2 - l_{CS_3}^2)/(2l_{CD}l_{DS_3}) = \cos\beta \tag{5-4}$$

则

$$\beta = \arctan(\sqrt{1-T^2}/T) \tag{5-5}$$

然后写出各构件的力（矩）平衡方程式。

构件 1

$$\sum \boldsymbol{F} = 0:\ \boldsymbol{F}_{21} - \boldsymbol{F}_{14} + \boldsymbol{F}_{I1} + \boldsymbol{G}_1 = 0 \tag{5-6}$$

$$\sum \boldsymbol{M}_A = 0:\ (\overline{\boldsymbol{AB}}) \times \boldsymbol{F}_{21} + \overline{\boldsymbol{AS}_1} \times (\boldsymbol{G}_1 + \boldsymbol{F}_{I1}) + M_b = 0 \tag{5-7}$$

由上面两个矢量方程可得　$F_{21x} - F_{14x} + F_{I1x} + G_{1x} = 0$　　$F_{21y} - F_{14y} + F_{I1y} + G_{1y} = 0$

$$(AB)_x F_{21y} - (AB)_y F_{21x} + (AS_1)_x(G_{1y} + F_{I1y}) - (AS_1)_y(G_{1x} + F_{I1x}) + M_b = 0$$

因为 S_1 与固定铰链 A 重合，重力垂直向下，故

$$G_{1x} = 0 \qquad\qquad G_{1y} = G_1$$

$$(AB)_x = l_{AB}\cos\varphi_1 \qquad\qquad (AB)_y = l_{AB}\sin\varphi_1$$

$$F_{I1x} = -a_{S_1x}m_1 = 0 \qquad\qquad F_{I1y} = -a_{S_1y}m_1 = 0$$

$$(AS_1)_x = 0 \qquad\qquad (AS_1)_y = 0$$

从而得

$$F_{21x} - F_{14x} = 0 \tag{5-8}$$

$$F_{21y} - F_{14y} = -G_1 \tag{5-9}$$

$$l_{AB}\cos\varphi_1 F_{21y} - l_{AB}\sin\varphi_1 F_{21x} + M_b = 0 \tag{5-10}$$

构件 2 $\qquad\qquad \sum \boldsymbol{F} = 0: \boldsymbol{F}_{32} - \boldsymbol{F}_{21} + \boldsymbol{G}_2 + \boldsymbol{F}_{I2} = 0 \tag{5-11}$

$$\sum \boldsymbol{M}_B = 0: (\overline{BS_2}) \times (\boldsymbol{G}_2 + \boldsymbol{F}_{I2}) + (\overline{BC}) \times \boldsymbol{F}_{32} + M_{I2} = 0 \tag{5-12}$$

由上面的两个矢量方程并注意到 $G_{2x} = 0$，$G_{2y} = G_2$ 可得

$$F_{32x} - F_{21x} = m_2 a_{S_2x} \tag{5-13}$$

$$F_{32y} - F_{21y} = -G_2 + m_2 a_{S_2y} \tag{5-14}$$

$$l_{BC}\cos\varphi_2 F_{32y} - l_{BC}\sin\varphi_2 F_{32x} = J_{S_2}\alpha_2 - l_{BS_2}\cos\varphi_2(G_2 - m_2 a_{S_2y}) + l_{BS_2}\sin\varphi_2(-m_2 a_{S_2x}) \tag{5-15}$$

构件 3 $\qquad\qquad \sum \boldsymbol{F} = 0: -\boldsymbol{F}_{32} + \boldsymbol{F}_{43} + \boldsymbol{G}_3 + \boldsymbol{F}_{I3} = 0 \tag{5-16}$

$$\sum \boldsymbol{M}_D = 0: (\overline{DC}) \times (-\boldsymbol{F}_{32}) + (\overline{DS_3}) \times (\boldsymbol{F}_{I3} + \boldsymbol{G}_3) + M_{I3} + M_r = 0 \tag{5-17}$$

因 $(DC)_x = l_{CD}\cos\varphi_3$，$(DC)_y = l_{CD}\sin\varphi_3$，$(DS_3)_x = l_{DS_3}\cos(\varphi_3 - \beta)$，$(DS_3)_y = l_{DS_3}\sin(\varphi_3 - \beta)$，$G_{3x} = 0$，$G_{3y} = G_3$，$F_{I3x} = -m_3 a_{S_3x}$，$F_{I3y} = -m_3 a_{S_3y}$，$M_{I3} = -J_{S_3}\alpha_3$，故由式（5-16）和式（5-17）可得

$$-F_{32x} + F_{43x} = m_3 a_{S_3x} \tag{5-18}$$

$$-F_{32y} + F_{43y} = -G_3 + m_3 a_{S_3y} \tag{5-19}$$

$$-l_{CD}\cos\varphi_3 F_{32y} + l_{CD}\sin\varphi_3 F_{32x} = l_{DS_3}\cos(\varphi_3 - \beta)(m_3 a_{S_3y} - G_3) +$$
$$l_{DS_3}\sin(\varphi_3 - \beta)(-m_3 a_{S_3x}) + J_{S_3}\alpha_3 - M_r \tag{5-20}$$

由式（5-8）~式（5-10）、式（5-13）~式（5-15）、式（5-18）~式（5-20）九个方程组成的线性方程组，可解得 F_{21x}、F_{21y}、F_{14x}、F_{14y}、F_{32x}、F_{32y}、F_{43x}、F_{43y} 和 M_b 共九个未知量。该线性方程组的矩阵元素见表5-1。

各方程常数项的矩阵元素分别为 $b(1) = 0$，$b(2) = -G_1$，$b(3) = 0$，$b(4) = m_2 a_{S_2x}$，$b(5) = -G_2 + m_2 a_{S_2y}$，$b(6) = J_{S_2}\alpha_2 - l_{BS_2}\cos\varphi_2(G_2 - m_2 a_{S_2y}) + l_{BS_2}\sin\varphi_2(-m_2 a_{S_2x})$，$b(7) = m_3 a_{S_3x}$，$b(8) = -G_3 + m_3 a_{S_3y}$，$b(9) = l_{DS_3}\cos(\varphi_3 - \beta)(m_3 a_{S_3y} - G_3) + l_{DS_3}\sin(\varphi_3 - \beta)(-m_3 a_{S_3x}) + J_{S_3}\alpha_3 - M_r$。

表5-1 铰链四杆机构力分析线性方程组的矩阵元素

未知量 $a(i, j)$ i	F_{21x} $a(i, 1)$	F_{21y} $a(i, 2)$	F_{32x} $a(i, 3)$	F_{32y} $a(i, 4)$	F_{43x} $a(i, 5)$	F_{43y} $a(i, 6)$	F_{14x} $a(i, 7)$	F_{14y} $a(i, 8)$	M_b $a(i, 9)$
1	1	0	0	0	0	0	-1	0	0
2	0	1	0	0	0	0	0	-1	0
3	$-l_{AB}\sin\varphi_1$	$l_{AB}\cos\varphi_1$	0	0	0	0	0	0	1

（续）

未知量 $a(i,j)$ i	F_{21x} $a(i,1)$	F_{21y} $a(i,2)$	F_{32x} $a(i,3)$	F_{32y} $a(i,4)$	F_{43x} $a(i,5)$	F_{43y} $a(i,6)$	F_{14x} $a(i,7)$	F_{14y} $a(i,8)$	M_b $a(i,9)$
4	−1	0	1	0	0	0	0	0	0
5	0	−1	0	1	0	0	0	0	0
6	0	0	$-l_{BC}\sin\varphi_2$	$l_{BC}\cos\varphi_2$	0	0	0	0	0
7	0	0	−1	0	1	0	0	0	0
8	0	0	0	−1	0	1	0	0	0
9	0	0	$l_{CD}\sin\varphi_3$	$-l_{CD}\cos\varphi_3$	0	0	0	0	0

（二）框图设计

铰链四杆机构力分析解析法的框图如图 5-3 所示。

（三）编程注意事项

首先，根据所解线性方程组中矩阵元素和未知数的个数定义二维数组 $a[i,j]$ 和一维数组 $b[i]$ 以及 $x[i]$ 的维数。其中，$x[i]$ 用来存放线性方程组的解。然后，再将线性方程组的各矩阵元素赋给对应的 $a[i,j]$，并将常数项的各矩阵元素赋给对应的 $b[i]$，才可以调用解线性方程组的通用程序。编程时应特别注意解线性方程组的通用程序中的形式参数和实际参数之间的对应关系。

另外，已知重力 G_1、G_2 和 G_3 的方向均与所设坐标系 y 轴的方向相反，故应代入负值；已知工作阻力矩 M_r 为顺时针方向，故也应代入负值。

三、转动导杆机构各运动副中约束反力的确定

如图 5-4a 所示，转动导杆机构的两连架杆 1 和 3 均能整周转动。已知主动件 1 以等角速度 ω_1 转动，构件 3、4 的长度分别为 l_{CB} 和 l_{CA}，构件 1 的重力 G_1 和质心 S_1 的位置尺寸 l_{AS_1}、质心沿坐标轴方向的加速度 a_{S_1x}、a_{S_1y} 以及应加于构件 1 上的平衡力矩 M_b；构件 3 的重力 G_3、角加速度 α_3、对过质心 S_3（与 C 点重合）轴的转动惯量 J_{S_3} 和所受的阻力矩 M_r；忽略构件 2 的重力和惯性力。要求确定当 $\varphi_1 = 90°$ 和 $\varphi_1 = 135°$ 时各运动副中的约束反力。

（一）建立数学模型

建立如图 5-4a 所示的直角坐标系。图 5-4b、c 分别为各构件的受力图。

对于构件 3，其惯性力 $F_{I3} = 0$，故

$$\sum F = 0: \quad F_{43} + G_3 - F_{32} = 0 \tag{5-21}$$

$$\sum M_C = 0: \quad M_{I3} + M_r - (\overline{CB}) \times F_{32} = 0 \tag{5-22}$$

注意到 $G_{3x} = 0$、$G_{3y} = G_3$、$(CB)_x = l_{CB}\cos\varphi_3$、$(CB)_y = l_{CB}\sin\varphi_3$ 可得

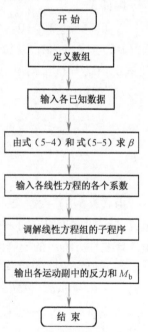

开始

定义数组

输入各已知数据

由式（5-4）和式（5-5）求 β

输入各线性方程的各个系数

调解线性方程组的子程序

输出各运动副中的反力和 M_b

结束

图 5-3 铰链四杆机构力分析解析法的框图

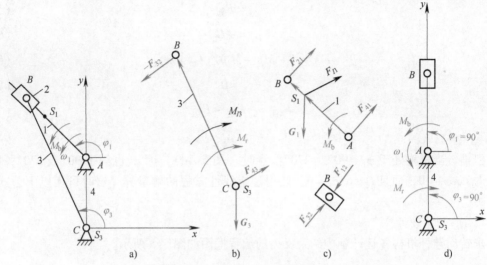

图 5-4 转动导杆机构的力分析

a）机构简图 b）构件 3 的受力图 c）构件 1、2 的受力图 d）φ_1 为 90° 时的机构简图

$$F_{43x} - F_{32x} = 0 \tag{5-23}$$

$$F_{43y} - F_{32y} = -G_3 \tag{5-24}$$

$$-l_{CB}\cos\varphi_3 F_{32y} + l_{CB}\sin\varphi_3 F_{32x} = -M_{I3} - M_r \tag{5-25}$$

对于构件 1，因构件 2 是二力杆，$F_{21} = F_{32}$，为了减少未知量，用 F_{32} 代替 F_{21}，可得

$$\sum F = 0：\quad F_{32} + F_{I1} + G_1 + F_{41} = 0 \tag{5-26}$$

$$\sum M_A = 0：\quad (\overline{AB}) \times F_{32} + (\overline{AS_1}) \times (F_{I1} + G_1) + M_b = 0 \tag{5-27}$$

注意到 $G_{1x} = 0$、$G_{1y} = G_1$、$(AB)_x = l_{AB}\cos\varphi_1$、$(AB)_y = l_{AB}\sin\varphi_1$、$(AS_1)_x = l_{AS_1}\cos\varphi_1$、$(AS_1)_y = l_{AS_1}\sin\varphi_1$ 可得

$$F_{32x} + F_{41x} = -F_{I1x} \tag{5-28}$$

$$F_{32y} + F_{41y} = -F_{I1y} - G_1 \tag{5-29}$$

$$l_{AB}\cos\varphi_1 F_{32y} - l_{AB}\sin\varphi_1 F_{32x} = -l_{AS_1}\cos\varphi_1 (F_{I1y} + G_1) + l_{AS_1}\sin\varphi_1 F_{I1x} - M_b \tag{5-30}$$

由式（5-23）~式（5-25）、式（5-28）~式（5-30）六个方程组成的线性方程组，可解出 F_{43x}、F_{43y}、F_{32x}、F_{32y}、F_{41x} 和 F_{41y} 六个未知力。

线性方程组的矩阵元素见表 5-2。

表 5-2 确定转动导杆机构约束反力的线性方程组矩阵元素

未 知 量	F_{43x}	F_{43y}	F_{32x}	F_{32y}	F_{41x}	F_{41y}	
解 数 组	x (1)	x (2)	x (3)	x (4)	x (5)	x (6)	
$\quad a\,(i,j)$ i	$a\,(i,1)$	$a\,(i,2)$	$a\,(i,3)$	$a\,(i,4)$	$a\,(i,5)$	$a\,(i,6)$	$b\,(i)$
1	1	0	-1	0	0	0	0
2	0	1	0	-1	0	0	$-G_3$
3	0	0	$l_{CB}\sin\varphi_3$	$-l_{CB}\cos\varphi_3$	0	0	$-M_{I3} - M_r$
4	0	0	1	0	1	0	$-F_{I1x}$
5	0	0	0	1	0	1	$-F_{I1y} - G_1$
6	0	0	$-l_{AB}\sin\varphi_1$	$l_{AB}\cos\varphi_1$			$-l_{AS_1}\cos\varphi_1 (F_{I1y} + G_1)$ $+ l_{AS_1}\sin\varphi_1 F_{I1x} - M_b$

$$F_{43x} = F_{32x} \tag{5-31}$$

$$F_{43y} = -G_3 \tag{5-32}$$

$$F_{32x} = (-M_{I3} - M_{r})/(l_{CB}\sin\varphi_3) \tag{5-33}$$

$$F_{32y} = 0 \tag{5-34}$$

$$F_{41x} = -F_{I1x} - F_{32x} \tag{5-35}$$

$$F_{41y} = -F_{I1y} - G_1 \tag{5-36}$$

但是，当机构处于 $\varphi_1 = 90°$ 或 $270°$ 位置时（图 5-4d），因 φ_3 也等于 $90°$ 或 $270°$，所以，不但 $l_{AB}\cos\varphi_1 = 0$，而且 $l_{CB}\cos\varphi_3 = 0$，使得这组线性方程的解奇异。这时可用以下公式求各未知力。

（二）框图设计

求转动导杆机构各运动副中约束反力的编程框图如图 5-5 所示。

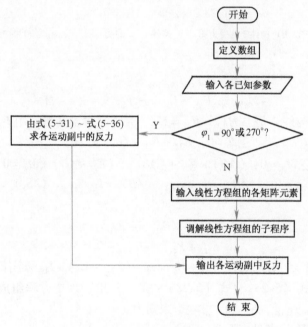

图 5-5　求转动导杆机构各运动副中约束反力的编程框图

第四节　平衡力和平衡力矩的直接解析确定

一、直接确定平衡力和平衡力矩的意义

如前所述，平衡力或平衡力矩可用动态静力分析法连同各运动副中的约束反力一起求出。但在诸如确定机器功率、进行飞轮设计和决定工作机最大负荷等很多情况下，只需要求出平衡力或平衡力矩即可，而不必求出机构各运动副中的反力。这时，用虚位移原理直接求平衡力或平衡力矩就简捷方便得多。

■ 二、虚位移原理在直接确定平衡力和平衡力矩中的应用

根据虚位移原理，若系统在某一位置处于平衡状态，则在这个位置的任何虚位移中，所有主动力的元功之和等于零。用虚位移原理直接确定平衡力或平衡力矩，是将由各个构件组成的机构作为一个系统加以研究，把惯性力、惯性力矩及平衡力或平衡力矩均作为外力加在机构上，使机构在所有外力作用下处于平衡状态；根据运动副的类型分析整个系统可能产生的运动，建立该系统在已知位置上的虚功或虚功率方程，就可求解出平衡力或平衡力矩。

设 F_i 是作用在机构上的所有外力中的任何一个力；δS_i 和 v_i 分别是力 F_i 作用点的线虚位移和线速度；θ_i 是力 F_i 与 δS_i（或 v_i）之间的夹角；M_i 是作用在机构上的任意一个力矩；$\delta\varphi_i$ 和 ω_i 是受 M_i 作用的构件的角虚位移和角速度；δW_i 为虚功，也称为元功，则根据虚位移原理可得

$$\sum \delta W_i = \sum F_i \delta S_i \cos\theta_i + \sum M_i \delta\varphi_i = 0 \tag{5-37}$$

若用沿三个坐标轴的分量 F_{ix}、F_{iy} 和 F_{iz} 表示 F_i，用 δx_i、δy_i 和 δz_i 表示沿三个坐标轴的线虚位移，则

$$\sum (F_{ix}\delta x_i + F_{iy}\delta y_i + F_{iz}\delta z_i) + \sum M_i \delta\varphi_i = 0 \tag{5-38}$$

在上面两式中，机构各构件间的相对运动关系限定不变。因此，当给定单自由度机构中任意一个力 F_i 作用点的线虚位移 δS_i（或 δS_i 沿三个坐标轴的分量 δx_i、δy_i 和 δz_i），或任一力矩 M_i 的角虚位移 $\delta\varphi_i$ 时，其余各力作用点的线虚位移和各力矩作用构件的角虚位移均可求出，故只有待求的一个平衡力或平衡力矩为未知数。

为了便于实际应用，将上面两式的每一项都用元时间 δt 除，并求在 $\delta t \to 0$ 时的极限，便可得

$$\sum \delta P_i = \sum F_i v_i \cos\theta_i + \sum M_i \omega_i = 0 \tag{5-39}$$

$$\sum (F_{ix} v_{ix} + F_{iy} v_{iy} + F_{iz} v_{iz}) + \sum M_i \omega_i = 0 \tag{5-40}$$

式中，δP_i 为虚功率，又称为元功率；v_{ix}、v_{iy} 和 v_{iz} 分别为力 F_{ix}、F_{iy} 和 F_{iz} 在其作用点沿其作用线方向的速度。

式（5-39）和式（5-40）表明，如果机构处于平衡状态，那么，所有作用在机构上的外力及外力矩的瞬时功率之和等于零。下面介绍两个应用实例。

（一）直接确定有源机构的平衡力

图 5-6a 所示为有源机构轴承衬套压缩机的机构简图。已知各构件的杆长 l_{CB}、l_{CD}、l_{EC} 和定位尺寸 x、y、L 以及工作时压杆 4 所受的压缩力 F_r，忽略各构件的惯性力偶和惯性力，要求确定构件 5 在垂直位置时，作用在活塞 2 上的平衡力 F_b。

建立图 5-6b 所示直角坐标系，并标出各杆的矢量方向。为计算方便，首先求出杆 3 与水平方向所夹锐角 α。设

$$r = L/l_{CD} = \cos\alpha \tag{5-41}$$

则

$$\alpha = \arctan(\sqrt{1-r^2}/r) \tag{5-42}$$

由虚位移原理得

$$F_r \delta y_D + F_b \delta S = 0 \tag{5-43}$$

式中，δy_D 和 δS 分别为压缩力 F_r 和平衡力 F_b 沿各自作用线方向的虚位移。

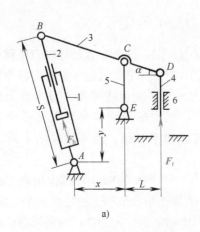 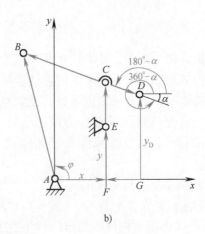

a) b)

图 5-6　直接确定有源机构的平衡力

a）轴承衬套压缩机的机构简图　b）轴承衬套压缩机的机构矢量多边形

由图 5-6b 所示的封闭矢量多边形 *AFECB* 得矢量方程

$$AB = AF + FE + EC + CB \tag{5-44}$$

将上式分别投影在 x 轴和 y 轴上可得

$$S\cos\varphi = x + l_{CB}\cos(180° - \alpha) = a \tag{5-45}$$

$$S\sin\varphi = y + l_{EC} + l_{CB}\sin(180° - \alpha) = b \tag{5-46}$$

由式（5-45）和式（5-46）可得

$$S^2 = a^2 + b^2 \tag{5-47}$$

$$S = \sqrt{a^2 + b^2} \tag{5-48}$$

对式（5-47）微分可得

$$2S \cdot \delta S = 2al_{CB}\sin\alpha \cdot \delta\alpha + 2bl_{CB}\cos\alpha \cdot \delta\alpha \tag{5-49}$$

故

$$\delta S = l_{CB}(a\sin\alpha + b\cos\alpha)\delta\alpha/S \tag{5-50}$$

由封闭矢量多边形 *FECDG* 得另一矢量方程

$$y_D = GF + FE + EC + CD \tag{5-51}$$

将上式投影在 y 轴上可得 $\quad y_D = y + l_{EC} + l_{CD}\sin(360° - \alpha) \tag{5-52}$

对上式微分可得 $\quad\quad\quad\quad \delta y_D = -l_{CD}\cos\alpha \cdot \delta\alpha \tag{5-53}$

将式（5-53）和式（5-50）代入式（5-43）可得

$$F_b = F_r l_{CD}\cos\alpha \cdot S/[l_{CB}(a\sin\alpha + b\cos\alpha)] \tag{5-54}$$

（二）直接确定转动导杆机构的平衡力矩

在图 5-7 所示的转动导杆机构中，已知各构件的杆长 l_{CB} 和 l_{CA}；构件 1 的等角速度 ω_1、重力 G_1 和质心 S_1 的位置尺寸 l_{AS_1}；构件 3 的重力 G_3、对质心 S_3（与 C 点重合）的转动惯量 J_{S_3} 和所受的阻力矩 M_r；忽略构件 2 的重力和惯性力。要求确定当 $\varphi_1 = 90°$ 和 $\varphi_1 = 135°$ 时应加于构件 1 上的平衡力矩 M_b。

1. 建立数学模型

将式（5-40）用于该机构可得

$$(M_r + M_{I3})\omega_3 + (M_b + M_{I1})\omega_1 + (G_1 + F_{I1y})v_{S_1y} +$$

$$F_{I1x}v_{S_1x} + (G_3 + F_{I3y})v_{S_3y} + F_{I3x}v_{S_3x} = 0$$

$$(5\text{-}55)$$

式中，M_{I3} 和 F_{I3y} 分别为构件 3 的惯性力偶和惯性力；v_{S_1y} 和 v_{S_1x} 分别为构件 1 质心沿 y、x 方向的速度；F_{I1x} 和 F_{I1y} 分别为构件 1 沿 x、y 方向的惯性力；M_{I1} 为构件 1 的惯性力偶。

为了求得各构件的惯性力和惯性力偶，需首先对该机构进行运动分析。由图 5-7 中的封闭矢量多边形 ABC 可得

$$S = -l_{CA}\sin\varphi_1 + \sqrt{l_{CA}^2\sin^2\varphi_1 - l_{CA}^2 + l_{CB}^2} \quad (5\text{-}56)$$

再用与第四章第五节中的"四、摆动导杆机构的运动分析"相类似的方法可得

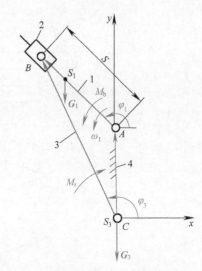

图 5-7 直接确定转动导杆机构的平衡力矩

$$a = l_{CA} + S\sin\varphi_1 \quad b = S\cos\varphi_1 \quad \varphi_3 = \arctan(a/b) \tag{5-57}$$

$$v_r = S\omega_1\sin(\varphi_1 - \varphi_3)/\cos(\varphi_1 - \varphi_3) \tag{5-58}$$

$$\omega_3 = [v_r\sin(\varphi_1 - \varphi_3) + S\omega_1\cos(\varphi_1 - \varphi_3)]/l_{CB} \tag{5-59}$$

$$a_r = [2v_r\omega_1\sin(\varphi_1 - \varphi_3) + \omega_1^2 S\cos(\varphi_1 - \varphi_3) - l_{CB}\omega_3^2]/\cos(\varphi_1 - \varphi_3) \tag{5-60}$$

$$\alpha_3 = [a_r\sin(\varphi_1 - \varphi_3) + 2v_r\omega_1\cos(\varphi_1 - \varphi_3) - S\omega_1^2\sin(\varphi_1 - \varphi_3)]/l_{CB} \tag{5-61}$$

$$v_{S_1x} = -l_{AS_1}\omega_1\sin\varphi_1, \quad v_{S_1y} = l_{AS_1}\omega_1\cos\varphi_1 \tag{5-62}$$

式中，v_r 和 a_r 分别为滑块 2 相对于导杆 1 的相对速度和相对加速度的大小。

质心 S_1 沿两坐标轴方向的加速度为

$$a_{S_1x} = -l_{AS_1}\omega_1^2\cos\varphi_1 = -v_{S_1y}\omega_1 \quad a_{S_1y} = -l_{AS_1}\omega_1^2\sin\varphi_1 = v_{S_1x}\omega_1 \tag{5-63}$$

设 m_1 为构件 1 的质量，则

$$m_1 = |G_1|/9.8 \quad M_{I3} = -J_{S_3}\alpha_3 \tag{5-64}$$

$$F_{I1x} = -m_1 a_{S_1x} \quad F_{I1y} = -m_1 a_{S_1y} \tag{5-65}$$

由于构件 1 的角加速度 $\alpha_1 = 0$、$M_{I1} = 0$，且 $v_{S_3x} = v_{S_3y} = 0$，故由（5-55）式可得

$$(M_r + M_{I3})\omega_3 + M_b\omega_1 + (G_1 + F_{I1y})v_{S_1y} + F_{I1x}v_{S_1x} = 0$$

由上式可得

$$M_b = [-(M_r + M_{I3})\omega_3 - (G_1 + F_{I1y})v_{S_1y} - F_{I1x}v_{S_1x}]/\omega_1 \tag{5-66}$$

2. 框图设计

直接确定转动导杆机构平衡力矩的框图如图 5-8 所示。

3. 编程注意事项

因已知 M_r 的方向为顺时针方向，而 G_1 和 G_3 的方向与所设坐标系中 y 方向相反，故这三个已知量均应输入负值。

由于转动导杆机构的杆 1 和杆 3 均整周回转，所以 φ_3 的变化范围是 $0° \sim 360°$。由式（5-57）可知，当 $b = 0$ 时无法用该式计算 φ_3，但此时 φ_3 的值可由 a 的正负号来确定为 $\pi/2$ 或 $3\pi/2$。当 φ_3 位于第 II、III 象限时，$b < 0$。在这种情况下，因计算机求出的 φ_3 与实际不一致而需做角度处理。图 5-8 所示框图给出了这种角度处理过程。

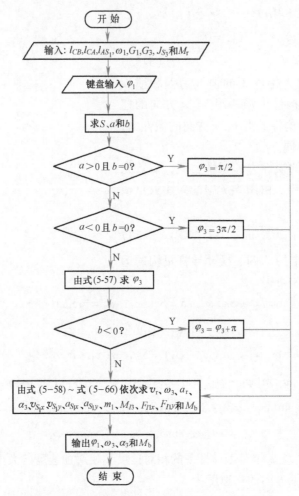

图 5-8 直接确定转动导杆机构平衡力矩的框图

第五节 机械的效率和运动副中的摩擦及自锁

一、机械的效率

（一）机械效率的概念

机械运转时，作用在机械上的驱动力所做的功为输入功（驱动功）；克服生产阻力所做的功为输出功（有效功）；总有一部分输入功要消耗在克服有害阻力上而损失掉，克服有害阻力所做的功为损失功。在机器的稳定运转时期，输入功 W_d 等于输出功 W_r 与损失功 W_f 之和，即

$$W_d = W_r + W_f \tag{5-67}$$

有的机械损失功较多，即它对输入功的有效利用程度低；有的机械损失功较少，即它对输入功的有效利用程度高。一般可用机械效率 η 来表示机械功在传递过程中的有效利用程度，它等于输出功与输入功的比值，即

$$\eta = W_r/W_d \tag{5-68}$$

或
$$\eta = (W_d - W_f)/W_d = 1 - W_f/W_d = 1 - \xi \tag{5-69}$$

式中，ξ 称为机械损失系数（损失率）。若将上面三式的各项均除以做功的时间 t，分别以 P_d、P_r 和 P_f 表示输入功率、输出功率和损失功率，则

$$P_d = P_r + P_f$$

$$\eta = P_r/P_d \tag{5-70}$$

$$\eta = 1 - P_f/P_d = 1 - \xi$$

为了使机械具有较高的效率，就应尽量减小机械中的损耗，主要是摩擦损耗。因此，一方面应尽量简化机械传动系统，使运动副数目越少越好；另一方面应设法减少运动副中的摩擦，如用滚动摩擦代替滑动摩擦等。

（二）机械效率的计算

图 5-9 所示为一匀速运转的机械传动示意图。图中 F_d 和 v_d 分别为该实际机械的驱动力和该力作用点沿 F_d 作用线方向的速度；F_r 和 v_r 分别为实际机械的生产阻力和该力作用点沿 F_r 作用线方向的速度。由式（5-70）可得

$$\eta = P_r/P_d = F_r v_r/(F_d v_d) \tag{5-71}$$

为了将上式变为便于使用的形式，设想某一不存在有害阻力的机械为理想机械，其效率 $\eta_0 = 1$。又设生产阻力 F_r 不变，则理想机械克服 F_r 所需要的驱动力（矩）为理想驱动力 F_{d0}（M_{d0}），即

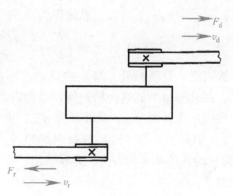

图 5-9　匀速运转的机械传动示意图

$$\eta_0 = F_r v_r/(F_{d0} v_d) = 1$$

$$F_r v_r = F_{d0} v_d \tag{5-72}$$

将式（5-72）代入式（5-71）可得　　$\eta = F_{d0}/F_d(\; = M_{d0}/M_d) \tag{5-73}$

上式表明，在生产阻力不变时，实际机械的效率等于理想驱动力（矩）与实际驱动力（矩）之比。

（三）复杂机器和机组的效率

对于由若干机构组成的复杂机器或机组，其效率应按机器（组）连接方式的不同而用不同的方法计算。

1. 串联机组的效率

设有 N 个机器依次串联起来组成机组，前一个机器的输出功率就是后一个机器的输入功率，如图 5-10 所示。

若机组的输入功率为 P_d，依次经机器 1、2、…传至机器 N，输出功率为 P_N，且各个机器的效率分别为 η_1，η_2，η_3，…，η_{N-1}，η_N，则机组的总效率

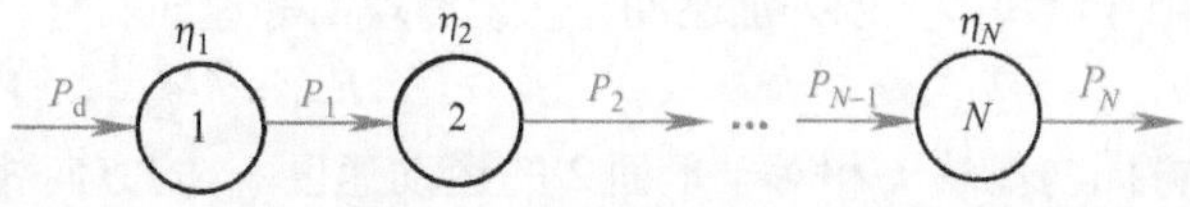

图 5-10　串联机组的效率

$$\eta = P_N/P_d = \eta_1 \eta_2 \eta_3 \cdots \eta_{N-1} \eta_N \tag{5-74}$$

上式表明，串联机组的总效率等于组成该机组的各机器效率的连乘积。同理，仅由机构串联

组成的机器，其总效率等于组成该机器的各机构的效率的连乘积。因效率小于 1，故串联机组（器）的总效率小于组成该机组（器）的任一机器（构）的效率；且串联的机器或机构的数目越多，机组（器）的总效率越低。

2. 并联机组的效率

如图 5-11 所示，设 N 个机器互相并联，各个机器的输入功率分别为 P_1，P_2，P_3，$\cdots$，P_N，输出功率分别为 P'_1，P'_2，P'_3，$\cdots$，P'_N，效率分别为 η_1，η_2，η_3，$\cdots$，η_N，则总输入功率 P_d 和总输出功率 P_r 分别

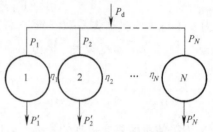

图 5-11　并联机组的效率

为 $P_d = P_1 + P_2 + P_3 + \cdots + P_N$，$P_r = P_1 \eta_1 + P_2 \eta_2 + P_3 \eta_3 + \cdots + P_N \eta_N$。所以，总效率为

$$\eta = \frac{P_r}{P_d} = \frac{P_1 \eta_1 + P_2 \eta_2 + P_3 \eta_3 + \cdots + P_N \eta_N}{P_1 + P_2 + P_3 + \cdots + P_N} \tag{5-75}$$

上式表明，并联机组（器）的总效率不仅与机组（器）中每个机器（构）各自的效率有关，而且与每个机器（构）所传递的功率有关。设组成并联机组（器）的各个机器（构）中效率最高者为 η_{max}，最低者为 η_{min}，则机组（器）的总效率为 $\eta_{min} < \eta < \eta_{max}$。若并联机组（器）中每个机器（构）的效率都相等，则无论并联多少个机器（构），也无论各个机器（构）传递的功率为多少，并联机组（器）的总效率总是等于机组（器）中任一机器（构）的效率。

3. 混联机组的效率

混联是既有并联、又有串联的机器（组）的连接方式。其总效率的计算方法因组合的方式不同而不同。计算时，首先应将输入功至输出功的传递路线分析清楚；然后，并联部分用并联的公式计算，串联部分用串联的公式计算；最后求出总效率。

如前所述，一般机械中的主要功率损耗是摩擦损耗，故有必要研究运动副中的摩擦。

机械中的摩擦一般有滚动摩擦、滑动摩擦及滚动兼滑动摩擦三种。因滚动摩擦的影响通常较后两种摩擦小得多，所以在对机械进行受力分析时一般只考虑后两种。下面分别分析移动副和转动副中的摩擦。

二、移动副中的摩擦

（一）平面平滑块的摩擦

如图 5-12a 所示，滑块 1 与水平放置的平面 2 组成移动副。F_Q 为作用在滑块 1 上的铅垂载荷（包括自重）；F_{N21} 为平面 2 对滑块 1 作用的法向反力，它与 F_Q 大小相等、方向相反；F_d 为作用在滑块 1 上的外加驱动力。设滑块 1 等速向右移动，则平面 2 作用在滑块 1 上的摩擦力为

$$F_{f21} = f F_{N21} = f F_Q \tag{5-76}$$

其方向与滑块 1 相对于平面 2 的运动速度 v_{12} 的方向相反。式中，f 为滑块 1 与平面 2 间的摩擦因数。将 F_{N21} 和 F_{f21} 合成为总反力 F_{R21}，则 F_{R21} 与 F_{N21} 间的夹角为 φ、与 v_{12} 间的夹角为 $(90° + \varphi)$，这里 $\varphi = \arctan f$ 为摩擦角。由此可知，若已知滑块 1 相对于平面 2 的相对运动 v_{12} 的方向和摩擦角 φ 的大小，便可根据 F_{R21} 与 v_{12} 间的夹角来确定出总反力 F_{R21} 的方向。在图5-12a中，以 nn 为轴线、F_{R21} 的作用线为母线而形成的圆锥称为摩擦锥。由式（5-76）可

知，对于平面平滑块，当运动副两元素间的 f 一定时，F_{f21} 的大小取决于法向反力 F_{N21} 的大小。

（二）楔形滑块的摩擦

如图 5-12b 所示，设 F_Q 为作用在楔形滑块 1 上的铅垂载荷（包括自重），F_{N21} 为槽面 2 给滑块 1 的法向反力。在滑块 1 上沿楔形槽 2 的轴线 z 方向施加驱动力 F_d，使其沿槽形角为 2θ 的槽面等速运动，以滑块为受力体，由其沿运动方向的力平衡条件可得

$$F_{f21} = 2fF_{N21} = F_d$$

式中，F_{f21} 为槽面 2 给滑块 1 的摩擦力；f 为接触面间的摩擦因数。由 xy 平面中的力平衡方程 $F_{N21} + F_Q + F_{N21} = 0$ 作力矢量多边形（图 5-12b）可得

$$F_Q = 2F_{N21}\sin\theta$$

则摩擦力的大小为

$$F_{f21} = fF_Q / \sin\theta = (f/\sin\theta)F_Q = f_v F_Q \qquad (5\text{-}77)$$

式中，f_v 为将槽面摩擦转化为平面摩擦时与平面摩擦相当的摩擦因数，称为槽面摩擦的当量摩擦因数，$f_v = f/\sin\theta$；与之相应的摩擦角称为当量摩擦角，用 φ_v 表示，且 $\varphi_v = \arctan f_v$。引入当量摩擦因数的概念后可以认为，夹角为 2θ、实际摩擦因数为 f 的槽面摩擦与一摩擦因数为 $f_v = f/\sin\theta$ 的平面摩擦相当。对于移动副元素为其他几何形状的情况，也可以做类似的处理，只是对不同的情况引入不同的当量摩擦因数 f_v 而已。这样，就可以把各种情况下求摩擦力的公式都统一为当量摩擦因数与铅垂载荷的乘积，所不同的是每种情况的 f_v 的具体形式和数值不同。对于槽面摩擦，因为

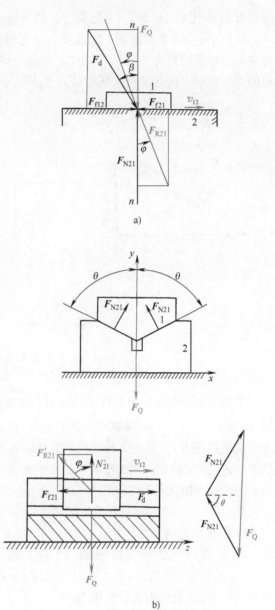

图 5-12　平面平滑块和楔形滑块的摩擦
a）平面平滑块的摩擦　b）楔形滑块的摩擦

角 θ 小于 90°，$\sin\theta$ 小于 1，所以 f_v 大于 f；即在其他条件相同的情况下，槽面摩擦的摩擦力要大于平面摩擦的摩擦力。例如，V 带传动的摩擦力大于平带传动的摩擦力，三角形螺纹螺旋副中的摩擦力大于矩形螺纹螺旋副中的摩擦力等。

（三）斜面平滑块的摩擦

1. 滑块沿斜面等速上升

如图 5-13a 所示，滑块 1 与升角为 α 的斜面 2 组成移动副。F_Q 为作用在滑块 1 上的铅垂

载荷（包括滑块的自重），是已知力；F_d 为滑块 1 相对斜面 2 以速度 v_{12} 等速上升时的水平驱动力；F_{R21} 是斜面 2 对滑块 1 的总反力，它与相对速度 v_{12} 的方向成（$90° + \varphi$）角；斜面与滑块间的摩擦因数为 f。对于滑块 1，根据力平衡条件 $F_d + F_{R21} + F_Q = 0$ 可作出如图 5-13a 所示的力三角形，由此可得水平驱动力 F_d 的大小为

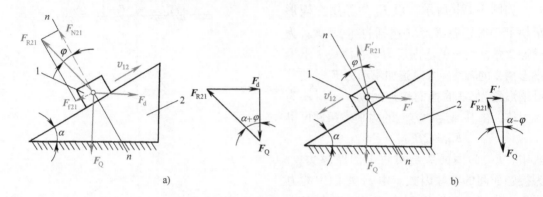

图 5-13 斜面平滑块的摩擦

a）滑块等速上升 b）滑块等速下滑

$$F_d = F_Q \tan(\alpha + \varphi) \tag{5-78}$$

2. 滑块沿斜面等速下滑

如图 5-13b 所示，当滑块 1 沿斜面 2 以速度 v'_{12} 等速下滑时，因为 F_Q 与 v'_{12} 间的夹角小于 $90°$，而水平力 F' 与 v'_{12} 间的夹角大于 $90°$，所以此时 F_Q 是驱动力，而 F' 是阻力（或滑块等速下滑的维持力）。斜面 2 对滑块 1 的总反力 F'_{R21} 的方向同样可由其与相对速度 v'_{12} 的方向成（$90° + \varphi$）角来确定。根据滑块 1 的力平衡条件 $F' + F'_{R21} + F_Q = 0$ 可作出如图 5-13b 所示的力三角形，并由此可得水平维持力 F' 的大小为

$$F' = F_Q \tan(\alpha - \varphi) \tag{5-79}$$

3. 斜面机构传动的效率

1）当滑块等速上升时，由式（5-78）可推出理想驱动力（假设没有摩擦）为

$$F_{d0} = F_Q \tan\alpha$$

据式（5-73），此时斜面的效率为

$$\eta = F_{d0}/F_d = F_Q \tan\alpha / [F_Q \tan(\alpha + \varphi)] = \tan\alpha / \tan(\alpha + \varphi) \tag{5-80}$$

2）当滑块等速下滑时，由式（5-79）可推知，此时的实际驱动力 F_Q 和理想驱动力 F_{Q0} 分别为

$$F_Q = F'/\tan(\alpha - \varphi) \quad F_{Q0} = F'/\tan\alpha$$

故其效率为
$$\eta' = F_{Q0}/F_Q = \tan(\alpha - \varphi)/\tan\alpha \tag{5-81}$$

（四）螺旋副中的摩擦

当组成螺旋副的螺杆和螺母做相对运动时，由于作用有轴向载荷，则在其螺纹接触面间产生摩擦力。根据螺纹牙型轴剖面的形状的不同，螺纹可分为两大类。轴剖面形状为矩形的称为矩形螺纹，轴剖面形状为三角形的以及与三角形类似的（如梯形）总称为三角形螺纹等。螺杆的小径 d_1、大径 d_2 和中径 d 如图 5-14a 所示。在研究螺旋副的摩擦时，通常将螺母

简化成位于螺纹中径处的小质量块，并假设螺杆和螺母间的轴向作用力 F_Q 是集中作用在该质量块上。因螺旋线可以展成平面上的斜直线，故将螺纹沿中径圆柱面展开后得一连续的斜面；从而将螺旋副的摩擦问题简化为滑块和斜面间的摩擦问题，如图 5-14b 所示。

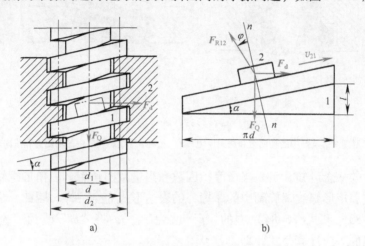

图 5-14　矩形螺纹螺旋副中的摩擦

a）矩形螺纹螺旋副中的摩擦及其简化　b）转化为斜面平滑块的摩擦

1. 矩形螺纹螺旋副中的摩擦

如图 5-14a 所示，螺杆 1 和螺母 2 组成矩形螺纹螺旋副，螺母 2 上受有轴向载荷 F_Q（包括自重）。对于在螺母 2 上加一驱动力矩 M_d，使其逆着 F_Q 力等速向上运动（相当于拧紧螺母）的情况，可简化为在滑块 2 上加一水平驱动力 F_d，使其克服铅垂载荷 F_Q 而沿斜面等速向上运动，如图 5-14b 所示；其中 F_d 相当于拧紧螺母时应在螺纹中径处施加的圆周力，其与螺纹中径半径的乘积便是拧紧螺母时应加的驱动力矩（拧紧力矩）M_d。设螺纹中径 d 上的螺纹升角为 α，即图 5-14b 所示斜面的倾斜角，其计算公式为

$$\tan\alpha = l/(\pi d) = zP/(\pi d) \tag{5-82}$$

式中，l 为螺纹的导程；z 为其线数；P 为螺距。考虑到式（5-78），M_d 的计算公式为

$$M_d = F_d d/2 = F_Q \tan(\alpha + \varphi) \cdot d/2 \tag{5-83}$$

对于松开螺母的情况，可以简化为滑块 2 在载荷 F_Q 的作用下沿斜面等速下滑。分析时可在螺纹中径处施加一水平维持力 F'，以使滑块保持等速下滑，该力与螺纹中径半径的乘积便是松开螺母时应加的维持力矩 M'。考虑到式（5-79），M' 的计算式为

$$M' = F'd/2 = F_Q \tan(\alpha - \varphi) \cdot d/2 \tag{5-84}$$

当 $\alpha < \varphi$ 时，M' 为负值，则意味着要想使滑块等速下滑，就必须施加一个与所设方向相反的力矩 M'，此时的 M' 称为拧松力矩。

2. 三角形螺纹螺旋副中的摩擦

与研究矩形螺纹螺旋副中的摩擦相类似，并考虑到两者在相同轴向力 F_Q 作用下，螺旋副接触面间的法向反力 F'_N 不同，如图 5-15 所示，三角形螺纹螺旋副中的摩擦可以简化为楔形滑块在槽面中的运动。在图 5-15b 中，设三角形螺纹的半顶角为 β，此时槽面的夹角 2θ 中的 $\theta = 90° - \beta$，则其当量摩擦因数和当量摩擦角分别为

$$f_v = f/\sin(90° - \beta) = f/\cos\beta \quad \varphi_v = \arctan f_v = \arctan(f/\cos\beta)$$

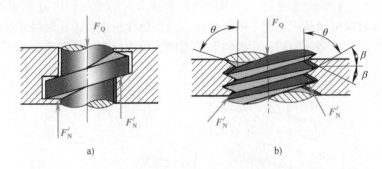

图 5-15　三角形螺纹螺旋副中的摩擦

a）矩形螺纹螺旋副中的轴向力和法向反力　b）三角形螺纹螺旋副中的轴向力和法向反力

由当量摩擦因数的概念可知，引入当量摩擦因数和当量摩擦角后，三角形螺纹螺旋副中的摩擦力的表达形式和矩形螺纹螺旋副中的摩擦力的表达形式完全一样。因此，只要将前面矩形螺纹计算式（5-83）和式（5-84）中的"f"改为"f_v"，将"φ"改为"φ_v"便可得到三角形螺纹螺旋副的对应计算公式，即

拧紧螺旋时 $\qquad\qquad\qquad M_d = F_Q \tan(\alpha + \varphi_v) \cdot d/2$ $\qquad\qquad$ （5-85）

松开螺旋时 $\qquad\qquad\qquad M' = F_Q \tan(\alpha - \varphi_v) \cdot d/2$ $\qquad\qquad$ （5-86）

（五）螺旋传动的效率

根据效率的计算方法，由式（5-85）可推知，拧紧螺旋时的理想驱动力矩为

$$M_{d0} = F_Q \tan\alpha \cdot d/2$$

故拧紧螺旋时的效率为

$$\eta = M_{d0}/M_d = (F_Q \tan\alpha \cdot d/2)/[F_Q \tan(\alpha + \varphi_v) \cdot d/2] = \tan\alpha/\tan(\alpha + \varphi_v) \qquad (5\text{-}87)$$

同理，由式（5-86）可推知，松开螺旋时的实际驱动力 F_Q 和理想驱动力 F_{Q0} 分别为

$$F_Q = 2M'/[d\tan(\alpha - \varphi_v)], \quad F_{Q0} = 2M'/(d\tan\alpha)$$

故松开螺旋时的效率为 $\qquad\qquad \eta' = F_{Q0}/F_Q = \tan(\alpha - \varphi_v)/\tan\alpha$ $\qquad\qquad$ （5-88）

式（5-87）和式（5-88）适用于三角形螺旋副，当用于矩形螺旋副时将 φ_v 变换为 φ 即可。

▌三、转动副中的摩擦

一般机器中的转动轴都被支承在轴承中，如图 5-16 所示。轴置于轴承中的部分称为轴颈，轴颈和轴承构成转动副。这类转动副可按载荷作用方向的不同分为两种。载荷沿半径方向作用的称为径向轴颈与轴承，如图 5-16a 所示；载荷沿轴线方向作用的称为止推轴颈与轴承，如图 5-16b 所示。

（一）径向轴颈和轴承的摩擦

1. 径向轴颈和轴承的摩擦力和当量摩擦因数

如图 5-17a 所示（为了分析方便将间隙夸大画出），若静止的轴颈 1 上只作用有径向载荷 F_Q（包括自重），则轴承 2 给轴颈 1 的总法向反力 F_{N21} 必与 F_Q 大小相等、方向相反且共线。此时，轴颈与轴承在 A 处接触。若在轴颈上再加一驱动力矩 M_d，使其以等角速度 ω_{12} 转动，则轴颈与轴承将在 B 处接触，轴颈在该位置保持平衡状态。此时，轴颈 1 所受的总法向

反力 F_{N21} 通过轴颈的中心，总摩擦力为

$$F_{f21} = f_v F_Q \tag{5-89}$$

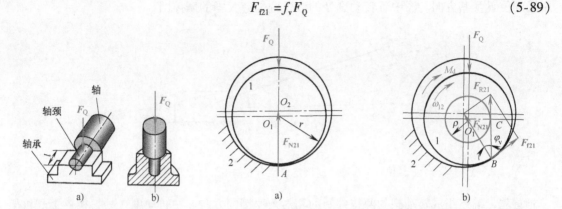

图 5-16　轴颈与轴承
a）径向轴颈与轴承　b）止推轴颈与轴承

图 5-17　径向轴颈和轴承的摩擦
a）径向轴颈与轴承的静止受力情况　b）径向轴颈与轴承的动态受力情况

式中，f_v 为其当量摩擦因数，它不仅与转动副两元素的材料有关，而且与运动副元素的接触情况有关。一般地，当轴承与轴颈为线接触时，取 $f_v \approx f$；若两者沿整个半圆柱面接触且未经磨合时，取 $f_v = 1.57f$；对于磨合轴颈可取 $f_v = 1.27f$。由于轴颈与轴承的实际接触状况介于线接触与整个半圆柱面接触之间，所以实际计算时的 f_v 值可在 $f \sim 1.57f$ 范围内选取。当轴承与轴颈的间隙小、材料软、接触面大时选用较大值；反之，当轴承和轴颈的材料硬（如钻石轴承）、接触面小时选用较小值。为了安全，在计算机械的效率时选用较大值，利用机械的自锁时选用较小值。

2. 摩擦力矩和摩擦圆及摩擦圆半径

如图 5-17b 所示，设轴颈等速转动，轴颈的半径为 r，则总摩擦力 F_{f21} 对轴颈形成的摩擦力矩为 $M_f = F_{f21} \cdot r$，将总法向反力 F_{N21} 与总摩擦力 F_{f21} 合成为总反力 F_{R21}。这样，因轴颈 1 只在 F_Q 与 F_{R21} 两个力和一个力矩 M_d 的作用下处于平衡状态，故 F_Q 和 F_{R21} 必定大小相等、方向相反且不作用在一条直线上，以便组成一个与已知力矩 M_d 大小相等、方向相反的力偶。若设 ρ 为该力偶的力臂（即总反力 F_{R21} 到轴心的距离），可得

$$M_f = F_{R21} \cdot \rho \tag{5-90}$$

以 O_1 为圆心、ρ 为半径画的圆称为摩擦圆，ρ 称为摩擦圆半径。由式（5-89）、式（5-90）和 $M_f = F_{f21} \cdot r$，以及 F_Q 和 F_{R21} 大小相等，可得

$$\rho = f_v \cdot r \tag{5-91}$$

3. 转动副中总反力作用线位置的确定

转动副中的摩擦圆在确定总反力作用线位置时的作用与移动副中的摩擦角类似。考虑摩擦时，转动副中总反力作用线的位置可根据以下两点来确定：第一，转动副中的总反力必与摩擦圆相切；第二，因为摩擦力矩阻止相对运动，所以，构件 2 对构件 1 的总反力 F_{R21} 对转动副轴心的力矩的方向，必与构件 1 与构件 2 的相对角速度 ω_{12} 的方向相反。而 ω_{12} 的方向可由此时组成转动副的两构件间的相对运动趋势（两构件间的夹角增大还是减小）来确定。下面举例说明。

在图 5-18 所示的曲柄滑块机构中，主动件滑块 3 在驱动力 F_d 的作用下从右向左运动，

从动件 1 上作用有阻力矩 M_r；若不计各构件的重力和惯性力，试确定各运动副中总反力作用线的位置及其方向。图中各转动副处的红色圆是夸大画的摩擦圆。

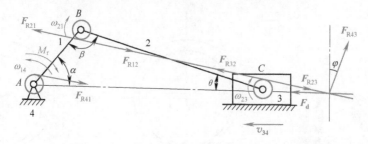

图 5-18　考虑摩擦时确定总反力的作用线位置及其方向

首先，确定组成转动副的两构件间的相对角速度的方向。在转动副 A 处，构件 1 与机架 4 间的夹角 α 在增大，故 ω_{14} 的方向为逆时针；在转动副 B 处，构件 1 与构件 2 间的夹角 β 在减小，故构件 2 相对于构件 1 的角速度 ω_{21} 的方向为顺时针；在转动副 C 处，构件 2 与构件 3 间的夹角 θ 在增大，故构件 2 相对于构件 3 的角速度 ω_{23} 的方向也为顺时针。然后，由不计摩擦的受力分析可知连杆 2 是受压的二力杆，以及构件 1 给构件 2 的总反力 F_{R12} 和构件 3 给构件 2 的总反力 F_{R32} 的大概方向。最后，由总反力 F_{R12} 对转动副 B 轴心的力矩的方向应与 ω_{21} 的方向相反，便可知 F_{R12} 应切于 B 处摩擦圆的下方。同理，由总反力 F_{R32} 对转动副 C 轴心的力矩的方向应与 ω_{23} 的方向相反，可知 F_{R32} 应切于 C 处摩擦圆的上方。因为构件 2 是二力杆，故 F_{R12} 与 F_{R32} 应共线反向，从而确定出如图所示的力作用线位置及其方向。对于构件 1，由 $F_{R21}=-F_{R12}$ 可确定出 F_{R21} 的方向和位置；根据杆 1 的力平衡条件知，$F_{R21}=-F_{R41}$，故可确定出 F_{R41} 的方向，且两者组成一个与 M_r 大小相等、方向相反的力偶；再根据 F_{R41} 对转动副 A 轴心的力矩的方向应与 ω_{14} 相反，可知 F_{R41} 应切于 A 处摩擦圆的上方，从而得其图示作用线的位置。对于滑块 3，F_{R43} 的方向应与 v_{34} 成（$90°+\varphi$）角，可得 F_{R43} 的方向；因滑块 3 只受三个力 F_d、F_{R23} 和 F_{R43} 而处于平衡状态，故这三个力应汇交于一点，从而，F_{R43} 的作用线位置应通过力 F_d 与 F_{R23} 的交点，如图 5-18 所示。

（二）止推轴颈和轴承的摩擦

轴上用以承受轴向载荷的部分称为止推轴颈，也称为轴端或轴踵。如图 5-19a 所示，轴端上受有轴向载荷 F_Q，在驱动力矩 M_d 的作用下，以等角速度 ω_{12} 在推力轴承 2 中转动。其摩擦力矩 M_f 可用图 5-19b 所示方法求出。

从轴端接触面上半径为 ρ 处取出环形微面积 dS，则

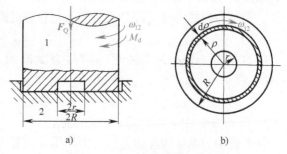

图 5-19　止推轴颈和轴承的摩擦
a）止推轴颈和推力轴承　b）轴端接触面

$$dS=2\pi\rho d\rho \qquad (5-92)$$

设 dS 上的压强 p 为常数，则环形微面积 dS 上所受的正压力 dF_N 和由 dF_N 产生的摩擦力 dF_f 分别为

$$dF_N=pdS \quad dF_f=fdF_N=fpdS$$

$\mathrm{d}F_f$ 对回转轴的摩擦力矩 $\mathrm{d}M_f$ 和轴端所受的总摩擦力矩分别为

$$\mathrm{d}M_f = \rho \mathrm{d}F_f = \rho f p \mathrm{d}S \quad M_f = \int_r^R \mathrm{d}M_f = \int_r^R \rho f p \mathrm{d}S$$

1. 未磨合的止推轴颈和轴承

对于未磨合的轴端，可以认为轴端上各处的摩擦因数 f 和压强 p 均为常数，并考虑到式（5-92），则

$$M_f = f p \int_r^R \rho \mathrm{d}S = 2\pi f p \int_r^R \rho^2 \mathrm{d}\rho = \frac{2}{3}\pi f p (R^3 - r^3) \tag{5-93}$$

为了将上式变为更便于使用的形式，将式中的压强表示为 F_Q 和轴端外半径 R 以及轴端内半径 r 的函数。因整个轴端面积上的正压力为

$$F_N = \int_r^R p \mathrm{d}S = 2\pi p \int_r^R \rho \mathrm{d}\rho = \pi p (R^2 - r^2) = F_Q$$

故
$$p = F_Q / [\pi (R^2 - r^2)] \tag{5-94}$$

将式（5-94）代入式（5-93）可得未磨合轴端的摩擦力矩为

$$M_f = \frac{2}{3} f F_Q \frac{R^3 - r^3}{R^2 - r^2} \tag{5-95}$$

2. 磨合的止推轴颈和轴承

在磨合过程的开始，因压强为常数，且圆周速度 v_{12}（相对滑动速度）与其半径 ρ 成正比，故外圈的 v_{12} 比内圈的大而使外圈部分的磨损比内圈快，从而使外圈的紧密程度和压强均小于内圈，结果又使内圈的磨损加快。这样自动调整的结果，使得磨合后轴端各处压强基本上符合 "$p\rho = $ 常数" 的规律。由此，用与上面类似的推导方法求得磨合轴端的摩擦力矩为

$$M_f = 0.5 f F_Q (R + r) \tag{5-96}$$

由 "$p\rho = $ 常数" 可知，轴端中心处的压强 p 因 ρ 非常小而变得非常大，结果使该部分很容易压坏。为此，一般都将轴端做成空心的，如图 5-19a 所示。通常，将不经常旋转的轴端视为非磨合轴端，而将经常旋转的轴端视为磨合轴端。

四、平面高副中总反力方向的确定

平面高副两元素间的相对运动一般是滑动兼滚动，从而有滑动摩擦力和滚动摩擦力。由于滚动摩擦力比滑动摩擦力小得多，所以在对机构进行力分析时，通常只考虑滑动摩擦力。其摩擦力 $\boldsymbol{F}_{f21}$、法向反力 $\boldsymbol{F}_{N21}$ 和由两者合成的总反力 $\boldsymbol{F}_{R21}$ 如图 5-20 所示，其中 φ 为摩擦角。由图可知，构件 2 给构件 1 的总反力 $\boldsymbol{F}_{R21}$ 的方向也与构件 1 与构件 2 的相对速度 v_{12} 的方向成（$90° + \varphi$）角。由此来确定总反力的方向。

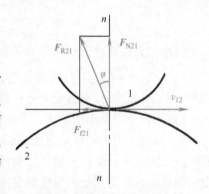

图 5-20　滑动兼滚动的平面高副中总反力方向的确定

五、考虑运动副摩擦的受力分析

如果在机构的受力分析中计入运动副的摩擦，则力平衡方程的待求力部分还应包括运动

副中的摩擦力。因该摩擦力与运动副中的约束反力以及运动副元素间的当量摩擦因数 f_v 有关，所以可以把摩擦力和摩擦力矩表示为约束反力的函数。

对于转动副，构件 i 作用于构件 j 的总反力 $\boldsymbol{F}_{\mathrm{R}ij}$ 已不通过转动副的中心，而是与摩擦圆相切，如图 5-21a 所示。将 $\boldsymbol{F}_{\mathrm{R}ij}$ 向转动副中心简化，可得一个通过转动副中心、且大小和方向与 $\boldsymbol{F}_{\mathrm{R}ij}$ 相同的总反力 $\boldsymbol{F}'_{\mathrm{R}ij}$ 和一个摩擦力矩 M_{f}。M_{f} 的方向与 ω_{ij} 的方向相同，其大小等于 $f_v r F_{\mathrm{R}ij}$，r 为轴颈的半径。如图 5-21b 所示，将 $\boldsymbol{F}_{\mathrm{R}ij}$ 沿 x、y 轴分解可得约束反力的两个待求分量 $F^x_{\mathrm{R}ij}$ 和 $F^y_{\mathrm{R}ij}$。从而作用于转动副中的摩擦力矩可以用待求力的分量表示为

$$M_{\mathrm{f}} = f_v r \sqrt{(F^x_{\mathrm{R}ij})^2 + (F^y_{\mathrm{R}ij})^2} \tag{5-97}$$

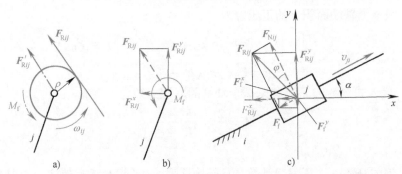

图 5-21 考虑运动副摩擦的受力情况

a）转动副中的总反力 b）转动副中的总反力沿坐标轴的分解 c）移动副中的总反力及其沿坐标轴的分解

对于移动副，作用在移动副中的摩擦力的大小也可以表示为其当量摩擦因数 f_v 和约束反力的 x、y 轴向分量的函数，即

$$F_{\mathrm{f}} = f_v \sqrt{(F^x_{\mathrm{R}ij})^2 + (F^y_{\mathrm{R}ij})^2} \tag{5-98}$$

如图 5-21c 所示，设构件 j 相对于构件 i 的移动速度 v_{ji} 的方向与 x 轴正向的夹角为 α，则 F_{f} 沿 x 方向和 y 方向的分量分别为

$$F^x_{\mathrm{f}} = -f_v \cos\alpha \sqrt{(F^x_{\mathrm{R}ij})^2 + (F^y_{\mathrm{R}ij})^2} \tag{5-99}$$

$$F^y_{\mathrm{f}} = -f_v \sin\alpha \sqrt{(F^x_{\mathrm{R}ij})^2 + (F^y_{\mathrm{R}ij})^2} \tag{5-100}$$

将摩擦力和摩擦力矩加入力平衡方程中，整理可得一个含有待求的机构约束反力 $F^x_{\mathrm{R}ij}$、$F^y_{\mathrm{R}ij}$ 和 $\sqrt{(F^x_{\mathrm{R}ij})^2 + (F^y_{\mathrm{R}ij})^2}$ 项的方程组，该方程组是一个非线性方程组。因解非线性方程组较困难，考虑运动副摩擦的受力分析常采用另一种方法——逼近法。逼近法的基本过程如下：

1）不计运动副中的摩擦，求出理想机械中各运动副的反力。

2）根据求出的约束反力计算运动副中的摩擦力和摩擦力矩，将其作为已知力加在相应的构件上重新进行受力分析，重新计算运动副中的约束反力。比较相邻两次计算出的约束反力间的误差，若达到分析精度的要求，则以最后一次计算结果作为考虑摩擦时的力分析的最终结果；否则，则重复上述过程直到满足分析精度为止。

六、机构的自锁

（一）自锁的概念和意义

由于摩擦和其他条件的存在，一个原为静止的机械，当驱动力（矩）从零增大到无穷

大时，机械的受力件始终不能发生运动；或者说，作用在物体上的驱动力沿其作用线方向增大到无穷大时都不能使受力体发生运动，这种现象称为自锁。为了说明自锁在机械中的意义，先介绍两个概念，即正行程和反行程。当驱动力作用在原动件上而运动和动力从原动件向从动件传递时，称为正行程；反之，当将正行程的生产阻力作为驱动力作用在原来的从动件上，而运动向相反方向（从正行程的从动件到原动件）传递时，称为反行程。在正行程中，为使机械能够实现预期的运动，必须避免自锁。而在反行程中，有些机械需要具有自锁的特性。如图 5-22 所示的手摇螺旋千斤顶，当转动手把 6 将物体 4 举起并撤销圆周驱动力 F_d 后，应保证在物体 4 重力的作用下螺母 5 不会反转而使物体下落，从而实现反行程自锁。又如，在金属切削机床中，工作台的升降机构和进给机构一般也应具有反行程自锁特性。凡反行程自锁的机构通称为自锁机构。

（二）平面平滑块的自锁

如图 5-23 所示，滑块 1 与平面 2 组成移动副。作用于滑块 1 上的驱动力 F_d 与接触面的法线 nn 方向成 β 角，平面 2 给滑块 1 的总反力 F_{R21} 与法线方向的夹角 φ 为摩擦角，摩擦锥的锥顶角为 2φ。将力 F_d 分解为水平分力 F_{dT} 和垂直分力 F_{dN}。其中，F_{dT} 是推动滑块 1 运动的有效分力，且

$$F_{dT} = F_d \sin\beta = F_{dN} \tan\beta \tag{5-101}$$

而分力 F_{dN} 不仅不会使滑块运动，而且会产生摩擦力阻止滑块的运动，它能引起的最大摩擦力为

$$F_{fmax} = F_{dN} \tan\varphi \tag{5-102}$$

由上面两式可知：

1）当 $\beta > \varphi$，即驱动力 F_d 作用在摩擦锥之外时，$F_{dT} > F_{fmax}$，滑块将加速运动。

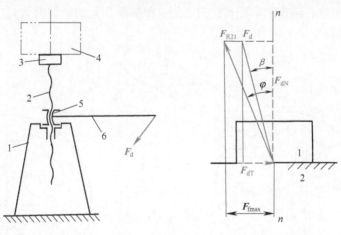

图 5-22　手摇螺旋千斤顶　　　　图 5-23　平面平滑块的自锁

2）当 $\beta = \varphi$，即驱动力 F_d 的作用线与总反力重合时，$F_{dT} = F_{fmax}$，滑块等速运动或静止不动。

3）当 $\beta < \varphi$，即驱动力 F_d 作用在摩擦锥之内时，$F_{dT} < F_{fmax}$，滑块将减速到零或静止不动。

由此可知，$\beta \leqslant \varphi$ 是平面平滑块的自锁条件，即当驱动力的作用线在摩擦锥之内或与摩擦锥面相切时，平面平滑块将自锁。

（三）径向轴颈的自锁

如图 5-24 所示，轴颈 1 在铅垂载荷 F_Q（包括自重）和驱动力矩 M_d 的作用下在轴承 2 中转动，ρ 为摩擦圆半径，F_{R21} 为轴承 2 对轴颈 1 的总反力。将驱动力矩 M_d 和铅垂载荷 F_Q 合成为力 F_{R12}，它是作用在轴颈 1 上的总作用力，大小等于 F_Q，方向与 F_Q 相同，作用线与 F_Q 间的距离为 $e = M_d/F_Q$，即

$$M_d = eF_Q \qquad\qquad (5\text{-}103)$$

因 F_Q 与 F_{R21} 大小相等、方向相反，故摩擦力矩为

$$M_f = F_{R21}\rho = -F_Q\rho \qquad\qquad (5\text{-}104)$$

由式（5-103）和式（5-104）可知：

1）当 $e > \rho$，即外力（矩）合力的作用线在摩擦圆之外时，由于 $M_d > M_f$，轴 1 将加速转动。

2）当 $e = \rho$，即外力（矩）合力的作用线与摩擦圆相切时，由于 $M_d = M_f$，轴 1 将等速转动或静止。

3）当 $e < \rho$，即外力（矩）合力的作用线在摩擦圆之内时，由于 $M_d < M_f$，轴 1 将静止或减速到静止。

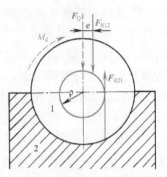

图 5-24 径向轴颈的自锁

由上面的分析可知，径向轴颈的自锁条件是 $e \leqslant \rho$，即外力（矩）合力的作用线与摩擦圆相割或相切时，径向轴颈将自锁。

图 5-25a 所示为一种利用这种轴颈自锁原理设计的偏心夹具。构件 1、2 和 3 分别是夹具体、工件和偏心圆盘。偏心圆盘的几何中心和回转中心分别为 A 和 O。它在驱动力 F_d 的作用下绕偏心圆盘 3 与夹具体 1 组成的转动副 O 转一个角度便可把工件 2 夹紧。工作要求是反行程自锁，即将力 F_d 撤销后，偏心圆盘 3 不会因反转而把工件 2 松开。已知转动副 O 处的摩擦圆半径 ρ、偏心圆盘的半径 r_3、偏心距 e 和高副 B 处的摩擦因数 f，求满足反行程自锁时 α 角的大小。

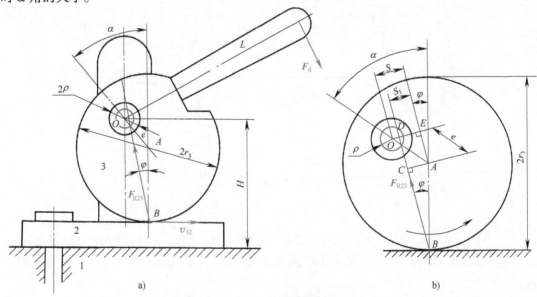

图 5-25 偏心夹具和偏心圆盘自锁条件

a）偏心夹具 b）偏心圆盘自锁条件

首先确定使构件 3 反转的驱动力。构件 3 绕 O 点沿逆时针方向反转而使工件 2 松开时，构件 3 相对工件 2 沿接触处滑动，相对滑动速度 v_{32} 的方向如图所示，工件 2 给构件 3 的总反力 F_{R23} 的方向可根据它与 v_{32} 的方向成（$90° + \varphi$）角来确定。可以看出，F_{R23} 就是使构件 3 绕 O 点反转的驱动力。机构反行程是否自锁取决于 F_{R23} 与 O 点的相对位置，若 F_{R23} 的作用线在 O 处摩擦圆的外面，机构反行程就不自锁；若 F_{R23} 与 O 处的摩擦圆相割或相切，机构反行程就自锁。但 F_{R23} 的作用线位置是由摩擦角 φ 确定的，当 f 给定后 φ 角为一定值，从而使 F_{R23} 的作用线位置确定。由此可知，F_{R23} 与 O 的相对位置取决于设计该偏心夹具时 O 的位置，O 的位置应能满足使 F_{R23} 的作用线与 O 处的摩擦圆相割或相切的要求。进一步分析可知，O 的位置与偏距 e 和 α 角有关，在偏距 e 确定的情况下就取决于 α 角。如图 5-25b 所示，过 A 点作 F_{R23} 的平行线与过 O 点所作 F_{R23} 的垂线交于点 E，则 $\angle OAE = \alpha - \varphi$；再过 A 点作 F_{R23} 的垂线，它与 F_{R23} 的作用线交于 C 点，则 $\overline{DE} = \overline{CA}$，从而，$\overline{OD} = \overline{OE} - \overline{DE} = \overline{OE} - \overline{CA} = e\sin(\alpha - \varphi) - r_3\sin\varphi$。由于机构的自锁条件是 $\overline{OD} \leqslant \rho$，从而得机构反行程自锁时 α 应满足的条件为

$$\alpha \leqslant \arcsin\left(\frac{r_3\sin\varphi + \rho}{e}\right) + \varphi \tag{5-105}$$

文献阅读指南

不考虑摩擦时，平面机构动态静力分析的解析法，除这里介绍的以外还有基本杆组法，可参阅梁崇高和阮平生编著的《连杆机构的计算机辅助设计》（北京：机械工业出版社，1986）；考虑摩擦时，除这里介绍的方法以外，可参阅华大年、华志宏和吕静平编著的《连杆机构设计》（上海：上海科学技术出版社，1995）。空间机构的力分析，请参阅谢存禧等编著的《空间机构设计》（上海：上海科学技术出版社，1996）。图解法，请参阅黄锡恺和郑文纬主编《机械原理》（6 版，北京：高等教育出版社，1993），该书既介绍了考虑摩擦和不考虑摩擦时平面机构动态静力分析的图解法，也介绍了直接确定平衡力和平衡力矩的速度多边形杠杆法。

思　考　题

5-1　何谓机构的动态静力分析？用解析法对机构进行动态静力分析的步骤如何？

5-2　何谓平衡力和平衡力矩？当已知切削阻力时，牛头刨床的平衡力矩是指什么？当已知驱动力（矩）时，内燃机的平衡力是指什么？

5-3　直接确定机构的平衡力（矩）有何意义？如何用解析法直接确定机构的平衡力（矩)?

5-4　惯性力的方向和质心加速度的方向有何关系？惯性力偶矩的方向和构件的角加速度的方向有何关系？

5-5　什么是当量摩擦因数？引入当量摩擦因数的目的是什么？

5-6　什么是摩擦角？如何利用摩擦角来确定移动副中总反力作用线的位置？

5-7　什么是摩擦圆？以转动副连接的两个构件，当外力（驱动力矩与径向力的合力）分别作用在摩擦圆之内、之外或与该摩擦圆相切时，两构件将各呈现何种相对运动状态？

5-8 如何计算机组的机械效率？

5-9 为什么要研究机械中的摩擦？机械中的摩擦是否一定是有害的？

5-10 判断下述各小题的正确性：

1）自锁机械根本不能运动。

2）在转动副中，无论什么情况，总反力始终应与摩擦圆相切。

3）机械中采用环形轴端支承的原因是避免轴端中心压强过大。

习 题

5-1 在图 5-26 所示的曲柄滑块机构中，已知 $l_{AB}=0.1\text{m}$，$l_{BC}=0.33\text{m}$，$n_1=1500\text{r/min}$（为常数），活塞 3 和连杆 2 的重量分别为 $G_3=21\text{N}$，$G_2=25\text{N}$，对质心的转动惯量 $J_{S_2}=0.0425\text{kg}\cdot\text{m}^2$，$l_{BS_2}=l_{BC}/3$。试确定在图示位置时活塞的惯性力和连杆的总惯性力。

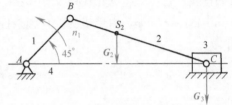

图 5-26 习题 5-1 图

5-2 在图 5-27 所示的消防梯升降机构中，已知 $l_{BB'}=0.2\text{m}$，$l_{AB'}=0.4\text{m}$，$l_{AS}=1.5\text{m}$，载荷 $F_Q=3000\text{N}$，$x_C=y_C=0.8\text{m}$，$\varphi=20°$。试用解析法直接确定应加于油缸活塞上的平衡力 F_b。

5-3 在图 5-28 所示的曲柄滑块机构中，已知 $l_{AB}=0.1\text{m}$，$l_{BC}=0.2\text{m}$，$l_{BS_2}=0.15\text{m}$，构件 2 的质心为 S_2、质量 $m_2=4\text{kg}$，构件 1 的等角速度 $\omega_1=10\text{rad/s}$，作用于其上的驱动力矩 $M_d=3\text{N}\cdot\text{m}$。不计其余构件的重力和惯性力，试用解析法直接求当 $\varphi_1=45°$ 和 $\varphi_1=90°$ 时应分别加于构件 3 上通过 C 点的水平平衡力 F_b。

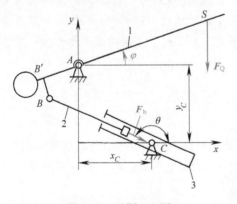

图 5-27 习题 5-2 图

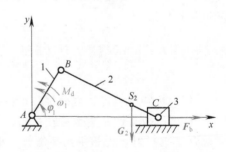

图 5-28 习题 5-3 图

5-4 在图 5-29 所示的牛头刨床主运动机构中，已知各构件的尺寸 $l_{O_2A}=0.1174\text{m}$，$l_{O_3B}=0.7281\text{m}$，$l_{O_3S_3}=0.364\text{m}$，$l_{O_2O_3}=0.38\text{m}$，$y_{FC}=0.16\text{m}$，转动惯量 $J_{S_3}=1.14\text{kg}\cdot\text{m}^2$，各构件的重量 $G_3=200\text{N}$，$G_5=620\text{N}$。当 $\varphi_1=-324°$ 时，$x_{S_5}=0.152\text{m}$，$\varphi_3=78.054°$，$S_3=0.4589\text{m}$，$x_B=0.1507\text{m}$，$v_B=1.8422\text{m/s}$，$a_B=-15.0367\text{m/s}^2$，$\omega_3=-2.5862\text{rad/s}$，$a_{S_3}=7.5718\text{m/s}^2$，$v_{S_3}=0.9145\text{m/s}$，$\alpha_3=19.6936\text{rad/s}^2$，$\omega_1=13.613568\text{rad/s}$。所受的阻力 $F_C=$

1600N，其受力方向和变化情况分别如图5-29a、b所示。滑块5的冲程$H=0.45$m。试用解析法求机构在此位置时各运动副中的约束反力和应加在构件1上的平衡力矩M_b。

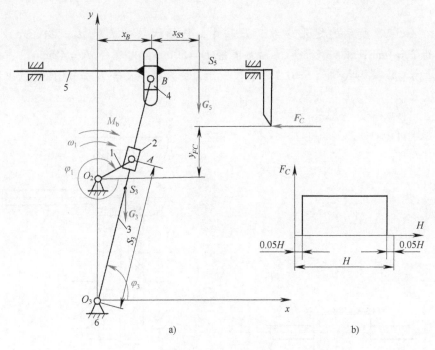

图 **5-29** 习题5-4图

a）牛头刨床的主运动机构　b）所受阻力的变化线图

5-5　在图5-30所示的双滑块机构中，已知机构的位置和尺寸。F_d为驱动力，F_r为生产阻力，转动副A和B中的摩擦圆如图中的红线圆所示，移动副中的摩擦角为15°。忽略各构件的重力和惯性力，试作出各运动副中总反力的作用线及其指向。

5-6　在图5-31所示的曲柄滑块机构中，已知各构件的尺寸，主动件3上所受的驱动力为F_d，从动件1上所受的生产阻力矩为M_r，各转动副中的摩擦圆如图中红线圆所示，移动副中的摩擦角为15°。若不计各构件的重力和惯性力，求$\varphi_1=45°$，135°，225°，315°时，各运动副中总反力的作用线位置及其指向。

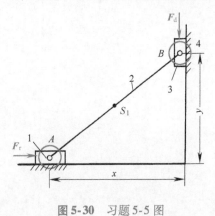

图 **5-30** 习题5-5图　　　　　　　　　图 **5-31** 习题5-6图

5-7 在图 5-32 所示的平面滑块机构中，已知驱动力 $\boldsymbol{F}_\mathrm{d}$ 和有效阻力 $\boldsymbol{F}_\mathrm{Q}$ 的作用方向和作用点 A 和 B（设此时滑块不会发生倾斜），滑块 1 的运动方向如图所示，摩擦角为 φ。试确定此机构的效率。

5-8 在图 5-33 所示的矩形螺纹千斤顶中，已知螺纹的大径 $d_2 = 24\mathrm{mm}$，小径 $d_1 = 20\mathrm{mm}$，螺距 $P = 4\mathrm{mm}$；顶头环形摩擦面的直径 $D = 50\mathrm{mm}$，内直径 $d_0 = 42\mathrm{mm}$；手柄的长度 $l = 300\mathrm{mm}$。所有摩擦因数均为 $f = 0.1$。求该千斤顶的效率。又若 $F_\mathrm{d} = 100\mathrm{N}$ 时，求能举起的重量 F_Q 的大小。

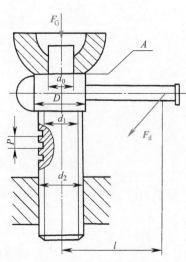

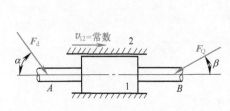

图 5-32 习题 5-7 图   图 5-33 习题 5-8 图

第三篇
常用机构及其设计

本篇阐述了各种常用机构的类型、特点、应用和运动、动力性能，以及它们的分析与综合。

在第六章"连杆机构"中，以平面四杆机构的运动设计为主线。首先，介绍了平面连杆机构的特点、应用、基本类型及其演化；然后，在论述了平面连杆机构的运动和动力特性的基础上，重点阐述了平面四杆机构解析法综合中的位移矩阵法；最后，简单介绍了空间连杆机构。

在第七章"凸轮机构"中，首先，介绍了凸轮机构的类型、特点和应用；然后，在介绍了从动件常用运动规律的基础上，重点阐明了用反转法设计凸轮轮廓的图解法和解析法；最后，阐述了确定凸轮机构基本尺寸和参数的方法。

在第八章"齿轮机构"中，重点介绍了渐开线直齿圆柱齿轮机构的啮合原理、尺寸计算和几何设计。并在此基础上，介绍了斜齿圆柱齿轮机构、直齿锥齿轮机构和蜗杆蜗轮机构的啮合特点和尺寸计算。

在第九章"轮系"中，介绍了轮系的分类和功用；着重阐明了各类轮系传动比的计算；对行星轮系的效率和几何设计问题进行了讨论；简单介绍了几种行星齿轮传动机构。

在第十章"其他常用机构"中，扼要地介绍了间歇运动机构、组合机构和机器人机构。

第六章 连杆机构

内容提要 ∨

本章在介绍平面连杆机构的特点和应用的基础上，阐明平面连杆机构的基本类型及其演化；分析平面连杆机构的运动和动力特性；介绍平面连杆机构的综合。本章的重点是平面四杆机构的运动特性和运动综合。最后，简单介绍空间连杆机构和万向联轴器。

第一节　平面连杆机构的类型、特点和应用

一、连杆机构的历史

扫码看视频

在古代的中国和欧洲就已经使用了连杆机构。近代的应用始于瓦特，18 世纪下半叶，在他改进的蒸汽机中应用了四杆机构。在两次工业革命中新机器不断涌现，连杆机构被广泛地应用于破碎机、压力机、内燃机和牛头刨床等机械中。关于连杆机构综合的理论研究从 19 世纪初叶开始，到 19 世纪下半叶，形成了德国学派的图解方法和俄国学派的解析方法。20 世纪下半叶，主要以美国学者为代表，将计算机应用于连杆机构的分析与综合。

二、连杆机构的有关概念和特点

1. 连杆机构的有关概念

用低副，如转动副 R、移动副 P、螺旋副 H、圆柱副 C、球面副 S、球销副 S′等将若干构件连接而成的机构称为连杆机构。在连杆机构中，构件间的相对运动是平面运动或平行平面运动的称为平面连杆机构，构件间的相对运动是空间运动的称为空间连杆机构。连杆机构中的构件又常称为杆。通常，由四个构件组成的连杆机构称为四杆机构，由五个构件组成的连杆机构称为五杆机构，依此类推。五杆以上的连杆机构又称为多杆机构。因三个构件不能组成平面闭式链机构，故平面闭式链机构至少是四杆机构。平面四杆机构既是构成和研究平面多杆机构的基础，又是应用最广泛的连杆机构。

闭式链机构自由度少，但能承受较大的力，故被广泛应用于各种机械中；开式链机构自由度多，但受力不能太大，主要用于机械手和机器人操作机中（参看第一章和第十章第三节）。空间连杆机构结构紧凑、运动灵活可靠，但设计复杂。计算机辅助设计的兴起解决了

设计困难的问题，空间连杆机构现已得到较多的应用。

2. 平面连杆机构的优点

1）运动副一般为转动副和移动副，由于低副是面接触，所以压强小，便于润滑，磨损较轻。

2）运动副元素多为圆柱面或平面，故制造容易。

3）结构简单、工作可靠，且能实现多种运动规律和运动轨迹的要求。

4）相对于空间连杆机构，其设计也较容易。因而在机床、农业机械、矿业机械、轻工机械、汽车及各种仪表中得到了广泛的应用。

3. 平面连杆机构的缺点

1）惯性力和惯性力矩不易平衡，因而，较少用于高速传动。

2）对多杆机构而言，随着构件和运动副数目的增多，运动积累误差增大，从而影响传动精度。

三、平面连杆机构的类型和应用

（一）平面四杆机构的基本形式及其应用

如图 6-1 所示，全部由转动副组成的平面四杆机构称为铰链四杆机构。其中，固定不动的杆 4 称为机架，直接与机架铰接的构件 1 和 3 称为连架杆，将两连架杆连在一起的构件 2 称为连杆。能整周转动的连架杆称为曲柄，只能做往复摆动的连架杆称为摇杆。根据两连架杆运动形式的不同，铰链四杆机构可分为三种基本形式。其中，一个连架杆是曲柄、另一个连架杆是摇杆的称为曲柄摇杆机构；两连架杆均是曲柄的称为双曲柄机构；两连架杆均是摇杆的称为双摇杆机构。

1. 曲柄摇杆机构

曲柄摇杆机构得到广泛的应用。图 6-2 所示曲柄摇杆机构用摇杆 3 调整雷达天线俯仰角 ψ 的大小。图 6-3 所示曲柄摇杆机构利用其连杆上某点 E 的特定轨迹 ee 将容器中的液体搅拌均匀。图 6-4 所示摇杆 3 为主动的曲柄摇杆机构是家用缝纫机的主运动机构。

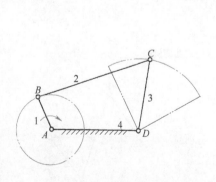

图 6-1　铰链四杆机构

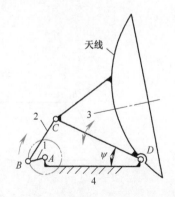

图 6-2　调整雷达天线俯仰角
的曲柄摇杆机构

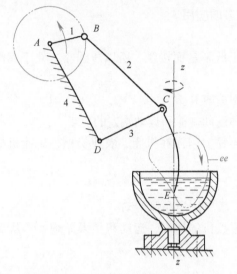

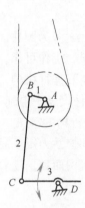

图 6-3　曲柄摇杆机构用于搅拌器　　　图 6-4　缝纫机中的曲柄摇杆机构

2. 双曲柄机构

　　双曲柄机构的主动曲柄转一周时，对应从动曲柄也转一周，如图 6-5 所示。对于图 6-5a 所示的一般情况，其主、从动曲柄的传动比是变量，即主动曲柄等速转动时，从动曲柄变速转动。只有当四个杆的长度关系满足平行四边形的要求（图 6-5b），且主、从动件的转动方向相同时，两曲柄间的传动比才等于常数。该机构又称为平行四边形机构，其连杆做平动。当图 6-6a 所示的平行四边形机构运动到四杆成一直线的 AB_1DC_1 位置时，从动件可能反转，变成图示的 $AB_2C'_2D$ 所示形式。此时，当主动曲柄继续等速转动时，从动曲柄变速反

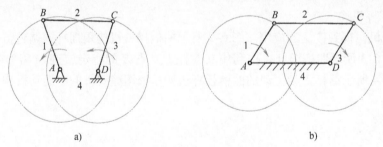

图 6-5　一般双曲柄机构和平行双曲柄机构

a）一般双曲柄机构　b）平行双曲柄机构

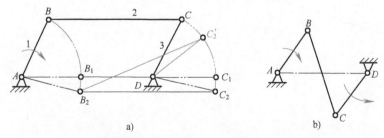

图 6-6　平行四边形机构的运动不定位置及反平行四边形机构

a）平行四边形机构的运动不定位置　b）反平行四边形机构

向转动，该机构又称为反平行四边形机构（图 6-6b）。图 6-6a 中所示的 AB_1DC_1 位置称为平行四边形机构的运动不定位置。

图 6-7 所示为惯性筛机构，它由一个双曲柄机构再串联一个 RRP Ⅱ 级杆组组成。当主动曲柄 1 匀速转动时，构件 6 的加速度是变化的，从而产生惯性力以筛分物体。图 6-8 所示的机车车轮联动机构和图 6-9 所示的摄影平台升降机构都是平行四边形机构的应用实例。

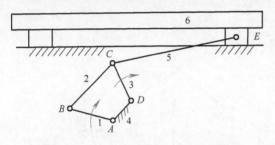

图 6-7 双曲柄机构在惯性筛上的应用

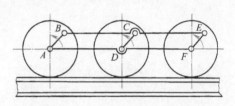

图 6-8 机车车轮联动机构

3. 双摇杆机构

双摇杆机构的两连架杆都不能整周转动。它在鹤式起重机上的应用如图 6-10 所示。当主、从动摇杆 1 和 3 摆动时，连杆 BC 上的 E 点走出一近似直线轨迹，从而避免重物平移时因不必要的升降而消耗能量。当双摇杆机构两摇杆的长度相等时，则形成等腰梯形机构，它在汽车前轮转向机构上的应用如图 6-11 所示。

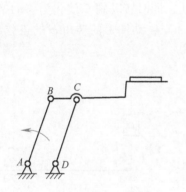

图 6-9 摄影平台升降机构

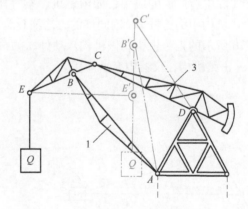

图 6-10 鹤式起重机

（二）平面四杆机构的演化形式及其应用

除上述三种基本形式以外，在生产实际中，还广泛应用了许多其他形式的四杆机构。这些机构都可以看作是由基本形式演化而来的。了解演化的途径很重要，因为可以通过这些途径来创造新机构。

1. 将转动副演化成移动副

在图 6-12 所示的曲柄摇杆机构中，C 点的轨迹是以 D 为圆心、$\overline{CD}$ 为半径的圆弧 ββ。该圆弧的形状随半径 $\overline{CD}$ 的增大而变得越来越平直，若摇杆 CD 的长度变为无穷大，则 C 点的轨迹 ββ 将变为直线，CD 上各点的运动趋于相同，摇杆演化为滑块，转动副 D 演化为移动副。原来的曲柄摇杆机构演化成了如图 6-13 所示的曲柄滑块机构。

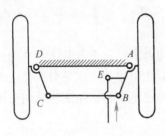

图 6-11 汽车前轮转向机构

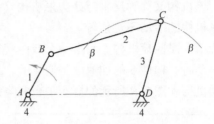

图 6-12 转动副演化为移动副

扫码看视频

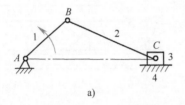

a)   b)

图 6-13 曲柄滑块机构

a) 对心曲柄滑块机构 b) 偏置曲柄滑块机构

    当滑块 3 的导路中心线通过曲柄 1 的转动中心时，称为对心曲柄滑块机构，如图 6-13a 所示；反之，则称为偏置曲柄滑块机构，如图 6-13b 所示。图中的 e 称为偏距。曲柄滑块机构在生产实际中有广泛的应用，如内燃机、空气压缩机、锻压机等。如图 6-14 所示，若再将曲柄滑块机构中的连杆 BC 用同样的方法演化为滑块，同时转动副 C 演化为移动副，便得到图 6-14b 所示的正弦机构。该机构从动件 3 的位移 s 与主动件 1 的转角 φ 的正弦成正比，$s = l_{AB}\sin\varphi$。正弦机构在仪器中有所应用。

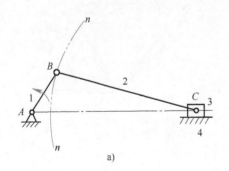

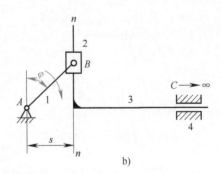

a)   b)

图 6-14 曲柄滑块机构演化为正弦机构

a) 曲柄滑块机构 B 点相对于 C 点的轨迹 b) 正弦机构

2. 取不同构件为机架

    在平面连杆机构中，如果以转动副相连的两构件能做整周相对转动，则称此转动副为整转副；显然，组成整转副的两构件之一固定，另一构件便是曲柄。反之，不能做整周相对转动的转动副称为摆转副。四杆机构中各个转动副是整转副还是摆转副，只取决于各杆间相对尺寸的大小，而与固定哪个构件为机架无关。如在图 6-15a 所示的曲柄摇杆机构中，各构件间的尺寸关系决定了与最短杆相连的两个转动副 A 和 B 是整转副，另外两个转动副 C、D 是摆转副，无论固定哪个构件为机架，这种情况都不会变。因此，当固定与最短构件 *AB* 相邻的构件 *AD* 或 *BC* 为机架时，便得到曲柄摇杆机构，如图 6-15a 所示；当固定与最短构件 *AB* 相对的构件 *CD* 为机架时，便得到双摇杆机构，如图 6-15b 所示；而当固定最短构件 *AB* 为机架时，便得到双曲柄机构，如图 6-15c 所示。

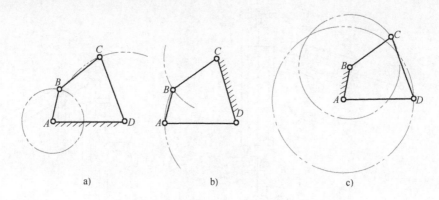

图 6-15　铰链四杆机构取不同的构件为机架
a）曲柄摇杆机构　b）双摇杆机构　c）双曲柄机构

同样，对于曲柄滑块机构，也可以通过取不同的构件为机架而得到不同的机构，见表 6-1。在曲柄滑块机构中，*A*、*B* 是整转副，*C* 是摆转副。当取构件 1 为机架时，*A* 和 *B* 仍为整转副，与滑块 3 组成移动副，并导引滑块运动的构件 4 还能绕 *A* 点整周转动，故称为转动导杆机构。图 6-16 所示的小型刨床就是由该机构再串联一个 RRP Ⅱ 级杆组组成的。

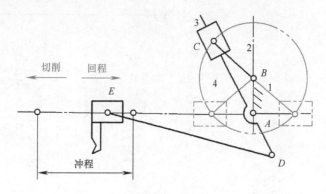

图 6-16　小型刨床

表 6-1　带有一个移动副的四杆机构

作为机架的构件	4	1	2	3
机构的名称	曲柄滑块机构	转动导杆机构	曲柄摇块机构	移动导杆机构
机构简图				

当取构件 2 为机架时（表 6-1），因 C 仍为摆转副，滑块 3 只能摇动，而 AB 可以整周转动，故称为曲柄摇块机构。图 6-17 所示的驱动插刀切削的机构为曲柄摇块机构在 Y54 插齿机上的应用。当取滑块 3 为机架时（表 6-1），导杆 4 只能在滑块中移动，故称为移动导杆机构。图 6-18 所示的手压抽水机就是采用了该机构。

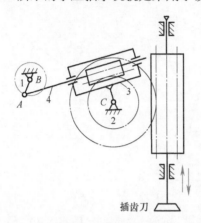

插齿刀

图 6-17 曲柄摇块机构在 Y54 插齿机上的应用

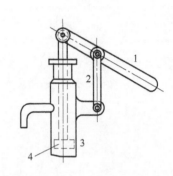

图 6-18 手压抽水机

3. 变换构件的形态

在图 6-19a 所示的曲柄摇块机构中，若变换构件 2 和 3 的形态，即将杆状构件 2 做成块状，而将块状构件 3 做成杆状，如图 6-19b 所示，此时导杆 3 只能绕 C 点摆动，故称为摆动导杆机构。图 6-20 所示牛头刨床的主运动机构就是在摆动导杆机构上再串联一个 RPPⅡ级杆组组成的。

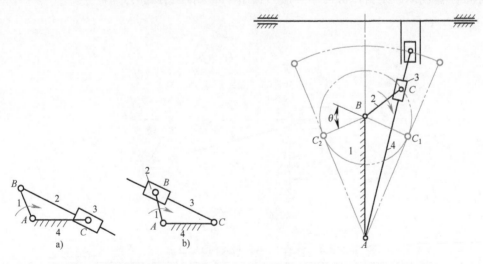

图 6-19 变换构件的形态

a）曲柄摇块机构 b）摆动导杆机构

图 6-20 牛头刨床的主运动机构

4. 扩大转动副

如图 6-21 所示，当曲柄的长度很短且曲柄销需承受较大的冲击载荷时，常将图 6-21a 中的转动副 B 的半径扩大至超过曲柄 AB 的长度，使之成为图 6-21b 所示的偏心轮机构。这时，曲柄变成了一个几何中心为 B、回转中心为 A 的偏心圆盘，其偏心距就是原曲柄的长。

该机构常用在小型压力机上。

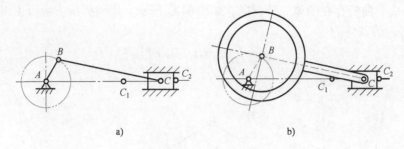

图 6-21　扩大转动副

a）曲柄滑块机构　b）偏心轮机构

第二节　平面连杆机构的运动和动力特性

一、平面四杆机构存在曲柄的条件

由前述可知，铰链四杆机构的基本形式与机构中有无曲柄及具有的曲柄数目有关，无曲柄的是双摇杆机构，有一个曲柄的是曲柄摇杆机构，有两个曲柄的是双曲柄机构。而铰链四杆机构中有无曲柄及有一个还是有两个曲柄，取决于各杆间的相对尺寸关系和固定哪个构件为机架。如图 6-22a 所示，设构件 1、2、3 和 4 的长度分别为 l_1、l_2、l_3 和 l_4。下面讨论 $l_4 > l_1$ 时曲柄存在的第一种情况。

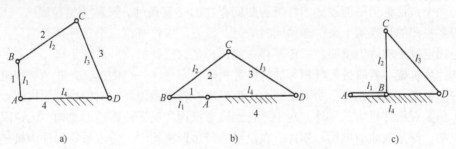

图 6-22　曲柄存在条件的第一种情况

a）一般位置　b）曲柄与机架拉直共线　c）曲柄与机架重叠共线

如果转动副 A 要成为整转副，那么，B 点必须能占据以 A 为圆心、以 l_1 为半径的圆周上的任一点。故 1、4 两构件一定能实现拉直共线（图 6-22b）和重叠共线（图 6-22c）的这两个关键位置，显然，两图中的三角形 BCD 应能存在。根据三角形任一边的长必须小于其他两边的长度之和可得

$$l_1 + l_4 < l_2 + l_3 \tag{6-1}$$

$$l_2 < l_4 - l_1 + l_3 \quad 即 \quad l_1 + l_2 < l_4 + l_3 \tag{6-2}$$

$$l_3 < l_4 - l_1 + l_2 \quad 即 \quad l_1 + l_3 < l_4 + l_2 \tag{6-3}$$

将式（6-1）与式（6-2）、式（6-2）与式（6-3）、式（6-1）与式（6-3）分别相加可得

$$l_1 < l_3 \quad l_1 < l_4 \quad l_1 < l_2 \tag{6-4}$$

即 l_1 为最短杆。

对于 $l_1 > l_4$ 时曲柄存在的第二种情况，如图 6-23 所示。用同样的方法可以得到若转动副 A 要成为整转副的条件为

$$l_4 < l_3 \quad l_4 < l_1 \quad l_4 < l_2 \tag{6-5}$$

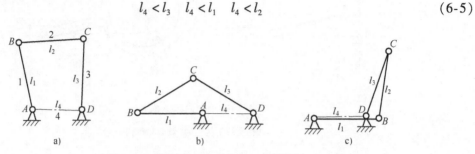

图 6-23 曲柄存在条件的第二种情况
a）一般位置　b）曲柄与机架拉直共线　c）曲柄与机架重叠共线

即 l_4 为最短杆。

综合上面两种情况，两构件能做相对整周转动的第一个条件是：<u>组成整转副的两构件中必定有一构件为四杆中的最短构件。</u>

考虑到构件 1 和 4 拉直共线时、构件 2 和 3 也拉直共线以及构件 1 和 4 重叠共线时、构件 2 和 3 也重叠共线的情况（如平行四边形机构），上面的式子应加入等号。在式（6-1）~式（6-3）中，最短杆与任一杆的长度之和都小于另外两杆的长度之和，这任一杆中必有一杆是最长杆。因此，两构件能做相对整周转动的第二个条件是：<u>最短杆与最长杆的长度之和必须小于或等于另外两杆的长度之和。</u>

以上两个条件称为平面铰链四杆机构曲柄存在的必要条件，又称为格拉霍夫（Grashof）定理。需要强调的是这两个条件必须同时满足。首先，应检查第二个条件是否满足，若不满足，无论固定哪个构件为机架，一定不存在曲柄，是双摇杆机构。若满足第二个条件，再核查哪个构件为机架，若取最短杆相邻的构件为机架，则存在一个曲柄，是曲柄摇杆机构；若取最短杆为机架，则存在两个曲柄，是双曲柄机构；若取最短杆相对的构件为机架，则不存在曲柄，仍是双摇杆机构。另外，对于平行四边形机构和反平行四边形机构，无论固定哪个构件为机架，都是双曲柄机构。不过，在反平行四边形机构中，若取最短构件为机架，则两曲柄的转动方向相同。

对于最常用的含有一个移动副的四杆机构，如图 6-24 所示，设构件 1、2 的长度和偏距分别为 l_1、l_2 和 e。如果构件 1 为曲柄，那么，B 点应能通过以 A 为圆心、以曲柄长 l_1 为半径的圆上的任何一点，其中关键点是 AB 与连杆 BC 重叠共线时的位置 AB_1C_1，因为此时 A、C_1 间的距离最短，等于 $l_2 - l_1$。此时在直角三角形 AC_1E 中，必须满足：$AC_1 > AE$，即 $l_2 - l_1 > e$。从而得偏置滑块机构有曲柄而成为偏置曲柄滑块机构的条件为

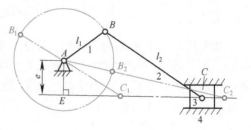

图 6-24 曲柄滑块机构曲柄存在的条件

$$l_2 > l_1 + e \tag{6-6}$$

当 $e=0$ 时，对心滑块机构成为对心曲柄滑块机构的条件为 $l_2 > l_1$。

二、压力角和传动角

在设计平面连杆机构时，要求所设计的机构不但能实现预期的运动，而且希望运转灵活、效率高。在图 6-25a 所示曲柄为主动的曲柄摇杆机构中，若不考虑惯性力、重力和运动副中摩擦力的影响，则当主动件运动时，通过连杆作用于从动件上的力 F 沿 BC 线方向，此力的作用线与该力作用点 C 的绝对速度 v_C 之间所夹的锐角 α 称为压力角。压力角的余角 γ 称为传动角，$\gamma = 90° - \alpha$。将 F 分解为与 v_C 同向的力 F_t 和与 v_C 垂直的力 F_n。其中，有效分力 $F_t = F\cos\alpha$，显然，这个分力越大越好；有害分力 $F_n = F\sin\alpha$，该分力越大，转动副中的摩擦越大，显然，该分力越小越好。由此可知，压力角越小或传动角越大，则机构的效率越高。因传动角的大小在机构运动过程中是变化的，所以，设计时一般要求一个运动循环中的最小传动角 $\gamma_{\min}$ 不能小于某一许用值。通常使 $\gamma_{\min} \geqslant 40°$，对于高速和大功率的机械，应使 $\gamma_{\min} \geqslant 50°$。这就需要找出最小传动角发生的位置。如图 6-25b 所示，设构件 1、2、3 和 4 的长度分别为 l_1、l_2、l_3 和 l_4，在三角形 BAD 和 BCD 中，由余弦定理可得

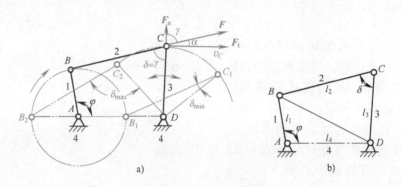

图 6-25 压力角和传动角

a）压力角和传动角 b）尺寸和角度关系

$$l_{BD}^2 = l_1^2 + l_4^2 - 2l_1 l_4 \cos\varphi \qquad l_{BD}^2 = l_2^2 + l_3^2 - 2l_2 l_3 \cos\delta$$

由上面两式可得

$$\delta = \arccos\frac{l_2^2 + l_3^2 - l_1^2 - l_4^2 + 2l_1 l_4 \cos\varphi}{2l_2 l_3} \tag{6-7}$$

因传动角 γ 是锐角，由图 6-25a 可知：当 $\delta < 90°$ 时，$\gamma = \delta$，此时，$\gamma_{\min} = \delta_{\min}$；当 $\delta > 90°$ 时，$\gamma = 180° - \delta$，此时，$\gamma_{\min} = 180° - \delta_{\max}$。由式（6-7）可知，当 $\varphi = 0°$ 时，即曲柄 1 与机架 4 重叠共线时，$\delta = \delta_{\min}$，是最小传动角可能出现的一个位置。此时，因 $\delta_{\min} < 90°$，故

$$\gamma' = \delta_{\min} = \arccos\frac{l_2^2 + l_3^2 - (l_4 - l_1)^2}{2l_2 l_3} \tag{6-8}$$

当 $\varphi = 180°$ 时，即曲柄与机架拉直共线时，$\delta = \delta_{\max}$，是最小传动角可能出现的另一个位置。此时，因 $\delta_{\max} > 90°$，故

$$\gamma'' = 180° - \delta_{\max} = 180° - \arccos\frac{l_2^2 + l_3^2 - (l_4 + l_1)^2}{2l_2 l_3} \tag{6-9}$$

比较这两个位置的传动角，即可求得最小传动角。

由式（6-7）可知，传动角的大小不仅与机构的位置有关，而且与机构中各构件的尺寸有关。因此，一方面，可以利用连杆机构在其传动角值较大时的位置进行工作以节省动力；另一方面，可以应用式（6-8）或式（6-9）按给定的最小传动角设计四杆机构。

对于曲柄滑块机构，如图 6-26 所示，设曲柄和连杆的长度分别为 l_1 和 l_2，因

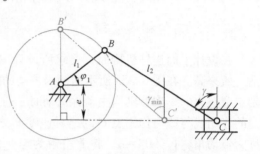

图 6-26　曲柄滑块机构的最小传动角

$$l_1 \sin\varphi_1 + e = l_2 \cos\gamma \qquad \gamma = \arccos \frac{l_1 \sin\varphi_1 + e}{l_2}$$

故当 $\varphi_1 = 90°$ 时，有

$$\gamma = \gamma_{\min} = \arccos \frac{l_1 + e}{l_2} \tag{6-10}$$

三、死点

在图 6-27 所示的曲柄摇杆机构中，如果摇杆 CD 为主动件，当机构运动到连杆 BC 与从动曲柄 AB 拉直或重叠共线（如图中的双点画线所示位置）时，若不考虑惯性力、重力和运动副中的摩擦力，则主动件 CD 通过连杆作用于从动件 AB 上的力刚好通过其转动中心而出现"顶死"现象（此时，理论上从动曲柄所受的力矩为零），机构的这种位置称为死点。

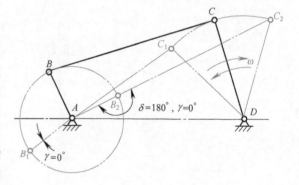

图 6-27　铰链四杆机构的死点

由图可知，在死点位置，机构的传动角 $\gamma = 0°$。当然，机构有无死点位置还与哪个构件为主动件有关。当曲柄摇杆机构的曲柄为主动时，机构就无死点位置。

为了顺利通过死点位置，使机构继续正常运转，第一，可通过加大从动件的转动惯量，利用惯性通过死点；第二，可以采用两组机构错位排列的方法，使两组机构的死点位置互相错开，渡过死点位置。图 6-28 所示的蒸汽机车车轮联动机构就是采用了第二种方法。任何

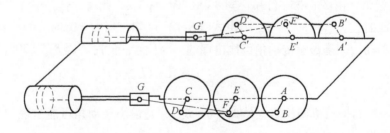

图 6-28　蒸汽机车车轮联动机构

事情都是一分为二的，也可以利用死点来实现一定的工作要求，如图 6-29 所示的飞机起落架机构，就是利用死点位置使降落更可靠。当机轮放下时，机构正好处于死点位置。这样，机轮上受到地面的作用力经杆 BC 传给杆 CD 时正好通过其转动中心，故起落架不会反转折回。

四、急回特性

在某些从动件做往复运动的平面连杆机构中，若从动件回程的平均速度大于工作行程的平均速度，则称该机构具有急回特性。在图6-30 所示的曲柄摇杆机构中，曲柄 AB 为主动件。当从动件摇杆 CD 位于右极限位置 C_1D 时，曲柄 AB_1 与连杆 B_1C_1 处于拉成一直线的位置。当曲柄等速沿逆时针方向转过 φ_1 角到 AB_2 与连杆 B_2C_2 重叠成一直线时，摇杆摆到左极限位置C_2D，设摇杆的该行程为工作行程。当主动件继续逆时针方向再转 φ_2 角回到 AB_1 位置时，摇杆从左极限位置摆回到右极限位置，设摇杆的该行程为空回行程。当从动件在两极限位置时，对应的主动件之间所夹的锐角称为极位夹角，用 θ 表示。摇杆在两极限位置所夹的角称为摆角，用 ψ 表示。因曲柄等速转动，且 $\varphi_1 = 180° + \theta$ 和 $\varphi_2 = 180° - \theta$，所以，不但 $\varphi_1 > \varphi_2$，而且对应的工作和空回行程所需的时间 $t_1 > t_2$。为了说明急回的程度，特定义了行程速度变化系数 K，它等于回程的平均速度 v_2 与工作行程的平均速度 v_1 之比，即

$$K = \frac{v_2}{v_1} = \frac{l_{CD}\psi/t_2}{l_{CD}\psi/t_1} = \frac{t_1}{t_2} = \frac{\varphi_1}{\varphi_2} = \frac{180° + \theta}{180° - \theta} \tag{6-11}$$

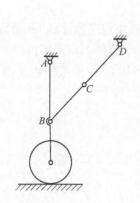

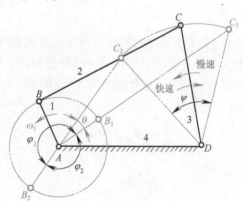

图 6-29　飞机起落架利用死点位置　　　　图 6-30　曲柄摇杆机构的急回特性

由上式可知，若极位夹角 $\theta = 0°$、$K = 1$，则该机构无急回特性；反之，若 $\theta > 0°$、$K > 1$，则该机构有急回特性，且 θ（或 K）越大，急回特性越显著。用该方法可以分析机构有无急回特性以及比较急回特性的程度。如图 6-31a 所示的偏置曲柄滑块机构，其极位夹角 $\theta > 0°$，故该机构有急回特性，又如图 6-31b 所示的摆动导杆机构，当主动曲柄两次转到与从动导杆垂直时，导杆就摆到两个极限位置。因极位夹角 $\theta > 0°$，故该机构有急回特性，且该机构的极位夹角 θ 与导杆的摆角 ψ 相等。

在机器中常可以用机构的这种急回特性来节省回程的时间，以提高生产率。因此，可根据给定的行程速度变化系数 K 来设计具有急回运动的机构。这时，需首先由已知的行程速

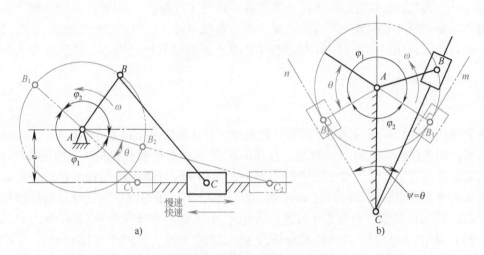

图6-31 偏置曲柄滑块机构和摆动导杆机构的急回特性

a）偏置曲柄滑块机构　b）摆动导杆机构

度变化系数 K 求出极位夹角 θ。由式（6-11）可得

$$\theta = 180° \cdot \frac{K-1}{K+1} \tag{6-12}$$

五、机构运动的可行域

在图6-32所示的曲柄摇杆机构中，各构件间的长度关系决定了当曲柄 AB 整周转动时机构运动的可行域。若将其装配成 $ABCD$ 的形式，则摇杆 CD 可以在 ψ 角范围内摆动并占据其中的任何位置；若将其装配成 $ABC'D$ 的形式，则摇杆 CD 可以在 ψ' 角范围内摆动并占据其

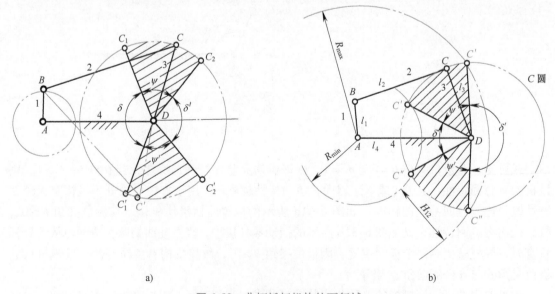

a）　　　　　　　　　　　　b）

图6-32 曲柄摇杆机构的可行域

a）摇杆的摆动范围　b）曲柄摇杆机构的可行域

中的任何位置。即在 ψ 或 ψ' 角度范围内该机构的运动是连续的，把由 ψ 或 ψ' 角所决定的范围称为机构运动的可行域。设该机构各杆的长分别为 l_1、l_2、l_3 和 l_4。在分析其运动的可行域时，可设想将转动副 C 拆开。此时，构件 3 上的 C 点可沿以 D 为圆心、以 $\overline{CD}$ 为半径的 C 圆做整周运动，而构件 2 上的 C 点只能在以点 A 为圆心、半径为 $R_{max} = l_1 + l_2$ 和 $R_{min} = |l_2 - l_1|$ 所决定的圆环区域 H_{12} 内运动（图 6-32b）。因此，当构件 2 和 3 相连组成转动副时，C 点只能在 C 圆和 H_{12} 圆环的共同区域内运动，即 H_{12} 圆环内的部分圆弧 $C'C'$ 或 $C''C''$ 上运动。该段圆弧所决定的区域（图中的阴影线区）即为构件 3 的可行域。而由 δ 和 δ' 角所决定的区域则为非可行域。

由上述分析还可知，在平面连杆机构中，如果存在机构的可行域被非可行域分割而成为不连续的情况，而机构的给定位置又不在同一可行域内，则机构一定不能实现连续的运动。

第三节 平面连杆机构的综合概述和刚体位移矩阵

一、平面连杆机构综合的基本问题

平面连杆机构综合包括三项工作：①运动方案设计，即型综合；②机构的尺度综合，即根据机构所要完成的运动功能而提出的设计条件（如运动条件、几何条件和传力条件等）确定机构各构件的运动学尺寸（包括各运动副之间的相对位置尺寸或角度尺寸，以及连杆上实现特定轨迹的点的位置参数）；③画出机构的运动简图。

平面连杆机构综合的基本问题有两类。

（一）实现给定的运动规律

在该类问题中，要求综合一平面连杆机构实现给定的运动要求。它又分为以下两类问题：

1）导引它的一个构件通过几个给定位置，称为刚体导引机构的综合。

2）实现主、从动件的角位移或线位移之间的给定关系，称为函数生成机构的综合。其中包括满足主、从动件之间若干给定位置的对应问题，有时还包括一些速度、加速度的要求。

（二）实现给定的轨迹

在该类问题中，要求综合一平面连杆机构，使连杆上某点能在固定平面上精确地或近似地通过若干指定的点而描绘出给定的曲线，称为轨迹生成机构的综合。

在以上两类综合问题中，如不涉及速度和加速度，又都称为按给定位置的综合问题。在生产实践中，各种机器所需满足的运动要求是多种多样的，除了上述基本问题外，还有其他的运动要求以及各种运动要求的组合。例如，实现给定的传动比、死点的位置、大停歇运动等；既要满足机构中某一构件的位置、速度和加速度的要求，又要满足机构中某一构件的大停歇运动的要求；在实现给定轨迹的同时还要求与原动件的转角相对应；除满足给定运动要求外还需满足动力性能的要求等。

二、平面连杆机构综合的常用方法

平面连杆机构综合的常用方法有图解法和解析法两大类。图解法的概念比较直观，但精度不太高，现在只用来处理较简单的问题。解析法是通过建立数学模型用解析方法或数值方法求解。在解析法中又分为精确综合和近似综合两种。精确综合是基于满足若干个精确点位的机构运动要求，推导出所需要的解析式。近似综合则只要求近似地满足点位的要求，但点位的数目可以比精确综合更多，并且能顾及对机构的多方面的要求，如杆长约束、速度加速度约束、动力学条件等，因此常常采用最优化技术来实施。

本章主要介绍平面连杆机构解析法综合中的位移矩阵法。该方法不但与运动分析紧密结合，而且随着计算机的普及应用越来越广。既可用于平面机构的运动综合，也可用于空间机构的运动综合；既可用于刚体导引机构的运动综合，也可用于函数生成机构与轨迹生成机构的运动综合。该方法的主要步骤是首先建立运动综合的方程组（多数情况下为非线性方程组），然后用数值方法通过编程计算进行求解。

刚体的位移意味着刚体位置的改变。在运动过程中，刚体上各点间的相对位置均保持不变。刚体的位移可用位移矩阵来表示，刚体的位移矩阵是本章的数学基础。刚体的总位移可以看作是刚体的角位移和刚体上任何参考点的线位移这两个基本位移分量的总和。刚体绕坐标轴的角位移可以用刚体旋转矩阵来表示。

三、刚体旋转矩阵

如图 6-33 所示，s 表示固连在一刚体上的矢量。当该刚体绕 z 轴沿逆时针方向转过 α 角时，矢量 s 也由 $s_1(s_{1x}, s_{1y})$ 位置转至 $s_2(s_{2x}, s_{2y})$ 位置，且 s_{1x} 和 s_{1y} 也旋转了 α 角到达 s'_{1x} 和 s'_{1y} 的位置。由图 6-33 可得

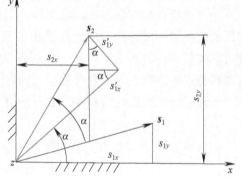

图 6-33　矢量绕 z 轴的旋转

$$\begin{cases} s_{2x} = s_{1x}\cos\alpha - s_{1y}\sin\alpha \\ s_{2y} = s_{1x}\sin\alpha + s_{1y}\cos\alpha \end{cases} \quad (6\text{-}13)$$

写成矩阵形式为

$$\begin{pmatrix} v_{2x} \\ v_{2y} \end{pmatrix} = \begin{pmatrix} \cos\alpha & -\sin\alpha \\ \sin\alpha & \cos\alpha \end{pmatrix} \begin{pmatrix} v_{1x} \\ v_{1y} \end{pmatrix} \quad (6\text{-}14)$$

式（6-14）也可以写为齐次坐标表达式

$$\begin{pmatrix} v_{2x} \\ v_{2y} \\ 1 \end{pmatrix} = \begin{pmatrix} \cos\alpha & -\sin\alpha & 0 \\ \sin\alpha & \cos\alpha & 0 \\ 0 & 0 & 1 \end{pmatrix} \begin{pmatrix} v_{1x} \\ v_{1y} \\ 1 \end{pmatrix} \quad (6\text{-}15)$$

设

$$\boldsymbol{R}_\alpha = \begin{pmatrix} \cos\alpha & -\sin\alpha \\ \sin\alpha & \cos\alpha \end{pmatrix}$$

或

$$\boldsymbol{R}_\alpha = \begin{pmatrix} \cos\alpha & -\sin\alpha & 0 \\ \sin\alpha & \cos\alpha & 0 \\ 0 & 0 & 1 \end{pmatrix} \quad (6\text{-}16)$$

$\boldsymbol{R}_\alpha$称为平面旋转矩阵。用该矩阵可以方便地表示一个矢量绕 z 轴转过某一角度 α 到新位置后的矢量。现规定逆时针方向转动时，α 角为正，反之为负。

四、刚体位移矩阵

刚体在平面中的位置，可由固连在其上的任一矢量的位置来确定，此矢量通常用刚体上的两个点来表示，如图 6-34 所示。其中一个参考点 $\boldsymbol{P}$ 位于矢量的尾端，另一个要求解的 $\boldsymbol{Q}$ 点位于矢量的矢端。

刚体的一般平面运动，可以看作固连在其上的矢量分别做旋转和平移运动的合成。即首先使矢量 $\boldsymbol{P}_1\boldsymbol{Q}_1$ 绕 $\boldsymbol{P}_1$ 转 α_{1j}，然后再平移到第 j 位置，如图 6-34 所示。待求点的矢量 $\boldsymbol{Q}_j(Q_{jx}, Q_{jy})$ 可以表示为

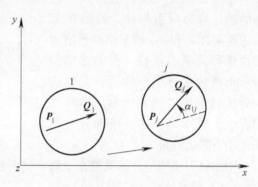

图 6-34 平面刚体的位移

$$\boldsymbol{Q}_j = \boldsymbol{R}_{\alpha 1j}(\boldsymbol{Q}_1 - \boldsymbol{P}_1) + \boldsymbol{P}_j \tag{6-17}$$

将上式展开，经推演后可得

$$\begin{pmatrix} Q_{jx} \\ Q_{jy} \\ 1 \end{pmatrix} = \begin{pmatrix} \cos\alpha_{1j} & -\sin\alpha_{1j} & (P_{jx} - P_{1x}\cos\alpha_{1j} + P_{1y}\sin\alpha_{1j}) \\ \sin\alpha_{1j} & \cos\alpha_{1j} & (P_{jy} - P_{1x}\sin\alpha_{1j} - P_{1y}\cos\alpha_{1j}) \\ 0 & 0 & 1 \end{pmatrix} \begin{pmatrix} Q_{1x} \\ Q_{1y} \\ 1 \end{pmatrix} \tag{6-18}$$

式中，Q_{1x} 和 Q_{1y} 分别为 $\boldsymbol{Q}_1$ 点的 x 和 y 坐标值。上式可简写为

$$\begin{pmatrix} \boldsymbol{Q}_j \\ 1 \end{pmatrix} = \boldsymbol{D}_{1j} \begin{pmatrix} \boldsymbol{Q}_1 \\ 1 \end{pmatrix} \tag{6-19}$$

其中 $\quad \boldsymbol{D}_{1j} = \begin{pmatrix} d_{11j} & d_{12j} & d_{13j} \\ d_{21j} & d_{22j} & d_{23j} \\ 0 & 0 & 1 \end{pmatrix} = \begin{pmatrix} \cos\alpha_{1j} & -\sin\alpha_{1j} & (P_{jx} - P_{1x}\cos\alpha_{1j} + P_{1y}\sin\alpha_{1j}) \\ \sin\alpha_{1j} & \cos\alpha_{1j} & (P_{jy} - P_{1x}\sin\alpha_{1j} - P_{1y}\cos\alpha_{1j}) \\ 0 & 0 & 1 \end{pmatrix} \tag{6-20}$

称为刚体从位置 1 到位置 j 的平面位移矩阵。当参考点 $\boldsymbol{P}$ 的初始位置及其位移后的坐标和刚体的转角 α_{1j} 已知时，便可以求出 $\boldsymbol{D}_{1j}$ 中各元素的值。

若利用旋转矩阵的表达式，上面的平面位移矩阵可简单地表达为

$$\boldsymbol{D}_{1j} = \begin{pmatrix} \boldsymbol{R}_{\alpha 1j} & \boldsymbol{P}_j - \boldsymbol{R}_{\alpha 1j}\boldsymbol{P}_1 \\ 0 \quad 0 & 1 \end{pmatrix} \tag{6-21}$$

第四节　平面刚体导引机构的综合

一、引言

(一) 导引机构、导引构件和被导构件

若一个机构能导引一刚体通过一系列给定的位置，则该机构称为刚体导引机构。如

图6-35 所示，其中与被导刚体固连
在一起的构件 3 称为被导构件或受导
构件，综合的目标是使被导构件通
过一系列的给定位置。支持被导构
件的构件称为导引构件，如图 6-35
中的连架杆 2 和 4。被导构件所给定
的位置称为精确点位。我们希望综
合所得机构在导引刚体时，其精确
点处的理论位置误差为零。本章在
综合中，对刚体在这些精确点之间
的运动不施加约束。

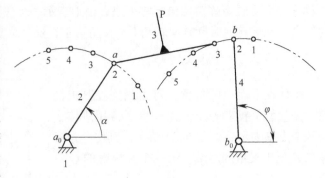

图 6-35　刚体导引机构

刚体导引机构综合的关键在于综合导引构件的尺寸。

（二）圆点和中心点

由于平面连杆机构中的低副只有转动副 R 和移动副 P，因而作为导引构件的连架杆也
只有 R—R 和 P—R 两种形式。对于平面铰链四杆机构，两导引构件均为 R—R 形式，其
中两个 R 分别与被导构件即连杆相连，常用 a 和 b 表示；另两个 R 分别与机架相连，常
用 a_0 和 b_0 表示，即两连架杆分别表示为 a_0a 和 b_0b（图 6-35）。当被导构件处于所给定的
某些位置 a_1b_1、…、a_jb_j、…、a_nb_n 时，a_j 和 b_j 点的各相应位置分别处于两个圆弧上。满足
圆弧约束的这些点称为圆点。该两圆弧的中心即 a_0 和 b_0 点称为中心点。任何两个这样的
构件 a_0a 和 b_0b 分别与机架和被导构件（连杆）用转动副连接起来，就可能成为一个铰链
四杆机构。

对于每一次综合所得到的平面连杆机构，都应检验它的可动性和实用性，以保证其能连
续运动并有合理的传动角等。

二、平面刚体导引机构的位移约束方程

导引构件的形式不同，位移约束方程也不同。R—R 型导引构件是定长约束方程，而
P—R 型导引构件是定斜率约束方程。

（一）定长约束方程——R—R 型导引构件

在综合铰链四杆导引机构时，通常需要确定出 R—R 构件的第一位置 a_1 的坐标（a_{1x},
a_{1y}）和 a_0 的坐标（a_{0x}, a_{0y}）。如图 6-36 所示，给定刚体的若干位置 1、2、…、j、…、n，
其上某点 a 的相应位置为 a_1、a_2、…、a_n；它们应位于同一圆弧上。在运动过程中，导引
件 R—R 的长度应保持不变。由此得其定长约束方程（又称为位移约束方程）为

$$(a_{jx} - a_{0x})^2 + (a_{jy} - a_{0y})^2 = (a_{1x} - a_{0x})^2 + (a_{1y} - a_{0y})^2 \quad j = 2, 3, \cdots, n \qquad (6-22)$$

（二）定斜率约束方程——P—R 型导引构件

如图 6-37 所示，导引构件是 P—R 型构件时，它与被导引构件连杆组成转动副 R，而与
机架组成移动副 P。给定刚体的若干位置 1、2、…、j、…、n，其上某点 b 的相应位置为
b_1、b_2、…、b_n。若这些点位于同一直线上，则该点可作为导引构件（连架杆）与被导引构
件（连杆）的铰接点 R；而该直线代表导引构件与机架组成的移动副 P 导路的方位线。因 b
点沿一固定的直线运动，故 b_1、b_2、…、b_n 中每两点的斜率应相等。由此可得

$$\tan\theta = \frac{b_{jy} - b_{1y}}{b_{jx} - b_{1x}} \quad j = 2, 3, \cdots, n \tag{6-23}$$

式中，θ 为移动副导路的方位角，它与转动副第一位置的 $\boldsymbol{b}_1(b_{1x}, b_{1y})$ 是待求的未知量。

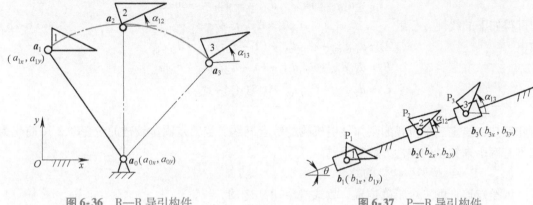

图 6-36　R—R 导引构件　　　　　　　　　图 6-37　P—R 导引构件

三、连杆所能给定的最多精确位置数

当按连杆平面的给定位置综合平面连杆机构时，需知连杆所能给定的最多精确位置数。对于 R—R 型导引构件的情况，若给定连杆的精确位置数为 n，则位移约束方程式 (6-22) 的数目 $m = n - 1$。在这一问题中，要确定导引构件与机架相连接的铰链 $\boldsymbol{a}_0$ 的坐标 (a_{0x}, a_{0y}) 和导引构件与被导构件相连接的铰链 $\boldsymbol{a}_1$ 的坐标 (a_{1x}, a_{1y})，未知数的数目 $x = 4$。若未知数的数目 x 多于方程的数目 m，则有 q 个未知数必须预先确定

$$q = x - m = 4 - (n - 1) = 5 - n$$

当 $q = 0$ 时，便可求得所能给定的最多位置数 $n_{\max} = 5$。

四、连杆平面精确通过三个指定位置的综合

（一）R—R 型导引构件的综合

给定连杆平面的三个位置，确定铰链四杆机构的两个连架杆的问题，即为连杆平面精确通过三个位置的综合问题（图 6-36）。若取位置 1 为参考位置，则定长约束方程式 (6-22) 中的 $j = 2, 3$，从而得两个定长约束方程

$$(a_{2x} - a_{0x})^2 + (a_{2y} - a_{0y})^2 = (a_{1x} - a_{0x})^2 + (a_{1y} - a_{0y})^2 \tag{6-24}$$

$$(a_{3x} - a_{0x})^2 + (a_{3y} - a_{0y})^2 = (a_{1x} - a_{0x})^2 + (a_{1y} - a_{0y})^2 \tag{6-25}$$

将上面两式中的 $\boldsymbol{a}_2(a_{2x}, a_{2y})$ 和 $\boldsymbol{a}_3(a_{3x}, a_{3y})$ 用位移矩阵表示成 $\boldsymbol{a}_1(a_{1x}, a_{1y})$ 的函数，即

$$\boldsymbol{a}_j = \boldsymbol{D}_{1j}\boldsymbol{a}_1 \quad j = 2, 3 \tag{6-26}$$

式中的 $\boldsymbol{D}_{1j}$ 参见式 (6-20)。$\boldsymbol{P}_1(P_{1x}, P_{1y})$、$\boldsymbol{P}_2(P_{2x}, P_{2y})$ 和 $\boldsymbol{P}_3(P_{3x}, P_{3y})$ 是被导构件上点 $\boldsymbol{P}$ 的三个给定位置，它们和 α_{12}、α_{13} 均已知。从而位移矩阵 $\boldsymbol{D}_{12}$ 和 $\boldsymbol{D}_{13}$ 中的各元素均可求得。将 $j = 2$ 和 $j = 3$ 时的式 (6-26) 分别代入式 (6-24) 和式 (6-25)，展开整理后可得只含有 a_{0x}、a_{0y} 和 a_{1x}、a_{1y} 四个未知数的综合方程

$$(d_{11j}a_{1x} + d_{12j}a_{1y} + d_{13j} - a_{0x})^2 + (d_{21j}a_{1x} + d_{22j}a_{1y} + d_{23j} - a_{0y})^2$$
$$= (a_{1x} - a_{0x})^2 + (a_{1y} - a_{0y})^2 \quad j = 2, 3 \tag{6-27}$$

因为用两个方程解四个未知数 a_{0x}、a_{0y}、a_{1x}、a_{1y}，所以有无穷多组解。为此，可先给定四个未知数中的任意两个，从而得到求解两个未知数的两个方程。如若给定固定铰链 $\boldsymbol{a}_0$（a_{0x}，a_{0y}），将未知数 a_{1x}，a_{1y} 提取出来，并注意到 $\boldsymbol{D}_{1j}$ 中某些元素间的关系为

$$d_{11j} = d_{22j} = \cos\alpha_{1j} \quad d_{12j} = -d_{21j} = -\sin\alpha_{1j}$$

即可得如下的线性方程组

$$a_{1x}A_j + a_{1y}B_j = C_j \quad j = 2, 3 \tag{6-28}$$

式中

$$A_j = d_{11j}d_{13j} + d_{21j}d_{23j} + (1 - d_{11j})a_{0x} - d_{21j}a_{0y}$$

$$B_j = d_{12j}d_{13j} + d_{22j}d_{23j} + (1 - d_{22j})a_{0y} - d_{12j}a_{0x}$$

$$C_j = d_{13j}a_{0x} + d_{23j}a_{0y} - 0.5(d_{13j}^2 + d_{23j}^2)$$

由此可知，给定三个位置的刚体导引机构的综合问题，当给定固定铰链的位置时，可简化为解具有两个未知量的线性方程组问题。

（二）P—R 型导引构件的综合

因给定连杆的三个精确位置，故式（6-23）中的 $j = 2, 3$，且

$$\frac{b_{2y} - b_{1y}}{b_{2x} - b_{1x}} = \frac{b_{3y} - b_{1y}}{b_{3x} - b_{1x}}$$

由此可得

$$b_{1x}(b_{2y} - b_{3y}) - b_{1y}(b_{2x} - b_{3x}) + (b_{2x}b_{3y} - b_{3x}b_{2y}) = 0 \tag{6-29}$$

已知连杆的三个位置可由式（6-20）求得两个位移矩阵 $\boldsymbol{D}_{12}$ 和 $\boldsymbol{D}_{13}$ 中的各元素。再由

$$\boldsymbol{b}_j = \boldsymbol{D}_{1j}\boldsymbol{b}_1 \quad j = 2, 3 \tag{6-30}$$

可得

$$\begin{cases} b_{jx} = b_{1x}d_{11j} + b_{1y}d_{12j} + d_{13j} \\ b_{jy} = b_{1x}d_{21j} + b_{1y}d_{22j} + d_{23j} \end{cases} \quad j = 2, 3 \tag{6-31}$$

将式（6-31）代入式（6-29），并注意到

$$d_{11j} = d_{22j} = \cos\alpha_{1j} \quad j = 2, 3$$

$$d_{12j} = -d_{21j} = -\sin\alpha_{1j} \quad j = 2, 3$$

经恒等变换可得

$$Ab_{1x}^2 + Ab_{1y}^2 + Db_{1x} + Eb_{1y} + F = 0 \tag{6-32}$$

式中

$$A = Cd_{212} - Bd_{213}$$

$$B = 1 - d_{112}$$

$$C = 1 - d_{113}$$

$$D = Cd_{232} - Bd_{233} + d_{132}d_{213} - d_{133}d_{212}$$

$$E = Bd_{133} - Cd_{132} + d_{232}d_{213} - d_{233}d_{212}$$

$$F = d_{233}d_{132} - d_{133}d_{232}$$

式（6-32）是圆的一般方程式，将其改写成圆的标准形式

$$\left(b_{1x} + \frac{D}{2A}\right)^2 + \left(b_{1y} + \frac{E}{2A}\right)^2 = \frac{D^2 + E^2 - 4AF}{4A^2} \tag{6-33}$$

上式是中心在 $C_0(C_{0x}, C_{0y})$、半径为 R 的圆的方程。这里

$$C_{0x} = -\frac{D}{2A} \quad C_{0y} = -\frac{E}{2A} \quad R = \sqrt{\frac{D^2 + E^2 - 4AF}{4A^2}}$$

由此可知，满足连杆的三个给定位置时，导引滑块铰接点 $\boldsymbol{b}_1$ 可在该圆上任取。导引滑

块铰接点 b_1 的这个位置分布圆称为滑块的轨迹圆。因为

$$d_{212} = \sin\alpha_{12} \quad d_{213} = \sin\alpha_{13} \quad d_{113} = \cos\alpha_{13} \quad d_{112} = \cos\alpha_{12}$$

故式（6-32）中的系数 $\quad A = (1 - \cos\alpha_{13})\sin\alpha_{12} - (1 - \cos\alpha_{12})\sin\alpha_{13}$ （6-34）

由上式可知，当 α_{12} 和 α_{13} 之一为零时，A 值即为零，此时滑块轨迹圆退化成下面的 $b_1(b_{1x},$ $b_{1y})$ 轨迹的直线方程

$$Db_{1x} + Eb_{1y} + F = 0 \tag{6-35}$$

由上述可知，给定连杆的三个位置时，可得无穷多个满足给定要求的导引滑块。可根据其他条件选取一个适当的解。

▮ **例题** 试综合一个实现平面导引的曲柄滑块机构，要求能导引连杆平面通过以下三个位置：

$$\boldsymbol{P}_1 = (1.0, \ 1.0)$$
$$\boldsymbol{P}_2 = (2.0, \ 0.0) \quad \alpha_{12} = 30.0°$$
$$\boldsymbol{P}_3 = (3.0, \ 2.0) \quad \alpha_{13} = 60.0°$$

解：1. 导引滑块的综合

为了求滑块铰链中心 b_1 所在的轨迹圆，首先由已知的 $\boldsymbol{P}_j$ 和 α_{1j} 求出位移矩阵 $\boldsymbol{D}_{12}$ 和 $\boldsymbol{D}_{13}$ 中的各元素

$$\boldsymbol{D}_{12} = \begin{pmatrix} d_{112} & d_{122} & d_{132} \\ d_{212} & d_{222} & d_{232} \\ 0 & 0 & 1 \end{pmatrix} = \begin{pmatrix} 0.866 & -0.5 & 1.634 \\ 0.5 & 0.866 & -1.366 \\ 0 & 0 & 1 \end{pmatrix}$$

$$\boldsymbol{D}_{13} = \begin{pmatrix} d_{113} & d_{123} & d_{133} \\ d_{213} & d_{223} & d_{233} \\ 0 & 0 & 1 \end{pmatrix} = \begin{pmatrix} 0.5 & -0.866 & 3.366 \\ 0.866 & 0.5 & 0.634 \\ 0 & 0 & 1 \end{pmatrix}$$

然后用式（6-32）求 b_1 点轨迹圆方程中的各个系数

$$C = 1 - d_{113} = 0.5$$
$$B = 1 - d_{112} = 0.134$$
$$A = Cd_{212} - Bd_{213} = 0.134$$
$$D = Cd_{232} - Bd_{233} + d_{132}d_{213} - d_{133}d_{212} = -1.036$$
$$E = Bd_{133} - Cd_{132} + d_{232}d_{213} - d_{233}d_{212} = -1.866$$
$$F = d_{233}d_{132} - d_{133}d_{232} = 5.634$$

选取 $b_{1x} = 0$ 代入 b_1 点的轨迹圆方程式（6-33）求出 b_{1y} 有两个，分别是

$$b_{1y} = 9.499 \quad b'_{1y} = 4.426$$

选取 $b_{1y} = 9.499$。

为了求滑块导路的倾斜角 θ，根据 $\boldsymbol{b}_2 = \boldsymbol{D}_{12}\boldsymbol{b}_1$ 求出 b_2 点的两个坐标分量 b_{2x} 和 b_{2y}

$$\begin{pmatrix} b_{2x} \\ b_{2y} \\ 1 \end{pmatrix} = \begin{pmatrix} d_{112} & d_{122} & d_{132} \\ d_{212} & d_{222} & d_{232} \\ 0 & 0 & 1 \end{pmatrix} \begin{pmatrix} 0 \\ b_{1y} \\ 1 \end{pmatrix} = \begin{pmatrix} -3.116 \\ 6.860 \\ 1 \end{pmatrix}$$

则 $$\theta = \arctan \frac{b_{2y} - b_{1y}}{b_{2x} - b_{1x}} = 40.262°$$

2. 导引曲柄的综合

选取固定铰链中心 $\boldsymbol{a}_0(a_{0x}, a_{0y}) = \boldsymbol{a}_0(0, -2.4)$，求以 a_{1x} 和 a_{1y} 为未知量的线性方程组式（6-28）中的各系数 A_3, A_2, B_3, B_2, C_3 和 C_2，得

$$A_2 = 1.932 \quad B_2 = -2.322 \quad C_2 = 1.010$$

$$A_3 = 4.310 \quad B_3 = -2.124 \quad C_3 = -3.799$$

解线性方程组 $\qquad A_2 a_{1x} + B_2 a_{1y} = C_2 \qquad A_3 a_{1x} + B_3 a_{1y} = C_3$

求得 $a_{1x} = -7.864$，$a_{1y} = -6.980$。

由 $\boldsymbol{a}_2 = \boldsymbol{D}_{12} \boldsymbol{a}_1$ 和 $\boldsymbol{a}_3 = \boldsymbol{D}_{13} \boldsymbol{a}_1$ 求动铰链点 $\boldsymbol{a}$ 的其他位置 $\boldsymbol{a}_2$ 和 $\boldsymbol{a}_3$ 的坐标值可得

$$a_{2x} = -1.686 \quad a_{2y} = -11.343 \quad a_{3x} = 5.479 \quad a_{3y} = -9.666$$

3. 计算曲柄滑块机构各构件的尺寸

设曲柄和连杆的长分别为 l_1 和 l_2，则

$$l_1 = \sqrt{(a_{1x} - a_{0x})^2 + (a_{1y} - a_{0y})^2} = 9.100 \tag{6-36}$$

$$l_2 = \sqrt{(a_{1x} - b_{1x})^2 + (a_{1y} - b_{1y})^2} = 18.259 \tag{6-37}$$

为了求偏距 e，首先将滑块导路直线的点斜式方程 $y - b_{1y} = (x - b_{1x}) \tan\theta$ 化为标准形式：$x\tan\theta - y + b_{1y} - b_{1x}\tan\theta = 0$。然后求 $\boldsymbol{a}_0$ 点到该直线的距离即为偏距 e。

$$e = \left| \frac{a_{0x}\tan\theta - a_{0y} + b_{1y} - b_{1x}\tan\theta}{\sqrt{1 + \tan^2\theta}} \right| = 9.085 \tag{6-38}$$

若取 $b_{1y} = b'_{1y} = 4.426$，则 $\begin{pmatrix} b_{2x} \\ b_{2y} \\ 1 \end{pmatrix} = \begin{pmatrix} d_{112} & d_{122} & d_{132} \\ d_{212} & d_{222} & d_{232} \\ 0 & 0 & 1 \end{pmatrix} \begin{pmatrix} 0 \\ b'_{1y} \\ 1 \end{pmatrix} = \begin{pmatrix} -0.579 \\ 2.467 \\ 1 \end{pmatrix}$

从而求得 $\qquad \theta = 73.5345° \quad a_{1x} = -7.864 \quad a_{1y} = -6.980$

$$l_1 = 9.100 \quad l_2 = 13.854 \quad e = 1.935$$

五、连杆平面精确通过四个和五个指定位置的综合

当连杆平面精确通过多于三个指定位置时，要用到圆点和中心点的概念。这里仅以铰链四杆机构的综合来说明。

（一）连杆平面精确通过四个位置的铰链四杆导引机构的综合

因给定连杆平面的四个精确位置，由式（6-22）可得三个位移约束方程

$$(a_{jx} - a_{0x})^2 + (a_{jy} - a_{0y})^2 = (a_{1x} - a_{0x})^2 + (a_{1y} - a_{0y})^2 \quad j = 2, 3, 4 \tag{6-39}$$

式中 $\qquad\qquad\qquad\qquad \boldsymbol{a}_j = \boldsymbol{D}_{1j} \boldsymbol{a}_1 \quad j = 2, 3, 4$

上式为包含四个未知量 a_{0x}，a_{0y}，a_{1x} 和 a_{1y} 并由三个非线性方程组成的方程组。可以预先给定四个未知量中的任一个，通过解非线性方程组求出其余三个。例如，每给定一个 a_{0x}，便可解出一组 a_{0y}，a_{1x} 和 a_{1y}，得一圆心点 $\boldsymbol{a}_0(a_{0x}, a_{0y})$ 和一圆点 $\boldsymbol{a}_1(a_{1x}, a_{1y})$。给定一系列的 a_{0x}，便可以得一系列的圆心点 $\boldsymbol{a}_{0i}$ 和对应的圆点 $\boldsymbol{a}_{1i}$。将这一系列的 $\boldsymbol{a}_{0i}$ 连成曲线称为圆心曲线；将对应的一系列 $\boldsymbol{a}_{1i}$ 连成曲线称为圆点曲线。这是因为点 $\boldsymbol{a}_{1i}$ 是点 $\boldsymbol{a}_1$ 在以点 $\boldsymbol{a}_0$ 为圆心的圆周上运动而得到的。

应注意的是，使用圆点曲线和圆心曲线综合导引构件 R—R 时，必须一一对应。即只能 a_{0i} 与 a_{1i} 相连，如 a_{01} 与 a_{11} 相连，a_{02} 与 a_{12} 相连，不能错连，如图 6-38 所示。

有了圆点曲线和圆心曲线以后，就可根据其他条件，如结构要求、曲柄存在条件、压力角要求等，决定选择哪一对对应点作为导引构件的动铰接点和固定铰接点，从而决定了导引构件的长。

若已知连杆的四个位置为
$$P_1 = (1.0, 1.0)$$
$$P_2 = (2.0, 0.5) \qquad \alpha_{12} = 0.0°$$
$$P_3 = (3.0, 1.5) \qquad \alpha_{13} = 45.0°$$
$$P_4 = (2.0, 2.0) \qquad \alpha_{14} = 90.0°$$

由式（6-39）解得圆心曲线和对应的圆点曲线如图 6-39 所示。图中 $a_0 a_1$ 和 $a_0' a_1'$ 是所选机构的两个导引构件。

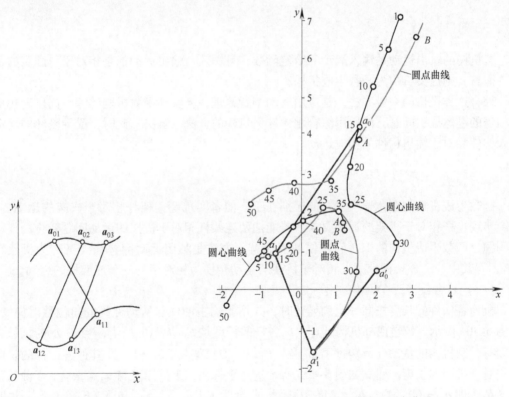

图 6-38　中心点与圆点逐点对应　　　　图 6-39　圆心曲线及圆点曲线

从理论上讲，任意两对对应点都应约束受导刚体使其依次通过指定的位置 1、2、3 和 4，然而，这样所得铰链四杆机构并不总是有效和可行的，故两个导引杆的每一种组合都应考察其可动性和运动的连续性。

（二）连杆平面精确通过五个位置的铰链四杆导引机构的综合

由前述可知，五个位置是平面导引机构所能给定的连杆平面的最大位置数。这时，由式（6-22）可得四个位移约束方程，由四个方程组成的非线性方程组解四个未知量。因较难确定一个保证能收敛到解的初值，所以，五个位置问题最好采用两条四个位置的曲线求交点的方法解决。如一组 1、2、3、4 位置的圆心曲线和圆点曲线分别与一组 1、2、3、5 位置的圆心曲线和圆点曲线求交点。但可能存在，也可能不存在。且五个位置问题即使有交点，也可能只能装配，而不能连续运动。

（三）连杆平面精确通过四个位置的滑块导引机构的综合

已知一运动平面的四个位置，寻求一个带有固定直线导路的滑块约束其运动，以使运动平面通过给定的四个位置。方法是采用一对三个位置的滑块铰接点轨迹圆求其交点来解决。例如：对于位置 1、2、3，滑块铰接点的轨迹有一圆的约束方程（或退化为直线）；对于位置 1、2、4，滑块铰接点的轨迹也有一圆的约束方程（或退化为直线）。四个位置的滑块的铰接点由这两个圆或一圆与一条直线或两条直线的交点所确定。故最多有两个解，或没有解。

第五节　平面函数生成机构的综合

一、引言

若机构的输出运动是输入运动的给定函数，且输入、输出运动都是相对于一固定的参考构件而言，则这类机构为函数生成机构。

综合这类机构的一般方法，是应用运动倒置原理，将实现函数机构的综合问题转化成一个相当的刚体导引问题，然后用综合刚体导引机构的方法去解决。此时，受导刚体的运动是输入构件相对于输出构件的相对运动。

二、平面相对位移矩阵

函数生成机构与刚体导引机构的区别在于，前者实现两连架杆相对于机架的运动要求，后者实现连杆相对于机架的运动要求。若能把两连架杆相对于机架的运动问题转化为连杆导引问题，函数生成机构的综合问题便迎刃而解。方法是利用运动倒置法（又称为机架转换法），将其中一个连架杆由原来相对于机架的运动转换为相对于另一个连架杆的运动。

（一）综合铰链四杆机构的相对位移矩阵

机构各构件的长度按同一比例增减时，并不影响主动件与从动件间的角位移对应关系。如图 6-40a 所示，铰链四杆机构 $a_0'a_1'b_1'b_0'$ 各杆的长度是 $a_0a_1b_1b_0$ 的一半，当主动件都转过 α_{12} 角度时，两机构的从动件都转过了 φ_{12} 角。所以，取机架长 $\overline{a_0b_0}=1$，即其他各构件的长度均为相对于机架的长度。建立如图 6-40b 所示直角坐标系，坐标原点与 a_0 点重合，x 轴的正向沿 a_0b_0，即 $a_0=(0,0)$，$b_0=(1,0)$。待求量为 $a_1(a_{1x},a_{1y})$ 和 $b_1(b_{1x},b_{1y})$，共四个未知量。

设 $a_0a_1b_1b_0$ 为机构的初始位置。当主动件 a_0a_1 转 α_{1j}、相应地从动件转 φ_{1j} 时，机构到达 $a_0a_jb_jb_0$ 的位置。将此位置的机构固结为一个刚体（各构件间无相对运动），使其绕 b_0 点转过 $-\varphi_{1j}$ 角度（与 φ_{1j} 的大小相等、方向相反），从而 b_0b_j' 与 b_0b_1 重合，如图 6-40b 所示。此时，a_0 转到了 a_0' 点，a_j 转到了 a_j' 点，机构到达 $b_0a_0'a_j'b_1$ 的假想新位置。设原机构从动件的角速度为 ω_φ，此时，相当于把整个机构的各构件都加了一个 $-\omega_\varphi$ 的角速度。结果，各构件间的相对运动不变，但各构件的绝对运动变了。因 $-\omega_\varphi+\omega_\varphi=0$，故 b_0b_1 构件由原来的连架杆变为现在的机架；因 a_0b_0 此时绕 b_0 点以 $-\omega_\varphi$ 转动，所以 a_0b_0 由原来的机架变成现在的连架

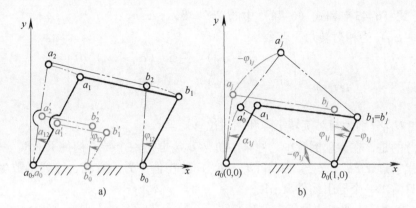

图 6-40 铰链四杆机构的运动倒置

a) 按同一比例缩减的两铰链四杆机构的运动　b) 铰链四杆机构的运动倒置

杆;而 $a_0 a_1$ 由原来的连架杆变成了现在的连杆。即把原来两连架杆的位置对应问题转化为连杆 $a_0 a_1$ 相对于机架 $b_0 b_1$ 由位置 $a_0 a_1$ 运动到 $a_0' a_j'$ 的运动问题,从而转化为刚体导引问题。$a_0 a_1$ 变为被导构件,而 $b_0 a_0$ 和 $b_1 a_1$ 变为导引构件。所以,将式(6-22)中的 (a_{jx}, a_{jy})用 (a_{jx}', a_{jy}')代替,(a_{0x}, a_{0y})用 (b_{1x}, b_{1y})代替,便可得函数生成机构的位移约束方程

$$(a_{jx}' - b_{1x})^2 + (a_{jy}' - b_{1y})^2 = (a_{1x} - b_{1x})^2 + (a_{1y} - b_{1y})^2 \quad j = 2,3,\cdots,n \quad (6\text{-}40)$$

下面通过 a_j' 与 a_1 的关系求出运动倒置后的连杆 $a_0' a_j'$ 上的任一点相对于机架 $b_0 b_1$ 位移关系的相对位移矩阵 $\boldsymbol{D}_{R1j}$。因

$$\boldsymbol{a}_j' = \boldsymbol{D}_{-\varphi_{1j}} \boldsymbol{a}_j$$

而

$$\boldsymbol{a}_j = \boldsymbol{D}_{\alpha_{1j}} \boldsymbol{a}_1$$

故

$$\boldsymbol{a}_j' = \boldsymbol{D}_{-\varphi_{1j}} \boldsymbol{D}_{\alpha_{1j}} \boldsymbol{a}_1 = \boldsymbol{D}_{R1j} \boldsymbol{a}_1 \quad (6\text{-}41)$$

因 $\boldsymbol{a}_j$ 是 $\boldsymbol{a}_1$ 绕 $\boldsymbol{a}_0$ 转 α_{1j} 到达的位置,且 $\boldsymbol{a}_0$ 点与坐标原点重合,所以这里的位移矩阵

$$\boldsymbol{D}_{\alpha_{1j}} = \boldsymbol{R}_{\alpha_{1j}} = \begin{pmatrix} \cos\alpha_{1j} & -\sin\alpha_{1j} & 0 \\ \sin\alpha_{1j} & \cos\alpha_{1j} & 0 \\ 0 & 0 & 1 \end{pmatrix} \quad (6\text{-}42)$$

因 $\boldsymbol{a}_j'$ 是 $\boldsymbol{a}_j$ 绕 $\boldsymbol{b}_0$ 转 $-\varphi_{1j}$ 到达的位置,所以,将式(6-21)中的 α_{1j} 用 $-\varphi_{1j}$ 代替,$\boldsymbol{P}_j$ 和 $\boldsymbol{P}_1$ 均用 $\boldsymbol{b}_0 = (1, 0)$ 代替便得

$$\boldsymbol{D}_{-\varphi_{1j}} = \begin{pmatrix} \boldsymbol{R}_{-\varphi_{1j}} & \boldsymbol{b}_0 - \boldsymbol{R}_{-\varphi_{1j}} \boldsymbol{b}_0 \\ 0 \quad 0 & 1 \end{pmatrix} = \begin{pmatrix} \cos\varphi_{1j} & \sin\varphi_{1j} & (1 - \cos\varphi_{1j}) \\ -\sin\varphi_{1j} & \cos\varphi_{1j} & \sin\varphi_{1j} \\ 0 & 0 & 1 \end{pmatrix} \quad (6\text{-}43)$$

从而

$$\boldsymbol{D}_{R1j} = \boldsymbol{D}_{-\varphi_{1j}} \cdot \boldsymbol{R}_{\alpha_{1j}} = \begin{pmatrix} d_{11j} & d_{12j} & d_{13j} \\ d_{21j} & d_{22j} & d_{23j} \\ d_{31j} & d_{32j} & d_{33j} \end{pmatrix}$$

$$= \begin{pmatrix} \cos(\alpha_{1j} - \varphi_{1j}) & -\sin(\alpha_{1j} - \varphi_{1j}) & (1 - \cos\varphi_{1j}) \\ \sin(\alpha_{1j} - \varphi_{1j}) & \cos(\alpha_{1j} - \varphi_{1j}) & \sin\varphi_{1j} \\ 0 & 0 & 1 \end{pmatrix} \quad (6\text{-}44)$$

式（6-42）、式（6-43）和式（6-44）中的 $j = 2, 3, \cdots, n$。

因（$\alpha_{1j} - \varphi_{1j}$）为相对转角，若令

$$\boldsymbol{R}_{(\alpha 1j - \varphi 1j)} = \begin{pmatrix} \cos\ (\alpha_{1j} - \varphi_{1j}) & -\sin\ (\alpha_{1j} - \varphi_{1j}) & 0 \\ \sin\ (\alpha_{1j} - \varphi_{1j}) & \cos\ (\alpha_{1j} - \varphi_{1j}) & 0 \\ 0 & 0 & 1 \end{pmatrix} \tag{6-45}$$

则 $\boldsymbol{R}_{(\alpha 1j - \varphi 1j)}$ 和 $\boldsymbol{D}_{R1j}$ 分别为相对旋转矩阵和相对位移矩阵。

值得注意的是，在运动倒置中，原来的机架 $a_0 b_0$ 也是一个导引构件 R—R。一方面，可将其作为迭代求解 $a_1(a_{1x}, a_{1y})$ 和 $b_1(b_{1x}, b_{1y})$ 的初值；另一方面，综合函数生成铰链四杆机构时，只需求一个导引构件 R—R。

（二）综合曲柄滑块机构的相对位移矩阵

运动倒置法也适用于实现函数用的曲柄滑块机构的综合问题。在此情况下，输入曲柄转角 α_{1j} 与函数 $y = f(x)$ 中的自变量 x 成正比，滑块的位移 s_{1j} 与 y 成正比，滑块的导路与水平方向成倾角 θ，如图 6-41 所示。倒置转化为输入曲柄相对于输出滑块的运动。

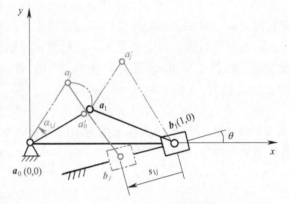

为了方便，仍取 $a_0(0, 0)$ 为坐标原点，滑块的第一位置 $b_1 = (1, 0)$，机构的第一位置 $a_0 a_1 b_1$ 为其初始位置。当曲柄 $a_0 a_1$ 旋转 α_{1j} 到达 $a_0 a_j$ 位置时，滑块 b_1 沿导路移动 s_{1j} 到达 b_j，机构处于 $a_0 a_j b_j$ 的位置。将此位置的机构刚化后沿导路移动 $-s_{1j}$（与 s_{1j} 的大小相等、方向相反）使 b_j 与 b_1 重合，此时机构到达 $a_0' a_j' b_1$ 的假想位置。则

图 6-41 曲柄滑块机构的运动倒置

$$a_j' = \boldsymbol{D}_{-s1j} a_j$$

其中

$$a_j = \boldsymbol{D}_{\alpha 1j} a_1$$

从而

$$a_j' = \boldsymbol{D}_{-s1j} \boldsymbol{D}_{\alpha 1j} a_1 = \boldsymbol{D}_{R1j} a_1 \tag{6-46}$$

由式（6-21）可知

$$\boldsymbol{D}_{-s1j} = \begin{pmatrix} \boldsymbol{R}_{-s1j} & \boldsymbol{b}_1 - \boldsymbol{R}_{-s1j} \boldsymbol{b}_j \\ (0\quad 0) & 1 \end{pmatrix} \tag{6-47}$$

其中的 $\boldsymbol{R}_{-s1j}$ 就等于 $-\varphi_{1j} = 0$ 时的 $\boldsymbol{R}_{-\varphi 1j}$。故

$$\boldsymbol{R}_{-s1j} = \begin{pmatrix} \cos 0° & \sin 0° \\ -\sin 0° & \cos 0° \end{pmatrix} = \begin{pmatrix} 1 & 0 \\ 0 & 1 \end{pmatrix} \tag{6-48}$$

将 $a_0 = (0, 0)$，$b_1 = (1, 0)$，$b_j = (1 - s_{1j}\cos\theta, -s_{1j}\sin\theta)$ 和式（6-48）代入式（6-47）可得

$$\boldsymbol{D}_{-s1j} = \begin{pmatrix} 1 & 0 & s_{1j}\cos\theta \\ 0 & 1 & s_{1j}\sin\theta \\ 0 & 0 & 1 \end{pmatrix} \tag{6-49}$$

而

$$D_{\alpha 1j} = R_{\alpha 1j} = \begin{pmatrix} \cos\alpha_{1j} & -\sin\alpha_{1j} & 0 \\ \sin\alpha_{1j} & \cos\alpha_{1j} & 0 \\ 0 & 0 & 1 \end{pmatrix} \tag{6-50}$$

从而得

$$D_{R1j} = D_{-s1j}D_{\alpha 1j} = \begin{pmatrix} d_{11j} & d_{12j} & d_{13j} \\ d_{21j} & d_{22j} & d_{23j} \\ d_{31j} & d_{32j} & d_{33j} \end{pmatrix} = \begin{pmatrix} \cos\alpha_{1j} & -\sin\alpha_{1j} & s_{1j}\cos\theta \\ \sin\alpha_{1j} & \cos\alpha_{1j} & s_{1j}\sin\theta \\ 0 & 0 & 1 \end{pmatrix} \tag{6-51}$$

以上各式中的 $j = 2$，3，4，5。应指出的是，因滑块的位移 s_{1j} 是矢量，所以，当滑块从 b_1 运动到 b_j 时，若 s_{1j} 的方向与图 6-41 的方向相反，则式（6-51）中的 $d_{13j} = -s_{1j}\cos\theta$，$d_{23j} = -s_{1j}\sin\theta$。

第六节　平面轨迹生成机构的综合

综合轨迹生成平面连杆机构，一般要求连杆上的某点通过轨迹上一系列有序的点，这些点称为精确点。轨迹生成机构的特点之一是：因轨迹已知，所以轨迹上的序列点 P_1，P_2，$\cdots$，P_j 已知，而连杆的转角 α_{1j} 为待求的未知量。这样，变量增多，故综合时有较大的灵活性。特点之二是：满足轨迹要求时，应求出各杆的绝对长度。

一、实现给定轨迹的平面铰链四杆机构的综合

（一）定长约束方程

综合实现给定轨迹用的铰链四杆机构 a_0abb_0（其中 a_0 和 b_0 为固定铰链）时，所用约束方程为两个连架杆 a_0a 和 b_0b 的定长方程

$$\begin{cases} (a_{jx} - a_{0x})^2 + (a_{jy} - a_{0y})^2 = (a_{1x} - a_{0x})^2 + (a_{1y} - a_{0y})^2 \\ (b_{jx} - b_{0x})^2 + (b_{jy} - b_{0y})^2 = (b_{1x} - b_{0x})^2 + (b_{1y} - b_{0y})^2 \end{cases} \tag{6-52}$$

其中
$$a_j = D_{1j}a_1 \quad b_j = D_{1j}b_1 \quad j = 2, 3, \cdots, n$$

上式中的两个 D_{1j} 是连杆 ab 的同一位移矩阵，参见式（6-20）。

（二）轨迹上能实现给定的最多精确点的数目

设轨迹上给定的精确点的数目为 n，约束方程的数目为 m，则

$$m = 2(n-1) \tag{6-53}$$

未知数有 a_{0x}、a_{0y}、a_{1x}、a_{1y}、b_{0x}、b_{0y}、b_{1x} 和 b_{1y} 共八个结构参数，再加上由连杆转角 α_{1j} 产生的 $(n-1)$ 个运动参数，所以未知参数的数目

$$x = 8 + (n-1) \tag{6-54}$$

设可预先选定的未知数的数目为 q，则 $\quad q = x - m = 9 - n \tag{6-55}$

因未知参数的数目 x 应大于至少应等于约束方程数 m，以便使方程组有解，所以，铰链四杆机构能实现的平面轨迹上给定的精确点的数目

$$n \leqslant 9 \tag{6-56}$$

由此可知，可以给定的精确点数最多 $n_{max} = 9$。这时，方程的数目和未知数的数目相等，只可能解得唯一的一组解。

当 $n \leqslant 5$ 时，可预先选定 4 个或 4 个以上的参数，若将所有的连杆相对转角 α_{1j} 全部预先选定，则轨迹生成机构的综合问题便转化为刚体导引机构的综合问题，从而可对两个连架杆分别求解其铰链中心的坐标值。

在解非线性方程组时，若初值选择不好，常使求解收敛造成困难。因此，当给定多个精确点时，常先用三个精确点求出结果，然后，改变其中一个变量作为四个精确点时的初值；求出四个精确点的结果后，再改变其中的一个变量作为五个精确点时的初值；依次类推。超过六个精确点时，其解在很大程度上取决于初值、数值的精度要求和轨迹点坐标的选择，有时，为了同时满足其他条件，可给定附加约束方程同式（6-52）联立使用。例如，给定两连架杆的长度分别为 l_{a_0a} 和 l_{b_0b}，则可附加如下两个约束方程

$$
\begin{cases}
l_{a_0a}^2 = (a_{1x} - a_{0x})^2 + (a_{1y} - a_{0y})^2 \\
l_{b_0b}^2 = (b_{1x} - b_{0x})^2 + (b_{1y} - b_{0y})^2
\end{cases}
\tag{6-57}
$$

二、实现给定轨迹的曲柄滑块机构的综合

综合实现给定轨迹的曲柄滑块机构 $a_0a_1b_1$（a_0 为固定铰链，a_0a_1 为曲柄），一般要求其连杆 ab 上的某点 P 通过已知轨迹上一系列精确点 P_1、P_2、$\cdots$、P_n。其约束方程为

$$
\begin{cases}
(a_{jx} - a_{0x})^2 + (a_{jy} - a_{0y})^2 = (a_{1x} - a_{0x})^2 + (a_{1y} - a_{0y})^2 \\
\tan\theta = \dfrac{b_{jy} - b_{1y}}{b_{jx} - b_{1x}}
\end{cases}
\tag{6-58}
$$

其中
$$
\boldsymbol{a}_j = \boldsymbol{D}_{1j}\boldsymbol{a}_1 \qquad \boldsymbol{b}_j = \boldsymbol{D}_{1j}\boldsymbol{b}_1
\tag{6-59}
$$

上两式中的 $j = 2$，3，$\cdots$，n；$\boldsymbol{D}_{1j}$ 为连杆 ab 的平面位移矩阵，参见式（6-20）；θ 为滑块导路的倾斜角。

综合的任务是要确定三个铰链中心 $\boldsymbol{a}_0$、$\boldsymbol{a}_1$ 和 $\boldsymbol{b}_1$ 的坐标及滑块导路的倾斜角 θ。若轨迹上给定精确点的数目为 n，则未知数有 a_{0x}、a_{0y}、a_{1x}、a_{1y}、b_{1x}、b_{1y} 和滑块导路的倾斜角 θ 共七个结构参数，再加上由 α_{1j} 产生的 α_{12}，α_{13}，$\cdots$，α_{1n} 共 $(n-1)$ 个运动参数，即 $x = 7 + (n-1)$。约束方程的数目仍为 $m = 2(n-1)$，故可预先选定的参数数目为

$$
q = 7 + (n-1) - 2(n-1) = 8 - n
\tag{6-60}
$$

由此可知，曲柄滑块机构最多可实现轨迹上八个精确点，即 $n_{\max} = 8$。当 $n \leqslant 4$ 时，若预先给定 $(n-1)$ 个运动参数 α_{12}、α_{13}、$\cdots$、α_{1n}，则轨迹生成机构的综合问题可转化为导引机构的综合问题。

三、用实验法和图谱法综合给定轨迹的平面连杆机构

（一）实验法——复演轨迹法

实验法是一种借助实体模型来综合轨迹生成机构的方法。

铰链四杆机构中的连杆，做一般平面运动，其上各点的轨迹为平面曲线。

如图 6-42 所示，$ABCD$ 是一曲柄摇杆机构，M、C、C'、C'' 和 C''' 是连杆平面上的不同点。当原动件 AB 绕固定铰链 A 转动时，连杆平面上的这些点便各自描绘出图示形状的轨迹，这些轨迹称为连杆曲线。连杆曲线的形状和大小由两个条件来决定。第一是连杆机构各构件的绝对尺寸，任一构件尺寸的改变都直接影响连杆曲线的形状和大小；第二是轨迹点在

连杆平面上的位置，当各构件的尺寸确定以后，在连杆平面上不同点的连杆曲线的形状和大小也不同。

给定了所要实现的轨迹（如图 6-42 中 M 点的轨迹 mm），要求设计一连杆机构（如铰链四杆机构）使连杆上的某点（如 M 点）沿着预定的轨迹运动。方法是复演轨迹法。具体做法如下：

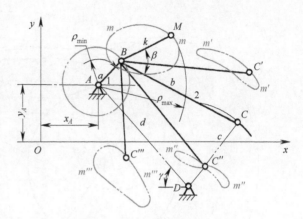

图 6-42 铰链四杆机构的连杆曲线

1）初选坐标为 (x_A, y_A) 的固定铰链 A、曲柄的长 a 和 M 点在连杆平面上的位置，如 $l_{BM} = k$。设 ρ_{min} 和 ρ_{max} 分别为 A 点至轨迹 mm 的最短距离和最长距离。为了使连杆上的端点 M 既能到达曲线 mm 的最远点，也能适应曲线 mm 的最近点，要求：$k + a \geqslant \rho_{max}$，$k - a \leqslant \rho_{min}$。制作一个包含曲柄和连杆平面的简单模型。

2）令 M 点沿要求的轨迹 mm 运动，同时 B 点沿以 A 为圆心、以 a 为半径的圆周运动。这时，安装在与 BM 刚性固连的连杆平面上各不同的点 C'、C''、…处的笔便画出一系列不同的轨迹。

3）从这些轨迹中选出一条最接近圆弧的轨迹（如 C 点的轨迹），找出该圆弧的圆心 D，它就是另一个连架杆的固定铰链的中心。描绘出圆弧的点 C 即为连杆上的另一铰链中心。与此同时，机构的其他参数也随之确定，它们是：连杆 BC、连架杆 CD 和机架 AD 的长度 b、c 和 d，定位连杆上描绘给定轨迹的 M 点位置的 β 角，确定机架位置的 γ 角等。

4）从连杆平面上的点描绘出的诸多轨迹中若能找出一条全长最接近直线的，则可设计出一个曲柄滑块机构。

5）若从中找不出全长最接近圆弧和直线的轨迹，就改变初选尺寸 x_A，y_A，a，k 的大小，重新演试，直到得出满意的解为止。

（二）图谱法

由上述可知，实验法既麻烦又精度低，是一种最原始的方法。更实用的方法是图谱法。前人已将不同构件长度的四杆机构和其他平面连杆机构的连杆平面上不同点的轨迹曲线作出来，并按一定的规律汇编成册。

图 6-43 所示为连杆曲线图谱中的一张图。其中 A 和 D 是固定铰链，B 和 C 是活动铰链，a、b、c 和 d 分别是构件 AB、BC、CD 和 AD 的尺寸。用虚线绘出的曲线表示连杆平面上不同点在机构运动过程中的轨迹曲线。根据生产实践的要求给定期望的轨迹曲线，然后到图谱中查找相近的轨迹曲线，从而可查到各构件的相对长度。根据图谱中的曲线与期望曲线之间尺度上相差的倍数，再确定各构件的实际尺寸。

用图谱法设计轨迹生成机构大大地简化了设计过程。若用图谱法设计的平面连杆机构还不能满足精度要求时，可将用图谱法得到的机构各构件的尺寸作为初值，用优化的方法进行再设计，以得到满足精度要求的机构。

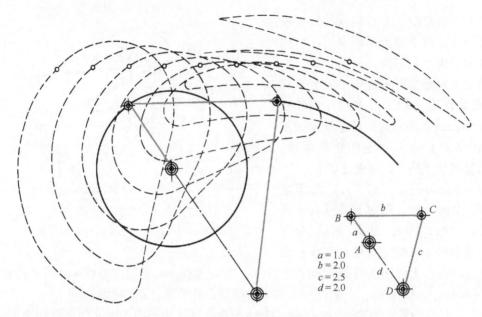

图 6-43　连杆曲线图谱

第七节　按行程速度变化系数综合平面连杆机构

当综合具有急回运动的机构时，常给定行程速度变化系数 K，使所综合的机构能保证一定的急回程度的要求。这类机构的综合方法也有解析法和图解法两种。这里仅介绍图解法。

一、曲柄摇杆机构的综合

如图 6-44 所示，已知行程速度变化系数 K、摆角 ψ 和摇杆的长 l_{CD}，要求综合一曲柄摇杆机构，方法如下：

1）按行程速度变化系数 K 求出极位夹角 θ，即

$$\theta = 180° \frac{K-1}{K+1}$$

2）任选转动副 D 的位置，根据已知的摇杆 CD 的长度 l_{CD}、选定的长度比例尺 μ_l 和摆角 ψ 做摇杆的两个极限位置 DC_1 和 DC_2。

3）以 $C_1 C_2$ 为一边，过 C_2 点作 $\angle C_1 C_2 F = 90° - \theta$ 的斜线，它与过 C_1 点所作的 $C_1 C_2$ 的垂线交于 F 点。以 $\overline{C_2 F}$ 为直径作圆，即直角三角形 $C_1 C_2 F$

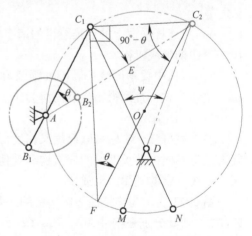

图 6-44　按行程速度变化系数
综合曲柄摇杆机构

的外接圆。$\overline{C_1 C_2}$ 弦上的圆周角便等于极位夹角 θ。延长 $C_2 D$ 和 $C_1 D$ 分别与该外接圆交于 M 和 N 两点。因同弦上的圆周角均相等，故在圆弧 $C_1 FM$ 或 $C_2 N$ 上任选一点作为曲柄的转动中心 A，连 $C_1 A$ 和 $C_2 A$，则 $\angle C_1 A C_2 = \theta$。

4）设 a 和 b 分别为曲柄和连杆的长，则 $l_{AC_1} = (\overline{AC_1})\mu_l$，$l_{AC_2} = (\overline{AC_2})\mu_l$，当固定铰链 A

点的位置确定以后，因 AC_1 和 AC_2 分别是曲柄与连杆重叠共线和拉直共线的两个位置，所以

$$l_{AC_1} = b - a \qquad l_{AC_2} = b + a \qquad (6\text{-}61)$$

由此可解得曲柄和连杆的长为 $\qquad a = (l_{AC_2} - l_{AC_1})/2, b = (l_{AC_2} + l_{AC_1})/2 \qquad (6\text{-}62)$

若完全用图解法作，可以 A 为圆心、以 $\overline{AC_1}$ 为半径作弧，且与 $\overline{AC_2}$ 交于点 E，则

$$a = (\overline{EC_2})\mu_l/2 = l_{EC_2}/2 \qquad b = l_{AC_2} - a$$

因 A 点是在两圆弧上任意选取的，故满
足要求的解有无穷多个。若另有其他要求，
如机架的长度有要求，则 A 点的位置就完全
确定了。若没有其他要求，应使最小传动角
尽量大些，即 A 点应在圆周的上方选取。

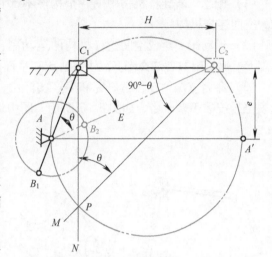

二、曲柄滑块机构的综合

如图 6-45 所示，已知行程速度变化系
数 K、冲程 H 和偏距 e，综合一满足该要求
的偏置曲柄滑块机构。综合方法与上述曲柄
摇杆机构类似。

1）由已知的 K 利用式（6-12）求出极
位夹角 θ，并由 H 选取长度比例尺 μ_l 后定出
直线段 $\overline{C_1C_2}$，即 $\overline{C_1C_2} = H/\mu_l$。

图 6-45 按行程速度变化系数综合曲柄滑块机构

2）由 C_2 点作 $\angle C_1C_2M = 90° - \theta$ 的斜线，它与 C_1C_2 的垂线 C_1N 交于点 P。

3）以 $\overline{C_2P}$ 为直径作圆，此圆为固定铰链 A 所在的圆。

4）作一条直线与 C_1C_2 平行，并使它们间的距离等于给定的偏距 e 的图示长度，则此直
线与该圆的交点 A 或 A' 即为曲柄转轴的位置。求出 $\overline{AC_1}$ 和 $\overline{AC_2}$ 的实际长度 l_{AC_1} 和 l_{AC_2} 后，利用
式（6-62）便可求得曲柄和连杆的长 a 和 b。

三、摆动导杆机构的综合

如图 6-46 所示，已知机架的长度 d 和行程速度变化系数 K，
综合一满足该要求的摆动导杆机构，即求曲柄的长 a。

因导杆的两极限位置与曲柄上 C 点的轨迹圆相切，故极位夹
角 θ 与导杆的摆角 ψ 相等。具体方法如下：

1）由已知的行程速度变化系数 K 利用式（6-12）求出极位
夹角 θ。

2）选定导杆的摆动中心 D 的位置，再作 $\angle mDn = \psi = \theta$，直
线 mD 和 nD 分别为导杆的两极限位置。

3）作 $\angle mDn$ 的平分线，选取长度比例尺 μ_l 后在其上根据机
架的长确定曲柄转动中心 A 的位置。

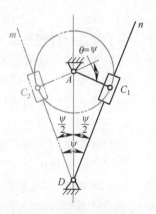

图 6-46 按行程速度变化系
数综合摆动导杆机构

4）过 A 作导杆任一极限位置的垂线 AC_1 或 AC_2，则曲柄的长

$$a = (\overline{AC_1})\mu_l = (\overline{AC_2})\mu_l$$

第八节　空间连杆机构简介

一、空间连杆机构的概念、运动副和命名方法

（1）概念　若连杆机构中的各个构件不都在同一平面内或平行平面内运动，则称该机构为空间连杆机构。

（2）运动副　组成空间连杆机构的运动副，不仅有转动副 R 和移动副 P，而且常有圆柱副 C、螺旋副 H、球面副 S、球销副 S′ 和平面副 E 等。

（3）命名方法　在科学研究和生产实际中，空间连杆机构常以机构中所含各运动副的代表符号按顺序来命名，如图 6-47 所示。图中运动副的代表符号按顺时针方向排列。

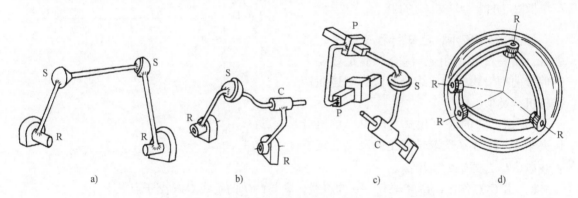

图 6-47　空间连杆机构的命名

a）RSSR 机构　b）RSCR 机构　c）PPSC 机构　d）球面 4R 机构

二、空间连杆机构的特点和应用

1. 特点

与平面连杆机构相比，空间连杆机构结构紧凑，运动可靠、灵活。许多用平面连杆机构根本无法实现的运动规律和空间轨迹曲线，可以通过空间连杆机构来实现。空间连杆机构的分析和综合要比平面连杆机构复杂得多，但随着科学技术的发展和电子计算机的普遍使用，这已经不再是应用空间连杆机构的障碍。

2. 应用

空间连杆机构和平面连杆机构一样，可以实现刚体导引、再现函数和再现轨迹的要求。

空间连杆机构可分为闭链型和开链型两种。

（1）闭链型　闭链型空间连杆机构在航空运输机械、轻工机械、农业机械、汽车和各种仪表中已得到较多的应用。如图 6-48 所示的飞机起落架，它是由一个转动副 R、一个移动副 P 和两个球面副 S 组成的 RSPS 空间四杆机构。当液压缸在液压油的作用下伸缩时，支柱绕机架摆动，从而达到收放机轮的目的。

图 6-49 所示为一缝纫机的弯针机构及其运动简图。装在轴 1 上的偏心轮 2 通过连杆 3 和摇杆 4（4、5 为同一构件）及连杆 6 使与摇杆 7 固结的弯针 8 获得所需的周期性摆动。由运动

简图可知，该弯针机构是由空间曲柄摇杆机构0-1 (2)-3-4-0 和空间双摇杆机构0-5-6-7-0 串联组合而成的。这里，"0"代表机架。

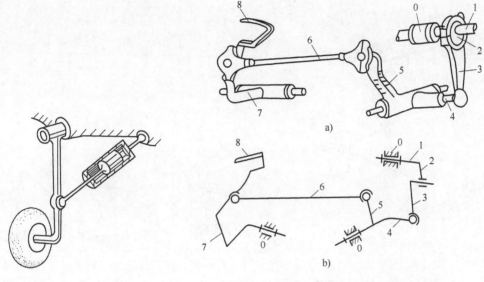

图 6-48 空间连杆机构在飞机
起落架上的应用

图 6-49 空间连杆机构在缝纫机上的应用
a）实物简图 b）机构运动简图

图6-50 所示为一种用于联合收割机上的摆盘式切割机构。主轴 1 的转动通过摆盘 2 使叉架轴 3（摇杆）往复摆动，再通过连杆 4 带动割刀 5 沿着与主轴 1 平行的方向往复移动，从而进行切割工作。由图可知，所有转动副轴线汇交于一点的摆盘机构0-1-2-3-0 属于球面曲柄摇杆机构。

图 6-51 所示为用于汽车前轮转向的空间连杆机构。当转向盘 1 转动时，通过连杆 2、4 分别带动摇杆 3、5 摆动，从而使汽车前轮向左或向右转向。

图 6-52 所示为一种仪表中的连杆机构。其中含有两个转动副和一个由圆柱—圆柱接触高副的空间三杆高副机构0-1-2-0，能将构件 1 的角位移传递并放大为构件 2 的角位移。

（2）开链型 开链型空间连杆机构主要用于机械手和机器人中。开式链机构的特点是自由度比较多，故原动件的个数也较多，如第一章图 1-11 所示的空间 6 自由度通用工业机器人。

图 6-53 所示为一种极坐标式工业机械手及其运动简图。除手部的自由度外，该工业机械手还有三个自由度，即两个转动和一个移动。图中两个转动自由度采用蜗轮蜗杆减速传动来提供输入转角，一个移动采用螺旋传动来提供输入位移。

三、万向联轴器

在空间连杆机构中，四个转动副轴线汇交于一定点的四杆机构称为球面四杆机构，如图6-47d所示。万向联轴器就是用来传递两相交轴间的运动和动力的一种球面四杆机构。因在传动过程中，两轴之间的夹角可以变动，故万向联轴器是一种常用的变角传动机构。它广泛地应用于汽车和机床等机械传动系统中。

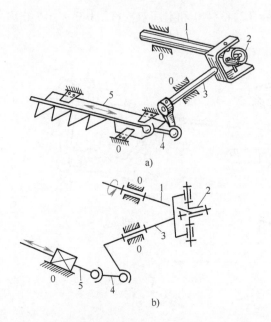

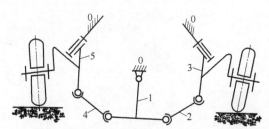

图 6-50 空间连杆机构在联合收割机上的应用
　　a）实物简图　b）机构运动简图

图 6-51 空间连杆机构在汽车转向上的应用

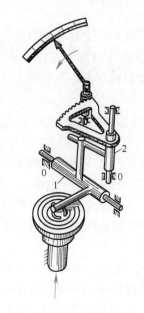

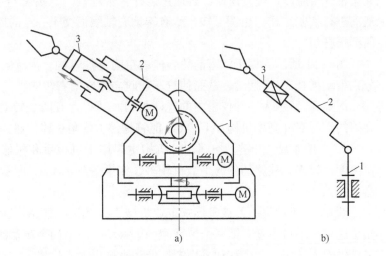

图 6-52 空间连杆机构
　　在仪表中的应用

图 6-53 极坐标式工业机械手
　　a）实物简图　b）机构运动简图

（一）单万向联轴器

　　如图 6-54 所示，主动轴 1 和从动轴 3 的端部都有叉面，两叉面与十字头 2 分别组成转动副 *B* 和 *C*，轴 1 和 3 分别与机架 4 组成转动副 *A* 和 *D*。此四个转动副的轴线不但汇交于十字头的中心点 *O*，而且转动副 *A* 和 *B*、*B* 和 *C*，以及 *C* 和 *D* 的轴线分别互相垂直。

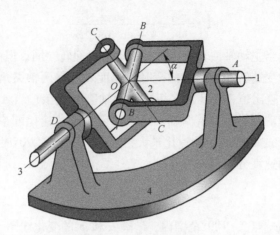

图 6-54 单万向联轴器

设主动轴与从动轴之间所夹的锐角为 α，主动轴和从动轴的转角分别为 φ_1 和 φ_3，且都从铅垂线开始度量，如图 6-55 所示（图中带点的角度为直角）。主动件的位置 II 和 IV 位于主动轴 1 和从动轴 3 的共同平面上，位置 I 和位置 III 与其垂直。在图示位置，过驱动点 B 作共同平面的垂线 BC；此外，过 C 点作轴 3 的垂线 CD，由直角三角形 BCM 和 BCD 可得

$$\frac{\cot(\varphi_1 - \pi/2)}{\cot(\varphi_3 - \pi/2)} = \frac{\overline{CM}/\overline{CB}}{\overline{CD}/\overline{CB}} = \frac{\overline{CM}}{\overline{CD}} = \cos\alpha$$

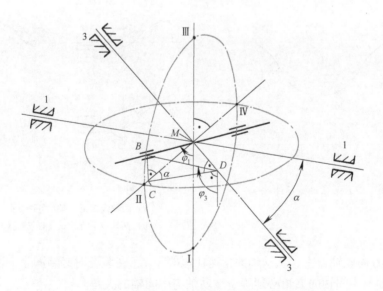

图 6-55 单万向联轴器主、从动轴间的角位移关系

由上式可得 $\qquad\qquad\qquad\qquad \tan\varphi_3\cos\alpha = \tan\varphi_1 \qquad\qquad\qquad\qquad\qquad (6\text{-}63)$

将上式对时间求导，并令主动轴和从动轴的角速度分别为 ω_1 和 ω_3，可得

$$\omega_3 = \frac{\omega_1\cos\alpha}{1 - \sin^2\alpha\cos^2\varphi_1} \qquad\qquad\qquad\qquad (6\text{-}64)$$

故传动比 i_{31} 为
$$i_{31} = \frac{\omega_3}{\omega_1} = \frac{\cos\alpha}{1 - \sin^2\alpha\cos^2\varphi_1} \qquad (6\text{-}65)$$

单万向联轴器虽然当主动轴回转一周时，从动轴也回转一周；但由上式可知，当主动轴等速转动时，从动轴做变速转动。两轴的瞬时角速度之比是两轴夹角 α 和主动轴转角 φ_1 的函数。当 $\alpha = 0°$ 时，角速比恒等于1，它相当于两轴刚性连接；当 $\alpha = 90°$ 时，角速比等于零，即两轴不能进行传动。另外，若两轴夹角 α 不变，则角速比随主动轴的转角 φ_1 的变化而变化。而且当 $\varphi_1 = 0°$ 或180°时，角速比最大；当 $\varphi_1 = 90°$ 或270°时，角速比最小。此时，从动轴的最大和最小角速度分别为

$$\omega_{3max} = \frac{\omega_1}{\cos\alpha} \qquad \omega_{3min} = \omega_1\cos\alpha \qquad (6\text{-}66)$$

图6-56所示为在 $\varphi_1 = 0° \sim 180°$ 范围内，i_{31} 随 α 和 φ_1 的变化线图。由图可知，角速比 i_{31} 或从动轴角速度 ω_3 的波动随着两轴夹角 α 的增大而增大。因此，一般 α 为 35° ~ 45°。

（二）双万向联轴器

单万向联轴器的角速比做周期性变化会引起附加的动载荷而使轴产生振动。为消除此缺点，可采用双万向联轴器。如图6-57所示，双万向联轴器的构成可看作用一个中间轴 M 和两个单万向联轴器将输入轴1和输出轴3连接起来。中间轴 M 的两部分采用滑键连接，以允许两轴的轴间距有所改变。如图6-57所示，用双万向联轴器连接的主动轴和从动轴可以相交（图6-57a），也可以平行（图6-57b）。

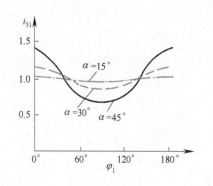

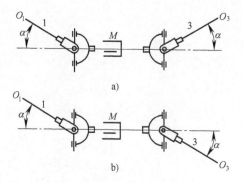

图6-56　单万向联轴器角速比变化线图

图6-57　双万向联轴器
a) 两轴线相交的双万向联轴器
b) 两轴线平行的双万向联轴器

为了使双万向联轴器主、从动轴的角速比恒等于1，在装配时必须满足下面两个条件：

1) 主动轴与中间轴的夹角必须等于从动轴与中间轴的夹角。

2) 中间轴两端的叉面必须位于同一平面内。

由于双万向联轴器当两轴间的夹角变化时，不但可以继续工作，而且在上述两个条件下，还能保证等角速比传动，因此在机械中得到广泛的应用。例如，在汽车变速器和后桥主传动器之间用双万向联轴器连接，当汽车行驶时，虽然由于道路不平会引起变速器输出轴和后桥输入轴相对位置的变化以及中间轴与它们间的夹角变化，但传动并不中断，汽车仍能继续行驶。

文献阅读指南

平面连杆机构的综合可分为解析法、图解法、实验法和图谱法四种。限于学时和篇幅，本章只介绍了各种方法中的部分内容。若想深入学习，可查阅华大年、华志宏和吕静平编著的《连杆机构设计》（上海：上海科学技术出版社，1995）和 A. G. 厄尔德曼、G. N. 桑多尔编著的《机构设计——分析与综合》（北京：高等教育出版社，第一卷，1992，第二卷，1993）。当用图谱法设计时，连杆机构的曲线图谱可参阅李学荣等编著的《连杆曲线图谱》（重庆：重庆出版社，1993）。按行程速度变化系数综合平面连杆机构这里只介绍了图解法，其解析法可参阅孟彩芳编著的《机械原理电算分析与设计》（天津：天津大学出版社，2000）。

当要求满足多种要求时，如既要求输出杆的实际运动规律和理想运动规律的偏差最小，又要求存在曲柄，而且压力角在要求的范围内；这时，就需要用优化设计的方法进行综合。它是近几十年机构学发展的一个重要方面。可参阅陈立周等编著的《机械优化设计》（上海：上海科技出版社，1982）。

空间连杆机构也是近几十年发展起来的一类较复杂的机构，内容很丰富，这里只做了简单介绍。读者若想了解空间连杆机构的综合和分析内容，可参阅由 C. H. 苏和 C. W. 拉德克利夫所著的《运动学和机构设计》（北京：机械工业出版社，1983）、张启先所著的《空间机构的分析与综合：上册》（北京：机械工业出版社，1984）和陆钟吕、刘乃钊编著的《空间连杆机构的分析与综合》（哈尔滨：哈尔滨船舶工程学院出版社，1989）。此外，曹惟庆等编著的《连杆机构的分析与综合》（2 版，北京：科学出版社，2002），不但介绍了平面连杆机构和空间连杆机构的分析和综合，而且介绍了 ZL—20 装载机的优化设计和计算机动态显示。

直线轨迹在机械中有广泛的应用，可参阅刘葆旗和黄荣编著的《四杆直线导向机构的设计与轨迹函数》（北京：北京理工大学出版社，1992）和《多杆直线导向机构的设计方法与轨迹图谱》（北京：机械工业出版社，1994），书中系统地阐述了多杆直线导向机构的设计理论和方法，提供了实用的设计程序和设计图谱。有关对称连杆曲线的内容请参阅曹清林、沈世德编著的《对称轨迹机构》（北京：机械工业出版社，2003）。

思 考 题

6-1 铰链四杆机构的基本形式有几种？可用哪几种方法进行演化？请举例说明。

6-2 铰链四杆机构、偏置滑块机构以及导杆机构各存在曲柄的条件是什么？

6-3 什么是连杆机构的压力角、传动角？两者有何关系？它们的大小对机构有何影响？

6-4 如何确定曲柄摇杆机构和偏置曲柄滑块机构最小传动角的位置？

6-5 当不考虑重力、摩擦力和惯性力时，曲柄摇杆机构和曲柄滑块机构以哪个构件为主动件时机构会出现死点？为什么？

6-6 何谓机构的转折点？它与死点有何区别？

6-7 什么是极位夹角？它与行程速度变化系数有何关系？如何确定机构有无急回特性？如何比较不同机构急回程度的大小？

6-8 对心曲柄滑块机构和偏置曲柄滑块机构，哪个具有急回特性？并画图说明为什么。

6-9 试说明设计刚体导引机构的步骤，铰链四杆机构中连杆平面所能给定的最大位置数是多少？

6-10 位移矩阵与相对位移矩阵有何区别？各用于综合何种运动要求的四杆机构？

6-11 设计轨迹生成的铰链四杆机构和曲柄滑块机构时，可给定的最大精确点的数目各是多少？

习　题

6-1 在曲柄等速转动的曲柄摇杆机构中，已知曲柄的极位夹角 $\theta = 30°$，摇杆的工作时间为 8s，请回答：

1) 摇杆空回行程所需时间为多少？

2) 曲柄每分钟的转速是多少？

6-2 图 6-58 所示为毛纺设备的清洗机中采用的双重偏心轮机构。请画出机构运动简图并说明其演化过程。

6-3 用图解法设计一曲柄为主动的曲柄摇杆机构，要求满足以下条件：

1) 如图 6-59 所示，当机构处于第二个极限位置时，连杆处于 B_2C_2，当机构处于第一个极限位置时，连杆处于 P_1 线上。

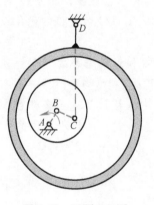

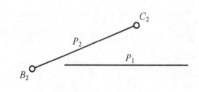

图 6-58　习题6-2图　　　　　　　　图 6-59　习题6-3图

2) 机构处于第一个极限位置时，压力角为零。

6-4 图 6-60 所示为机床变速箱操纵机构，用拨叉 DE 操纵双联齿轮移动。要求综合一铰链四杆机构 $ABCD$ 操纵拨叉的摆动。已知机架 $l_{AD} = 100\text{mm}$，拨叉的尺寸 $l_{ED} = l_{DC} = 40\text{mm}$；铰链 A、D 的位置如图所示，拨叉滑块的行程为 30mm，固定铰接点 D 在拨叉滑块行程的垂直平分线上。在此四杆机构中，构件 AB 为手柄，当手柄垂直向上时，拨叉处于 E_1 位置；当手柄逆时针转过 $\alpha_{12} = 90°$ 处于水平位置 AB_2 时，拨叉处于 E_2 位置。试综合此四杆机构，即在图示坐标系下用函数生成平面连杆的综合方法求 $B_{1y}(a_{1y})$ 和各杆的长。（注意：这里应代入 $\alpha_{12} = -90°$）。

6-5 在图 6-61 所示的六杆机构中，已知 $l_{AB} = 100$mm，$l_{DE} = 320$mm，$l_{AC} = 292$mm，$l_{CD} = 120$mm，原动件为曲柄 AB。试求：

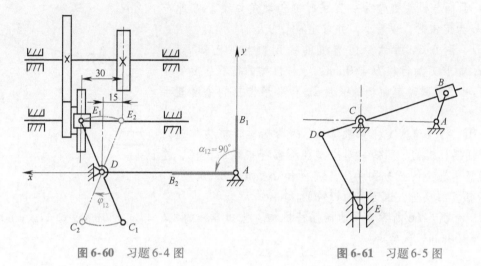

图 6-60 习题 6-4 图   图 6-61 习题 6-5 图

1) 滑块 E 的冲程 H。
2) 机构的行程速度变化系数 K。
3) 机构的最大压力角 α_{max} 发生的位置及其大小。
4) 为了使冲程增加一半，除可改变曲柄的长度 l_{AB} 外，其他尺寸均不变。l_{AB} 应为多少？

6-6 如图 6-62 所示，已知摇杆长 $l_{CD} = 75$mm，机架长 $l_{AD} = 100$mm，行程速度变化系数 $K = 1.5$，摇杆的一个极限位置与机架间的夹角 $\angle C_1 DA = 45°$。试综合满足要求的曲柄摇杆机构。

6-7 图 6-63 所示为开关的分合闸机构。已知 $l_{AB} = 150$mm，$l_{BC} = 200$mm，$l_{AD} = 400$mm，$l_{CD} = 200$mm。试回答：

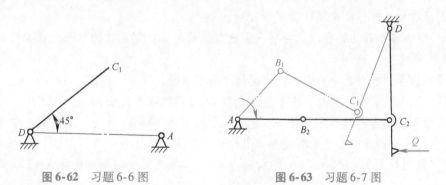

图 6-62 习题 6-6 图   图 6-63 习题 6-7 图

1) 该机构属于何种类型的铰链四杆机构，并说明为什么。
2) AB 为主动件时，标出机构在图示双点画线位置的压力角 α 和传动角 γ。
3) 机构在实线位置（合闸）时，在触头接合力 Q 的作用下，机构会不会打开？为什么？

6-8 已知连杆、摇杆和机架三个构件的长度分别为 $b = 17$，$c = 18$，$d = 20$；拟增加一个曲柄（其长度为 a）组成一个曲柄摇杆机构。试回答：

1）曲柄 a 的尺寸范围。

2）曲柄与机架重叠为一直线时的传动角为 γ'。在此范围内，a 为何值时，γ' 最小，并求出 γ'_{min} 的大小。

6-9 图 6-64 所示为插齿机的插削机构。已知 $l_{BC}=220mm$，插齿刀的行程 $H=80mm$，导杆机构的行程速度变化系数 $K=1.5$。试确定曲柄的长度 l_{BA} 和扇形齿轮的分度圆半径 R。

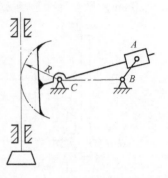

图 6-64 习题 6-9 图

6-10 行程速度变化系数 $K=1$ 的曲柄摇杆机构称为对心型曲柄摇杆机构。已知一对心型曲柄摇杆机构的曲柄、连杆、摇杆和机架的长分别为 1、b、c 和 d，如图 6-65 所示。设 ψ 为摇杆的摆角，试证明：$1+d^2=b^2+c^2$。

6-11 图 6-66 所示为一曲柄摇杆机构。已知各杆的长 $l_1=l_{AB}=30mm$，$l_2=l_{BC}=80mm$，$l_4=l_{AD}=100mm$。试确定：

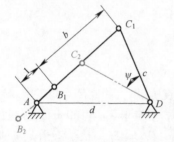

图 6-65 习题 6-10 图

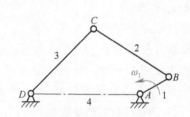

图 6-66 习题 6-11 图

1）杆 3 的最小长度 $(l_3)_{min}$。

2）当 $l_3=60mm$ 时，在图上标出当曲柄 1 为主动时，机构的最小传动角 γ_{min} 和极位夹角 θ，并由图量取 θ 求出行程速度变化系数 K 的大小。

6-12 用位移矩阵法综合刚体导引平面连杆机构时，给定刚体的三个位置并已知平面位移矩阵 $\boldsymbol{D}_{ij}$。要求：

1）请写出导引构件是 P—R 杆时的定斜率约束方程。

2）说明这里的 j 等于多少？并写出用 $\boldsymbol{b}_1$ 和 $\boldsymbol{D}_{ij}$ 表示的求 $\boldsymbol{b}_j$ 的公式。

3）请说明定斜率约束方程中的 θ、b_{1x}、b_{1y}、b_{jx} 和 b_{jy} 的物理意义。并说明其中哪些是待求的未知量，在这些未知量中可预先给定几个？

6-13 已知 $l_{CD}=75mm$，$l_{AD}=64mm$，$\psi=60°$，试用图解法综合一满足 $K=1.5$ 的曲柄摇杆机构。

第七章 凸轮机构

内容提要 ∨

    本章介绍凸轮机构的类型、特点和应用场合以及几种从动件的常用运动规律。重点讲解用反转法进行凸轮廓线设计的图解法和解析法，以及确定凸轮机构的基本尺寸和参数等问题。

第一节 凸轮机构的应用与分类

扫码看视频　　扫码看视频　　扫码看视频

    凸轮机构是一种高副机构。由于凸轮机构可通过合理设计凸轮曲线轮廓，推动从动件实现各种预期的运动规律，因而广泛应用于各种机械，尤其是自动机械中。

一、凸轮机构的组成

    图 7-1 所示为内燃机配气凸轮机构。绕定轴 O 转动的盘状构件 1 称为凸轮，杆状构件 2 为气阀，构件 3 为内燃机壳体。内燃机在燃烧过程中，驱动凸轮轴及其上的凸轮转动，并通过凸轮的曲线轮廓推动气阀 2 按特定的运动规律往复移动，完成控制燃烧室中进、排气的功能。

    图 7-2 所示为自动机床进刀凸轮机构。具有沟槽的圆柱形构件 1 称为圆柱凸轮，构件 2 为摆杆。当圆柱凸轮绕其轴线转动时，通过其沟槽与摆杆一端的滚子 3 接触，并推动摆杆 2 绕固定轴 O 按特定的运动规律做往复摆动，同时通过摆杆另一端的扇形齿轮驱动刀架实现进刀或退刀运动。

    从上面介绍的两个实例可知，凸轮是具有特定曲线轮廓或沟槽的构件，通常在机构运动中作为主动件；与凸轮接触并被直接推动的构件称为从动件。凸轮通过其曲线轮廓或沟槽与从动件构成高副接触。当凸轮转动时，通过其曲线轮廓或沟槽推动从动件实现预期的运动规律。

    可见，凸轮机构是由凸轮、从动件和机架（支承凸轮和从动件的构件）三个主要构件组成的一种高副机构。

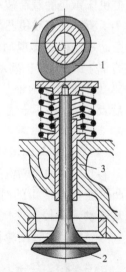

图 7-1　内燃机配气凸轮机构

1—凸轮　2—气阀　3—内燃机壳体

二、凸轮机构的应用

凸轮机构结构简单、紧凑，通过合理设计凸轮的曲线轮廓，即可实现从动件各种复杂的运动和动力要求。

（一）实现预期的位置要求

图7-3所示为自动送料凸轮机构。当凸轮1转动时，通过圆柱上的沟槽推动从动件2往复移动，将待加工毛坯3推到预定的位置。凸轮每转一周，从动件2从储料器4中推出一个待加工毛坯。这种凸轮机构能够完成输送毛坯到达预期位置的功能，但对毛坯在移动过程中的运动没有特殊的要求。

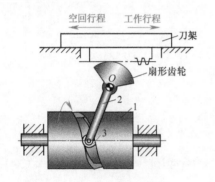
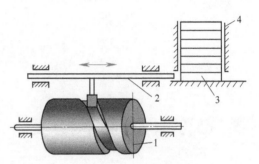

图7-2 自动机床进刀凸轮机构
1—圆柱凸轮 2—摆杆 3—滚子

图7-3 自动送料凸轮机构
1—凸轮 2—从动件 3—毛坯 4—储料器

（二）实现预期的运动规律要求

如图7-2所示的自动机床进刀凸轮机构。这种凸轮机构对应切削工作行程，采用等速运动规律设计从动件的运动规律。当切削零件时，凸轮推动从动件等速摆动，并通过其另一端的扇形齿轮推动刀架相对被加工零件实现等速运动。这样，可获得较高的零件表面加工质量，也使机床承受的载荷波动最小。

图7-4所示为绕线机凸轮机构。这种凸轮在运动中能推动摆动从动件2实现均匀缠绕线绳的运动学要求。"心形"凸轮1转动时，摆动从动件2做往复摆动，其端部导叉引导线绳均匀地从线轴3的一端缠绕到另一端；然后反向继续引导线绳均匀地缠绕，直至工作结束。

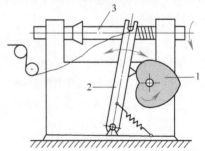

（三）实现运动与动力特性要求

如图7-1所示的内燃机配气凸轮机构。在高转速工况下，凸轮能在非常短的时间内推动气阀做开启或关闭的往复移动，以控制燃气在适当的时间进入气缸或

图7-4 绕线机凸轮机构
1—凸轮 2—从动件 3—线轴

排出废气。显然，这种凸轮机构能够实现气阀的运动学要求，并且具有良好的动力学特性。

三、凸轮机构的分类

凸轮机构在工程应用中有多种结构形式。根据凸轮机构的结构和运动特点，采用以下几种方法对凸轮机构进行分类。

（一）按凸轮的形状分类

（1）盘形凸轮　其形状如图 7-1 所示，通过径向尺寸的变化构成曲线廓线。这种凸轮结构结构简单，易于加工，在工程中应用广泛。

（2）移动凸轮　呈板状，如图 7-5 所示，相对机架做往复直线移动，并通过其曲线轮廓推动从动件 2 实现预期的上下往复移动。它可视为盘形凸轮的回转轴心处于无穷远处时演化而成。

盘形凸轮和移动凸轮与从动件之间的相对运动为平面运动，故统称为平面凸轮机构。

（3）圆柱凸轮　其形状如图 7-2 所示，它可近似看作将移动凸轮卷绕在一圆柱体上演化而成。由于凸轮与从动件之间的相对运动为空间运动，故称为空间凸轮机构。

（二）按从动件端部的形状分类

（1）尖底从动件　从动件与凸轮廓线接触的部分呈尖底形状，如图 7-6a 所示。尖底从动件能与任意复杂形状的凸轮廓线保持接触，因而可精确实现任意预期的运动规律。但由于尖底处接触应力大，易于磨损，故只适用于传力较小或仅传递运动的场合。如图 7-4 所示的绕线机凸轮机构。

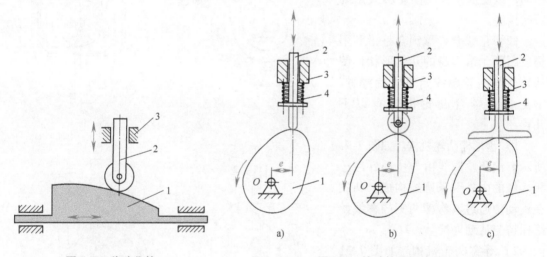

图 7-5　移动凸轮
1—凸轮　2—从动件　3—机架

图 7-6　从动件端部的形状
a）尖底从动件　b）滚子从动件　c）平底从动件
1—凸轮　2—从动件　3—机架　4—弹簧

（2）滚子从动件　从动件在与凸轮廓线接触的部分安装有滚子（常为一滚动轴承），如图 7-6b 所示。滚子与凸轮廓线之间为滚动摩擦，产生的摩擦、磨损较小，适用于传递较大动力的场合，故在工程中得到广泛的应用。

（3）平底从动件　从动件与凸轮廓线接触的部分为直线（平底），如图 7-6c 所示。平底与凸轮廓线之间更易于形成油膜，故润滑状况好，传动效率高，常用于高速场合。如图 7-1 所示的内燃机配气凸轮机构。

（三）按从动件的运动方式分类

根据从动件相对机架的运动形式可分为：

（1）直动从动件　从动件相对机架做往复直线运动，可分为对心式和偏置式两种形式。对心直动从动件如图7-1所示，其导路中心线通过凸轮回转轴心 O。偏置直动从动件如图7-6所示，其导路中心线与凸轮回转轴心 O 之间偏移一段距离，e 称为偏距。

（2）摆动从动件　从动件绕机架上的固定轴做往复摆动，如图7-2和图7-4中的构件2。

（四）按凸轮与从动件维持接触的方式分类

凸轮机构是一种高副传动机构。为使从动件与凸轮廓线在运动中能始终保持接触，通常采用力锁合与形锁合两种方法。

（1）力锁合　力锁合是指利用从动件自身重力、弹簧恢复力或其他外力，使从动件与凸轮廓线始终保持接触。常见的力锁合凸轮机构如图7-6所示。当凸轮沿逆时针方向转动时，径向尺寸逐渐增大的部分轮廓推动从动件向上移动，此时弹簧4被压缩；当凸轮转到径向尺寸逐渐减小的部分轮廓时，从动件在弹簧的恢复力及自身重力的作用下向下移动，以使从动件与凸轮廓线始终保持接触。

（2）形锁合　形锁合是指利用构成高副元素本身的几何形状，使从动件与凸轮廓线始终保持接触。常见的形锁合凸轮机构有以下几种：

1）盘形槽凸轮机构。如图7-7a所示，槽凸轮廓线由与从动件滚子相接触的内外两条廓线构成。凸轮在运动中通过其沟槽两侧的廓线始终保持与从动件接触。

2）等宽凸轮机构。如图7-7b所示，凸轮廓线上任意两条平行切线间的距离都相等，且等于从动杆矩形框架2内侧两个平底之间的距离 H。凸轮廓线在运动中始终与矩形框架的平底接触。

3）等径凸轮机构。如图7-7c所示，凸轮廓线在运动中始终与从动件2上安装的两个滚子4和4′相接触，且理论廓线上过凸轮轴心 O 所作任一径向线的长度与

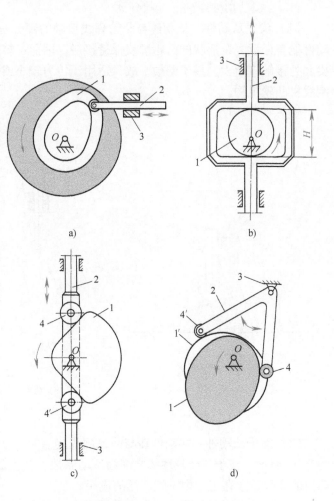

图7-7　常见的形锁合凸轮机构

a）盘形槽凸轮机构　b）等宽凸轮机构
c）等径凸轮机构　d）共轭凸轮机构
1、1′—凸轮　2—从动件
3—机架　4、4′—滚子

两滚子中心间的距离处处相等。

对于等宽凸轮与等径凸轮，对应凸轮转角在180°范围内，根据从动件运动规律设计凸轮廓线后，在其余180°的凸轮廓线必须根据等宽或等径的原则来确定，因此这类凸轮机构从动件运动规律的选择或设计会受到一定的限制。

4）共轭凸轮机构。如图7-7d所示，两个凸轮1和1′固结在一起，同时推动具有两个滚子4和4′的从动件2。凸轮1（称为主凸轮）推动从动件沿逆时针方向完成正行程的摆动，凸轮1′（称为回凸轮）推动从动件沿顺时针方向完成反行程的摆动，这种凸轮机构又称为主回凸轮机构。该类凸轮机构从动件运动规律的选取不受制约，但凸轮廓线设计较复杂，制造精度要求较高。

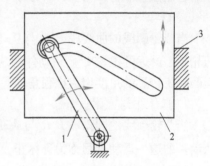

上述各种形式的凸轮机构中，都是将凸轮作为主动件，推动从动件实现预期的运动。在工程实际中也有将凸轮作为从动件的凸轮机构，称为反凸轮机构。如图7-8所示，摆杆1为主动件，其端部装有滚子，凸轮2为从动件。当摆杆1左右摆动时，通过滚子与凸轮的沟槽接触，推动凸轮2上下往复移动。

图 7-8　反凸轮机构
1—摆杆　2—凸轮　3—机架

第二节　从动件的运动规律

凸轮通过其廓线推动从动件运动。显然，在凸轮机构的类型与结构尺寸相同的情况下，凸轮廓线的形状不同，从动件所实现的运动也不同。因此，为保证从动件能实现预期的运动，需根据从动件的运动规律设计凸轮廓线，这样的凸轮廓线才能保证推动从动件实现预期的运动。可见，选取或设计从动件的运动规律，是凸轮机构设计的主要任务之一。

本节将介绍几种常用的从动件运动规律的特点和适用场合。

一、基本概念

图7-9所示为一尖底直动从动件盘形凸轮机构。下面通过分析该凸轮机构在一个运动周期中凸轮与从动件的相对运动情况，介绍几个在凸轮廓线设计中需了解的基本概念。

1. 从动件的运动规律

从动件的运动规律是指在凸轮廓线的推动下，从动件的位移、速度、加速度及跃度（加速度对时间的导数）随时间变化的规律，常以图线表示，称为从动件运动曲线。

一般假定凸轮轴做等速运转，故凸

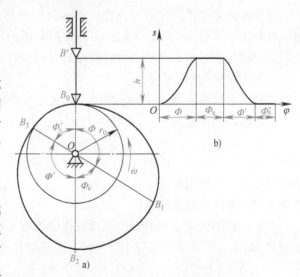

图 7-9　从动件运动示意图
a）凸轮机构　b）从动件位移

轮转角与时间成正比，因此从动件的运动规律通常又可以表示为凸轮转角的函数，如图 7-9b 所示为尖底直动从动件的位移曲线。

2. 凸轮的基圆

如图 7-9a 所示，盘形凸轮的径向尺寸是在以半径 r_0 为圆的基础上变化而形成的曲线轮廓。显然 r_0 为盘形凸轮的最小半径，当从动件与该圆对应的圆弧部分接触时，从动件处于位移的起始位置。将凸轮上具有最小半径 r_0 的圆称为凸轮的基圆，r_0 称为基圆半径。

3. 推程与推程角

当凸轮廓线的曲线段 B_0B_1 与从动件接触时，推动从动件沿导路由起始位置 B_0 运动到离凸轮轴心最远的位置 B'。从动件的这一运动行程称为推程，其最大位移称为升距 h，对应推程凸轮所转过的角度称为推程角 Φ。

4. 远休止与远休止角

当凸轮廓线的圆弧段 B_1B_2 与从动件接触时，从动件在距凸轮轴心的最远处 B' 静止不动。从动件的这一运动过程称为远休止，对应远休止过程凸轮转过的角度称为远休止角 Φ_s。

5. 回程与回程角

当凸轮廓线的曲线段 B_2B_3 与从动件接触时，引导从动件由最远位置返回到位移的起始位置 $B_3(B_0)$。从动件的这一运动行程称为回程，对应回程凸轮所转过的角度称为回程角 Φ'。

6. 近休止与近休止角

当凸轮廓线的圆弧段 B_3B_0 与从动件接触时，从动件处于位移的起始位置 B_0 静止不动。这一过程称为近休止，对应这一过程凸轮所转过的角度称为近休止角 Φ'_s。

凸轮机构在整个运动周期中从动件的位移线图如图 7-9b 所示。在工程应用中，从动件的运动规律必须具有推程和回程阶段，但不一定具有近休止或远休止过程。

二、从动件的常用运动规律

从动件运动规律的选取与设计，通常是根据凸轮机构的应用工况及要完成的功能来确定。在长期的工程应用中，人们总结出几种常用的从动件运动规律，下面分别做简要介绍。在以下方程的推导中，设从动件位移为 s，凸轮转角 φ 从行程的起始点开始。

（一）多项式运动规律

多项式函数具有高阶导数连续性，因此在从动件运动规律的设计中得到广泛的应用。

设从动件的位移为 s，凸轮转角为 φ，则多项式运动规律的一般表达式为

$$s = C_0 + C_1\varphi + C_2\varphi^2 + \cdots + C_n\varphi^n \tag{7-1}$$

式中，C_0、C_1、C_2、$\cdots C_n$ 为 $(n+1)$ 个待定系数。设计者可根据实际工况对从动件运动规律的具体要求，确定相应的边界条件代入上式，求出待定系数 C_0、C_1、C_2、$\cdots$、C_n，即可推导出各种多项式运动规律。

设凸轮以等角速度 ω 转动，从动件仅做推程和回程运动，升距为 h，推程角和回程角分别为 Φ 和 Φ'。下面分别推导工程中经常采用的几种多项式运动规律。

1. 一次多项式

由式（7-1）可知，一次多项式运动规律的一般表达式为

$$s = C_0 + C_1\varphi$$

由于一次多项式函数的一阶导数为常数，因此通常又称为等速运动规律。设从动件在推程中采用等速运动规律，则从动件在推程起始与终点处的边界条件为：$\varphi = 0$，$s = 0$；$\varphi = \Phi$，$s = h$。将边界条件代入上式可得 $C_0 = 0$、$C_1 = h/\Phi$。若以 v 和 a 表示从动件的速度和加速度，则从动件在推程中等速运动规律的方程为

$$\begin{cases} s = \dfrac{h}{\Phi}\varphi \\[2mm] v = \dfrac{h}{\Phi}\omega \\[2mm] a = 0 \end{cases} \tag{7-2}$$

同理，根据回程中的边界条件：$\varphi = 0$，$s = h$；$\varphi = \Phi'$，$s = 0$。可建立从动件在回程中等速运动规律的方程为

$$\begin{cases} s = h\left(1 - \dfrac{\varphi}{\Phi'}\right) \\[2mm] v = -\dfrac{h}{\Phi'}\omega \\[2mm] a = 0 \end{cases} \tag{7-3}$$

推程中等速运动规律的运动线图如图 7-10 所示。从图中可见，该种运动规律在推程运动的起始点处，从动件由静止状态瞬间突变为某一速度值；在推程运动的终点处，从动件由等速状态瞬间突变为静止状态，这在理论上会产生无穷大的加速度，会使从动件由于巨大的惯性力而产生强烈的冲击。这种由于加速度无穷大而产生的冲击称为刚性冲击。当然，在实际的凸轮机构中由于构件的弹性、阻尼等多种因素，不可能产生无穷大的惯性力。因此，这种运动规律通常只适用于低速轻载的工况下，或是对从动件有等速运动要求的场合，如图 7-2 所示的自动机床中的进刀凸轮机构等。

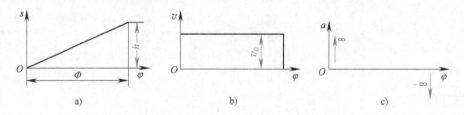

图 7-10 等速运动规律运动线图

a) 位移曲线 b) 速度曲线 c) 加速度曲线

2. 二次多项式

将式 (7-1) 关于时间求导可得，二次多项式运动规律的位移、速度及加速度的一般表达式为

$$\begin{cases} s = C_0 + C_1\varphi + C_2\varphi^2 \\[2mm] v = \dfrac{\mathrm{d}s}{\mathrm{d}t} = \omega C_1 + 2\omega C_2\varphi \\[2mm] a = \dfrac{\mathrm{d}v}{\mathrm{d}t} = 2\omega^2 C_2 \end{cases}$$

工程中通常采用的二次多项式运动规律，是指从动件在一个运动行程（推程或回程）中的前半段采用等加速，后半段采用等减速，其位移曲线为两段光滑相连的反向抛物线，因此有时又称为抛物线运动规律。

根据从动件在一个运动行程中，起始与终点处的位移连续、速度连续，以及等加速和等减速段对称分配的要求，可建立推程运动中该种运动规律的边界条件为

等加速度段：当 $\varphi = 0$ 时，$s = 0$，$v = 0$；当 $\varphi = \Phi/2$ 时，$s = h/2$（$0 \leqslant \varphi \leqslant \Phi/2$）

等减速度段：当 $\varphi = \Phi/2$ 时，$s = h/2$；当 $\varphi = \Phi$ 时，$s = h$，$v = 0$（$\Phi/2 \leqslant \varphi \leqslant \Phi$）

将上述边界条件分别代入上式，可得推程中等加速等减速运动规律的方程为

等加速段

$$\begin{cases} s = \dfrac{2h}{\Phi^2}\varphi^2 \\[2mm] v = \dfrac{4h\omega}{\Phi^2}\varphi \quad (0 \leqslant \varphi \leqslant \Phi/2) \\[2mm] a = \dfrac{4h\omega^2}{\Phi^2} \end{cases} \tag{7-4}$$

等减速段

$$\begin{cases} s = h - \dfrac{2h}{\Phi^2}(\Phi - \varphi)^2 \\[2mm] v = \dfrac{4h\omega}{\Phi^2}(\Phi - \varphi) \quad (\Phi/2 \leqslant \varphi \leqslant \Phi) \\[2mm] a = -\dfrac{4h\omega^2}{\Phi^2} \end{cases} \tag{7-5}$$

同理，根据回程中的边界条件，可建立回程中的等加速等减速运动规律的方程为

等加速段

$$\begin{cases} s = h - \dfrac{2h}{\Phi'^2}\varphi^2 \\[2mm] v = -\dfrac{4h\omega}{\Phi'^2}\varphi \quad (0 \leqslant \varphi \leqslant \Phi'/2) \\[2mm] a = -\dfrac{4h\omega^2}{\Phi'^2} \end{cases} \tag{7-6}$$

等减速段

$$\begin{cases} s = \dfrac{2h}{\Phi'^2}(\Phi' - \varphi)^2 \\[2mm] v = -\dfrac{4h\omega}{\Phi'^2}(\Phi' - \varphi) \quad (\Phi'/2 \leqslant \varphi \leqslant \Phi') \\[2mm] a = \dfrac{4h\omega^2}{\Phi'^2} \end{cases} \tag{7-7}$$

从动件在推程中等加速等减速运动规律的运动线图如图 7-11 所示。从图中可见，这种运动规律的速度曲线连续，加速度曲线在运动的起始、中间点和终点处不连续，但加速度的突变为有限值，因而凸轮机构在运动中由此引起的惯性冲击也是有限的。这种由于有限值的加速度突变而产生的冲击称为柔性冲击。这种运动规律适用于中、低速轻载的工况。

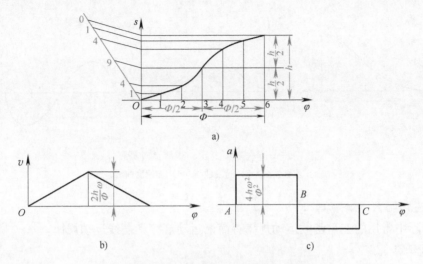

图7-11 等加速等减速运动规律运动线图

a) 位移曲线 b) 速度曲线 c) 加速度曲线

3. 五次多项式

将式（7-1）关于时间求导可得，五次多项式运动规律的位移、速度及加速度的一般表达式为

$$
\begin{cases}
s = C_0 + C_1\varphi + C_2\varphi^2 + \cdots + C_5\varphi^5 \\
v = \dfrac{\mathrm{d}s}{\mathrm{d}t} = C_1\dot{\varphi} + 2C_2\dot{\varphi}\varphi + 3C_3\dot{\varphi}\varphi^2 + 4C_4\dot{\varphi}\varphi^3 + 5C_5\dot{\varphi}\varphi^4 \\
a = \dfrac{\mathrm{d}v}{\mathrm{d}t} = 2C_2\dot{\varphi}^2 + 6C_3\dot{\varphi}^2\varphi + 12C_4\dot{\varphi}^2\varphi^2 + 20C_5\dot{\varphi}^2\varphi^3
\end{cases}
$$

上式有6个待定系数 C_0、C_1、$\cdots$、C_5。根据从动件在一个运动行程（推程或回程）中起始与终点处的位移、速度及加速度应连续的要求，可建立从动件在推程中的边界条件为

始点处：当 $\varphi = 0$ 时，$s = 0$、$v = 0$、$a = 0$。

终点处：当 $\varphi = \Phi$ 时，$s = h$、$v = 0$、$a = 0$。

将6个边界条件分别代入上式，可解得 C_0、C_1、$\cdots$、C_5 等6个待定系数，故可建立从动件在推程中五次多项式运动规律的方程为

$$
\begin{cases}
s = h\left[10\left(\dfrac{\varphi}{\Phi}\right)^3 - 15\left(\dfrac{\varphi}{\Phi}\right)^4 + 6\left(\dfrac{\varphi}{\Phi}\right)^5\right] \\
v = \dfrac{h\omega}{\Phi}\left[30\left(\dfrac{\varphi}{\Phi}\right)^2 - 60\left(\dfrac{\varphi}{\Phi}\right)^3 + 30\left(\dfrac{\varphi}{\Phi}\right)^4\right] \\
a = \dfrac{h\omega^2}{\Phi^2}\left[60\left(\dfrac{\varphi}{\Phi}\right) - 180\left(\dfrac{\varphi}{\Phi}\right)^2 + 120\left(\dfrac{\varphi}{\Phi}\right)^3\right]
\end{cases}
\tag{7-8}
$$

式（7-8）中，位移方程中仅含有3、4、5次幂，故这种运动规律又称为3-4-5次多项式运动规律。应用上述推导方法，也可建立回程中的五次多项式运动规律。

从动件在推程中五次多项式运动规律的运动线图如图7-12所示。从图中可见，该种运动规律的速度与加速度曲线均连续，因而不产生刚性与柔性冲击，适用于高速中载工况下。

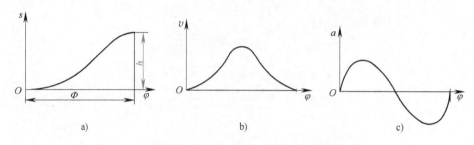

图 7-12 五次多项式运动规律运动线图

a）位移曲线 b）速度曲线 c）加速度曲线

（二）三角函数运动规律

工程实际中常用的三角函数运动规律有简谐运动规律和摆线运动规律。

1. 简谐运动规律

图 7-13a 所示为简谐运动规律的位移曲线。图中横坐标为凸轮转角 φ，纵坐标为从动件位移 s。设质点沿半径为 R 的圆周做等速运动。当质点由初始位置转过任一角度 θ 时，对应凸轮的转角为 φ，则质点的运动轨迹向纵坐标的投影即为简谐运动规律的位移曲线，其表达式为

$$s = R(1 - \cos\theta)$$

设从动件升距 $h = 2R$，质点沿圆周转过角度 $\theta = \pi$ 时，凸轮对应转过推程角 $\varphi = \Phi$，即 $\theta = \pi\varphi/\Phi$。将 θ 的表达式代入上式，可建立推程中简谐运动规律的方程为

$$\begin{cases} s = \dfrac{h}{2}\left[1 - \cos\left(\dfrac{\pi}{\Phi}\varphi\right)\right] \\[2mm] v = \dfrac{\pi h\omega}{2\Phi}\sin\left(\dfrac{\pi}{\Phi}\varphi\right) \qquad (0 \leqslant \varphi \leqslant \Phi) \\[2mm] a = \dfrac{\pi^2 h\omega^2}{2\Phi^2}\cos\left(\dfrac{\pi}{\Phi}\varphi\right) \end{cases} \qquad (7\text{-}9)$$

同理，可建立回程中简谐运动规律的方程为

$$\begin{cases} s = \dfrac{h}{2}\left[1 + \cos\left(\dfrac{\pi}{\Phi'}\varphi\right)\right] \\[2mm] v = -\dfrac{\pi h\omega}{2\Phi'}\sin\left(\dfrac{\pi}{\Phi'}\varphi\right) \qquad (0 \leqslant \varphi \leqslant \Phi') \\[2mm] a = -\dfrac{\pi^2 h\omega^2}{2\Phi'^2}\cos\left(\dfrac{\pi}{\Phi'}\varphi\right) \end{cases} \qquad (7\text{-}10)$$

从动件在推程中简谐运动规律的运动线图如图 7-13 所示。由于该种运动规律的加速度曲线按余弦规律变化，故又称为余弦加速度运动规律。从图中可见，该种运动规律的速度曲线连续，但加速度曲线不连续，其在运动的起始与终点处有突变。由于加速度突变为有限值，因而会产生柔性冲击。如果从动件的运动仅具有推程和回程阶段（即没有近休止或远休止过程），则其加速度曲线也是连续的，且不产生柔性冲击，因而可应用于高速工况场合。

2. 摆线运动规律

图 7-14a 所示为摆线运动规律的位移曲线。由解析几何可知，当一个半径为 R 的滚圆沿

纵坐标从起始点 A_0 匀速纯滚动时，滚圆上点 A 的运动轨迹即为摆线，而点 A 的运动轨迹向纵坐标的投影即构成摆线运动规律。

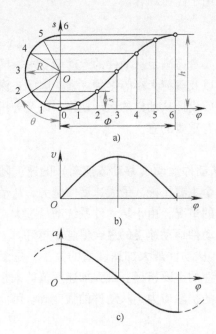

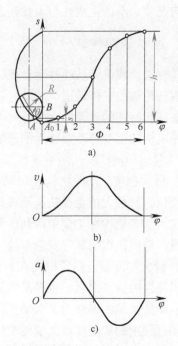

图 7-13　简谐运动规律运动线图
a）位移曲线　b）速度曲线　c）加速度曲线

图 7-14　摆线运动规律运动线图
a）位移曲线　b）速度曲线　c）加速度曲线

设滚圆由初始位置沿纵坐标滚过 θ 角时，点 A_0 沿摆线运动到 A 点。由于滚圆做纯滚动，故此时点 A 的运动轨迹在纵坐标方向的投影，即为摆线运动规律的位移曲线，其表达式为

$$s = A_0 B - R\sin\theta = R(\theta - \sin\theta)$$

设滚圆滚过任一角度 θ 时，对应凸轮的转角为 φ，并令从动件升距 $h = 2\pi R$。则当滚圆纯滚动一整周 $\theta = 2\pi$ 时，对应凸轮转过推程角 $\varphi = \Phi$，即 $\theta = 2\pi\varphi/\Phi$。将 θ 的表达式代入上式，可得推程中摆线运动规律的方程为

$$
\begin{cases}
s = h\left[\dfrac{\varphi}{\Phi} - \dfrac{1}{2\pi}\sin\left(2\pi\dfrac{\varphi}{\Phi}\right)\right] \\[2mm]
v = \dfrac{h\omega}{\Phi}\left[1 - \cos\left(2\pi\dfrac{\varphi}{\Phi}\right)\right] \qquad (0 \leqslant \varphi \leqslant \Phi) \\[2mm]
a = \dfrac{2\pi h\omega^2}{\Phi^2}\sin\left(2\pi\dfrac{\varphi}{\Phi}\right)
\end{cases}
\tag{7-11}
$$

同理，可建立回程中摆线运动规律的方程为

$$
\begin{cases}
s = h\left[1 - \dfrac{\varphi}{\Phi'} + \dfrac{1}{2\pi}\sin\left(2\pi\dfrac{\varphi}{\Phi'}\right)\right] \\[2mm]
v = -\dfrac{h\omega}{\Phi'}\left[1 - \cos\left(2\pi\dfrac{\varphi}{\Phi'}\right)\right] \qquad (0 \leqslant \varphi \leqslant \Phi') \\[2mm]
a = -\dfrac{2\pi h\omega^2}{\Phi'^2}\sin\left(2\pi\dfrac{\varphi}{\Phi'}\right)
\end{cases}
\tag{7-12}
$$

从动件在推程中摆线运动规律的运动线图如图 7-14 所示。由于该运动规律的加速度曲线按正弦规律变化，故又称为正弦加速度运动规律。从图可见，该种运动规律的速度与加速度曲线均连续，不产生刚性与柔性冲击，因此适用于高速场合。

三、运动规律特性分析

通常在选择或设计从动件运动规律时，不仅要考虑满足从动件的运动学要求，同时还要综合考虑凸轮轴的工作转速、从动件系统的质量以及载荷大小等多种因素。因此，深入了解反映运动规律特性的参数的含义，对于合理选取或设计从动件的运动规律，以及分析这些参数对凸轮机构的运动及动力特性的影响规律，具有重要的意义。

1. 衡量运动规律特性的主要指标

（1）最大速度　凸轮机构在运动过程中，从动件运动（移动或摆动）的速度随凸轮的转角而变化，其最大值是反映运动规律特性的一个主要指标。最大速度值越大，从动件系统的动量也大。若机构在工作中遇到需要紧急停车的情况，由于从动件系统动量过大，会出现操控失灵，造成机构损坏等安全事故。因此，从动件运动速度的最大值越小越好。

（2）最大加速度　凸轮机构在运动过程中，从动件最大加速度值的大小，是影响凸轮机构动力特性的主要因素，也是反映运动规律特性的重要指标。最大加速度值的大小，会直接影响从动件系统的惯性力、从动件与凸轮廓线的接触应力、从动件的强度等。因此，从动件在运动过程中的加速度最大值越小越好。

（3）运动规律的高阶导数　在推导从动件常用运动规律的方程时，已对几种常用运动规律的运动特性及适用场合做过简要的分析。其中，根据加速度曲线在运动过程中是否连续，定义了某种运动规律是否有刚性冲击、柔性冲击等。可见运动规律的高阶导数是否连续也是衡量运动规律特性的主要指标。

理论与实验研究表明，在中、高速，尤其是高速凸轮机构的设计中，运动规律加速度的导数曲线（称为跃度）是否连续，或其突变值的大小对凸轮机构的动力特性有很大的影响。因此，为有效改善凸轮机构的动力学特性，减小系统的残余振动，应选取跃度连续，或是跃度突变值较小的运动规律进行凸轮廓线设计。

2. 特性指标的无量纲化

在选择或设计从动件运动规律时，首先需对各种运动规律的主要特性指标进行分析比较。但对于每一种凸轮机构，由于凸轮轴的转速、推程角以及从动件升距等设计参数不同，因此从动件在运动中的最大速度、最大加速度等特性指标也会不同。为在相同的条件下对各种运动规律的特性参数进行分析比较，通常需对运动规律的特性指标进行无量纲化。几种常用运动规律的无量纲化指标和适用场合见表 7-1。

表 7-1　从动件常用运动规律的无量纲化指标和适用场合

运 动 规 律	冲击特性	$v_{max}/(h\omega/\varPhi)$	$a_{max}/(h\omega^2/\varPhi^2)$	$j_{max}/(h\omega^3/\varPhi^3)$	适 用 场 合
等速	刚性	1.00	∞	—	低速轻载
等加速等减速	柔性	2.00	4.00	∞	中速轻载
简谐	柔性	1.57	4.93	∞	中速中载
摆线	无	2.00	6.28	39.5	高速轻载
五次多项式	无	1.88	5.77	60.0	高速中载

3. 特性指标的分析与比较

从表7-1中数据可见，高阶导数连续性较好的运动规律，如摆线、五次多项式运动规律等，其最大速度和最大加速度值一般也较大；反之具有较小的最大速度和最大加速度值的运动规律，其高阶导数往往是不连续的。可见在运动规律的选取和设计中存在着相互矛盾的制约因素。因此，这就要求设计者在选择或设计从动件运动规律时，根据凸轮机构的实际应用场合，在综合权衡各项特性指标的基础上做具体的分析。

四、选择或设计运动规律时需注意的问题

了解掌握从动件常用运动规律的特点、适用场合以及设计方法是进行凸轮机构设计的基础。

1. 根据工作要求选择或设计运动规律

当工作场合对从动件运动规律有特殊要求，且凸轮轴转速不太高时，从动件运动规律的选择或设计，应在满足工作要求的基础上，考虑动力特性等其他因素。

如图7-2所示自动机床中的进刀凸轮机构，为保证刀架相对被加工零件能实现等速运动的要求，对应凸轮机构的切削工作行程，应选取等速运动规律设计凸轮廓线。在此基础上，为克服等速运动规律在起始与终点处产生刚性冲击的不足，可考虑在工作行程之外，对等速运动规律进行修正，以避免产生刚性冲击，改善系统的动力特性。

2. 兼顾运动学和动力特性两方面要求

当工作场合对从动件的运动规律有特殊要求，且凸轮转速又较高时，应兼顾运动学和动力特性两方面要求，选择或设计从动件的运动规律。

如图7-1所示内燃机配气凸轮机构，为保证内燃机能够高效率的运转，其运动规律的设计要满足燃气能在适当的时间进入气缸以及排除缸内废气的要求，同时还需充分考虑系统的动力特性要求。

3. 综合考虑运动规律的各项特性指标

在满足从动件工作要求的前提下，还应在仔细权衡运动规律各项特性指标优劣的基础上，选择或设计从动件的运动规律。

例如，对于中、高速运转的凸轮机构，为获得较好的动力学特性和控制系统的残余振动，应选取跃度连续，或是跃度突变值较小的运动规律，但同时必须兼顾最大速度、最大加速度值不宜过大。又如，对于中、低速运转的凸轮机构，为减小惯性力负荷造成的凸轮表面与运动副中的磨损，应选取最大加速度值较小的运动规律，但同时也应兼顾最大速度及动力特性等相关指标不宜过大。

总之，在工程实际中需针对具体的设计问题，在综合考虑运动学、动力学等多方面因素的基础上来选择或设计从动件的运动规律。

五、组合型运动规律简介

在工程实际中，有些凸轮机构在有特殊要求的场合下工作，对从动件运动规律不仅要求高阶导数连续，同时也要求具有良好的综合特性指标，如较小的 v_{max}、a_{max}、j_{max} 等。前面介绍的几种运动规律，有时难以满足上述要求。因此，为满足工程实际的需要，可综合几种不同运动规律的优点，设计出一种具有良好综合特性的运动规律。这种通过几种不同函数组合

在一起而设计出的从动件运动规律，称为组合型运动规律。

组合型运动规律是分段函数。在各段的连接点处，需建立邻接条件，以保证各分段函数在连接点处具有相同的位移、速度、加速度（甚至更高阶的导数）。构造组合型运动规律的难点在于：选取什么样的分段函数，才能使设计出的运动规律具有良好的综合指标。国内外学者目前已研究出多种具有较好特性的组合运动规律［60，63，73］。其中文献［60］提出的简谐梯形组合运动规律最具通用性与一般性。该运动规律通过组合各分段函数可设计出多种常用的从动件运动规律，同时也可设计出多种加速度和跃度均连续的复杂运动规律。

图 7-15 所示为两种常见的组合型运动规律的加速度曲线。图 7-15a 所示为修正正弦运动规律。该曲线在运动起始的 AB 段和终止的 CD 段，采用周期相同的正弦函数；在两段中间的 BC 段则采用一段周期较长的简谐函数。该组合运动规律具有较好的综合动力特性指标。图 7-15b 所示为修正梯形运动规律，它可视为对等加速等减速运动规律的改进。为了避免加速度的突变，用几段简谐函数使加速度成为连续曲线。加速段和减速段的加速度曲线是对称的。这两种组合运动规律均具有较好的综合特性指标，因此广泛应用于各种中、高速分度凸轮机构的凸轮曲线设计。关于这些运动规律的详尽介绍参见文献［73］。

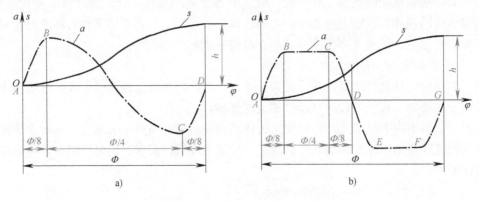

图 7-15　组合型运动规律运动线图

a）修正正弦运动规律　b）修正梯形运动规律

第三节　平面凸轮廓线设计

在确定了凸轮机构的类型和基本尺寸，并根据从动件的运动要求，选择或设计了从动件的运动规律之后，即可进行凸轮廓线设计。凸轮廓线的设计方法有图解法和解析法。无论用哪一种方法进行凸轮廓线的设计，都是基于"反转法"这样一个基本原理。

一、凸轮廓线设计的基本原理——反转法

为说明用反转法设计凸轮廓线的基本原理，以图 7-16 所示的对心尖底直动从动件盘形凸轮机构为例，对凸轮与从动件的相对运动关系进行分析。图中实线表示凸轮与从动件处于推程的初始位置，此时从动件尖底与凸轮基圆在 B_0 点接触。当凸轮以角速度 ω 逆时针方向转过 φ_1 角时，凸轮转到图中虚线所示的位置 I（凸轮上的初始向径 OB_0 转到 OB_0' 位置），并推动从动件产生位移 s_1。此时从动件尖底与凸轮廓线在 B' 点接触。

在这一过程中，如果对整个机构绕凸轮轴心 O 加上一个与凸轮角速度 ω 等值反向的公共角速度 $-\omega$，这时从动件与凸轮的相对运动并不改变，但凸轮将固定不动，而从动件将一方面随导路一起以等角速度 $-\omega$ 绕 O 点转动，同时又按已知的运动规律在导路中做相对移动。由于从动件尖底始终与凸轮廓线保持接触，所以从动件尖底的运动轨迹就是凸轮的廓线。

因此，在进行凸轮廓线设计时，根据从动件的运动规律依次确定出尖底在反转运动中所处的一系列位置，并将这些点连成光滑的曲线，即为要设计的凸轮廓线。这种通过反转从动件与导路进行凸轮廓线设计的方法称为反转法。反转法的原理也适用于其他各种凸轮廓线的设计。

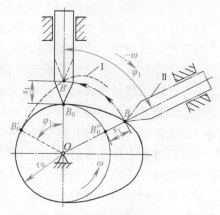

图 7-16 凸轮与从动件的相对运动

二、用作图法设计凸轮廓线

（一）直动从动件盘形凸轮廓线设计

1. 尖底从动件盘形凸轮

设计一偏置尖底直动从动件盘形凸轮机构。已知凸轮以等角速度 ω 顺时针方向转动，凸轮基圆半径 r_0，导路与凸轮回转中心间的相对位置及偏距 e，从动件位移线图如图 7-17b 所示。

如图 7-17a 所示，由反转法可知，假设凸轮固定不动，则从动件随同导路一起相对凸轮以 $-\omega$ 方向做反转运动，同时又按已知的运动规律相对导路做往复移动，将其尖底 B 在平面上所描绘出的轨迹连成光滑的曲线，即为所要设计的凸轮廓线。用作图法设计凸轮廓线的步骤如下：

（1）作从动件的位移线图　选取适当的比例尺 μ_s，根据运动规律作从动件的位移线图，并将推程和回程的位移线图分别沿横坐标分成若干等份（在位移线图上对应远休止与近休止段的水平直线可不必加以等分），如图 7-17b 所示十等份。

（2）确定从动件尖底的初始位置　选取与位移线图相同的比例尺 μ_s，以点 O 为圆心，r_0 为半径作凸轮的基圆。根据从动件导路的偏置方向确定其导路的初始位置线，该位置线与基圆的交点 B_0 即为从动件尖底的初始位置。

（3）确定导路在反转过程中的一系列位置　以点 O 为圆心、偏距 e 为半径作偏距圆，该圆与导路的初始位置线切于 K 点。对应位移线图横坐标的等分点，自 K 点起沿 $-\omega$ 方向将偏距圆分成与位移线图横坐标对应的区间和等份，得若干个分点。过各分点作偏距圆的切射线，这些切射线即代表导路在反转过程中依次占据的位置。它们与基圆的交点分别为 C_1、C_2、$\cdots$、C_9。

（4）确定尖底在反转过程中的一系列位置　在上述切射线上，从基圆起向外量取线段，使其分别等于位移线图中相应分点的纵坐标值。即 $C_1B_1 = \overline{11'}$，$C_2B_2 = \overline{22'}$，$\cdots$，得点 B_1、B_2、$\cdots$、B_9，这些点即为反转过程中从动件尖底依次占据的位置。

（5）绘制凸轮廓线　将点 B_1、B_2、$\cdots$、B_9 连成光滑的曲线，即为所要设计的凸轮廓线（图中点 B_4 和 B_5 以及 B_9 和 B_0 之间的廓线均为以 O 为圆心的圆弧）。

2. 滚子从动件盘形凸轮

应用反转法，假设凸轮固定不动，则滚子从动件与导路一起相对凸轮做反转运动，如图 7-18 所示。在反转过程中从动推杆端部的滚子在每个位置都与凸轮廓线始终接触，并在凸轮廓线的推动下使从动推杆沿导路做相对运动。由于从动推杆的运动规律已知，且滚子中心即为推杆的端部，所以在反转过程中滚子中心的运动规律就是从动件的运动规律。因此，若假想滚子半径为零，则在反转过程中滚子中心描绘的轨迹就是所要设计的凸轮廓线。但实际上滚子半径并不为零，因此还需设计出与滚子直接接触的凸轮廓线。

根据滚子中心的运动轨迹设计出的廓线 η，称为凸轮的理论廓线。与滚子直接接触的廓线 η'、η''，称为凸轮的实际廓线（η' 为理论廓线的内等距曲线，η'' 为理论廓线的外等距曲线）。显然，凸轮的理论廓线与实际廓线为法向等距曲线，其距离为滚子半径 r。

由上述分析可知，在进行滚子从动件凸轮廓线的设计时，可首先将滚子中心 B 假想为从动件的尖底，按照尖底从动件凸轮廓线的设计方法作出凸轮的理论廓线 η，再作与理论廓线法向等距的曲线 η'（或 η''），即可求得凸轮的实际廓线。用作图法设计凸轮廓线的步骤如下：

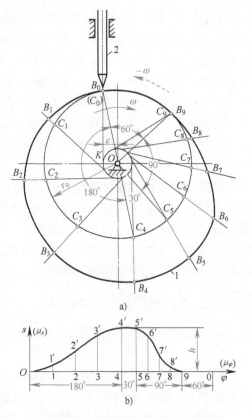

图 7-17 图解法设计偏置尖底
直动从动件凸轮廓线

a）凸轮廓线设计 b）从动件位移线图

（1）作凸轮的理论廓线 将滚子中心 B 假想为尖底从动件的尖底，按照尖底直动从动件凸轮廓线的作图方法，作出凸轮的理论廓线 η。

（2）作凸轮的实际廓线 以理论廓线轨迹上的各点为圆心、r 为半径，作一系列滚子圆。作这族滚子圆的内包络线 η'，它就是理论廓线的内等距曲线，即为凸轮的实际廓线。若同时作出这族滚子圆的外包络线 η''，则可设计出图 7-7a 所示的盘形槽凸轮轮廓曲线。

需要指出的是，从上述作图过程可知，对于滚子从动件盘形凸轮机构，基圆是指凸轮理论廓线上由最小半径 r_0 所作的圆，它会大于凸轮实际廓线上最小半径所构成的圆，这与尖底从动件盘形凸轮机构不同。此外，从动件端部的滚子与凸轮实际廓线的接触点会随凸轮的转动而不断变化。

3. 平底从动件盘形凸轮

平底从动件盘形凸轮廓线的设计与滚子从动件盘形凸轮廓线的设计方法相类似。如图 7-19 所示，首先将平底与导路中心线的交点 B 作为假想的尖底从动件的尖端。应用反转法，根据平底从动件的运动规律，依次确定出假想的尖端 B 在反转过程中所处的位置，并在这些位置点分别作出各平底的图形，然后作这些平底的内包络线，即为所要设计的凸轮廓线。作图法的设计步骤如下：

1）将平底与导路中心线的交点 B_0 假想为尖底从动件的尖端，按照尖底从动件盘形凸轮廓线的作图方法，确定出该假想的尖端在反转过程中依次所处的位置 B_1、B_2、B_3、…。

2）过假想的尖端 B 依次所处的位置 B_1、B_2、B_3、…、B_8，作一系列代表平底的直线，这族直线即代表在反转过程中平底从动件依次占据的位置。

3）作这族直线（平底）的内包络线，即为凸轮的实际廓线。

对平底从动件凸轮机构来说，为保证在所有位置时的平底都能与凸轮廓线相切，凸轮各点处的廓线必须都是外凸的。此外，从图 7-19 中可见，在平底上与凸轮廓线的切点随凸轮的转动而变化，因此平底左、右两侧的宽度应分别大于导路中心线至左、右最远切点的距离，如图中 b' 和 b''。

（二）摆动从动件盘形凸轮廓线设计

设计一尖底摆动从动件盘形凸轮机构。已知凸轮以等角速度 ω 逆时针方向转动，凸轮轴与摆杆回转中心的距离为 a，凸轮基圆半径 r_0，摆杆长度 l，摆杆的运动规律已知，推程时凸轮与摆杆的转向相反。

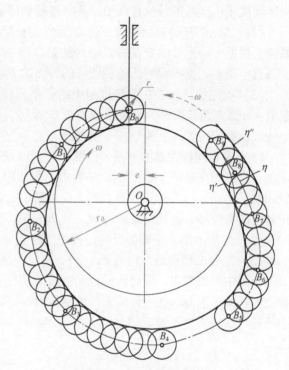

图 7-18　图解法设计偏置直动
滚子从动件凸轮廓线

如图 7-20 所示，应用反转法，假设凸轮不动，则摆杆回转轴心 A_0 相对凸轮回转中心 O 沿 $-\omega$ 方向转动，同时摆杆按已知的运动规律绕轴心 A_0 摆动。其尖底 B 所描绘的轨迹即为要求的凸轮廓线。作图法的设计步骤如下：

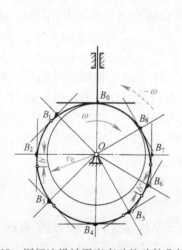

图 7-19　图解法设计平底直动从动件凸轮廓线

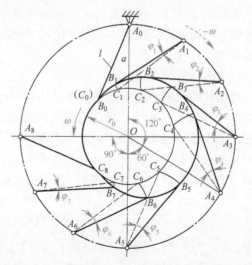

图 7-20　图解法设计尖底摆动从动件凸轮廓线

（1）作从动件位移线图　选取适当的角度比例尺 μ_ϕ（μ_ϕ 是指 1mm 代表的角度值）。根据运动规律作摆杆的角位移线图，并将推程和回程区间位移线图的横坐标分成若干等份。

（2）确定摆杆的初始位置 选取适当的长度比例 μ_l，以 O 为圆心、r_0 为半径作凸轮的基圆。根据中心距 a 确定摆杆轴心的初始位置 A_0。以 A_0 为圆心、摆杆长度 l 为半径作圆弧，交基圆于两点，据推程时凸轮和摆杆的转向取 B_0 点，A_0B_0 即代表摆杆的初始位置。

（3）确定摆杆轴心在反转过程中的一系列位置 以 O 为圆心、a 为半径作圆，自 A_0 点起沿 $-\omega$ 方向将该圆分为与位移线图横坐标对应的区间和等份，得摆杆轴心 A_0 在反转过程中依次占据的位置 A_1、A_2、$\cdots$、A_8 等点。

（4）确定摆杆尖底的一系列位置 分别以点 A_1、A_2、$\cdots$、A_8 等点为圆心、摆杆长度 l 为半径，作圆弧交基圆于 C_1、C_2、$\cdots$ 各点，得线段 A_1C_1、A_2C_2、$\cdots$（如图 7-20 中虚线所示）。以 A_1C_1、A_2C_2、$\cdots$ 为始边，分别作 $\angle C_1A_1B_1$、$\angle C_2A_2B_2$、$\cdots$，使它们分别等于位移线图中摆杆对应的角位移，由此得线段 A_1B_1、A_2B_2、$\cdots$。这些线段即代表反转过程中摆杆依次占据的位置。点 B_1、B_2、$\cdots$ 即为反转过程中摆杆尖底的运动轨迹。

（5）绘制凸轮廓线 将点 B_0、B_1、B_2、$\cdots$ 连成光滑曲线，即为要设计的凸轮廓线。

由图中可以看出，设计出的凸轮廓线与摆杆 AB 在某些位置（如 A_3B_3 位置）可能会出现相交的现象。因此，在设计从动件的结构时，可将摆杆做成弯杆的形式，以避免在运动过程中凸轮与摆杆发生干涉。

三、用解析法设计凸轮廓线

用作图法设计凸轮廓线，概念清晰，简便易行，但误差大，效率低。对于精度要求较高且结构复杂的凸轮廓线，通常需用解析法设计。尤其是近年来随着计算机与数控加工技术的发展，解析法在凸轮廓线的设计中已得到了广泛的普及和应用。

用解析法设计凸轮廓线的关键问题是将凸轮廓线表示为数学方程，这一过程称为建立数学模型。下面介绍几种盘形凸轮廓线的解析设计方法。

（一）直动滚子从动件盘形凸轮

用解析法设计一偏置直动滚子从动件盘形凸轮机构。已知凸轮以等角速度 ω 逆时针方向转动，凸轮基圆半径 r_0、滚子半径 r，导路和凸轮轴心间的相对位置及偏距 e，从动件的运动规律 $s = s(\varphi)$。

1. 理论廓线方程

过凸轮的回转中心 O 建立直角坐标系 Oxy，如图 7-21 所示。设推程开始时从动件滚子中心处于 B_0 点，B_0 即为凸轮理论廓线的起始点。当凸轮沿逆时针方向转过 φ 角时，应用反转法，假设凸轮不动，则从动件与导路一起沿 $-\omega$ 方向反转 φ 角，处于图中双点画线位置。设对应此过程滚子中心按已知的运动规律产生的位移为 $s = s(\varphi)$。由作图法可知此时滚子中心点 B 即为凸轮理论廓线上的点。B 点在坐标系中的表达式为

$$\begin{cases} x = (s_0 + s)\sin\varphi + e\cos\varphi \\ y = (s_0 + s)\cos\varphi - e\sin\varphi \end{cases} \tag{7-13}$$

式中，$s_0 = \sqrt{r_0^2 - e^2}$。若令 $e = 0$，则上式即为对心直动滚子从动件盘形凸轮的理论廓线方程。当凸轮沿逆时针方向转动，且导路偏置于凸轮轴心右侧时，上式中偏距 e 取正值，否则取负值。

2. 实际廓线方程

由作图法可知，滚子从动件盘形凸轮的理论廓线与实际廓线为法向等距曲线，这两条曲线

的法向距离等于滚子半径 r。设凸轮理论廓线上 B 点处的法线为 nn（图7-21），它与 x 轴的夹角为 θ。法线 nn 与表示滚子的圆相交于两个 B' 点，则凸轮实际廓线上 B' 点的坐标可由下式求出

$$\begin{cases} x' = x \mp r\cos\theta \\ y' = y \mp r\sin\theta \end{cases} \qquad (7\text{-}14)$$

式中，"－"号适用于理论廓线的内等距曲线 η'；"＋"号适用于外等距曲线 η''。若同时计算内、外等距曲线，则可设计出盘形槽凸轮的实际廓线。

由高等数学可知，曲线上任一点的法线斜率与该点处的切线斜率互为负倒数。因此，上式中法线 nn 与 x 轴的夹角 θ，可通过理论廓线上 B 点处的切线斜率计算

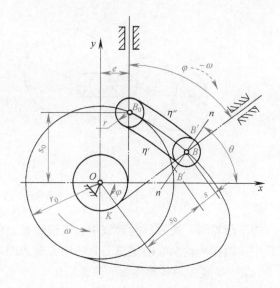

图7-21 解析法设计偏置直动滚子从动件凸轮廓线

$$\tan\theta = -\frac{\mathrm{d}x}{\mathrm{d}y} = \frac{\mathrm{d}x}{\mathrm{d}\varphi} \Big/ \left(-\frac{\mathrm{d}y}{\mathrm{d}\varphi} \right) = \frac{\sin\theta}{\cos\theta} \qquad (7\text{-}15)$$

式中，$\mathrm{d}x/\mathrm{d}\varphi$、$\mathrm{d}y/\mathrm{d}\varphi$ 可根据式（7-13）求导得出

$$\mathrm{d}x/\mathrm{d}\varphi = (\mathrm{d}s/\mathrm{d}\varphi - e)\sin\varphi + (s_0 + s)\cos\varphi$$

$$\mathrm{d}y/\mathrm{d}\varphi = (\mathrm{d}s/\mathrm{d}\varphi - e)\cos\varphi - (s_0 + s)\sin\varphi$$

因此 $\sin\theta$、$\cos\theta$ 的表达式为 $\sin\theta = \dfrac{\mathrm{d}x/\mathrm{d}\varphi}{\sqrt{(\mathrm{d}x/\mathrm{d}\varphi)^2 + (\mathrm{d}y/\mathrm{d}\varphi)^2}}$　$\cos\theta = \dfrac{-\mathrm{d}y/\mathrm{d}\varphi}{\sqrt{(\mathrm{d}x/\mathrm{d}\varphi)^2 + (\mathrm{d}y/\mathrm{d}\varphi)^2}}$

应用式（7-14）和式（7-15）计算凸轮的实际廓线时，需注意 θ 角的取值范围可能在 $0° \sim 360°$ 之间变化。当式（7-15）中的分子与分母均大于 0 时，θ 角取值在 $0° \sim 90°$ 之间；当分子、分母均小于 0 时，θ 角取值在 $180° \sim 270°$ 之间；如果 $\sin\theta > 0$、$\cos\theta < 0$，则 θ 角取值在 $90° \sim 180°$ 之间；如果 $\sin\theta < 0$、$\cos\theta > 0$，则 θ 角取值在 $270° \sim 360°$ 之间。

3. 刀具的中心轨迹方程

根据凸轮廓线方程，应用数控铣床或凸轮磨床可加工凸轮的实际廓线。若使用的刀具（铣刀或砂轮）半径与滚子半径相同，则刀具的中心轨迹就是凸轮的理论廓线，因此根据理论廓线方程即可加工出凸轮的实际廓线。但刀具半径与滚子半径通常不一定相同，因此在加工凸轮前需计算刀具的中心轨迹方程。

如图7-22 所示，设刀具半径为 r_c。加工凸轮时由于刀具外圆与凸轮实际廓线处处相切，因此刀具中心走过的轨迹 η_c 也是与凸轮的理论廓线 η 和实际廓线 η' 法向等距的曲线。采用上述求等距曲线的方法，根据式（7-13）～式（7-15）可建立刀具的中心轨迹方程

$$\begin{cases} x_c = x \pm |r_c - r| \dfrac{\mathrm{d}y/\mathrm{d}\varphi}{\sqrt{(\mathrm{d}x/\mathrm{d}\varphi)^2 + (\mathrm{d}y/\mathrm{d}\varphi)^2}} \\ y_c = x \mp |r_c - r| \dfrac{\mathrm{d}x/\mathrm{d}\varphi}{\sqrt{(\mathrm{d}x/\mathrm{d}\varphi)^2 + (\mathrm{d}y/\mathrm{d}\varphi)^2}} \end{cases} \qquad (7\text{-}16)$$

式中，当 $r_c > r$ 时，取下面一组加减号；当 $r_c < r$ 时，取上面一组加减号。

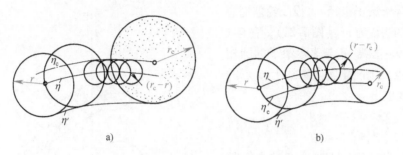

图7-22 刀具中心轨迹

a) 刀具半径大于滚子半径 b) 刀具半径小于滚子半径

加工凸轮时，使刀具沿着该中心轨迹运行，便可加工出凸轮的实际轮廓。因此，在工程实际中，根据理论廓线确定出刀具的中心轨迹即可，并不一定需要求出凸轮的实际廓线。

（二）平底直动从动件盘形凸轮机构

用解析法设计平底直动从动件盘形凸轮机构的分析如图7-23所示。

建立直角坐标系 Oxy，使 y 轴与从动件导路重合，推程开始时平底与凸轮基圆在 B_0 点相切。当凸轮沿逆时针方向转过 φ 角时，应用反转法，假设凸轮不动，则从动件与导路以 $-\omega$ 方向反转 φ 角，处于图中双点画线位置。此时，平底与凸轮廓线在 B 点相切，位移为 $s = \overline{DB}$。由速度瞬心法可知，图中 P 点为凸轮与平底从动件的相对速度瞬心，故 $\overline{OP}$ 的表达式为

$$\overline{OP} = \frac{v}{\omega} = \frac{\mathrm{d}s}{\mathrm{d}\varphi} \tag{7-17}$$

因此 B 点在坐标系中的表达式为
$$\begin{cases} x = (r_0 + s)\sin\varphi + \dfrac{\mathrm{d}s}{\mathrm{d}\varphi}\cos\varphi \\ y = (r_0 + s)\cos\varphi - \dfrac{\mathrm{d}s}{\mathrm{d}\varphi}\sin\varphi \end{cases} \tag{7-18}$$

式（7-18）即为平底直动从动件盘形凸轮的实际廓线方程。

（三）摆动滚子从动件盘形凸轮机构

用解析法设计一摆动滚子从动件盘形凸轮机构。已知凸轮以等角速度 ω 逆时针方向转动，推程时摆杆顺时针方向转动，凸轮回转中心 O 与摆杆回转轴心 A_0 的距离为 a，摆杆长度 l，滚子半径 r，摆杆的运动规律 $\psi = \psi(\varphi)$。

建立直角坐标系 Oxy，使摆杆回转轴心 A_0 与凸轮回转中心 O 的连线与 y 轴重合，如图7-24所示。设推程开始时滚子中心处于 B_0 点，即 B_0 为凸轮廓线的起始点。当凸轮沿逆时针方向转过 φ 角时，应用反转法，假设凸轮不动，则摆杆回转轴心 A_0 相对凸轮沿 $-\omega$ 方向转动 φ 角，同时摆杆按已知的运动规律 $\psi = \psi(\varphi)$ 绕轴心 A_0 产生相应的角位移 ψ，如图中虚线所示。在这一过程中滚子中心 B 描绘出的轨迹，即为凸轮的理论廓线。B 点的坐标为

$$\begin{cases} x = a\sin\varphi - l\sin(\varphi + \psi_0 + \psi) \\ y = a\cos\varphi - l\cos(\varphi + \psi_0 + \psi) \end{cases} \tag{7-19}$$

式（7-19）即为摆动滚子从动件盘形凸轮的理论廓线方程。其实际廓线同样为理论廓线的等距曲线，因此可根据直动滚子从动件盘形凸轮实际廓线的推导方法，参照式（7-14）和式（7-15）建立凸轮的实际廓线方程。

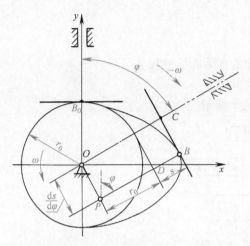 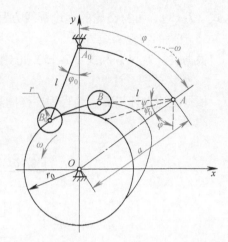

图 7-23 解析法设计平底直动从动件凸轮廓线　　图 7-24 解析法设计摆动滚子从动件凸轮廓线

（四）解析法设计凸轮廓线实例

例题　用解析法设计一偏置直动滚子从动件盘形凸轮机构。已知凸轮以等角速度 ω 顺时针方向转动，基圆半径 $r_0 = 40\text{mm}$，滚子半径 $r = 10\text{mm}$，导路偏置于凸轮回转中心左侧。偏距 $e = 10\text{mm}$，从动件升距 $h = 30\text{mm}$。从动件的运动规律为：推程采用简谐运动规律，推程角 $\Phi = 150°$，远休止角 $\Phi_s = 30°$；回程采用等加速等减速运动规律，回程角 $\Phi' = 120°$，近休止角 $\Phi_s' = 60°$。

解：1. 推导从动件的运动方程

1）推程

$$\begin{cases} s = \dfrac{h}{2}\Big[1 - \cos\Big(\pi\,\dfrac{\varphi}{\Phi}\Big)\Big] \\ v = \dfrac{\pi h\omega}{2\Phi}\sin\Big(\pi\,\dfrac{\varphi}{\Phi}\Big) \end{cases} \quad (0° \leqslant \varphi \leqslant 150°)$$

2）远休止

$$\begin{cases} s = h \\ v = 0 \end{cases} \quad (150° \leqslant \varphi \leqslant 180°)$$

3）回程

$$\begin{cases} s = h - 2h(\varphi - \Phi - \Phi_s)^2/\Phi'^2 \\ v = \dfrac{\mathrm{d}s}{\mathrm{d}\varphi} = -4h\omega(\varphi - \Phi - \Phi_s)/\Phi'^2 \end{cases} \quad (180° \leqslant \varphi \leqslant 240°)$$

$$\begin{cases} s = 2h(\Phi + \Phi_s + \Phi' - \varphi)^2/\Phi'^2 \\ v = \dfrac{\mathrm{d}s}{\mathrm{d}\varphi} = -4h\omega(\Phi + \Phi_s + \Phi' - \varphi)/\Phi'^2 \end{cases} \quad (240° \leqslant \varphi \leqslant 300°)$$

4）近休止

$$\begin{cases} s = 0 \\ v = 0 \end{cases} \quad (300° \leqslant \varphi \leqslant 360°)$$

2. 建立凸轮的理论廓线方程

由该凸轮机构导路的偏置方向可知，式（7-13）中偏距 e 应取正值。将已知结构参数代入式（7-13），可得凸轮的理论廓线方程。

3. 凸轮的实际廓线方程

根据式（7-14）和式（7-15）可建立凸轮的实际廓线方程。

4. 程序框图设计

根据上述设计步骤，编写程序框图如图 7-25 所示。

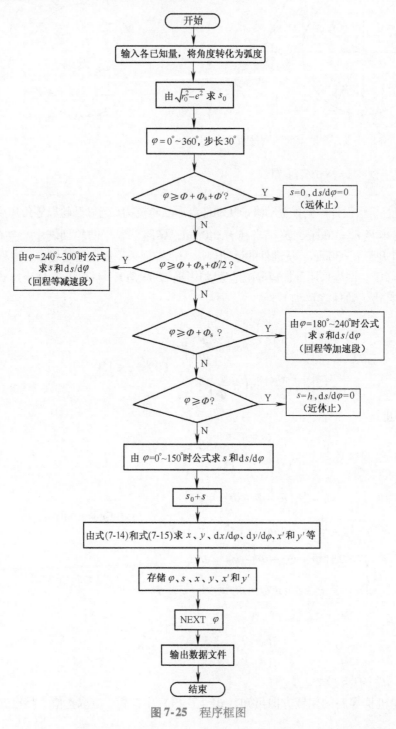

图 7-25　程序框图

第四节 平面凸轮机构基本尺寸的确定

上一节中讨论凸轮廓线设计时，凸轮的基圆半径、从动件的滚子半径以及平底尺寸等均视为已知条件。但实际上，这些参数需预先在综合考虑凸轮机构的传力特性、结构的紧凑性、运动是否失真等多种因素的基础上来确定。本节将就这些问题加以讨论。

一、凸轮机构的压力角

（一）压力角

在不计摩擦的情况下，凸轮推动从动件运动时，从动件与凸轮在接触点处的受力方向（即凸轮廓线的法线方向）与其在该点绝对速度方向之间所夹的锐角，称为凸轮机构的压力角。

直动滚子从动件盘形凸轮机构处于推程任一位置时的压力角 α 如图 7-26 所示。由速度瞬心法可知，图中 P 点为凸轮与从动件的相对速度瞬心。由式（7-17）可知 $\overline{OP} = \mathrm{d}s/\mathrm{d}\varphi$，因此直动从动件盘形凸轮机构压力角 α 的计算公式为

$$\tan\alpha = \frac{\overline{PD}}{\overline{BD}} = \frac{|\overline{OP} \mp e|}{s_0 + s} = \frac{|\mathrm{d}s/\mathrm{d}\varphi \mp e|}{\sqrt{r_0^2 - e^2} + s} \quad (7\text{-}20)$$

式中，$\mathrm{d}s/\mathrm{d}\varphi$ 为位移曲线的斜率。偏距 e 前面的符号应为：若凸轮沿逆时针方向转动，则当从动件导路中心偏在凸轮轴心右侧时，推程取减号，回程取加号；偏在左侧时，推程取加号，回程取减号。若凸轮沿顺时针方向转动，则加减号的取法与上述相反。

需注意的是，由于凸轮廓线各点处的法线方向不同，因此一般情况下压力角 α 的大小随凸轮转角的位置不同而变化。

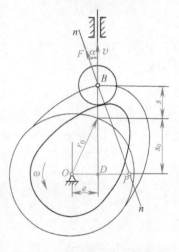

图 7-26 直动滚子从动件盘形凸轮机构的压力角

几种常见的盘形凸轮机构的压力角如图 7-27 所示。在图 7-27b、d 中，由于从动件的平底在运动中的任一位置都与凸轮廓线相切，因此这类凸轮机构的压力角 α 在凸轮机构整个运动周期中为常值。

对于滚子从动件盘形凸轮机构，压力角 α 是指在凸轮理论廓线上滚子中心点的受力方向与其绝对速度方向之间所夹的锐角（图 7-26 和图 7-27c）。

（二）压力角对凸轮机构受力的影响

压力角是表征凸轮机构受力状况的一个重要参数。下面以图 7-28 所示尖底直动从动件盘形凸轮机构为例，分析压力角 α 的大小对从动件受力的影响。

设 P 为推程时凸轮对从动件的作用力，Q 为从动件所受的载荷（包括生产阻力、自重力以及弹簧力等），R_1、R_2 分别为导路两侧作用于从动件上的总反力。φ_1、φ_2 为摩擦角，l、b 分别为导路的结构参数，直线 nn 和 tt 分别表示在与从动件接触处凸轮廓线的法线和切线。根据从动件受力的平衡条件，可得

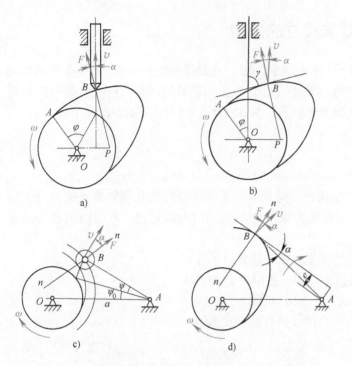

图 7-27　几种常见的盘形凸轮机构的压力角
a) 尖底直动从动件　b) 平底直动从动件
c) 摆动滚子从动件　d) 平底摆动从动件

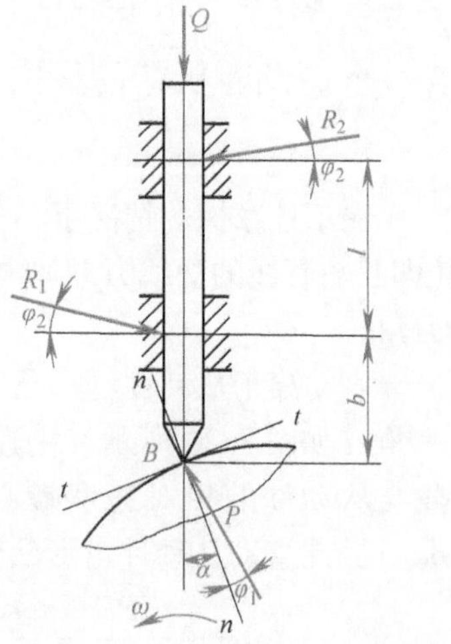

图 7-28　尖底直动从动件受力分析

$$-P\sin(\alpha+\varphi_1)+(R_1-R_2)\cos\varphi_2=0$$
$$-Q+P\cos(\alpha+\varphi_1)-(R_1+R_2)\sin\varphi_2=0$$
$$R_2\cos\varphi_2(l+b)-R_1\cos\varphi_2 b=0$$

由以上三式消去 R_1 和 R_2，经整理可得

$$P=\frac{Q}{\cos(\alpha+\varphi_1)-(1+2b/l)\sin(\alpha+\varphi_1)\tan\varphi_2} \tag{7-21}$$

由上式可见，在其他条件相同时，压力角 α 越大，推动从动件所需的作用力 P 越大；当压力角 α 大到使分母值趋于零时，理论上作用力 P 为无穷大时才能推动从动件，此时凸轮机构将发生自锁。将此时凸轮机构的压力角称为临界压力角 α_c，其值可通过令式（7-21）的分母为零求得

$$\alpha_c=\arctan\left[\frac{1}{\tan\varphi_2\left(1+\dfrac{2b}{l}\right)}\right]-\varphi_1 \tag{7-22}$$

（三）许用压力角

显然，为保证凸轮机构能正常运转，在凸轮机构的设计中应使最大压力角 $\alpha_{max}\leqslant\alpha_c$。在工程实际中，为改善凸轮机构的受力情况、提高机械效率，规定了允许采用的最大压力角值，称为许用压力角 $[\alpha]$。因此，应保证设计出的凸轮机构在其整个运动周期中的最大压力角满足

$$\alpha_{max} \leq [\alpha] \tag{7-23}$$

根据实践经验，对于推程（工作行程）推荐的许用压力角为：直动从动件，$[\alpha]=30°\sim40°$；摆动从动件，$[\alpha]=35°\sim45°$。对于回程（空回行程），由于通常受力较小且一般无自锁问题，故许用压力角可取得大一些，通常可取 $[\alpha]=70°\sim80°$。

二、凸轮基圆半径的确定

（一）基圆半径对压力角的影响

由式（7-20）可知，当从动件的运动规律和其他参数一定的情况下，增大基圆半径，可使凸轮机构的压力角减小；反之，会使凸轮机构的压力角增大。为直观描述凸轮基圆半径对压力角的制约关系，在图7-29中给出了对应同一运动规律时分别以不同基圆半径设计的两个凸轮机构。从图中可见，对应相同的凸轮转角 φ，从动件均产生相同的位移 s，但基圆半径较大的凸轮，廓线较平缓，压力角 α_2 较小；反之，基圆半径较小的凸轮，廓线陡度较大，压力角 α_1 也较大。

当然，增大基圆半径会使凸轮机构的整体尺寸增大。因此，在空间有限的情况下，需综合考虑结构紧凑性与传动效率两方面因素，在压力角不超过许用值的原则下，应尽可能采用较小的基圆半径。

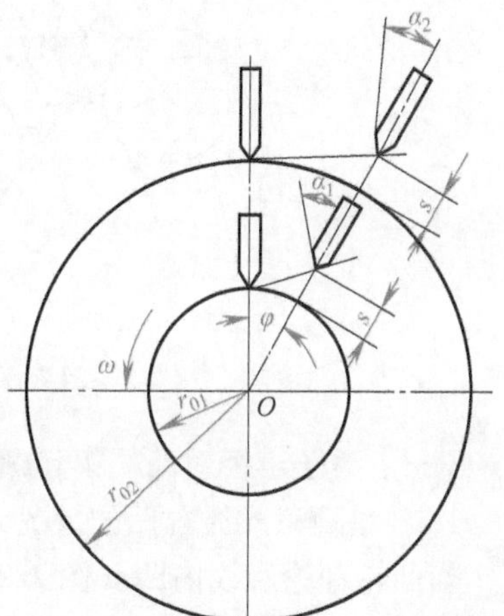

（二）基圆半径的确定方法

1. 直动滚子从动件

对于直动从动件盘形凸轮，在按照式（7-23）的条件确定基圆半径时，可将式（7-20）中最大压力角 α_{max} 以许用压力角 $[\alpha]$ 代替，于是满足 $\alpha_{max} \leq [\alpha]$ 条件的基圆半径的计算式为

图 7-29 基圆半径对压力角的影响

$$r_0 \geq \sqrt{\left(\frac{ds/d\varphi \mp e}{\tan[\alpha]} - s\right)^2 + e^2} \tag{7-24}$$

式中，偏距 e 前面的加减号按式（7-20）的规定选取。

应用式（7-24）时需注意，由于从动件的位移 s 以及 $ds/d\varphi$ 是凸轮转角 φ 的函数，因此对不同的 φ 值计算得到的 r_0 也不同。为保证在整个运动周期中均能满足 $\alpha_{max} \leq [\alpha]$，应选取计算结果中的最大值作为凸轮的基圆半径。

理论上，应用式（7-24）可精确地求得满足 $\alpha_{max} \leq [\alpha]$ 时的基圆半径，但实际上只有少数几种运动规律能够方便地求得精确值，在多数情况下求解精确值较困难。因此，在应用解析法进行凸轮廓线的设计时，通常也可先根据结构尺寸初步确定基圆半径，然后计算凸轮机构在整个运动周期中压力角的最大值 α_{max}，校验是否满足 $\alpha_{max} \leq [\alpha]$。若不满足，则重新选取大一点的基圆半径，重复上述计算步骤，直至满足许用压力角条件。

2. 平底直动从动件

图7-23所示的平底直动从动件盘形凸轮机构，其基圆半径 r_0 的确定应使从动件运动不失真，即应保证凸轮廓线全部外凸，或各点处的曲率半径 $\rho > 0$（曲率半径的计算方法见高等数学）。

三、滚子半径的选择

当进行滚子从动件凸轮廓线的设计时，需合理确定滚子半径。滚子半径一方面与其结构和强度有关，同时也与凸轮廓线的形状有关。下面结合图 7-30 所描述的四种可能情况做具体的分析。图中 η、η' 分别表示凸轮的理论廓线和实际廓线，ρ、ρ_a 分别表示理论廓线和实际廓线的曲率半径。

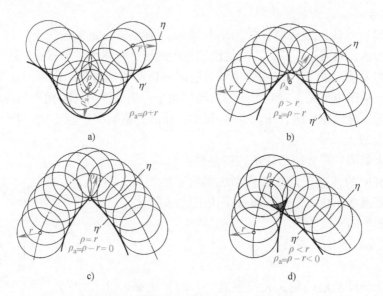

a) b)

c) d)

图 7-30 滚子半径对凸轮实际廓线的影响

（一）滚子半径对凸轮实际廓线的影响

1. 凸轮理论廓线内凹的情况

当凸轮理论廓线内凹（图 7-30a）时，实际廓线的曲率半径等于理论廓线的曲率半径与滚子半径之和，即 $\rho_a = \rho + r$。因此，无论滚子半径如何选取，总可以平滑地作出凸轮的实际廓线。

2. 凸轮理论廓线外凸的情况

当凸轮理论廓线外凸（图 7-30b、c、d）时，实际廓线的曲率半径等于理论廓线的曲率半径与滚子半径之差，即 $\rho_a = \rho - r$。此时有三种情况：

1）当 $\rho > r$ 时，$\rho_a > 0$，此时可以平滑地作出凸轮的实际轮廓（图 7-30b）。

2）当 $\rho = r$ 时，$\rho_a = 0$，此时实际廓线的曲率半径为零，即实际廓线出现了尖点（图 7-30c）。这种情况称为"变尖现象"，尖点极易磨损，因此在设计中应力求避免。

3）当 $\rho < r$ 时，$\rho_a < 0$，此时根据理论廓线作出的实际廓线出现了相交的包络线（图 7-30d）。这部分相交的廓线（图中的红色阴影区）在加工凸轮时将被切掉，因此无法实现从动件预期的运动规律，这种现象称为"失真现象"。

（二）滚子半径的确定方法

通过上述分析可知，主要应针对凸轮理论廓线外凸的情况来确定滚子半径。除了考虑滚子的强度和寿命之外，还需对实际廓线上每一点的曲率半径 ρ_a 进行验算，以避免凸轮实际廓线出现变尖或失真现象。

通常为避免出现尖点与失真现象，可取滚子半径 $r < 0.8\rho_{min}$，并保证凸轮实际廓线的最小曲率半径满足 $\rho_{amin} \geqslant 1 \sim 5mm$。在综合考虑滚子结构与强度限制的基础上，一般可取滚子半径 $r = (0.1 \sim 0.15)r_0$，r_0 为凸轮的基圆半径。

四、平底直动从动件平底尺寸的确定

平底直动从动件盘形凸轮机构在运动中的任意时刻，平底始终与凸轮廓线相切，但与凸轮廓线的切点在平底上的位置随凸轮转角的不同而变化。因此，用作图法设计凸轮廓线时，要找出整个运动周期中平底上的这个切点距导路中心线的最大值（如图 7-19 中所示的 b' 和 b''）。选取 b' 和 b'' 中的最大值，并考虑到留有一定的余量，即可确定平底的尺寸为

$$l = 2 \left| \max(b', b'') \right|_{max} + (5 \sim 7)mm$$

当用解析法设计时，这个最大值就要由计算来获得。由式（7-17）知，$\overline{CB}_{max} = (ds/d\varphi)_{max}$。因此，选取推程或回程中的最大值，并考虑到留有一定的余量，即可确定平底的长度尺寸为

$$l = 2 \left| ds/d\varphi \right|_{max} + (5 \sim 7)mm$$

五、从动件偏置方向的确定

对于直动从动件盘形凸轮机构，工程中常采用将从动件导路相对凸轮回转轴心进行偏置布置的方法，达到改善凸轮机构传力性能或减小结构尺寸的目的。但需注意，导路偏置的方向与凸轮的转向有关。如图 7-26 所示，设凸轮沿逆时针方向转动，从动件导路偏置于凸轮轴心的右侧，此时压力角的计算公式为 $\tan\alpha_1 = (\overline{OP} - e)/(s_0 + s)$，导路偏置可减小凸轮机构推程的压力角。若从动件导路偏置于凸轮轴心的左侧，根据式（7-20）正负号选取的规定可知，此时压力角的计算公式为 $\tan\alpha_2 = (\overline{OP} + e)/(s_0 + s)$，且 $\alpha_2 > \alpha_1$。显然，在其他条件相同的情况下，这种偏置会使凸轮机构推程的压力角增大，使机构的传力性能变坏。因此，为了减小凸轮机构推程的压力角，应使从动件导路的偏置方向与推程时的相对速度瞬心 P 位于凸轮轴心的同一侧。

文献阅读指南

从动件运动规律是影响凸轮机构运动与动力特性的主要因素。因此，了解各种从动件运动规律的特点、适用场合以及设计方法是进行凸轮机构设计的基础。在工程实际应用中，除本章介绍的几种常用运动规律外，有时还需针对不同的应用场合，选择或设计其他形式的从动件运动规律。例如，在中、高速凸轮机构设计中会经常采用修正正弦、修正等速、修正梯形等组合型运动规律。关于这些运动规律的特性及适用场合在牧野洋编著的《自动机械机构学》（北京：科学出版社，1980）以及 F. Y. Chen 编著的《Mechanics and Design of Cam Mechanisms》（New York：Pergamon Press Inc.，1982）等专著中都进行了系统的分析与比较。此外，近年来众多学者对组合运动规律开展了深入的研究，其中在张策编著的《机械动力学》（2 版，北京：高等教育出版社，2008）一书中提出了"通用简谐梯形组合运动规律"，应用该组合运动规律的构造方法不仅可构造出多种常用的凸轮机构运动规律，且可设计出性能优良、高阶导数连续的从动件运动规律。

本章仅介绍了在满足运动学要求的条件下进行凸轮廓线设计的方法，而未深入涉及动力学问题。在工程实际设计中，尤其是在中、高速凸轮机构的设计中，在选择运动规律时就要特别注意到动力学要求，并对所设计的凸轮机构进行系统的动力学分析。关于这类问题可参阅上述文献中的详尽分析与论述。

在平面凸轮机构的凸轮廓线设计中，本章以反转法的基本原理为基础，着重介绍了应用解析法进行凸轮廓线的设计问题。应用解析法建立凸轮廓线设计的数学模型，编制计算机程序，通过数控机床加工凸轮廓线，目前在工程设计领域已得到广泛应用。关于这类问题可参阅赵韩、丁爵曾编著的《凸轮机构设计》（北京：高等教育出版社，1993）。

思 考 题

7-1　什么是从动件的运动规律？常用的从动件运动规律各有什么特点？在选择或设计从动件运动规律时需注意哪些问题？

7-2　什么是凸轮机构的偏距圆？在用图解法设计直动从动件盘形凸轮廓线时偏距圆有何用途？

7-3　什么是凸轮的基圆？在用图解法设计盘形凸轮廓线时基圆的作用是什么？滚子从动件盘形凸轮的基圆与该凸轮实际廓线上最小半径所在的圆有何区别与联系？

7-4　在滚子从动件（直动或摆动）盘形凸轮廓线设计中，为什么首先要根据滚子中心的运动轨迹设计凸轮的理论廓线？凸轮的理论廓线与凸轮的实际廓线两者之间有何区别与联系？

7-5　在直动滚子从动件盘形凸轮机构的设计中，从动件导路偏置的主要目的是什么？偏置方向如何确定？

7-6　什么是凸轮机构的压力角？在其他条件相同的情况下，改变基圆半径的大小对凸轮机构的压力角有何影响？

习 题

7-1　试以作图法设计一偏置直动滚子从动件盘形凸轮机构的凸轮轮廓曲线。已知凸轮以等角速度顺时针方向回转，推杆升程 $h=32\text{mm}$，从动件位移线图如图 7-31 所示。凸轮轴心偏于从动件轴线右侧，偏距 $e=10\text{mm}$。又已知凸轮的基圆半径 $r_0=35\text{mm}$，滚子半径 $r=15\text{mm}$。

7-2　用解析法设计一偏置尖底直动从动件盘形凸轮机构凸轮廓线。已知凸轮以等角速度 ω 顺时针方向回转，在凸轮转过 $\Phi=120°$ 的过程中，从动件按摆线运动规律上升 $h=50\text{mm}$；凸轮继续转过 $\Phi_\text{s}=30°$ 时，从动件保持不动；凸轮继续转过 $\Phi'=60°$ 时，从动件又按简谐运动规律下降至起始位置。凸轮轴心置于从动件轴线右侧，偏距 $e=20\text{mm}$，基圆半径 $r_0=50\text{mm}$。

7-3　如图 7-32 所示凸轮机构，请画出凸轮的理论廓线、基圆和该位置的压力角，并画出凸

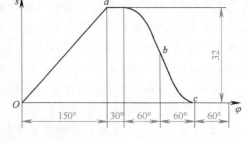

图 7-31　习题 7-1 图

轮转过90°时从动件相对凸轮的位移。

7-4 用作图法标注出图 **7-33** 所示凸轮机构的滚子从动件从 A 点接触到 C 点接触时凸轮的转角 φ，并标注出 C 点接触时推杆的压力角。

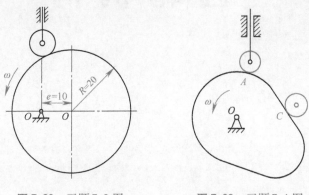

图 **7-32** 习题7-3图   图 **7-33** 习题7-4图

7-5 图 **7-34** 所示为摆动从动件盘形凸轮机构。当从动件由位置 BC_0 转过 20° 至 BC_1 时：

1）用图解法标出凸轮转过的角度（应在图上标注清楚）。

2）在图上画出在 P 点接触时的压力角 α。

3）用瞬心法求摆杆在 BC_0 位置时机构的传动比。

7-6 图 **7-35** 所示为一对心尖底直动从动件盘形凸轮机构。已知凸轮为一以 C 为圆心的圆盘：

1）量出工作轮廓的基圆半径 r_0 和从动件的升距 h。

2）写出推程角 Φ、远休止角 Φ_s、回程角 Φ' 和近休止角 Φ'_s 的数值。

3）每30°取一分点，画出从动件的位移线图。

4）画出从动件在工作轮廓上 D 点处的压力角，并量出其数值。

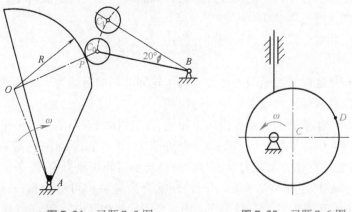

图 **7-34** 习题7-5图   图 **7-35** 习题7-6图

第八章 齿轮机构

内容提要 V

　　在本章中，重点介绍渐开线直齿圆柱齿轮机构的啮合原理、尺寸计算和几何设计，也介绍斜齿圆柱齿轮机构、直齿锥齿轮机构和蜗杆机构的啮合特点和尺寸计算。

第一节　齿轮机构的特点和分类

扫码看视频

　　齿轮机构可以传递空间任意两轴间的运动和动力。其优点是：传递功率的范围和圆周速度的范围很大，传动效率高，传动比准确，使用寿命长，工作可靠。因此，它成为应用最为广泛的传动机构。

　　早在公元前，中国已在指南车上应用了复杂的齿轮系统。古希腊已有圆柱齿轮、锥齿轮和蜗杆传动的记载。中世纪，摆线齿廓的金属齿轮随着瑞士的钟表业而发展起来。第一次工业革命以后，机器的速度提高了，要求大力改善齿轮的传动质量。1781 年，欧拉首次提出用渐开线作为齿轮的齿廓。这极大地改善了机械传动的质量，适应了机械传动速度和功率不断提高的要求。渐开线至今仍是使用最普遍的齿廓曲线。今天，制作精良、润滑良好的渐开线齿轮传动的圆周速度已达 200m/s。

　　按照两轴间的相对位置，齿轮机构可分为：

　　1. 平面齿轮机构

　　平面齿轮机构传递两平行轴间的运动，两齿轮间的相对运动为平面运动。其齿轮外形呈圆柱形，又称为圆柱齿轮机构或平行轴齿轮机构。

　　轮齿排列在圆柱体外表面的是外齿轮，排列在圆柱体内表面的是内齿轮。两个外齿轮构成外啮合齿轮机构（图 8-1a、b、c）；一个外齿轮和一个内齿轮构成内啮合齿轮机构（图 8-1d）；大齿轮的直径为无穷大时成为齿条，与小齿轮构成齿轮-齿条机构（图 8-1e）。

　　按照轮齿在圆柱体上排列方向的不同，外啮合齿轮机构可分为直齿（图 8-1a）、斜齿（图 8-1b）和人字齿（图 8-1c）三种类型。内啮合齿轮机构和齿轮-齿条机构也可做成斜齿。

　　2. 空间齿轮机构

　　空间齿轮机构传递两相交轴或两交错轴间的运动，两齿轮间的相对运动为空间运动。

　　传递两相交轴间运动的齿轮外形呈圆锥形，故称为锥齿轮机构。按照齿在圆锥体上排列方向和形状的不同，可分为直齿（图 8-1f）和曲线齿（图 8-1g）两种类型。

传递两交错轴间运动的有蜗杆机构（图 8-1h）和交错轴斜齿轮机构（图 8-1i）两种。

a)　　　　　　　　　　b)　　　　　　　　　　c)

d)　　　　　　　　　　e)　　　　　　　　　　f)

g)　　　　　　　　　　h)　　　　　　　　　　i)

图 8-1 齿轮机构的类型

两个齿轮中一个称为主动齿轮，另一个称为从动齿轮，它们的所有参数均分别标以下标 "1" 和 "2"。设主动齿轮和从动齿轮的角速度分别用 ω_1 和 ω_2 表示，两轮角速度之比称为传动比，即

$$i_{12} = \frac{\omega_1}{\omega_2} \tag{8-1}$$

上述各种齿轮机构的传动比都是定值，称为定传动比齿轮机构。也有一些场合应用传动比不是定值的非圆齿轮机构，如图 8-2 所示。本章只介绍定传动比的齿轮机构。

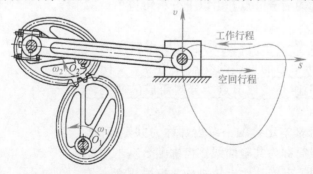

图 8-2 非圆齿轮机构

第二节　齿廓啮合基本定律与齿轮的齿廓曲线

一、平均传动比和瞬时传动比的概念

一对齿轮传动是依靠主动齿轮 1 的齿依次推动从动齿轮 2 的齿而实现的，若两轮的齿数分别为 z_1 和 z_2，则两轮每分钟转过的周数 n_1 和 n_2 之比 $\bar{i}_{12}$ 为

$$\bar{i}_{12} = \frac{n_1}{n_2} = \frac{z_2}{z_1} \tag{8-2}$$

对一对齿轮，$\bar{i}_{12}$ 是一个常数。给定 n_1，用式（8-2）即可计算出从动齿轮 2 每分钟转过的周数 n_2。但是，这并不能保证当齿轮 1 等速转动时，齿轮 2 也是等速转动的。齿轮 1 转过一个齿，齿轮 2 也转过一个齿，但是当齿轮 2 转过这一个齿的过程中，是否能时时刻刻保持角速度 ω_2 恒定不变呢？显然，这就取决于轮齿侧面的齿廓曲线了。

从传动的平稳性出发，我们要求从动齿轮是时刻保持等速回转的，也即保证式（8-1）所表达的两轮角速度 ω_1 和 ω_2 之比 i_{12} 为常数。

i_{12} 称为瞬时传动比，而 $\bar{i}_{12}$ 称为平均传动比。齿轮传动应保证瞬时传动比为常数，这是对齿轮传动的基本要求。

二、齿廓啮合基本定律

图 8-3 为一对平面齿廓曲线 G_1 和 G_2 在点 K 处接触的情况，K 点称为啮合点。齿廓 G_1 绕轴 O_1 转动，而齿廓 G_2 绕轴 O_2 转动。过啮合点 K 作两齿廓的公法线 n-n，n-n 与连心线 O_1O_2 交于点 P。

齿轮机构是由三个构件组成的高副机构，O_1、O_2 分别为两齿轮的绝对速度瞬心，由三心定理（参见第四章第二节）可知，点 P 就是这一对齿轮的相对速度瞬心 P_{12}。因此，G_1 和 G_2 在 P 点的速度相同，即

$$v_P = \overline{O_1P} \times \omega_1 = \overline{O_2P} \times \omega_2$$

由此可得瞬时传动比　$i_{12} = \dfrac{\omega_1}{\omega_2} = \dfrac{\overline{O_2P}}{\overline{O_1P}}$ （8-3）

点 P 称为两齿廓的啮合节点。由以上分析可得出齿廓啮合基本定律：

<u>两齿廓在任一位置啮合时，过啮合点所作两齿廓的公法线与连接两回转中心的连线的交点称为节点，两齿廓的瞬时传动比等于连心线被节点所分割而成的两线段的反比。</u>

凡满足齿廓啮合基本定律的一对齿廓称为共轭齿廓，共轭齿廓的齿廓曲线简称为共轭曲线。齿廓啮合基本定律具有普遍性：既适用于定传动比齿轮机构，也适用于变传

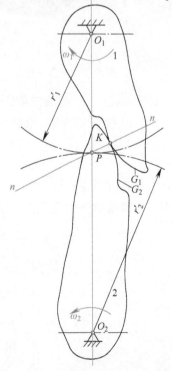

图 8-3　齿廓啮合基本定律

动比齿轮机构。

对于定传动比齿轮机构，传动比 i_{12} 是一个定值，因此节点 P 是一个定点。在这种情况下，齿廓啮合基本定律可表达为：两齿廓在任一位置啮合时，过啮合点所作两齿廓的公法线与连接两回转中心的连线交于一个定点。

分别以两轮的回转中心 O_1、O_2 为圆心，以 $r_1' = \overline{O_1P}$、$r_2' = \overline{O_2P}$ 为半径，作两个圆相切于节点 P。这两个圆称为两齿轮的节圆。节圆是节点在两齿轮运动平面上的轨迹。两轮在节圆上的圆周速度相等，因此两个齿轮的啮合传动可以视为两个节圆做纯滚动。

三、渐开线齿廓

齿轮的齿廓曲线必须满足齿廓啮合基本定律。

现在应用最普遍的齿廓曲线是渐开线。它是在第一次工业革命期间（1781 年）由瑞士数学家欧拉提出的。

1. 渐开线的生成

如图 8-4 所示，当直线 NK 沿一个圆周做纯滚动时，直线上任一点 K 的轨迹就是该圆的渐开线。这个圆称为渐开线的基圆，基圆半径用 r_b 表示。直线 NK 称为渐开线的发生线。图中发生线从与基圆在 A 点相切到与基圆在 N 点相切的过程中展开出渐开线 AK。$\theta_K = \angle AOK$ 称为渐开线在 K 点处的展角。KN 是正压力的方向，它与力作用点 K 的速度方向所形成的锐角 α_K 称为渐开线在 K 点处的压力角，其与 $\angle NOK$ 相等。在渐开线上的不同点处，压力角是不同的。

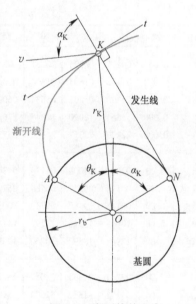

图 8-4 渐开线的生成

2. 渐开线的性质

渐开线具有以下一些重要的性质：

1）由于发生线在基圆上做纯滚动，所以发生线在基圆上滚过的直线长度等于基圆上被滚过的圆弧长度，即

$$\overline{KN} = \overparen{NA} \tag{8-4}$$

2）由于发生线在基圆上做纯滚动，所以发生线与基圆的切点 N 即为发生线滚动时的速度瞬心，发生线 KN 即为渐开线在 K 点的法线。因此，渐开线上任一点的法线必切于基圆。

3）发生线与基圆的切点 N 为发生线滚动时的速度瞬心，N 也就是渐开线在 K 点的曲率中心。线段 $\overline{KN}$ 就是相应的曲率半径。发生线开始滚动时，点 K、N、A 三点重合，随着滚动，K 点就逐渐远离 A 点，$\overline{KN}$ 逐渐变长。所以，渐开线上越远离基圆的部分，曲率半径越大，渐开线越平直，而在渐开线根部的起始点 A 处，渐开线曲率半径为零。

4）基圆以内无渐开线。

5）渐开线的形状取决于基圆大小。如图 8-5 所示，基圆 O_1 较小，渐开线 A_1K 较弯曲；基圆 O_2 较大，渐开线 A_2K 较平直，当基圆变成无穷大时，渐开线 A_3K 成为直线。

3. 渐开线的方程

如图 8-4 所示，以 O 为极点、以 OA 为极坐标轴，取向径 r_K 和展角 θ_K 表示渐开线上任一点 K 的极坐标。根据渐开线的性质，由式（8-4）得

$$\widehat{NA} = r_b(\theta_K + \alpha_K) = \overline{KN} = r_b\tan\alpha_K$$

故

$$\theta_K = \tan\alpha_K - \alpha_K$$

定义

$$\text{inv}\alpha_K = \tan\alpha_K - \alpha_K \qquad (8\text{-}5)$$

并称为角 α_K 的渐开线函数，则渐开线的极坐标可表示为压力角 α_K 的参数方程

$$\begin{cases} \theta_K = \text{inv}\alpha_K = \tan\alpha_K - \alpha_K \\ r_K = r_b/\cos\alpha_K \end{cases} \qquad (8\text{-}6)$$

为使用方便，将渐开线函数 $\text{inv}\alpha_K = \tan\alpha_K - \alpha_K$ 制成表格，见表8-1。当用计算机计算时，也可直接用式（8-5）计算。

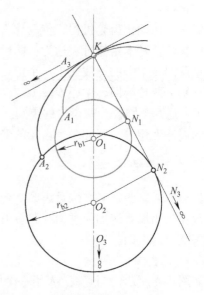

图 8-5　渐开线的形状取决于基圆大小

表 8-1　渐开线函数（$\text{inv}\alpha_K = \tan\alpha_K - \alpha_K$）

$\alpha°$	次	0′	5′	10′	15′	20′	25′	30′	35′	40′	45′	50′	55′
1	0.000	00177	00225	00281	00346	00420	00504	00598	00704	00821	00950	01092	01248
2	0.000	01418	01603	01804	02020	02253	02503	02771	03058	03364	03689	04035	04402
3	0.000	04790	05201	05634	06091	06573	07078	07610	08167	08751	09362	10000	10668
4	0.000	11364	12090	12847	13634	14453	15305	16189	17107	18059	19045	20067	21125
5	0.000	22220	23352	24522	25731	26978	28266	29594	30963	32374	33827	35324	36864
6	0.00	03845	04008	04175	04347	04524	04706	04892	05083	05280	05481	05687	05898
7	0.00	06115	06337	06564	06797	07035	07279	07528	07783	08044	08310	08582	08861
8	0.00	09145	09435	09732	10034	10343	10659	10980	11308	11643	11984	12332	12687
9	0.00	13048	13416	13792	14174	14563	14960	15363	15574	16193	16618	17051	17492
10	0.00	17941	18397	18860	19332	19812	20299	20795	21299	21810	22330	22859	23396
11	0.00	23941	24495	25057	25628	26208	26797	27394	28001	28616	29241	29875	30518
12	0.00	31171	31832	32504	33185	33875	34575	35285	36005	36735	37474	38224	38981
13	0.00	39754	40534	41325	42126	42938	43760	44593	45437	46291	47157	48033	48921
14	0.00	49819	50729	51650	52582	53526	54482	55448	56427	57417	58420	59434	60460
15	0.00	61498	62548	63611	64686	65773	66873	67985	69110	70248	71398	72561	73738
16	0.0	07493	07613	07735	07857	07982	08107	08234	08362	08492	08623	08756	08889
17	0.0	09025	09161	09299	09439	09580	09722	09866	10012	10158	10307	10456	10608
18	0.0	10760	10915	11071	11228	11387	11547	11709	11873	12038	12205	12373	12543
19	0.0	12715	12888	13063	13240	13418	13598	13779	13963	14148	14334	14523	14713
20	0.0	14904	15098	15293	15490	15689	15890	16092	16296	16502	16710	16920	17132

（续）

$\alpha°$	次	0′	5′	10′	15′	20′	25′	30′	35′	40′	45′	50′	55′
21	0.0	17345	17560	17777	17996	18217	18440	18665	18891	19120	19350	19583	19817
22	0.0	20054	20292	20533	20775	21019	21266	21514	21765	22018	22272	22529	22788
23	0.0	23049	23312	23577	23845	24114	24386	24660	24936	25214	25495	25778	26062
24	0.0	26350	26639	26931	27225	27521	27820	28121	28424	28729	29037	29348	29660
25	0.0	29975	30293	30613	30935	31260	31587	31917	32249	32583	32920	33260	33602
26	0.0	33947	34294	34644	34997	35352	35709	36069	36432	36798	37166	37537	37910
27	0.0	38287	38666	39047	39432	39819	40209	40602	40997	41395	41797	42201	42607
28	0.0	43017	43430	43815	44264	44685	45110	45537	45967	46400	46837	47276	47718
29	0.0	48164	48612	49064	49518	49976	50437	50901	51368	51838	52312	52788	53268
30	0.0	53751	54238	54728	55221	55717	56217	56720	57226	57736	58249	58765	59285
31	0.0	59809	60335	60866	61400	61937	62478	63022	63570	64122	64677	65236	65798
32	0.0	66364	66934	67507	68084	68665	69250	69838	70430	71026	71626	72230	72838
33	0.0	73449	74064	74684	75307	75934	76565	77200	77839	78483	79130	79781	80437
34	0.0	81097	81760	82428	83101	83777	84457	85142	85832	86525	87223	87925	88631
35	0.0	89342	90058	90777	91502	92230	92963	93701	94443	95190	95942	96698	97459
36	0.	09822	09899	09977	10055	10133	10212	10292	10371	10452	10533	10614	10696
37	0.	10778	10861	10944	11028	11113	11197	11283	11369	11455	11542	11630	11718
38	0.	11806	11895	11985	12075	12165	12257	12348	12441	12534	12627	12721	12815
39	0.	12911	13006	13102	13199	13297	13395	13493	13592	13692	13792	13893	13995
40	0.	14097	14200	14303	14407	14511	14616	14722	14829	14936	15043	15152	15261
41	0.	15370	15480	15591	15703	15815	15928	16041	16156	16270	16386	16502	16619
42	0.	16737	16855	16974	17093	17214	17335	17457	17579	17702	17826	17951	18076
43	0.	18202	18329	18457	18585	18714	18844	18975	19106	19238	19371	19505	19639
44	0.	19774	19910	20047	20185	20323	20463	20603	20743	20885	21028	21171	21315
45	0.	21460	21606	21753	21900	22049	22198	22348	22499	22651	22804	22958	23112
46	0.	23268	23424	23582	23740	23899	24059	24220	24382	24545	24709	24874	25040
47	0.	25206	25374	25543	25713	25883	26055	26228	26401	26576	26752	26929	27107
48	0.	27285	27465	27646	27828	28012	28196	28381	28567	28755	28943	29133	29324
49	0.	29516	29709	29903	30098	30295	30492	30691	30891	31092	31295	31498	31703
50	0.	31909	32116	32324	32534	32745	32957	33171	33385	33601	33818	34037	34257
51	0.	34478	34700	34924	35149	35376	35604	35833	36063	36295	36529	36763	36999
52	0.	37237	37476	37716	37958	38202	38446	38693	38941	39190	39441	39693	39947
53	0.	40202	40459	40717	40977	41239	41502	41767	42034	42302	42571	42843	43116
54	0.	43390	43667	43945	44225	44506	44789	45074	45361	45650	45940	46232	46526
55	0.	46822	47119	47419	47720	48023	48328	48635	48944	49255	49568	49882	50199
56	0.	50518	50838	51161	51486	51813	52141	52472	52805	53141	53478	53817	54159
57	0.	54503	54849	55197	55547	55900	56255	56612	56972	57333	57698	58064	58433
58	0.	58804	59178	59554	59933	60314	60697	61083	61472	61863	62257	62653	63052
59	0.	63454	63858	64265	64674	65086	65501	65919	66340	66763	67189	67618	68050

四、渐开线齿轮的啮合特性

1. 渐开线齿廓能保证瞬时传动比恒定

如图 8-6 所示，两齿轮上的一对渐开线齿廓在任一点 K 啮合。过啮合点 K 作两齿廓的公法线 n-n。根据渐开线的性质：渐开线上任一点的法线必切于基圆，则公法线 n-n 应同时切于两齿轮的基圆，切点分别为 N_1、N_2。因此，渐开线齿廓的公法线也就是两轮基圆的公切线。当两齿轮制造好以后，两轮的基圆已确定；当两齿轮安装好以后，中心距 a 也确定，则两轮的基圆公切线也就确定了。故两渐开线齿廓无论在哪一点啮合，过啮合点的齿廓公法线只有一条，那么这条公法线当然和连心线 O_1O_2 只有一个交点，即节点 P 是固定不变的。因此，渐开线齿廓满足齿廓啮合基本定律，能保证瞬时传动比恒定。

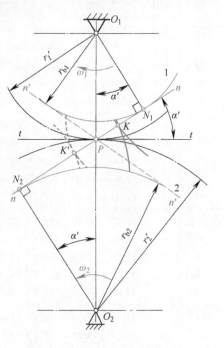

渐开线齿轮的传动比

$$i_{12} = \frac{\omega_1}{\omega_2} = \frac{\overline{O_2P}}{\overline{O_1P}} = \frac{r_2'}{r_1'} = \frac{r_{b2}}{r_{b1}} \qquad (8\text{-}7)$$

式中，r_{b1}、r_{b2} 为两轮的基圆半径；r_1'、r_2' 为两轮的节圆半径。

两基圆还有另一条公切线 n'-n'，如图 8-6 中虚线所示，它是两齿轮反向旋转，用另一侧的渐开线齿廓啮合时的齿廓公法线。

2. 渐开线齿轮的啮合线和啮合角恒定不变

两齿廓接触点在固定坐标系中的轨迹称为啮合线。因为两渐开线齿廓在啮合过程中接触点虽然变化，但过接触点所作的齿廓公法线只有一条，这就是

图 8-6 渐开线齿廓满足
齿廓啮合基本定律

两轮的基圆公切线 N_1N_2。因此，两齿廓接触点永远在两轮基圆的公切线上。两轮的基圆公切线 N_1N_2 就是渐开线齿轮的啮合线。对一对已安装好的渐开线齿轮来说，其啮合线是一条固定不变的直线。

啮合线 N_1N_2 和过节点的两节圆公切线 t-t 所夹的锐角称为啮合角，用 α' 表示。显然，对一对已安装好的渐开线齿轮来说，其啮合角也是固定不变的。

啮合线既然是齿廓的公法线，它也就是两齿廓间正压力的方向。因此，渐开线齿轮的正压力方向是不变的，这对保证齿轮运动的平稳性很有利。

两齿廓在节点 P 接触时，t-t 就是节圆上接触点的速度方向，N_1N_2 就是接触点正压力的方向。因此，啮合角 α' 也就是节圆上的压力角。

3. 中心距的变化不影响传动比的稳定性

由式（8-7）可知，渐开线齿轮的传动比等于两齿轮基圆半径的反比。当齿轮制造好以后，基圆即已固定，如果在安装时中心距有稍许误差，不会影响传动比的稳定性。渐开线齿廓的这一特性称为渐开线齿轮的可分性，这对渐开线齿轮的装配和使用是十分有利的。在渐

开线出现以前使用的摆线齿廓，其啮合角是变化的，同时也不具有可分性。这也是渐开线齿轮得到广泛应用的原因之一。

第三节　渐开线标准直齿圆柱齿轮的基本参数和尺寸计算

为了研究、设计、使用齿轮传动，应熟知齿轮各部分的名称，掌握基本参数的确定和几何尺寸的计算。

一、齿轮各部分的名称

图 8-7 所示为一个外齿轮的一部分。齿轮上有如下各部分的名称应牢记：

（1）齿顶圆　过所有轮齿顶端的圆称为齿顶圆，其半径和直径分别用 r_a、d_a 表示。

（2）齿根圆　过所有齿槽底部的圆称为齿根圆，其半径和直径分别用 r_f、d_f 表示。

（3）分度圆　分度圆是设计齿轮的一个基准圆，其半径和直径分别用 r、d 表示。以下，分度圆上的所有其他参数也都不加下标。

（4）基圆　产生渐开线的圆称为基圆，其半径和直径分别用 r_b、d_b 表示。

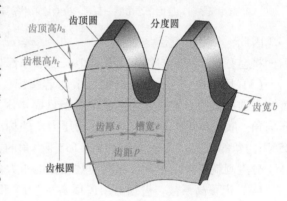

图 8-7　齿轮各部分名称

（5）齿顶高、齿根高和全齿高　分度圆和齿顶圆之间的径向距离称为齿顶高，用 h_a 表示；分度圆和齿根圆之间的径向距离称为齿根高，用 h_f 表示；齿顶圆和齿根圆之间的径向距离称为全齿高，用 h 表示，$h = h_a + h_f$。

（6）齿厚、槽宽和齿距　在任一半径为 r_K 的圆周上，一个轮齿两侧齿廓间的弧线长度称为该圆上的齿厚，用 s_K 表示；一个齿槽两侧齿廓间的弧线长度称为该圆上的槽宽，用 e_K 表示；相邻两个轮齿同侧齿廓之间的弧线长度称为该圆上的齿距，用 p_K 表示，$p_K = s_K + e_K$。分度圆上的齿厚、槽宽和齿距分别用 s、e 和 p 表示。此外，在分析和测量中有时会用到相邻两轮齿同侧齿廓之间在法线方向的距离——法向齿距 p_n 和相邻两轮齿在基圆上的齿距 p_b。根据渐开线的性质，$p_n = p_b$。

二、渐开线齿轮的基本参数

为了计算齿轮各部分的尺寸，需要规定若干基本参数。

（1）齿数　用 z 表示，齿数应为整数。

（2）模数　为了加工的方便，应选择一个反映齿的大小的基本参数，将其标准化。齿距 p 反映了齿的大小。但若规定 p 为一系列标准值，会带来一些问题。分度圆周长 $\pi d = zp$，因而分度圆直径 $d = zp/\pi$。这样计算出的分度圆直径总是无理数，用一个无理数作为设计基准是很不方便的。为此，人为地规定

$$m = p/\pi \tag{8-8}$$

称为分度圆模数，简称模数，并将它取为一个有理数数列。我国已制定了模数的国家标准，见表8-2，其单位为 mm。

表8-2 标准模数（摘自 GB/T 1357—2008）　（单位：mm）

第一系列	1	1.25	1.5	2	2.5	3	4	5	6
	8	10	12	16	20	25	32	40	50
第二系列	1.125	1.375	1.75	2.25	2.75	3.5	4.5	5.5	(6.5)
	7	9	11	14	18	22	28	36	45

注：1. 本表适用于渐开线圆柱齿轮，对斜齿轮是指法向模数。

　　2. 选用模数时，应优先选用第一系列。应避免采用括号内的数值。

因此，分度圆直径

$$d = mz \tag{8-9}$$

后面将会看到，齿轮的各直径及其他长度尺寸都与模数存在线性关系。

（3）压力角　在讲渐开线的生成时曾指出，渐开线齿廓上各点的压力角都不相同。分度圆上的压力角 α 被规定为标准值。当只提"压力角"，而不指明是哪个圆时，即指分度圆压力角。我国国家标准规定，分度圆压力角的标准值一般为20°。为了提高强度，也有采用25°压力角的，英、美等国也有采用15°压力角的。

分度圆就是齿轮中具有标准模数和标准压力角的圆。

（4）齿顶高系数　齿顶高用齿顶高系数 h_a^* 和模数的乘积来表示，即 $h_a = h_a^* m$。

（5）顶隙系数　齿根高比齿顶高大一些，以便在齿顶圆和另一个齿轮的齿根圆间形成间隙——顶隙 c，既有利于储存润滑油，也避免两齿轮卡死。顶隙用顶隙系数 c^* 和模数的乘积来表示，即 $c = c^* m$。

我国标准中规定了齿顶高系数和顶隙系数的标准值，见表8-3。

表8-3 齿顶高系数和顶隙系数的标准值

	正 常 齿 制		短 齿 制
	$m \geqslant 1mm$	$m < 1mm$	
齿顶高系数 h_a^*	1	1	0.8
顶隙系数 c^*	0.25	0.35	0.3

以上五个参数称为直齿轮的基本参数。

三、渐开线标准直齿轮的几何尺寸计算

具有以下特征的齿轮称为标准齿轮：

1）分度圆上具有标准模数和标准压力角。

2）分度圆上的齿厚和槽宽相等，即 $s = e = \pi m/2$。

3）具有标准的齿顶高和齿根高，即 $h_a = h_a^* m$，$h_f = (h_a^* + c^*) m$。

不具备上述特征的齿轮称为非标准齿轮。

渐开线标准直齿圆柱齿轮的几何尺寸计算公式见表8-4。

表 8-4 渐开线标准直齿圆柱齿轮的几何尺寸计算公式

基 本 参 数		$z_1,z_2,m,\alpha,h_a^*,c^*$	
名 称	**符 号**	**计 算 公 式**	
分度圆直径	d	$d_1 = mz_1 \qquad d_2 = mz_2$	
中心距	a	$a = \dfrac{1}{2}(d_2 \pm d_1) = \dfrac{1}{2}m(z_2 \pm z_1)$	
齿顶高	h_a	$h_a = h_a^* m$	
齿根高	h_f	$h_f = (h_a^* + c^*)m$	
全齿高	h	$h = h_a + h_f = (2h_a^* + c^*)m$	
齿顶圆直径	d_a	$d_{a1} = d_1 \pm 2h_a = (z_1 \pm 2h_a^*)m \qquad d_{a2} = d_2 \pm 2h_a = (z_2 \pm 2h_a^*)m$	
齿根圆直径	d_f	$d_{f1} = d_1 \mp 2h_f = (z_1 \mp 2h_a^* \mp 2c^*)m \qquad d_{f2} = d_2 \mp 2h_f = (z_2 \mp 2h_a^* \mp 2c^*)m$	
基圆直径	d_b	$d_{b1} = d_1\cos\alpha = mz_1\cos\alpha \qquad d_{b2} = d_2\cos\alpha = mz_2\cos\alpha$	
分度圆齿距	p	$p = \pi m$	
分度圆齿厚	s	$s = \pi m/2$	
分度圆槽宽	e	$e = \pi m/2$	
顶隙	c	$c = c^* m$	
基圆齿距	p_b	$p_b = \pi m\cos\alpha$	
节圆处齿廓的曲率半径	ρ	$\rho_1 = \dfrac{d_1}{2}\sin\alpha \qquad \rho_2 = \dfrac{d_2}{2}\sin\alpha$	

注：1. 符号±、∓中上面的用于外齿轮，下面的用于内齿轮。在中心距计算公式中，上面的用于外啮合，下面的用于内啮合。

2. 因为 $zp_b = \pi d_b = \pi mz\cos\alpha$，所以 $p_b = \pi m\cos\alpha$。

当其他基本参数相同时，模数不同，齿轮的几何尺寸也不同，如图 8-8 所示。

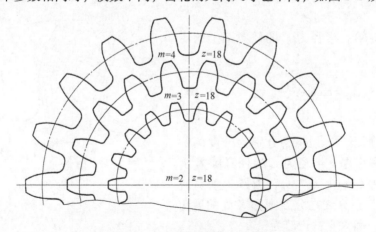

图 8-8 齿轮尺寸随模数的变化

内齿轮的特点是：其齿廓是内凹的，齿顶圆比分度圆小，齿根圆比分度圆大。内齿轮各部分名称如图 8-9 所示。注意：内齿轮的齿顶圆应大于基圆，因为基圆里面没有渐开线。

当外齿轮的齿数增加到无穷多时，齿轮上的基圆和分度圆都成为互相平行的直线，渐开线齿廓也变成直线齿廓，这样就成了齿条，如图 8-10 所示。齿条的特点是：

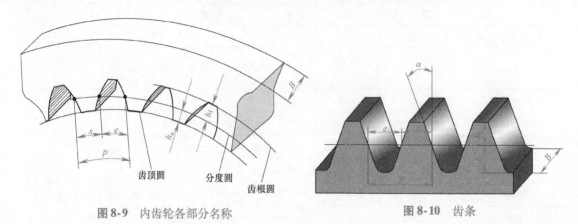

图 8-9　内齿轮各部分名称　　　　　　　图 8-10　齿条

1）由于齿条的齿廓是直线，其上各点的法线都是相互平行的。齿条做直线运动，各点速度的大小和方向也是相同的。因此，齿条齿廓上各点的压力角均相等，且等于齿廓的倾斜角，此角称为齿形角，标准值为 20°。

2）与齿顶线相平行的各直线上的齿距均相同，模数为同一标准值。其中齿厚和槽宽相等且与齿顶线平行的直线称为中线，它相当于外齿轮的分度圆，是确定齿条各部分尺寸的基准线。

标准齿条的齿顶高和齿根高的计算与外齿轮相同。

四、渐开线直齿圆柱齿轮任意圆上的几何尺寸计算

在齿轮的测量和进一步的分析中，有时还要用到分度圆以外的其他圆（如齿顶圆和基圆）上的尺寸。

1. 任意圆上的压力角

根据式（8-6），半径为 r_K 的任意圆上的压力角 α_K 为

$$\alpha_K = \arccos \frac{r_b}{r_K} \qquad (8\text{-}10)$$

2. 任意圆上的齿厚

如图 8-11 所示，r、α、s 分别为分度圆的半径、压力角和齿厚，半径为 r_K 的任意圆 K 上的压力角和齿厚分别为 α_K、s_K，齿厚 s_K 所对应的中心角为 φ_K，渐开线在分度圆和 K 处的展角分别为 θ 和 θ_K。圆 K 上的齿厚为

$$s_K = r_K \varphi_K$$

由图可知　　$\varphi_K = \dfrac{s}{r} - 2(\theta_K - \theta)$

将 φ_K 代入上式，得到

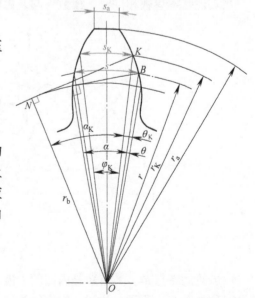

图 8-11　任意圆上的齿厚

$$s_K = \frac{r_K}{r}s - 2r_K(\mathrm{inv}\alpha_K - \mathrm{inv}\alpha) \tag{8-11}$$

第四节 渐开线直齿圆柱齿轮的啮合传动

一、一对齿轮的正确啮合条件

两个齿轮在啮合线上的齿距不相等时，两齿轮是无法正确啮合的。在图 8-12 中，齿轮
1 为主动轮，齿轮 2 为从动轮，转动方向
如图所示。在这一瞬间，有一对齿在啮
合线上的 K 点接触啮合，而后面又有一
对齿在 K' 点接触啮合。要使两轮能正确
地啮合，应保证两轮在齿廓法线方向的
齿距相等，即 $p_{n1} = p_{n2}$。由于法线方向的
齿距等于基圆上的齿距，因此应有 $p_{b1} =$
p_{b2}。设 m_1、m_2 分别为两轮的模数，α_1、
α_2 分别为两轮的压力角，根据表 8-4，
应有

$$\pi m_1 \cos\alpha_1 = \pi m_2 \cos\alpha_2$$

因为模数和分度圆压力角均为标准
值，因此只有当

$$\begin{cases} m_1 = m_2 = m \\ \alpha_1 = \alpha_2 = \alpha \end{cases} \tag{8-12}$$

时，上式才能得到满足。因此，一对齿
轮的正确啮合条件是：两轮的模数和压力角分别相等。

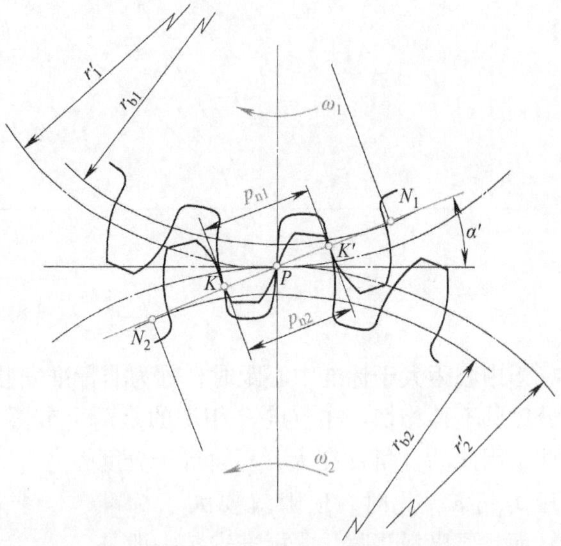

图 8-12 一对齿轮的正确啮合条件

二、齿轮传动的中心距和啮合角，侧隙和顶隙

当两轮以一侧齿廓相接触时，在另一侧齿廓处应留有一定的间隙，称为侧隙。它的作用
是防止由于制造和装配的误差、轮齿的变形和受热膨胀而造成的轮齿卡死。一个齿轮的齿顶
圆和另一个齿轮的齿根圆之间当然也应保有一定的间隙，称为顶隙。顶隙和侧隙还有储存润
滑油的作用。侧隙是通过规定出齿厚的制造负偏差而产生的，在计算齿轮的公称尺寸时应按
无侧隙啮合来计算。

标准齿轮的中心距应等于两轮分度圆半径之和（表 8-4），也就是安装时应使两分度圆
相切，如图 8-13a 所示，图中用红色表示出了分度圆和基圆。由于标准齿轮分度圆上的齿厚
与槽宽相等，这就保证了无侧隙啮合，也保证了顶隙为标准值 $c = c^* m$。这样计算出的中心
距称为标准中心距。

当一对齿轮按标准中心距安装时，称为标准安装。此时，两轮的节圆也就与各自的分度
圆重合，啮合角就等于分度圆压力角。但应该注意，分度圆和压力角是单个齿轮的参数和尺
寸，而节圆和啮合角是两个齿轮安装后才产生的，它们的概念完全不同。

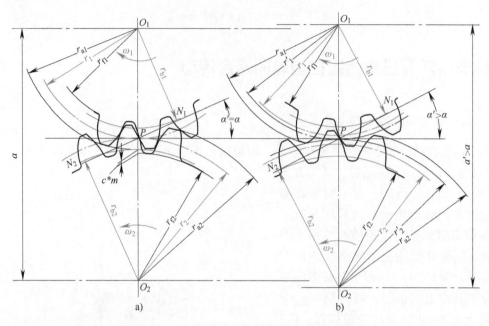

图 8-13　标准齿轮的安装

当中心距大于标准中心距时，称为非标准安装，如图 8-13b 所示。从图中可看出，此时两分度圆不再相切。在节点 P 相切的是两个节圆，它们大于各自的分度圆。两基圆远离了一些，因此啮合角 α' 变大，不再等于分度圆压力角 α。此时，顶隙就要大于标准值，而且要出现侧隙。非标准安装一般是不允许的。

对齿轮齿条传动，如图 8-14 所示。当齿条处于实线所示的位置时，齿条的中线和齿轮的分度圆相切，称为标准安装。此时齿条的节线（相当于齿轮的节圆）与中线重合，齿条的中线和齿轮的分度圆做纯滚动。当齿条处于虚线所示的位置时，中线不再与齿轮的分度圆相切，出现侧隙，这称为非标准安装。当非标准安装时，齿条上与中线平行、与分度圆相切的

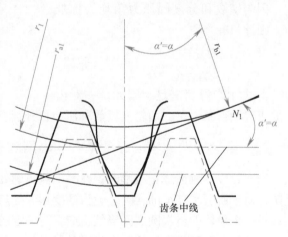

图 8-14　标准齿轮齿条传动的安装

直线称为节线，节线和中线不再重合。但由于齿条的齿廓曲线是直线，齿廓的法线方向是不变的，所以齿条传动的啮合角总是等于齿条的齿形角。

三、一对轮齿的啮合过程和连续传动条件

下面用图 8-15 所示的一对渐开线直齿圆柱齿轮来说明一对轮齿的啮合过程。设轮 1 为主动轮，轮 2 为从动轮，两轮角速度方向如图所示。直线 N_1N_2 为这对齿轮的啮合线。从动轮的齿顶圆和啮合线的交点为 B_2，两轮轮齿在 B_2 点开始啮合。此时，主动轮齿廓靠

近齿根的部分和从动轮的齿顶相接触。随着传动的进行，两齿的接触点在主动轮齿上由齿根部移向齿顶部，在从动轮齿上由齿顶部移向齿根部。接触点在固定坐标系中沿着啮合线 N_1N_2 由 B_2 向 B_1 移动。B_1 是主动轮的齿顶圆和啮合线的交点，一对轮齿在这里脱开啮合。

从一对轮齿的啮合过程看，在啮合线 N_1N_2 上只有 $\overline{B_1B_2}$ 这一线段是真正起作用的，它称为实际啮合线。如果两轮的齿顶圆加大，B_1、B_2 将分别趋近于 N_2、N_1，实际啮合线将加长。但若在 N_2、N_1 点啮合，就用到了渐开线的根部，而基圆内没有渐开线，因此 B_1、B_2 不能超过 N_2、N_1，线段 $\overline{N_1N_2}$ 称为理论啮合线。

当这一对齿的接触点走到 B_1 时，两齿即将脱离啮合。为了保持运动传递的连续性，在这一对齿脱离之前，下一对齿应该已经进入啮合。否则，传动就会瞬时中断，并带来冲击。我们知道，在啮合线方向两个齿的距离等于一个基圆齿距 p_b。因此，实际啮合线的长度应大于或等于基圆齿距。这里定义实际啮合线的长度 $\overline{B_1B_2}$ 与基圆齿距 p_b 之比为齿轮传动的重合度，记为 ε_α。因此，一对齿轮连续传动的条件是

$$\varepsilon_\alpha = \frac{\overline{B_1B_2}}{p_b} \geq 1 \tag{8-13}$$

由于齿轮的制造、安装难免有误差，为确保传动的连续性，应使计算得到的重合度大于给定的许用值，即

$$\varepsilon_\alpha \geq [\varepsilon_\alpha] \tag{8-14}$$

重合度的许用值 $[\varepsilon_\alpha]$ 根据齿轮的使用要求和制造精度确定。一般可在 $1.05 \sim 1.35$ 范围内选取，制造精度高时可取小值。

由图 8-16 可导出重合度的计算公式：

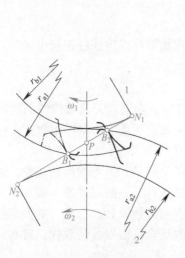

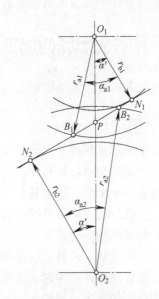

图 8-15 一对轮齿的啮合过程　　　图 8-16 重合度的计算

$$\overline{B_1B_2} = \overline{PB_1} + \overline{PB_2}$$

$$\overline{PB_1} = r_{b1}(\tan\alpha_{a1} - \tan\alpha') \qquad \overline{PB_2} = r_{b2}(\tan\alpha_{a2} - \tan\alpha')$$

式中，α_{a1}、α_{a2}为轮1和轮2的齿顶圆压力角，可用式（8-10）计算；α'为啮合角。将$\overline{B_1B_2}$的表达式和$p_b = \pi m\cos\alpha$代入式（8-13），可得重合度的计算公式为

$$\varepsilon_\alpha = \frac{1}{2\pi}\left[z_1(\tan\alpha_{a1} - \tan\alpha') + z_2(\tan\alpha_{a2} - \tan\alpha')\right] \tag{8-15}$$

将图8-15中的实际啮合线$\overline{B_1B_2}$取出绘在图8-17中，取$\overline{B_2C_2} = \overline{B_1C_1} = p_b$。当前一对齿的啮合点走到$C_2$时，后一对齿在$B_2$进入啮合，即两对齿同时承担载荷。当后一对齿的啮合点走到C_1时，前一对齿走到B_1，脱离啮合。因此，实际啮合线的C_1C_2区段是单齿啮合区，同时啮合的齿对数$E = 1$；而B_1C_2和C_1B_2区段是双对齿啮合区，$E = 2$。重合度越大，双对齿啮合区也越长。正常齿制的标准直齿圆柱齿轮的重合度极限值为1.98，也就是说，不可能出现三对齿同时啮合的情况。短齿制齿轮的齿顶圆更小，重合度也更小。

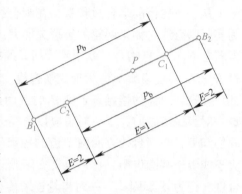

图8-17 重合度与同时啮合的齿数

四、齿廓的滑动与磨损

一对渐开线齿廓除去在节点啮合以外，在啮合线上其他任一点啮合时两齿廓上接触点的速度方向均不同，因此存在相对滑动，而且越远离节点，相对滑动越大。在润滑不良的情况下会导致磨损。分析表明，小齿轮的齿根部的磨损最为严重。因此，在设计齿轮时，宜使实际啮合线的B_2点离开极限点N_1较远些。当然，在使用标准齿轮时是无法实现这种调整的。关于齿廓滑动的更详细的分析可参看有关参考文献。

第五节 渐开线齿轮的加工原理

绝大多数的渐开线齿轮的齿廓是在机床上采用仿形法或展成法切制出来的。

一、仿形法

仿形法加工采用盘状或指形齿轮铣刀（图8-18），在通过刀具轴线的平面内刀具截面的齿形和被加工齿轮的齿槽形状相同。刀具的旋转是切削运动，刀具沿齿槽方向进刀，切出齿的全长。在切完一个齿后，轮坯转过一定的角度（$2\pi/z$），再切第二个齿。

由于渐开线的形状取决于基圆的大小，而基圆半径又和齿轮的齿数有关，因此理论上针对每一种齿数应该准备一把刀具。为了减少刀具的数目，一般只准备少数几种刀具；每种刀具加工一定范围的齿数，刀具齿形按此范围内最少的齿数设计。因此，对大多数的齿，这种加工在理论上就必然会存在误差。仿形法在大多数场合已被展成法取代，目前只用在难以应用展成法的场合，如人字齿轮的加工。

二、展成法

在一对齿轮做无侧隙啮合时，有四个基本要素：一对齿轮的齿廓，这是两个几何要素；

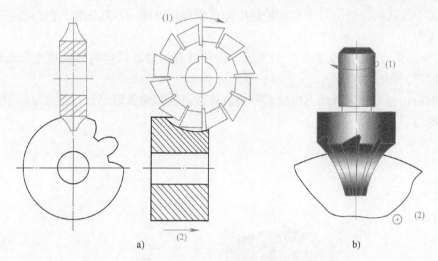

图 8-18　用仿形法加工齿轮

a）用盘状铣刀加工　b）用指形齿轮铣刀加工

（1）—切削运动　（2）—进给运动

两轮的角速度 ω_1 和 ω_2，这是两个运动要素。这四个要素中已知三个便可以求出第四个。对于齿轮传动，已知两齿廓和主动轮转速 ω_1，便可确定从动轮转速 ω_2。在机床上用展成法切制齿轮轮齿的原理是：刀具是一个齿条或齿轮，它的齿形已知（一个几何要素）；强制地让刀具和轮坯按一定的传动比 ω_1/ω_2 转动（两个运动要素），那么就可以在轮坯上切削出所需的齿廓（另一个几何要素）。

图 8-19 是用齿轮插刀切制齿轮的情况，齿轮插刀相当于一个齿数为 z_c、具有切削刃的外齿轮，用它可以切制出相同模数和压力角的齿数为 z 的齿轮。刀具和轮坯间主要的相对运动有两个：

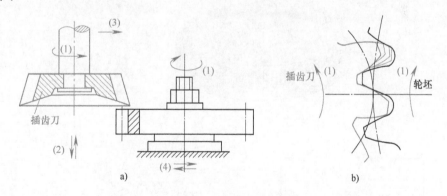

图 8-19　用齿轮插刀切制齿轮

a）切制齿轮　b）展成原理

（1）—展成运动　（2）—切削运动　（3）—进给运动　（4）—让刀运动

（1）展成运动　由机床的传动系统强制性地保证齿轮插刀和轮坯以定传动比 $i = \omega_c/\omega = z/z_c$ 转动，这个运动就是前面所说的两个运动要素，称为展成运动。

（2）切削运动　齿轮插刀沿其轴线方向做往复移动，以便切去齿槽部分的材料。

如图 8-19b 所示，插齿刀齿廓在轮坯坐标系中所获得的一系列位置的包络线就是所切成的渐开线齿廓。

图 8-20 是用齿条插刀切制齿轮的情况，齿条插刀沿轮坯切向的移动速度和轮坯分度圆的线速度相等，形成展成运动。

上述的齿轮插刀和齿条插刀也分别称为齿轮型刀具和齿条型刀具，但大量应用的齿条型刀具是齿轮滚刀。

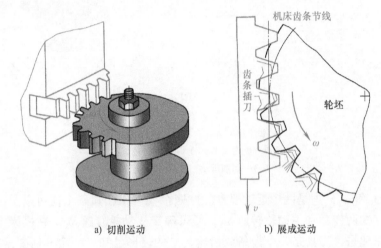

a) 切削运动   b) 展成运动

图 8-20 用齿条插刀切制齿轮

滚齿加工（图 8-21a）是广泛应用的一种展成法加工。齿轮滚刀（图 8-21b）的形状如

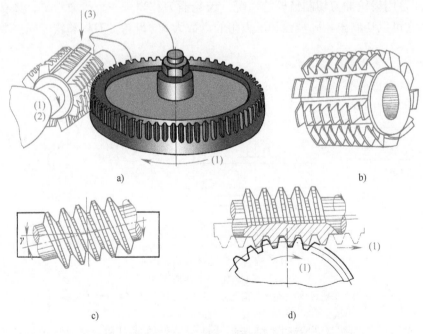

a)   b)

c)   d)

图 8-21 用齿轮滚刀切制齿轮
a) 用滚刀加工齿轮 b) 齿轮滚刀 c) 滚刀安装 d) 展成原理
(1)—展成运动 (2)—切削运动 (3)—进给运动

同一个螺旋，沿与螺旋线垂直的方向开出了几个槽，以便形成切削刃。加工齿轮时，滚刀的轴线和齿轮轮坯的端面（与轮坯轴线垂直的平面）形成一个角度（图8-21c），它等于滚刀的导程角 γ。这样，在滚刀接触轮坯的一面，螺旋的方向恰与轮坯的齿的方向相同。滚刀在齿轮端面上的投影相当于一个齿条（图8-21d）。滚刀转动时，一方面产生切削运动，另一方面相当于使投影在端面的这个齿条产生移动。与此同时，轮坯按计算好的速度回转。在端面内，滚刀和轮坯的运动相当于一对齿轮齿条的啮合传动，这个运动称为展成运动。因此，滚刀属于齿条型刀具。此外，为了切制出齿轮的全宽，滚刀还有一个沿轮坯轴线方向的慢速进给运动（图8-21a）。滚齿加工的优点是它的切削运动是连续的，不像前面两种情况是做往复运动，因此可提高切削速度，生产率高。

图8-22中给出了齿条型刀具的齿廓，它与普通齿条的齿廓（图8-10）相似，只是其齿顶高比齿条多出一段 $c = c^* m$，以便切出齿轮的齿根高。在图中刀具顶线以上的部分切削刃是过渡圆弧，它用来切出被加工齿轮的齿根圆及连接渐开线齿廓和齿根圆的过渡曲线。刀具根部的 $c = c^* m$ 段不参加切削，轮坯的外圆是按照设计好的齿顶圆车削出来的。

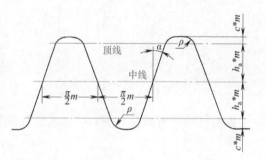

图8-22 普通齿条和齿条型刀具的齿形比较

在切制标准齿轮时，齿条型刀具和轮坯的距离应符合标准安装的规定，也即齿条型刀具的中线和轮坯的分度圆相切。在轮坯的端面内，齿条型刀具与轮坯的啮合相当于齿条型刀具的中线和轮坯的分度圆做纯滚动。如图8-20所示，齿条型刀具的直线齿廓在轮坯坐标系中所获得的一系列位置的包络线就是所切成的渐开线齿廓。

三、根切现象

在用展成法切制标准齿轮时，若齿轮的齿数较少，可能出现"根切现象"，即渐开线齿廓的根部被切掉了一部分，如图8-23所示。

下面用图8-24来说明产生根切现象的原因。当切制标准齿轮时，齿条型刀具的中线必须与被加工齿轮的分度圆相切。刀具切出齿廓的过程也和齿轮齿条的啮合过程类似。设被加工的齿轮中心在 O_1，B_1 点是轮坯的齿顶圆和啮合线的交点，从这一点，直线切削刃开始切出轮坯齿廓的渐开线。随着齿条型刀具的右移和轮坯的逆时针方向转动逐渐切出渐开线齿廓。B_2 点是刀具的齿顶线和啮合线的交点，在这一点，直线切削刃切出轮坯齿廓渐开线上最靠近根部的一点。当齿轮齿数较多时，因基圆半径较大、O_1 点较远，B_2 点离理论啮合线的极限点 N_1 尚有一段距离。

可以设想，被加工齿轮的齿数较少，其基圆半径 r'_b 也较小，被加工的齿轮中心在 O'_1，以至理论啮合线的极限点 N'_1 和 B_2 点重合，那么切削刃最后切出的渐开线已经切到了渐开线的根部，即图8-4中的 A 点。如果被加工齿轮的齿数更少（基圆半径为 r''_b，齿轮中心在 O''_1），以至理论啮合线的极限点 N''_1 已经落到 B_2 点的左侧，则在 N''_1 点就已经切到了渐开线的根部，等刀具走到 B_2 点时，就切到了基圆的内部。根据渐开线的性质：基圆内部没有渐开线，此时刀具还会将已切好的渐开线又切掉一部分。这就是图8-23所示的根切现象。

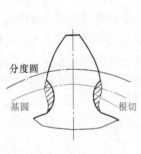

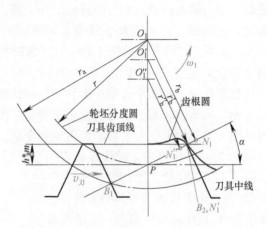

图 8-23　根切现象　　　　　图 8-24　用齿条型刀具切齿时产生根切的分析

四、不发生根切的最少齿数

如前所述，极限点 N_1 和 B_2 点重合时是发生根切和不发生根切的临界情况。此时有

$$\overline{PN_1}\sin\alpha = h_a^* m \tag{8-16}$$

设此时的齿轮齿数为不发生根切的最少齿数，以 $z_{\min}$ 表示，则 $\overline{PN_1}$ 和轮坯的分度圆半径有如下关系

$$\overline{PN_1} = \frac{m z_{\min}}{2}\sin\alpha$$

将 $\overline{PN_1}$ 代入式（8-16）可得出

$$\frac{m z_{\min}}{2}\sin\alpha = \frac{h_a^* m}{\sin\alpha} \tag{8-17}$$

因此可得出标准齿轮不发生根切的最少齿数为

$$z_{\min} = \frac{2 h_a^*}{\sin^2\alpha} \tag{8-18}$$

对 $\alpha = 20°$ 的标准齿轮，当采用正常齿制，$h_a^* = 1$ 时，$z_{\min} = 17$；采用短齿制，$h_a^* = 0.8$ 时，$z_{\min} = 14$。

第六节　变位齿轮传动

一、标准齿轮的局限性

在前面几节中，已经讨论了渐开线标准齿轮传动。对标准齿轮，模数、压力角、齿顶高系数和顶隙系数均取标准值，而且分度圆上的齿厚和槽宽相等。标准齿轮设计计算简单、互换性好。但是它也存在以下一些缺点：

1）一对齿轮中的大、小两个齿轮的强度不均衡。小齿轮的基圆小，渐开线比较弯曲，根部齿厚较小；小齿轮的齿参加工作的次数又较多，因此抵抗弯曲折断的能力较差。此外，如本章第四节所述，小齿轮的根部磨损最为严重。

2）一对标准齿轮的中心距等于两轮分度圆半径之和，$a = m(z_2 + z_1)/2$。而机器中常要求齿轮传动的实际中心距 a' 不等于 a，在这些场合标准齿轮就无法应用。

3）如前所述，当标准齿轮的齿数小于最少齿数时，切制齿轮时会出现"根切现象"。

为了突破标准齿轮上述的局限性，工程中广泛采用变位齿轮传动。

二、变位齿轮的概念

1. 变位修正法和变位齿轮

如果我们需要齿数 $z < z_{min}$ 的齿轮，如何避免根切现象呢？由式（8-18）可看出，减小齿顶高系数 h_a^*、增大压力角 α 可以使 z_{min} 更小，但这会带来其他一些问题，如重合度的下降。采用变位齿轮则可以很容易地避免根切现象。

设想当所加工的齿轮齿数 $z < z_{min}$，由图 8-24 可看出，此时理论啮合线的极限点 N_1'' 已落到 B_2 点左侧。我们可以将齿条型刀具向远离轮坯中心 O_1'' 的方向移动一个距离 xm，如图 8-25 所示，这时实际啮合线的终点 B_2 点也随之下移到 B_2' 点，在啮合线方向上不再超过极限点 N_1，则刀具就不会切到基圆内部，从而避免了根切现象。

通过改变刀具和轮坯的相对位置切制出的齿轮称为变位齿轮。

刀具向远离轮坯中心的方向移动，称为正变位；刀具向靠近轮坯中心的方向移动，称为负变位。齿条型刀具移动的量为 xm，m 为模数，x 称为变位系数。当正变位时，变位系数为正值；当负变位时，变位系数为负值。

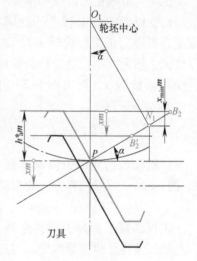

图 8-25 用变位修正法切制
齿轮以避免发生根切

2. 不发生根切的最小变位系数

现在用图 8-25 推导一下，为了避免根切，齿条型刀具所需要的最小移位量。设所需要的最小移位量为 $x_{min}m$，则刀具的齿顶线应通过 N_1 点，故有

$$\frac{mz}{2}\sin^2\alpha = (h_a^* - x_{min})m$$

由式（8-18）有

$$\sin^2\alpha = \frac{2h_a^*}{z_{min}}$$

代入上式，有

$$x_{min} = h_a^* \frac{z_{min} - z}{z_{min}} \tag{8-19}$$

这就是不发生根切的最小变位系数。由此式可看出，当被加工齿轮的齿数 $z < z_{min}$ 时，必须用正变位才能消除根切，而当 $z > z_{min}$ 时，用一定量的负变位也不至于发生根切。

3. 变位齿轮相对于标准齿轮的尺寸变化

就单个齿轮而言，用变位方法切制时，有的尺寸没变，而有的尺寸发生了变化。

正变位时，齿条型刀具的中线和轮坯的分度圆不再相切，如图 8-26 所示。齿条型刀具上与中线平行的另一条直线和分度圆相切并做纯滚动，该直线称为节线。因此，节线上的模数、压力角就都"复印"到轮坯的分度圆上。

刀具节线上的齿距、模数、压力角都和中线上的齿距、模数、压力角相同，均为标准值。因此，变位齿轮分度圆上的模数、压力角也保持标准值不变。

但是，节线上的齿厚和槽宽不相等，于是，变位齿轮分度圆上的齿厚和槽宽也不再相等。正变位齿轮分度圆上的齿厚变大，槽宽变小；负变位齿轮则反之。若变位系数为 x，则由图 8-26 可看出，分度圆齿厚变为

$$s = \frac{\pi m}{2} + 2xm\tan\alpha \qquad (8\text{-}20)$$

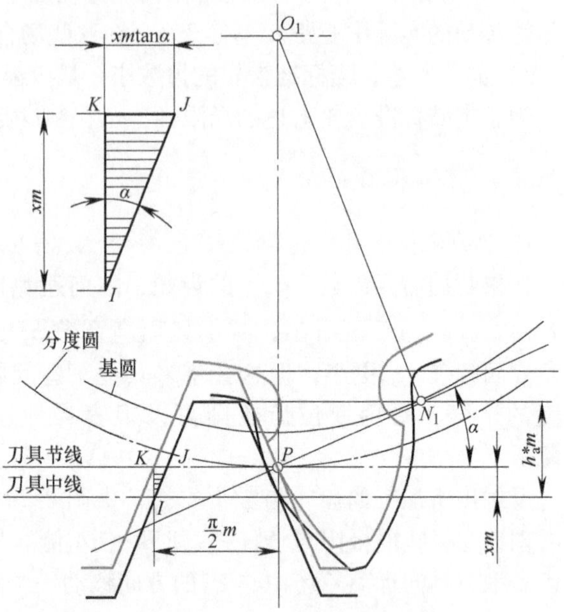

虽然变位齿轮的分度圆直径和模数没变，但由于刀具的移位，齿根高变为

$$h_f = (h_a^* + c^* - x)m \qquad (8\text{-}21)$$

图 8-26　变位齿轮的齿厚变化

齿根圆变了，为了保持全齿高，齿顶圆的尺寸当然也应当改变。但这个问题稍微复杂一些，在后面再加以叙述。

变位齿轮的模数和压力角没变，则基圆大小就不变。因此，变位齿轮的齿廓和标准齿轮的齿廓是同一条渐开线，只是正变位齿轮、负变位齿轮和标准齿轮使用了同一条渐开线的不同部分，如图 8-27 所示。

三、变位齿轮啮合传动的几何尺寸

图 8-28a 所示为一对标准齿轮传动的基本几何关系；图 8-28b 所示为基本参数相同

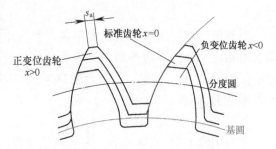

图 8-27　变位齿轮和标准齿轮的渐开线齿廓

的变位齿轮传动的基本几何关系，图中用红色表示出了基圆、分度圆、啮合线和啮合角。不难理解，变位齿轮分度圆上的齿厚和槽宽不相等，就不能再按标准齿轮时的中心距安装。两轮的基圆没变，但中心距改变了，啮合角也就改变了。

1. 变位齿轮传动啮合角和中心距的计算——无侧隙啮合方程

变位齿轮分度圆上的齿厚和槽宽不再相等，因此两轮安装在一起后两分度圆就不会相切。此时两齿轮上还会有一对彼此相切并做纯滚动的圆，那就是节圆（图 8-28b）。一对齿轮应保证在节圆上实现无侧隙啮合。设两轮节圆上的齿厚分别为 s_1' 和 s_2'，槽宽分别为 e_1' 和 e_2'，应有 $s_1' = e_2'$ 和 $s_2' = e_1'$。因此节圆齿距应等于

$$p' = s_1' + e_1' = s_2' + e_2' = s_1' + s_2' \qquad (8\text{-}22)$$

设啮合角，即节圆压力角为 α'，两节圆半径分别为 r_1'、r_2'，则根据式（8-11）可知

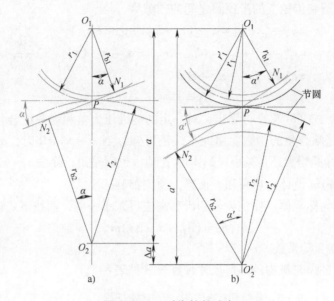

图 8-28 一对齿轮的啮合

a) 标准齿轮传动　b) 变位齿轮传动

$$s'_i = \frac{r'_i}{r_i}s_i - 2r'_i(\text{inv}\alpha' - \text{inv}\alpha) \qquad (i = 1,\ 2) \tag{8-23}$$

根据式（8-6），上式中的节圆半径 r'_i 和分度圆半径 r_i 有如下关系

$$r'_i = \frac{\cos\alpha}{\cos\alpha'}r_i \qquad (i = 1,\ 2) \tag{8-24}$$

分度圆半径保持不变，仍为

$$r_i = \frac{mz_i}{2} \qquad (i = 1,\ 2) \tag{8-25}$$

将式（8-23）~式（8-25）代入式（8-22），经整理可得到

$$\text{inv}\alpha' = \frac{2(x_1 + x_2)}{z_1 + z_2}\tan\alpha + \text{inv}\alpha \tag{8-26}$$

式（8-26）称为无侧隙啮合方程。用式（8-26）求出啮合角后，可用式（8-24）求出两轮的节圆半径。变位齿轮传动的中心距 a' 即等于两节圆半径之和

$$a' = r'_1 + r'_2 = \frac{\cos\alpha}{\cos\alpha'}(r_1 + r_2) = \frac{\cos\alpha}{\cos\alpha'}a \tag{8-27}$$

因此，变位齿轮的中心距和标准齿轮就不一样了，令

$$ym = a' - a \tag{8-28}$$

式中，y 称为中心距变动系数，由式（8-27）可得出其计算公式，见表 8-5。

式（8-26）的无侧隙啮合方程将齿轮传动的啮合角和一对齿轮的变位系数联系起来，式（8-27）又将啮合角和中心距联系起来，这两式是计算变位齿轮啮合的核心公式。

2. 变位齿轮的齿高变化

前面提到，变位齿轮的齿根高发生了变化。当做正变位时，齿根高缩小了。为了保持全齿高，齿顶高理应加大相同的量，即 $h_a = (h_a^* + x)m$。但如果这样，齿顶圆和齿根圆之间的顶隙就会减小，现证明如下：

齿轮 1 的齿根圆和齿轮 2 的齿顶圆之间的顶隙为

$$c = a' - r_{f1} - r_{a2} = a' - (r_1 - h_{f1}) - (r_2 + h_{a2})$$
$$= a' - (r_1 + r_2) + (h_{f1} - h_{a2}) = a' - a + (h_a^* + c^* - x_1)m - (h_a^* + x_2)m$$
$$= c^* m - (x_1 + x_2 - y)m$$

令

$$\Delta y = x_1 + x_2 - y \tag{8-29}$$

由式（8-26）~式（8-28）可看出，对一定的标准压力角和齿数组合，顶隙计算式中第二项的系数 Δy 只是啮合角的函数。由此三式还可知，当 $x_1 + x_2 = 0$ 时，$\alpha' = \alpha$，$\Delta y = 0$；可以证明，无论啮合角是增大还是减小，Δy 均为正值。也就是说，除去 $x_1 + x_2 = 0$ 的情况以外，如果按 $h_a = (h_a^* + x)m$ 设计齿顶高和齿顶圆，顶隙都要减小。

为了保证顶隙为标准值，变位齿轮的齿顶高应再减小一些，而按下式计算

$$h_a = (h_a^* + x - \Delta y)m \tag{8-30}$$

式中，Δy 称为齿高变动系数。

外啮合直齿圆柱齿轮机构的几何尺寸计算公式见表 8-5。

表 8-5 外啮合直齿圆柱齿轮机构的几何尺寸计算公式

基 本 参 数		z_1，z_2，x_1，x_2 m，α，h_a^*，c^* ——取标准值		
名　称	符号	标准齿轮传动	变位齿轮传动	
			零 传 动	正传动、负传动
变位系数	x	$x_1 = x_2 = 0$	$x_1 + x_2 = 0$	$x_1 + x_2 \neq 0$
分度圆直径	d	$d = mz$		
基圆直径	d_b	$d = mz\cos\alpha$		
啮合角	α'	$\alpha' = \alpha$		$\mathrm{inv}\alpha' = \dfrac{2(x_1 + x_2)}{z_1 + z_2}\tan\alpha + \mathrm{inv}\alpha$
中心距	a、a'	$a = \dfrac{m}{2}(z_1 + z_2)$		$a' = \dfrac{\cos\alpha}{\cos\alpha'}a$
节圆直径	d'	$d' = d$		$d' = \dfrac{\cos\alpha}{\cos\alpha'}d$
中心距变动系数	y	$y = 0$		$y = \dfrac{a' - a}{m} = \dfrac{z_1 + z_2}{2}\left(\dfrac{\cos\alpha}{\cos\alpha'} - 1\right)$
齿高变动系数	Δy	$\Delta y = 0$		$\Delta y = x_1 + x_2 - y$
齿顶高	h_a	$h_a = h_a^* m$	$h_a = (h_a^* + x)m$	$h_a = (h_a^* + x - \Delta y)m$
齿根高	h_f	$h_f = (h_a^* + c^*)m$		$h_f = (h_a^* + c^* - x)m$
全齿高	h	$h = (2h_a^* + c^*)m$		$h = (2h_a^* + c^* - \Delta y)m$
齿顶圆直径	d_a	$d_a = d + 2h_a$		
齿根圆直径	d_f	$d_f = d - 2h_f$		
分度圆齿厚	s	$s = \dfrac{\pi m}{2}$		$s = \dfrac{\pi m}{2} + 2xm\tan\alpha$
节圆处齿廓的曲率半径	ρ	$\rho = \dfrac{d'}{2}\sin\alpha'$		

第七节　渐开线直齿圆柱齿轮的几何设计

本节讲述渐开线直齿圆柱齿轮的几何设计。所谓齿轮的几何设计，就是合理地选择齿轮的参数以满足给定的尺寸和运动要求，保证良好的啮合性能，并计算出所需的全部几何尺寸。在选择参数时，要注意到参数对强度和抗磨性的影响，但并不进行力的分析和强度计算。由于标准齿轮的参数都是标准化的，其尺寸计算也很简单，所以，所谓几何设计，主要讨论的是变位齿轮传动的设计。

我们从避免根切现象引出了变位齿轮，但应用变位齿轮的目的绝不仅仅是为了避免根切。从下文的分析可以看出，变位齿轮还有很多其他的优点；而其制造成本与标准齿轮相同，只是设计计算稍复杂一些。变位齿轮已经在汽车、机床等许多机器制造行业得到了广泛的应用。可以说，在能使用变位齿轮的重要传动中都应该用变位齿轮取代标准齿轮。

一、三种传动类型

根据一对齿轮变位系数之和 $x_1 + x_2$ 是等于零、大于零，还是小于零，渐开线直齿圆柱齿轮可分为三种传动类型：零传动、正传动和负传动。

（一）零传动

两个齿轮的变位系数之和 $x_1 + x_2 = 0$ 的传动称为零传动。零传动中的一种特殊情况是 $x_1 = x_2 = 0$，这就是标准齿轮传动（图 8-29a）。标准齿轮传动的几何设计很简单，但如上节所述，标准齿轮传动有很多缺点。

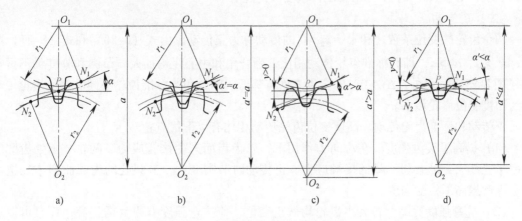

图 8-29　三种传动类型的啮合角和中心距

a）标准齿轮传动　b）高度变位齿轮传动　c）正传动　d）负传动

如果 $x_1 = -x_2$，由式（8-26）和式（8-27）可知，$\alpha' = \alpha$，$a' = a$，即此时的啮合角、中心距和正确安装的标准齿轮传动相同，节圆仍然和分度圆重合（图 8-29b）。由式（8-28）和式（8-29）可知，$y = 0$，$\Delta y = 0$，即全齿高也没有变化。由于啮合角不变，只是齿顶高和齿根高、齿根圆直径和齿顶圆直径发生了改变，因此这种传动又称为高度变位齿轮传动。

两个齿轮的变位系数均应大于不发生根切的最小变位系数，由式（8-19）有

$$\begin{cases} x_1 \geqslant h_a^*(z_{min} - z_1)/z_{min} \\ x_2 \geqslant h_a^*(z_{min} - z_2)/z_{min} \end{cases} \tag{8-31}$$

两式相加，并注意到 $x_1 + x_2 = 0$，以及对正常齿制 $h_a^* = 1$，可得

$$z_1 + z_2 \geqslant 2z_{min} \tag{8-32}$$

这就是一对齿轮能够采用高度变位齿轮传动的齿数条件。对正常齿制的齿轮，应有 $z_1 + z_2 \geqslant 34$。

在一对高度变位的齿轮传动中，小齿轮应做正变位，大齿轮做负变位。

与标准齿轮传动相比，高度变位齿轮传动有以下优点：

（1）提高抗弯强度　小齿轮的渐开线比较弯曲，齿根部的齿厚较小，抗弯强度比大齿轮弱，是一对齿轮中制约承载能力的薄弱环节。对小齿轮做正变位可以加大其齿根部的齿厚，从而提高了传动的承载能力。

（2）改善齿轮的磨损情况　在本章第四节曾指出，小齿轮的齿根面是易于磨损的部位，为提高小齿轮根部的抗磨损性能，应使实际啮合线的端点 B_2 不要太靠近极限点 N_1。标准齿轮是无法调整 B_2 点的，而对高度变位齿轮，大齿轮齿顶圆半径变小，小齿轮齿顶圆半径加大，实际啮合线的端点 B_2 向远离极限点 N_1 的方向移动。因此，减轻了小齿轮齿根面的磨损。

（3）减小机构的尺寸　小齿轮做正变位，齿数就可以取得更小而仍不发生根切，在传动比一定的情况下，大齿轮齿数也相应减小，从而使结构更紧凑。

当传动比很大（如 $i > 3$），大小齿轮尺寸相差很大时，高度变位齿轮传动的优点就更为突出。但高度变位齿轮传动的重合度稍有下降，正变位的小齿轮齿顶圆齿厚减小，称为"齿顶变尖"，从图 8-27 中可以看出齿顶变尖的趋势。

（二）正传动

两个齿轮的变位系数之和 $x_1 + x_2 > 0$ 的传动称为正传动。由式（8-26）和式（8-27）可知，$\alpha' > \alpha$，$a' > a$，即和标准齿轮传动相比，啮合角和中心距均加大，节圆和分度圆不再重合（图 8-29c）。另外，$\Delta y > 0$，即全齿高略有降低。啮合角与标准齿轮不同的变位齿轮传动称为角度变位齿轮传动。

正传动和标准齿轮传动、高度变位齿轮传动相比有以下优点：

（1）提高了接触强度　在法向力作用下，轮齿齿面产生接触应力。两轮节圆处齿廓的曲率半径越大，越有利于降低接触应力。正传动时节圆变大，节圆处的齿廓曲率半径也增大，因此提高了接触强度。

（2）抗弯强度更高　若大小齿轮均做正变位，使抗弯强度有更大的提高，而且可以通过设计实现两轮的等强度。

（3）在改善齿轮的磨损方面更加有利　由于中心距加大、啮合角变大，实际啮合线的端点离极限点 N_1 更远，可以改善小齿轮齿根面的磨损情况。

（4）机构尺寸可以更小　正传动时齿数的选择不受 $z_1 + z_2 \geqslant 34$ 的限制，大小齿轮的齿数可以取得更小，从而使结构更紧凑。

（5）可以使用非标准中心距　两轮齿数和模数确定以后，对零传动，中心距 $a' = m(z_1 + z_2)/2$ 就确定了；而对正传动，通过选取变位系数可以使中心距在一定的范围内进行调整，这在齿轮设计中称为"凑中心距"。例如，在车床进给箱的设计中用"凑中心距"的方法可

以设计出如图 8-30 所示的传动，滑移齿轮 1 可以和不同齿数的从动齿轮 2 和 3 均做无侧隙啮合。

在正传动中，中心距、啮合角同时加大，重合度的降低更明显；对正变位齿轮的齿顶变尖也应该引起注意。

（三）负传动

两个齿轮的变位系数之和 $x_1 + x_2 < 0$ 的传动称为负传动。和标准齿轮传动相比，负传动的啮合角和中心距均减小（图 8-29d）。负传动也属于角度变位齿轮传动。负传动在强度和抗磨损方面的性能都变差，它只用在需要凑中心距的场合。

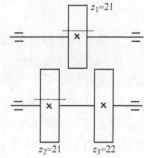

图 8-30 车床进给箱中的滑移齿轮

二、几何设计的步骤

变位齿轮传动的设计步骤与使用变位齿轮的目的有关，一般有三种情况：①避免根切的设计；②提高强度的设计；③凑中心距的设计。

1. 避免根切的设计

如果小齿轮的齿数能减小，则大齿轮的齿数就能减小得更多，从而使得结构变得紧凑。这在大传动比的传动中特别有意义。在这种情况下，为了避免根切，可以使用零传动中的高度变位传动或正传动。主要步骤如下：

1）选择齿数。

2）根据式（8-19）计算最小变位系数，选择两轮的变位系数。

3）按表 8-5 计算齿轮传动的啮合角、中心距和两轮各部分尺寸。

4）核验重合度 ε_α 和正变位齿轮的齿顶圆齿厚 s_a，应满足 $\varepsilon_\alpha \geq [\varepsilon_\alpha]$ 和 $s_a > (0.2 \sim 0.4)m$。

2. 提高强度的设计

一切传递动力的齿轮传动，应尽可能地使用变位齿轮，以提高强度和抗磨性。对不同的齿轮材料和不同的使用条件，发生的破坏形式也不同。因此，设计齿轮传动时首先应明确着重提高什么强度：抗弯强度、接触强度，还是着重提高抗磨性？出发点不同，变位系数的选择也不同。变位系数的选择是这种情况下的几何设计的焦点问题。在变位系数确定之后，其余设计步骤同上。

3. 凑中心距的设计

根据给定的中心距设计时，应根据实际中心距选择传动类型。有可能时应尽可能地选用正传动，但有时应用负传动也在所难免。此时设计步骤和前两种情况稍有不同。一般是先根据给定的中心距用式（8-27）计算出啮合角，再用式（8-26）计算出总变位系数 $x_1 + x_2$，然后综合考虑避免根切和提高强度两个问题来分配两轮的变位系数。

三、变位系数的选择

变位系数的选择是几何设计中的重要问题，同时，它也是一个很复杂的问题。它直接影响到齿轮传动的性能。变位系数的选择受到一系列的限制，在外啮合齿轮传动中这些限制主要有：

（1）根切的限制 变位系数应大于不发生根切的最小变位系数。

（2）重合度的限制　除去负传动，都会使重合度下降，重合度应大于许用值。

（3）齿顶变尖的限制　正变位量大时会导致齿顶变尖，一般要求齿顶圆齿厚 $s_a > (0.2 \sim 0.4)m$。

（4）过渡曲线干涉的限制　在渐开线齿廓和齿根圆之间是一段过渡曲线。过渡曲线因不是渐开线，不应参加啮合。但当变位系数选择不当时，可能出现过渡曲线进入啮合的情况，这称为过渡曲线干涉，是不允许的。

在内啮合齿轮传动中还有更多的限制。

曾经提出过很多选择变位系数的方法，甚至在有些国家的标准中做出了关于变位系数选择的规定。但目前比较科学和完整的方法是"封闭图法"，下面对这种方法做一个简单介绍。

对变位系数选择的所有限制，都可以表达成限制指标；变位系数对强度的影响可以表达成性能指标。这两类指标归根结底都是齿轮标准参数 α、h_a^*、c^* 的函数，也是齿轮齿数 z_1、z_2 和变位系数 x_1、x_2 的函数。当标准参数指定以后，对某一确定的齿数组合，这些指标就仅仅是变位系数的函数了。这样，如果建立一个以两轮的变位系数 x_1、x_2 为坐标轴的平面坐标系，这些限制指标和性能指标在这个平面坐标系中就可以用一系列平面曲线来表示。这个平面坐标系中的每一个点都代表变位系数 x_1、x_2 组合的一个方案，称为方案点。限制指标的曲线围成了一个封闭区域，变位系数的方案点必须落在这个封闭区域的内部。在朱景梓编的《变位齿轮移距系数的选择》一书中给出了许多齿数组合的封闭图，设计时可以参考。

第八节　斜齿圆柱齿轮机构

一、斜齿圆柱齿轮齿廓面的形成

前面在讨论直齿圆柱齿轮时，是仅在齿轮的端面内来研究的，这是因为直齿轮的齿是平行于轴线的，研究一个端面内的情况就代表了整个齿轮的情况。不难理解，基圆、分度圆等每个圆实际上都代表着一个圆柱。

直齿圆柱齿轮的齿廓面实际上是这样形成的（图8-31a）：一个平面 S（发生面）与基圆柱相切于 NN'，并沿基圆柱做纯滚动。发生面上与基圆柱的轴线相平行的一条直线 KK' 便展成渐开线曲面，简称渐开面。

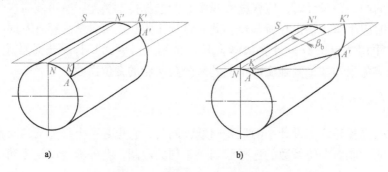

a）　　　　　　　　　b）

图 8-31　直齿轮和斜齿轮齿廓面的形成

a）直齿轮　b）斜齿轮

斜齿圆柱齿轮的齿廓面是这样形成的（图 8-31b）：当发生面 S 沿基圆柱做纯滚动时，发生面 S 上与基圆柱的轴线不平行而成一个角度 β_b 的一条直线 KK' 所展成的曲面，称为渐开螺旋面，它就是斜齿圆柱齿轮的齿廓面。渐开螺旋面在每一个端面内都是一条渐开线。当 $\beta_b = 0$ 时，斜齿轮就变成了直齿轮，所以直齿轮可看成是斜齿轮的一个特例。β_b 称为基圆柱上的螺旋角。

二、斜齿圆柱齿轮的基本参数和几何尺寸计算

在斜齿轮上，与轴线垂直的平面称为端面，与分度圆柱上的螺旋线垂直的方向称为法向。端面中的参数和法向参数分别加以下标"t"和"n"。加工时，刀具是沿着螺旋线方向进刀的，所以斜齿轮法线方向的压力角、模数、齿顶高系数等参数应该是与刀具参数相同的标准值，它们分别称为法向压力角、法向模数、法向齿顶高系数等。然而，大部分几何尺寸又是用端面参数计算的，所以，需要建立法向参数和端面参数间的换算关系。

1. 螺旋角

图 8-32 是斜齿轮沿其分度圆柱的展开图，图中阴影部分为轮齿，空白部分为齿槽。b 为齿轮宽度，P_z 为螺旋线的导程。由于各圆柱的直径不同，而渐开螺旋面在各圆柱上的导程相同，故各圆柱上的螺旋角是不同的。基圆柱和分度圆柱上的螺旋角分别为

$$\beta_b = \arctan(\pi d_b / P_z) \tag{8-33}$$

$$\beta = \arctan(\pi d / P_z) \tag{8-34}$$

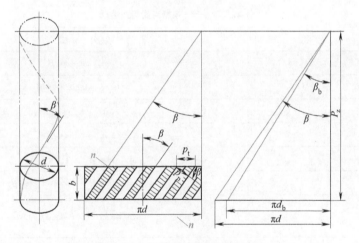

图 8-32　斜齿轮分度圆柱展开图

2. 法向参数和端面参数的换算

图 8-32 中 n-n 是法线，它垂直于分度圆柱上螺旋线的切线。由此可看出，法向齿距和端面齿距有如下关系

$$p_n = p_t \cos\beta \tag{8-35}$$

两边同时除以 π，即得到法向模数 m_n（标准值）和端面模数 m_t 的关系

$$m_n = m_t \cos\beta \tag{8-36}$$

图 8-33 是斜齿轮的一个轮齿。$\triangle BAB'$ 和 $\triangle CAC'$ 分别在端面和法向上。不难从几何关系导出法向压力角 α_n（标准值）和端面压力角 α_t 间有如下关系

$$\tan\alpha_n = \tan\alpha_t \cos\beta \qquad (8\text{-}37)$$

无论在端面还是在法线方向，齿高和顶隙都是相同的，因此

$$h_a = h_{an}^* m_n = h_{at}^* m_t \qquad c = c_n^* m_n = c_t^* m_t$$

考虑到式（8-36），可得出法向的齿顶高系数和顶隙系数 h_{an}^*、c_n^*（标准值），以及端面的齿顶高系数和顶隙系数 h_{at}^*、c_t^* 的关系

$$h_{at}^* = h_{an}^* \cos\beta \qquad (8\text{-}38)$$

$$c_t^* = c_n^* \cos\beta \qquad (8\text{-}39)$$

3. 斜齿轮其他尺寸的计算

斜齿轮的分度圆直径按端面模数计算

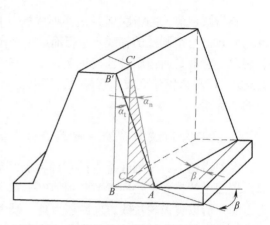

图 8-33 斜齿轮的法向压力角和端面压力角

$$d = m_t z = \frac{m_n}{\cos\beta} z \qquad (8\text{-}40)$$

斜齿轮其他尺寸的计算见表 8-6。

表 8-6 外啮合平行轴斜齿圆柱齿轮机构的几何尺寸计算公式

基 本 参 数		z_1，z_2 m_n，α_n，h_{an}^*，c_n^*——取标准值，与直齿轮相同 β_1，β_2——$\beta_1 = -\beta_2$，一般取 $8° \sim 15°$ x_{n1}，x_{n2}——根据当量齿数选取
名 称	符 号	公 式
端面模数	m_t	$m_t = m_n / \cos\beta$
端面分度圆压力角	α_t	$\tan\alpha_t = \tan\alpha_n / \cos\beta$
端面齿顶高系数	h_{at}^*	$h_{at}^* = h_{an}^* \cos\beta$
端面顶隙系数	c_t^*	$c_t^* = c_n^* \cos\beta$
当量齿数	z_v	$z_{v1} = z_1 / \cos^3\beta \qquad z_{v2} = z_2 / \cos^3\beta$
端面变位系数	x_t	$x_{t1} = x_{n1} \cos\beta \qquad x_{t2} = x_{n2} \cos\beta$
端面啮合角	α_t'	$\mathrm{inv}\alpha_t' = \dfrac{2(x_{t1}+x_{t2})}{z_1+z_2}\tan\alpha_t + \mathrm{inv}\alpha_t$
分度圆直径	d	$d_1 = m_t z_1 \qquad d_2 = m_t z_2$
标准齿轮中心距	a	$a = \dfrac{d_1+d_2}{2} = \dfrac{m_n}{2\cos\beta}(z_1+z_2)$
实际中心距	a'	$a' = a \dfrac{\cos\alpha_t}{\cos\alpha_t'}$
中心距变动系数	y_t	$y_t = (a'-a)/m_t$
齿高变动系数	Δy_t	$\Delta y_t = x_{t1} + x_{t2} - y_t$
齿顶圆直径	d_a	$d_{a1} = (z_1 + 2h_{at}^* + 2x_{t1} - \Delta y_t)m_t \qquad d_{a2} = (z_2 + 2h_{at}^* + 2x_{t2} - \Delta y_t)m_t$

（续）

名　称	符　号	公　式
齿根圆直径	d_f	$d_{f1} = (z_1 - 2h_{at}^* - 2c_t^* + 2x_{t1})m_t \qquad d_{f2} = (z_2 - 2h_{at}^* - 2c_t^* + 2x_{t2})m_t$
基圆直径	d_b	$d_{b1} = d_1 \cos\alpha_t \qquad d_{b2} = d_2 \cos\alpha_t$
节圆直径	d'	$d'_1 = d_{b1}/\cos\alpha'_t \qquad d'_2 = d_{b2}/\cos\alpha'_t$
端面齿顶圆压力角	α_{at}	$\alpha_{at1} = \arccos(d_{b1}/d_{a1}) \qquad \alpha_{at2} = \arccos(d_{b2}/d_{a2})$
重合度	ε_γ	$\varepsilon_\gamma = \varepsilon_\alpha + \varepsilon_\beta \qquad \varepsilon_\beta = b\sin\beta/(\pi m_n)$ $\varepsilon_\alpha = [z_1(\tan\alpha_{at1} - \tan\alpha'_t) + z_2(\tan\alpha_{at2} - \tan\alpha'_t)]/(2\pi)$
不发生根切的最少齿数	z_{min}	$z_{min} = 2h_{an}^* \cos\beta/\sin^2\alpha_t$

三、平行轴斜齿轮传动

一对斜齿轮可以传递平行轴之间的运动和动力，组成平行轴斜齿轮传动。它的正确啮合条件是两轮法向模数 m_n 相同、法向压力角 α_n 相同，两轮螺旋角 β_1、β_2 大小相等，外啮合时两螺旋角方向相反，内啮合时两螺旋角方向相同。

平行轴斜齿轮传动比直齿轮传动的啮合性能要好得多。

在图 8-34 中，两斜齿轮基圆柱的轴线相互平行。发生面沿轮 1 的基圆柱纯滚动时形成了轮 1 的渐开螺旋面，而沿轮 2 的基圆柱纯滚动时形成了轮 2 的渐开螺旋面。两个渐开螺旋面的螺旋角大小相等、方向相反。和直齿轮传动一样，两个基圆柱的公切面就是两个齿轮的啮合面；但不同的是，在每一瞬时，两齿廓沿一条斜直线相接触。

因此，斜齿轮的接触线在齿廓面上是一条倾斜的直线（图 8-35b），轮齿从齿的一角进入啮合，然后接触线逐渐变长，又逐渐变短，最后从轮齿的另一角退出啮合，载荷是逐渐加上和卸掉的。而直齿轮的接触线在齿廓面上是一条和轴线相平行的直线（图 8-35a），轮齿进入、脱离啮合是在全齿宽上同时进行的，载荷是突然加上、突然卸掉的。

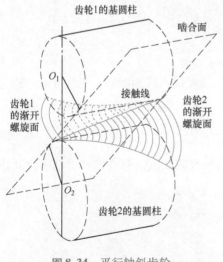

图 8-34　平行轴斜齿轮

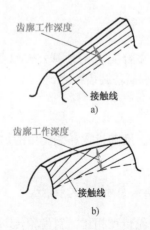

图 8-35　直齿轮和斜齿轮齿面上的接触线比较

a）直齿轮　b）斜齿轮

不仅如此，斜齿轮传动的重合度还较大。图 8-15 中绘出了直齿轮传动的理论啮合线和实际啮合线，如果考虑到齿轮的全齿宽，它们应该是理论啮合面和实际啮合面。将直齿轮的啮合面绘在图 8-36a 中，图中 B_1B_1'-B_2B_2' 代表了啮合区。图 8-36b 中则绘出了斜齿轮传动的啮合区。在图 8-36a 中，一对齿在 B_2B_2' 处沿全齿宽同时进入啮合区，在 B_1B_1' 处沿全齿宽同时脱离啮合区。$\overline{B_1B_2}$ 就是一对齿在啮合面上啮合着走过的长度。而在图 8-36b 所示的斜齿轮啮合中，一对齿的一端在 B_2 点进入啮合区，在 B_1 点齿的这一端即将脱离啮合区，但此时这对齿的其他部分还在啮合区内，只有当齿的另一端走到了 B_1' 点，这对齿才完全脱离啮合区。因此，斜齿轮一对齿在啮合面上啮合着走过的长度比直齿轮大出一段 $\Delta L = b\tan\beta_b$。因此，斜齿轮的重合度分为两部分，一部分是和直齿轮一样的重合度，称为端面重合度，用 ε_α 表示；另一部分就是由于齿的倾斜而增加出的重合度，称为轴向重合度，用 ε_β 表示；总重合度 ε_γ 为

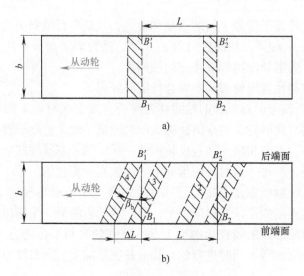

图 8-36 直齿轮和斜齿轮的重合度

a）直齿轮 b）斜齿轮

$$\varepsilon_\gamma = \varepsilon_\alpha + \varepsilon_\beta \tag{8-41}$$

式中，端面重合度 ε_α 的计算公式和直齿轮类似，只是要代入端面参数，见表 8-6。轴向重合度为 ΔL 和端面基圆齿距之比

$$\varepsilon_\beta = \frac{\Delta L}{p_{bt}} = \frac{b\tan\beta_b}{\pi m_t \cos\alpha_t} = \frac{b\sin\beta}{\pi m_n} \tag{8-42}$$

轴向重合度随齿宽和螺旋角的加大，可以达到很大的数值，有些传动中总重合度甚至可达 10 以上。

四、斜齿轮传动的特点

与直齿轮传动相比，斜齿轮传动有以下优点：

1）啮合平稳性好。直齿轮的齿是突然沿全齿宽加载、卸载的，重合度小于 2，一对齿和两对齿啮合的情况交替出现，轮齿啮合刚度有剧烈的变化，容易激励起系统的扭转振动。

斜齿轮的齿是逐渐进入和脱离啮合的，因此对齿距的误差不像直齿轮那样敏感。斜齿轮传动的重合度大，同时啮合的齿数多，啮合总刚度的变化平缓。因此，斜齿轮传动产生的冲击、振动小，啮合的平稳性比直齿轮好得多。这是斜齿轮最突出的优点，高速传动均应采用斜齿轮传动。

2）承载能力大。由于重合度大，同时啮合的齿数多，因此齿轮的承载能力高。

3）结构尺寸可以更紧凑。由表8-6可知，斜齿轮的最少齿数比直齿轮更小，因此可使用齿数更少的齿轮，使结构尺寸更小。

4）一般的斜齿轮都采用展成法加工，使用和直齿轮同样的刀具和机床，制造成本并不增加。

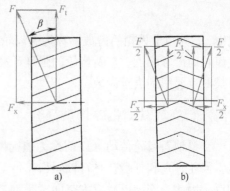

斜齿轮传动的缺点是作用于法面内的总法向力 F 有一个轴向的分力（图8-37a），要承受这个轴向分力就使轴的支承稍复杂。轴向分力随螺旋角加大而加大。因此对一般的斜齿轮，螺旋角在 $8° \sim 15°$ 范围选取。人字齿轮（图8-37b）可看作是螺旋角方向相反的两个斜齿轮的组合，它的轴向力抵消了，因此螺旋角最大可取到 $40°$。人字齿轮应用在要求承载能力很大的场合。

图 8-37 斜齿轮和人字齿轮的轴向力
a) 斜齿轮　b) 人字齿轮

五、斜齿轮的当量齿轮

在进行齿轮的强度计算时，需要知道轮齿在节圆处法向力作用方向的齿廓曲率半径 ρ。根据渐开线的性质：标准直齿圆柱齿轮节圆上的曲率半径为节点处发生线在基圆上滚过的长度，由表8-4，有

$$\rho = \frac{d}{2}\sin\alpha = \frac{mz}{2}\sin\alpha$$

由上式可见，当压力角和模数确定后，节圆处齿廓曲率半径和齿数成正比。当直齿轮的强度公式导出后，为了推导简单和公式的通用化，我们希望在计算斜齿轮的强度时能够用某种方法套用直齿轮的公式。这样，要解决的问题之一是：齿数为 z 的斜齿轮和多大齿数的一个直齿轮具有相近的齿形，具有相近的节圆处齿廓曲率半径？

图8-38所示为一斜齿轮，其法向力作用于法面内。法面与齿轮分度圆柱的相贯线为一椭圆。过节点作这个椭圆的密切圆，其中心在 O_v。以这个密切圆的半径为分度圆半径、以斜齿轮的法向模数和法向压力角为模数和压力角，可形成一个直齿轮。可以认为，这个直齿轮的齿廓和斜齿轮的法向齿廓近似，并具有近似的节点齿廓曲率半径。这个直齿轮称为该斜齿轮的当量齿轮。

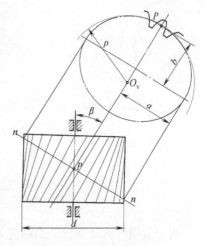

图 8-38 斜齿轮的当量齿轮

椭圆的长轴和短轴长度分别为 $2a = d/\cos\beta$ 和 $2b = d$，式中，d 为斜齿轮的分度圆柱直径。则椭圆在节点处的曲率半径，也即当量齿轮的分度圆半径 r_v 为

$$r_v = \frac{a^2}{b} = \frac{d}{2\cos^2\beta}$$

注意到，$d = m_t z = m_n z/\cos\beta$，并令 $r_v = m_n z_v/2$，代入上式可得

$$z_v = \frac{z}{\cos^3\beta} \tag{8-43}$$

式中，z_v 为当量齿轮的齿数，称为斜齿轮的当量齿数。斜齿轮的法向齿形即与以 z_v 为齿数的直齿轮的齿形相近。在斜齿轮的强度计算时要用到当量齿数，在用仿形法加工人字齿轮选择刀具时也要用到当量齿数。

六、交错轴斜齿轮传动简介

交错轴斜齿轮传动（以前称为螺旋齿轮传动）如图 8-39 所示。就其单个齿轮而言，都是斜齿轮，它和外啮合平行轴斜齿轮传动不同的是，两轮螺旋角不一定相等，旋向也不一定相反。因此，安装以后成为空间交错轴之间的传动。

两轮轴线不平行的分度圆柱相切安装，切点为 P，称为节点。在平行轴斜齿轮传动中，我们谈到的"节点"是在端面里而言的，就整个齿轮来说，是一条"节线"。但在交错轴斜齿轮传动中，这个"节点"真的就是一个点。因此，交错轴斜齿轮传动两齿廓间在每个瞬时都是点接触，而不像平行轴斜齿轮那样是线接触的。

过 P 点作两轮的公切面。两轮的轴线在这个公切面上的投影间的夹角称为交错角，用 Σ 表示。在节点处，两轮的齿向必须一致，因此交错角和两轮的螺旋角 β_1、β_2 之间有如下关系

$$\Sigma = |\beta_1 + \beta_2| \tag{8-44}$$

两轮螺旋角的旋向相同时，β_1、β_2 均以正号代入（图 8-39）；两轮螺旋角旋向相反时，β_1、β_2 按一正一负代入（图 8-40）。

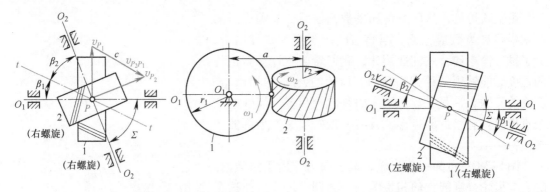

图 8-39　交错轴斜齿轮传动
（两轮螺旋角方向相同）

图 8-40　交错轴斜齿轮传动
（两轮螺旋角方向相反）

由于应用的就是普通的斜齿轮，用这种机构可以很简便地实现交错轴之间的传动。但它有两个突出缺点：

1）两轮在节点处速度方向不同，因此不仅存在一般齿轮传动的沿齿高方向的滑动，而

且存在沿齿向方向的滑动（图 8-39）。

2）由于是点接触，接触应力大，承载能力很低。因此，交错轴斜齿轮传动只能应用于速度不高、载荷也不大的场合。

第九节　蜗杆机构

一、蜗杆和蜗轮的形成

蜗杆机构是一种传递交错轴之间的运动和动力的传动机构，应用十分广泛。

蜗杆机构可以看成是由交错轴斜齿轮机构演变而来的。如图 8-41 所示，一对交错角 $\Sigma =$ 90°的交错轴斜齿轮，若其中小齿轮的螺旋角 β_1 很大，齿数 z_1 特别少（一般 $z_1 = 1 \sim 4$），轴向尺寸有足够的长度，则它的轮齿就可能绕圆柱一周以上，变成一个螺旋，称为蜗杆。与其相啮合的齿轮螺旋角 β_2 较小，齿数 z_2 较大，称为蜗轮。

蜗杆机构的传动比

$$i = \frac{\omega_1}{\omega_2} = \frac{z_2}{z_1} \tag{8-45}$$

因为 z_1 很小，蜗杆机构的传动比可以达到很大，在动力传动中一般为 $10 \sim 80$，在分度传动中可达 1000。

交错轴斜齿轮轮齿间是点接触。为了改善接触情况，在蜗杆机构中采取了以下措施：

1）将蜗轮分度圆柱上的直母线做成圆弧，圆弧与蜗杆轴同心。这样，蜗轮就部分地包住了蜗杆，从而改善了接触情况，如图 8-42 所示。

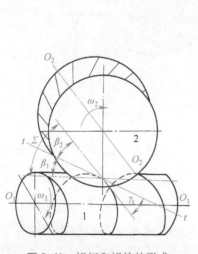

图 8-41　蜗杆和蜗轮的形成

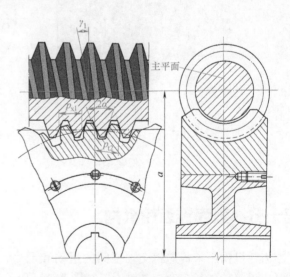

图 8-42　蜗杆和蜗轮的形状

2）为了加工出上述形状的蜗轮，采用与蜗杆形状基本相同的滚刀（只是滚刀的齿顶高比蜗杆大，以便切出蜗轮齿根处的顶隙），按蜗杆蜗轮的中心距安装刀具和蜗轮轮坯，滚刀和蜗轮轮坯间的展成运动保持和蜗杆蜗轮间的啮合运动相同。

这样加工出的蜗轮和蜗杆的啮合就不再是点接触，而是形成了线接触。

蜗杆与螺旋相似，也有左旋和右旋之分。为了在车床上加工方便，尽可能使用右旋蜗杆。对蜗杆不再用螺旋角 β_1，而用导程角 γ_1 作为其螺旋线的参数。γ_1 是螺旋线的切线方向和蜗杆端面间所夹的锐角。为便于加工，蜗杆轴线和蜗轮轴线的交错角 Σ 一般为 $90°$。因此，蜗杆的导程角和蜗轮的螺旋角应相等，即 $\gamma_1 = \beta_2$。对蜗杆，不再称 z_1 为齿数，而称为其螺旋线的头数。$z_1 = 1$ 和 2 时分别称为单头蜗杆和双头蜗杆，$z_1 \geq 3$ 时称为多头蜗杆。

■ 二、阿基米德蜗杆

按照图 8-41 所示的蜗杆机构的形成原理，蜗杆是一个齿数很少的齿轮，那么在蜗杆上与轴线垂直的平面中的齿廓应为渐开线。但是渐开线蜗杆制造困难。广泛应用的是阿基米德蜗杆。

阿基米德蜗杆在垂直于其轴线的平面内的齿形是一条阿基米德螺旋线，在包含其轴线的平面内的齿廓为直线。阿基米德蜗杆是在车床上车削而成的。刀具的切削刃为直线，并与蜗杆轴线在同一平面，这与加工普通梯形螺纹情形完全相同，如图 8-43 所示。

关于蜗杆机构的更多类型将在第十九章中介绍。

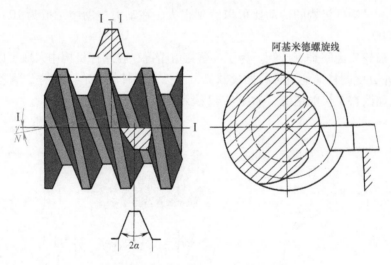

图 8-43 阿基米德蜗杆的车削和齿形

第十节 直齿锥齿轮机构

锥齿轮机构用来传递相交轴之间的运动和动力，两轴间夹角 Σ 可根据需要确定，一般 $\Sigma = 90°$。锥齿轮的齿分布在圆锥上，如图 8-44 所示。在圆柱齿轮中所谈到的分度圆柱、齿顶圆柱、基圆柱等在锥齿轮中就成为分度圆锥、齿顶圆锥、基圆锥。

锥齿轮有直齿和曲线齿之分（图 8-1）。斜齿圆柱齿轮相对于直齿圆柱齿轮的优点，也就是曲线齿锥齿轮相对于直齿锥齿轮的优点。曲线齿锥齿轮传动平稳、承载能力大，在汽车、拖拉机中有所应用。应用广泛的还是直齿锥齿轮，因为它设计、制造均较简单。本节只讨论直齿锥齿轮。

一、直齿锥齿轮齿廓的形成

在图 8-45 中，一个圆平面的半径 R 与一个基圆锥的锥距（母线长度）相等，圆平面的中心 O 与基圆锥的锥顶重合，圆平面与基圆锥相切于直线 ON，$\overline{ON} = R$。当圆平面绕基圆锥做纯滚动时，其任一半径 OK 即展开出一个曲面，称为渐开线锥面。

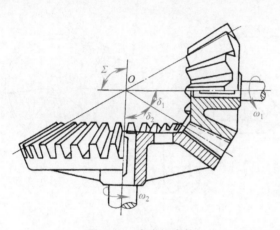

图 8-44 直齿锥齿轮

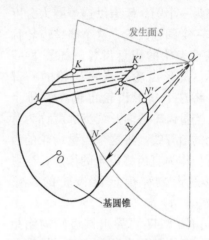

图 8-45 直齿锥齿轮齿廓的形成

以锥顶 O 为中心，以 R 为半径作一球面。该球面和渐开线锥面的交线称为球面渐开线。图中的 AK 即为圆锥大端的球面渐开线。直齿锥齿轮的理论齿廓曲面就是由以锥顶为中心而半径不同的球面上的球面渐开线所组成的。

球面渐开线是锥齿轮齿廓的理论曲线。但是由于球面曲线不能展开成平面曲线，就给锥齿轮的设计和制造带来了困难，为此，应寻求球面渐开线的一种近似替代物。

如图 8-46 所示，OA 是分度圆锥的一条母线，其长度 $\overline{OA}$ 称为锥距，记为 R。以锥顶 O 为中心，以 $\overline{OA}$ 为半径作一个球面。圆弧 eA、fA 的长度就是这个球面渐开线齿轮的齿顶高和齿根高，Oe 和 Of 就分别代表了齿顶圆锥和齿根圆锥的母线。过点 A 作直线 $O_1A \perp OA$，点 O_1 在圆锥的轴线上。以 O_1 为锥顶、以 O_1A 为母线，作另一个圆锥，这个圆锥称为直齿锥齿轮的背锥。

背锥和球面在 A 点相切。延长 Oe 和 Of，与背锥母线 O_1A 分别交于点 e' 和点 f'。由图 8-46 可以看出，由于齿的高度和背锥的母线长度 $\overline{O_1A}$ 相比较

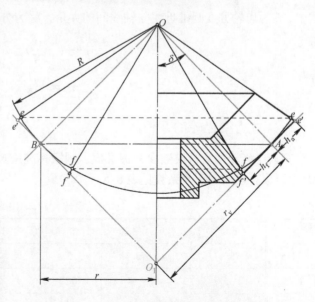

图 8-46 锥齿轮的背锥

小（此图中的齿高还是夸大地绘出的），背锥和球面十分接近。因此，可以用背锥上的齿形近似地代替球面上的齿形。

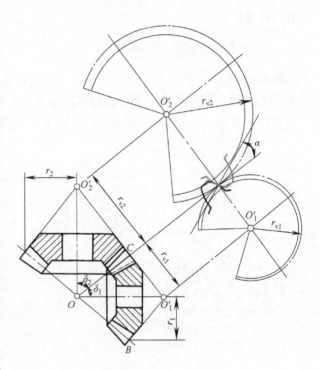

什么是背锥上的渐开线呢？将背锥展开，得到一个扇形。将这个扇形补齐为一个圆。假想以这个圆为分度圆作一个圆柱齿轮，这个圆柱齿轮称为该锥齿轮的当量齿轮，如图 8-47 所示。扇形齿轮是当量齿轮的一部分。将这个扇形齿轮再包在背锥上时，当量齿轮的渐开线齿廓就称为背锥上的渐开线。将这个当量齿轮的齿廓近似作为直齿锥齿轮的齿廓，当量齿轮的齿数称为该锥齿轮的当量齿数。

由图 8-47 可导出锥齿轮的当量齿数。锥齿轮的参数如直径、模数等有大端参数和小端参数之分。锥齿轮

图 8-47　锥齿轮的当量齿轮

取大端模数为标准值。设一对齿轮中的某个锥齿轮的分度圆半径为 $r_i (i = 1, 2，下同)$，背锥的母线长度即为它的当量齿轮的分度圆半径，记为 r_{vi}。由图 8-47 可看出，r_i 和 r_{vi} 之间有如下关系

$$r_{vi} = \frac{r_i}{\cos\delta_i}$$

式中，δ_i 为齿轮分度圆锥母线与轴线间的夹角，称为分锥角。因有

$$r_{vi} = \frac{1}{2} m z_{vi} \qquad r_i = \frac{1}{2} m z_i$$

故 $$z_{vi} = \frac{z_i}{\cos\delta_i} \tag{8-46}$$

二、直齿锥齿轮的几何尺寸计算

直齿锥齿轮的大端模数取为标准值，国家标准中规定的锥齿轮模数见表 8-7，压力角为 20°。齿顶高系数和顶隙系数见表 8-8。

表 8-7　锥齿轮模数（摘自 GB 12368—1990）　　　　　　　　（单位：mm）

1	1.5	2.5	3.5	5	7	11	18	28	40
1.125	1.75	2.75	3.75	5.5	8	12	20	30	45
1.25	2	3	4	6	9	14	22	32	50
1.375	2.25	3.25	4.5	6.5	10	16	25	36	

表 8-8　齿顶高系数和顶隙系数

	正常齿制		短 齿 制
	$m < 1mm$	$m \geqslant 1mm$	
齿顶高系数 h_a^*	1	1	0.8
顶隙系数 c^*	0.25	0.2	0.3

　　直齿锥齿轮的齿是从大端向小端逐渐收缩的，按顶隙的不同，分为不等顶隙收缩齿（图 8-48a）和等顶隙收缩齿（图 8-48b）两种。前者的齿顶圆锥、齿根圆锥和分度圆锥有着共同的顶点，因此其顶隙由大端向小端是逐渐收缩的。其缺点是齿顶厚度和齿根圆角半径由大端向小端也是逐渐收缩的，因此影响轮齿的强度。后者的齿根圆锥和分度圆锥有同一个锥顶，但齿顶圆锥的母线和另一个齿轮的齿根圆锥的母线平行，因此不与分度圆锥共锥顶，故大端的顶隙和小端的顶隙是相等的，它的强度较好。现多采用等顶隙收缩齿。

　　轴间角 $\Sigma = 90°$ 的标准直齿锥齿轮机构的几何尺寸计算公式见表 8-9。

表 8-9　轴间角 $\Sigma = 90°$ 的标准直齿锥齿轮机构的几何尺寸计算公式

基 本 参 数		z_1，z_2 m 以大端模数为标准值 α，h_a^*，c^* —— 取标准值
名　称	符　号	公　式
分锥角	δ	$\delta_1 = \text{arccot}\ (z_2/z_1)$　　$\delta_2 = 90° - \delta_1$
分度圆直径	d	$d_1 = mz_1$　　$d_2 = mz_2$
齿顶高	h_a	$h_a = h_a^* m$
齿根高	h_f	$h_f = (h_a^* + c^*)\ m$
全齿高	h	$h = h_a + h_f$
顶隙	c	$c = c^* m$
齿顶圆直径	d_a	$d_{a1} = d_1 + 2h_a\cos\delta_1$　　$d_{a2} = d_2 + 2h_a\cos\delta_2$
齿根圆直径	d_f	$d_{f1} = d_1 - 2h_f\cos\delta_1$　　$d_{f2} = d_2 - 2h_f\cos\delta_2$
锥距	R	$R = \dfrac{1}{2}\sqrt{d_1^2 + d_2^2} = \dfrac{m}{2}\sqrt{z_1^2 + z_2^2} = \dfrac{d_1}{2\sin\delta_1} = \dfrac{d_2}{2\sin\delta_2}$
齿顶角	θ_a	$\theta_{a1} = \theta_{a2} = \arctan\ (h_a/R)$（对不等顶隙收缩齿）
齿根角	θ_f	$\theta_{f1} = \theta_{f2} = \arctan\ (h_f/R)$
当量齿数	z_v	$z_{v1} = \dfrac{z_1}{\cos\delta_1}$　　$z_{v2} = \dfrac{z_2}{\cos\delta_2}$
根锥角	δ_f	$\delta_{f1} = \delta_1 - \theta_{f1}$　　$\delta_{f2} = \delta_2 - \theta_{f2}$
顶锥角	δ_a	$\delta_{a1} = \delta_1 + \theta_{a1}$　　$\delta_{a2} = \delta_2 + \theta_{a2}$ （对不等顶隙收缩齿） $\delta_{a1} = \delta_1 + \theta_{f2}$　　$\delta_{a2} = \delta_2 + \theta_{f1}$ （对等顶隙收缩齿）
当量齿轮分度圆半径	r_v	$r_{v1} = \dfrac{d_1}{2\cos\delta_1}$　　$r_{v2} = \dfrac{d_2}{2\cos\delta_2}$
当量齿轮齿顶圆半径	r_{va}	$r_{va1} = r_{v1} + h_{a1}$　　$r_{va2} = r_{v2} + h_{a2}$

（续）

名　称	符　号	公　式
当量齿轮齿顶圆压力角	α_{va}	$\alpha_{va1} = \arccos\left(\dfrac{r_{v1}\cos\alpha}{r_{va1}}\right)$　　$\alpha_{va2} = \arccos\left(\dfrac{r_{v2}\cos\alpha}{r_{va2}}\right)$
重合度	ε_{α}	$\varepsilon_{\alpha} = \dfrac{1}{2\pi}\left[\, z_{v1}\left(\tan\alpha_{va1} - \tan\alpha'_v\right) + z_{v2}\left(\tan\alpha_{va2} - \tan\alpha'_v\right)\right]$
不发生根切的最少齿数	z_{min}	$z_{min} = z_{vmin}\cos\delta = \left(2h_a^*/\sin^2\alpha\right)\cos\delta$

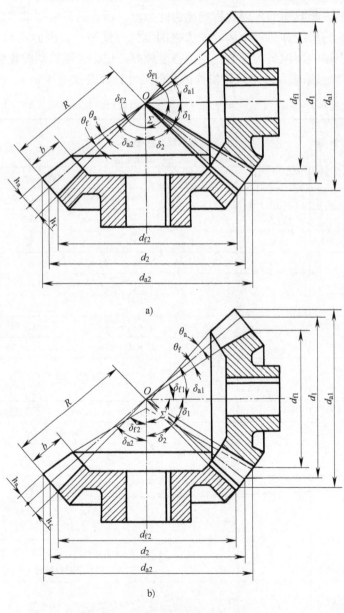

a)

b)

图 8-48　直齿标准锥齿轮几何尺寸计算

a）不等顶隙收缩齿　b）等顶隙收缩齿

三、直齿锥齿轮的啮合

一对锥齿轮的正确啮合条件为：两轮大端的模数和压力角分别相等，两轮锥距相等、分度圆锥锥顶重合。

一对锥齿轮的传动比为

$$i_{12} = \frac{\omega_1}{\omega_2} = \frac{z_2}{z_1} = \frac{r_2}{r_1} \tag{8-47}$$

由图 8-48 可知，$r_1 = R\sin\delta_1$，$r_2 = R\sin\delta_2$，因此有

$$i_{12} = \frac{\sin\delta_2}{\sin\delta_1} \tag{8-48}$$

对轴间角 $\Sigma = 90°$ 的一般情况 $\qquad i_{12} = \cot\delta_1 = \tan\delta_2 \tag{8-49}$

为保证连续传动，重合度应大于 1。锥齿轮的重合度应按当量齿轮啮合的参数计算，详见表 8-9。其中，α'_v 为当量齿轮的啮合角。

文献阅读指南

齿轮机构是应用甚广的机构，本章仅提供了齿轮机构的基本理论和基本知识，只介绍了渐开线齿轮，而未讨论其他齿廓曲线；重点介绍了平行轴间的传动——圆柱齿轮机构，对相交轴和交错轴间的齿轮传动的介绍则相对简单。

标准齿轮的设计很简单，谈到齿轮的几何设计，主要是针对变位齿轮而言。变位齿轮几何设计的焦点在于变位系数的选择。变位系数的选择受到许多的限制，限于篇幅，本章中只阐述了变位系数选择的一些原则。具体选择时可参考有关书籍和手册，如在朱景梓编的《变位齿轮移距系数的选择》（北京：人民教育出版社，1964）中有详细的介绍。

凡满足齿廓啮合基本定律的一对齿廓称为共轭齿廓，共轭齿廓的齿廓曲面称为共轭曲面。一对齿轮啮合时，有四个基本要素：一对齿轮的齿廓是两个几何要素；两轮的角速度 ω_1 和 ω_2 是两个运动要素。给定 ω_1、ω_2 和一个齿轮的齿廓，求解另一个齿轮应有的齿廓，这是一个理论问题。因为本章的介绍局限于定传动比齿轮，又局限于应用最广的渐开线齿轮，所以对这个理论问题涉及很少。工程上还应用圆弧曲线和摆线族曲线，在蜗杆蜗轮机构中应用的曲面则更复杂，在这些情况下就要用到共轭曲面的理论，这已超出了本科生应该掌握的知识范围。这方面的主要参考书可首选吴鸿业编著的《齿轮啮合原理》（哈尔滨：哈尔滨工业大学出版社，1979）和吴序堂编著的《齿轮啮合原理》（北京：机械工业出版社，1982）。

思 考 题

8-1 我国古代机械上的齿轮常用方牙轮齿，为什么噪声很大？

8-2 渐开线齿廓上各点压力角是否相同？哪一个圆上的压力角是标准值？

8-3 对渐开线直齿圆柱齿轮、斜齿圆柱齿轮、蜗杆、直齿锥齿轮，分别取何处的模数为标准值？

8-4 在安装一对渐开线标准直齿圆柱齿轮时，若两分度圆分离开一个不大的距离，中

心距、啮合角、重合度、顶隙和侧隙会发生什么变化？此时，两轮的瞬时传动比是否仍为常数？

8-5 为什么标准的斜齿轮和直齿锥齿轮的齿数可以比标准的直齿轮取得更小？

8-6 用加工斜齿轮的滚刀能否加工相同模数的蜗轮？

8-7 斜齿圆柱齿轮机构、直齿锥齿轮机构的重合度计算和直齿圆柱齿轮有何不同？

8-8 既然斜齿轮的螺旋角越大重合度也越大，为什么还要对螺旋角的取值给定一个范围？

8-9 判断以下论断的正确性，并说明理由或予以纠正：

1）非圆齿轮齿廓公法线和两轮中心连线的交点在中心连线上的一个区域内变化。

2）直齿圆柱齿轮分度圆上的齿厚和槽宽相等。

3）无论是标准齿轮还是变位齿轮，节圆上的模数和压力角总是标准值。

4）一个直齿轮和一个具有相同模数和压力角的斜齿轮不能啮合。

5）这个齿轮分度圆上的啮合角是20°。

6）一对标准直齿轮啮合过程中，由于啮合角等于分度圆压力角，即20°，从进入啮合到脱离啮合，压力角始终保持20°。

7）高度变位的一对正常齿制的直齿圆柱齿轮，其全齿高为2.25倍的模数。

8）对标准齿轮传动，分度圆和节圆是重合的；对变位齿轮传动，分度圆和节圆是不重合的。

习 题

8-1 用一个圆盘或圆筒形物体、一条线和一支铅笔在纸上绘出渐开线。用绘出的实际的渐开线为例解释说明渐开线的性质。

8-2 对压力角 $\alpha = 20°$、$h_a^* = 1$ 的渐开线标准外齿轮，当齿数 z 等于多少时基圆和齿根圆最接近？当齿数变化时这两个圆的相对大小如何变化？

8-3 为测量渐开线齿轮的齿厚，常采用公法线测量法。图8-49中为一标准直齿轮，用卡尺卡住 n 个齿。试将公法线长度表达为齿数 z、模数 m、压力角 α 的函数。

8-4 已知一对渐开线外啮合标准直齿圆柱齿轮机构，$\alpha = 20°$，$h_a^* = 1$，$c^* = 0.25$，$m = 4\text{mm}$，$z_1 = 18$，$z_2 = 41$。试求：

1）两轮的几何尺寸 r、r_b、r_a、r_f 和标准中心距 a，顶隙 c 以及重合度 ε_α。

2）设主动轮沿顺时针方向转动，缩小50%按比例绘出理论啮合线 $\overline{N_1N_2}$，并在其上标出实际啮合线 $\overline{B_1B_2}$，并标出节点的位置、一对齿啮合区和两对齿啮合区。

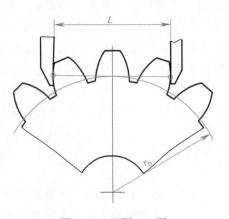

图8-49 习题8-3图

8-5 上题中，若将中心距加大，直至刚好能连续传动，试求：

1）啮合角 α' 和中心距 a'。

2）两轮的节圆半径 r_1'、r_2'。

3）顶隙 c' 和节圆上的齿侧间隙。

并将此题的计算结果和 8-4 题的计算结果相比较。

8-6 用标准齿条型刀具展成切制 $\alpha = 20°$ 的渐开线齿轮，工人总结出一条经验：当公法线比规定值还大 0.07mm 时，刀具需径向进刀 0.10mm。试从理论上证明这条经验的正确性。

8-7 图 8-50 中给出了一对齿轮的基圆和齿顶圆，以及两轮的转向，齿轮 1 为主动轮，齿轮 2 为从动轮。试在图中画出齿轮的啮合线，并标出：极限啮合点 N_1、N_2，实际啮合线的开始点和终止点 B_1、B_2，啮合角 α'，节圆和节点。

8-8 用压力角 $\alpha = 20°$、模数 $m = 12$mm 的滚刀切制 $z = 12$ 的齿轮。试计算，为避免根切，滚刀向远离齿轮中心的方向至少应移动多少？并计算齿轮分度圆和基圆上的齿厚。

8-9 一对渐开线直齿圆柱齿轮，压力角 $\alpha = 20°$、模数 $m = 6$mm、$z_1 = 12$、$z_2 = 15$，要求安装中心距为 $a' = 83.5$mm。试问，设计出的变位齿轮能否避免根切？

8-10 一旧设备上有一对直齿轮，原为英制齿轮，测量得中心距 $a' = 508$mm，两轮齿数 $z_1 = 20$，$z_2 = 80$。在齿轮磨损后，现拟用米制齿轮来重新设计，要求：①中心距不能改变；②传动比不能改变；③将齿轮的模数增大近 10%，以提高强度（可以采用第二系列标准模数）；④总变位系数不太大。试确定齿数、模数，并计算总变位系数，初步提出变位系数分配的意见。

8-11 在图 8-51 所示的回归轮系中，已知 $z_1 = 15$，$z_2 = 53$，$m_{1,2} = 2$mm；$z_3 = 21$，$z_4 = 32$，$m_{3,4} = 2.5$mm，各轮压力角均为 20°。试问：

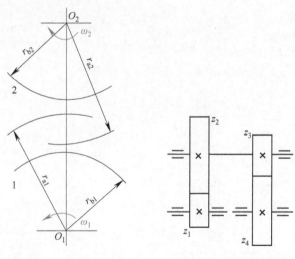

图 8-50 习题 8-7 图　　　图 8-51 习题 8-11 图

1）这两对齿轮能否均用标准齿轮传动？

2）若用变位齿轮传动，可能有几种传动方案？

3）用哪一种方案比较好？

8-12 推导变位齿轮公法线长度的计算公式。

8-13 设有一对平行轴外啮合齿轮机构，$\alpha = 20°$，正常齿制，$z_1 = 15$，$z_2 = 53$，$m =$

2mm。要求中心距 $a = 70$mm。试问：

1）若不用变位齿轮，而用斜齿轮来凑此中心距，螺旋角应为多少？

2）若齿轮宽度 $b = 30$mm，求总重合度。

3）求两轮的当量齿数。

8-14 一对标准直齿圆柱齿轮，齿数分别为 $z_1 = 32$，$z_2 = 64$，模数 $m = 5$mm。为了提高传动的平稳性和强度，拟用斜齿轮来代替这对直齿轮，并略微增大模数，但中心距和传动比应保持不变，螺旋角应在 $8° \sim 15°$ 范围内。确定齿数、模数和螺旋角。

8-15 一对标准直齿圆柱齿轮，齿数分别为 $z_1 = 32$，$z_2 = 64$，模数 $m = 5$mm，齿宽 $b = 150$mm。为了提高传动的平稳性和强度，拟用人字齿轮来代替这对直齿轮，并略微增大模数，但齿宽、中心距和传动比应保持不变，螺旋角应尽量大些。确定齿数、模数和螺旋角，并计算总重合度和当量齿数。

8-16 设计一个阿基米德标准蜗杆蜗轮机构。要求：①根据结构尺寸的限制，中心距 $a = 145 \sim 155$mm；②传动比 $i \approx 25$；③为使效率较高，不应使用单头蜗杆；④为保证强度，模数应尽量大些。试确定模数、蜗杆头数、蜗轮齿数，并计算蜗杆导程角，蜗杆和蜗轮的分度圆、齿顶圆和齿根圆直径。

8-17 设计一对渐开线标准直齿锥齿轮机构。要求：①根据结构尺寸的限制，锥距 $R = 145 \sim 155$mm；②传动比 $i = 2$；③为保证强度，模数应尽量大些；④不发生根切。试确定模数、两轮齿数，并计算两轮的分度圆锥角、分度圆和齿顶圆直径，以及当量齿数。

第九章 轮 系

内容提要 ∨

本章着重介绍计算各种轮系传动比的方法，并介绍轮系的分类及轮系的功用，然后对行星轮系的效率和几何设计问题进行讨论，最后介绍几种特殊形式的新型齿轮传动机构。

第一节 轮系及其类型

扫码看视频

在工程实际中，为了满足各种不同的工作要求，往往需要由多对齿轮构成齿轮传动系统。例如，日常生活中所用的机械手表，工业中所用的各种齿轮变速器，汽车中所用的传动装置等。这种由一系列齿轮所组成的传动系统称为轮系。它通常安装于原动机和执行机构之间，把原动机的运动和动力传给执行机构。

世界上已知的最早的齿轮系是公元前一世纪的一种预测天体位置的太阳系仪，其中有30个齿轮保存至今。它被发现于希腊安提基特拉岛附近。

我国东汉时已有不同形状和用途的齿轮和齿轮系。特别是在天文仪器中，在计里鼓车和指南车中。当今，由轮系组成的齿轮减速器正向着大功率、大传动比、小体积、高机械效率以及长寿命的方向发展。

根据轮系运转时各齿轮轴线的相对位置是否固定，可以将其分为以下几类。

一、定轴轮系

当轮系运转时，若各齿轮的几何轴线相对于机架的位置均固定不变，则该轮系称为定轴轮系。在图9-1所示的轮系中，运动由齿轮1输入，通过一系列齿轮传动，运动由齿轮5输出。在这个轮系中，各个齿轮在运转时其几何轴线相对于机架的位置均固定不变。

二、周转轮系

当轮系运转时，若其中至少有一个齿轮的几何

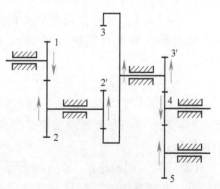

图9-1 定轴轮系

轴线相对于机架的位置不固定，而是绕某一固定轴线回转，则称该轮系为周转轮系。在图9-2所示的轮系中，外齿轮1和内齿轮3都绕着固定轴线 O 回转，但齿轮2的几何轴线位置不固定，当轮系运转时，齿轮2一方面绕着自己的轴线 O_1 回转，另一方面，又随着构件H一起绕着固定轴线 O 回转，就像行星（地球）的运动一样，兼有自转和公转，故称齿轮2为行星轮；支持行星轮2自转和公转的构件H则称为系杆或行星架。而定轴齿轮1和3则称为太阳轮。

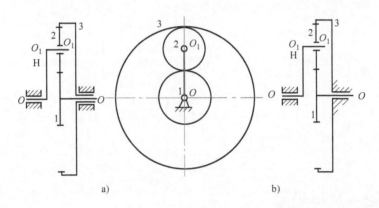

图 9-2　周转轮系

在周转轮系中，由于一般将太阳轮和行星架作为运动的输入和输出构件，故又常称它们为周转轮系的基本构件。基本构件都是围绕着同一固定轴线回转的。

1. 根据轮系所具有的自由度不同来分类

根据轮系所具有的自由度的不同，周转轮系可分为差动轮系和行星轮系两类。

（1）差动轮系　如图9-2a所示的周转轮系，太阳轮1和3均可转动，因此该机构的活动构件数 $n=4$，低副数 $p_5=4$，高副数 $p_4=2$，机构的自由度 $F=3n-2p_5-p_4=3×4-2×4-2=2$。这种自由度为2的周转轮系称为差动轮系。要使这种轮系中的各构件具有确定的相对运动，必须向轮系输入两个独立的运动（两个构件的转速及其转向）。

（2）行星轮系　如图9-2b所示的周转轮系，太阳轮3（或1）固定，因此该机构的活动构件数 $n=3$，低副数 $p_5=3$，高副数 $p_4=2$，机构的自由度 $F=3n-2p_5-p_4=3×3-2×3-2=1$。这种自由度为1的周转轮系称为行星轮系。这种轮系只需向轮系中的一个构件输入转动（转速及转向），整个轮系所有构件的相对运动关系就唯一地被确定了。

2. 根据基本构件的特点来分类

（1）2K-H型周转轮系　一般太阳轮用符号 K 表示，行星架用 H 表示。基本构件为两个太阳轮和一个行星架的周转轮系称为2K-H型周转轮系。图9-3所示为2K-H型周转轮系的几种形式。

（2）3K型周转轮系　图9-4所示的轮系，其基本构件为三个太阳轮，故称为3K型周转轮系。此轮系中的系杆H只起支承行星轮使其与太阳轮保持啮合的作用，不作为输出或输入构件，故不能称为基本构件。

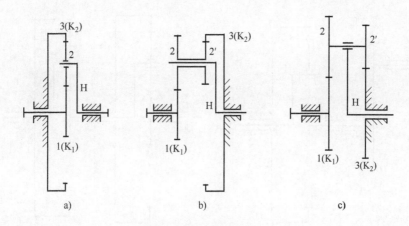

图9-3 2K-H型周转轮系

（3）K-H-V型 图9-5所示为K-H-V型周转轮系，其中1为内齿轮，2为行星轮，H为系杆，3为等角速比机构，V为输出构件。

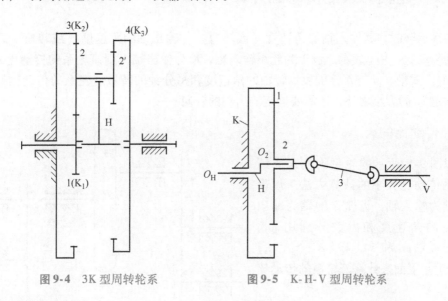

图9-4 3K型周转轮系　　　图9-5 K-H-V型周转轮系

上述的单个2K-H轮系及单个K-H-V轮系是不可再分的，是基本周转轮系。

三、复合轮系

在工程实际中，除了采用单一的定轴轮系和单一的周转轮系外，还经常采用基本周转轮系与定轴轮系相组合或者若干个基本周转轮系相组合而成的复杂轮系，通常将这种复杂轮系称为复合轮系（或混合轮系）。如图9-6所示的轮系，就是由定轴轮系（图中左半部分）和基本周转轮系（图中右半部分）组成的复合轮系；图9-7所示的轮系，则是由两个基本周转轮系（两个行星架 H_1 和 H_2 分别对应于一个周转轮系 H_1-1-2-3 和 H_2-4-5-6）组成的复合轮系。

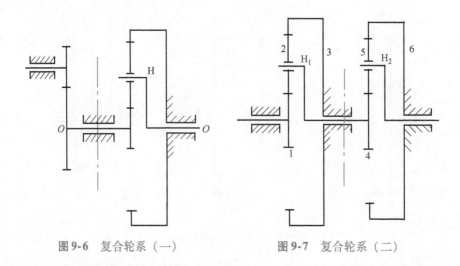

图 9-6　复合轮系（一）　　　　　　图 9-7　复合轮系（二）

第二节　定轴轮系的传动比计算

当轮系运转时，其输入轴的角速度（或转速）与输出轴的角速度（或转速）之比称为该轮系的传动比，用 i 表示。设 1 为轮系输入轴，K 为输出轴，则该轮系的传动比 $i_{1K} = \omega_1/\omega_K = n_1/n_K$。式中，$\omega$ 与 n 分别表示转轴的角速度和每分钟的转数。轮系的传动比计算，除了需要确定 i_{1K} 的大小之外，还需要确定输出轴的转向。

一、传动比的大小

现以图 9-8 所示的轮系为例来介绍定轴轮系传动比大小的计算方法。设齿轮 1 的轴为输入轴，齿轮 5 的轴为输出轴，各轮的角速度和齿数分别用 ω_1、ω_2、ω_3、ω_4、ω_5 和 z_1、z_2、z_3、$z_{3'}$、z_4、$z_{4'}$、z_5 表示。下面来计算该轮系的传动比 i_{15} 的大小。

由图可见，齿轮 1 到齿轮 5 之间的传动，是通过各对齿轮的依次传动来实

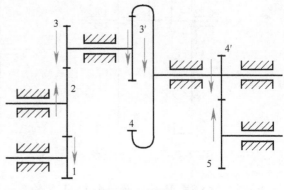

图 9-8　定轴轮系

现的，那么轮系的传动比必定和组成该轮系的各对齿轮的传动比有关。为此，首先求出轮系中各对啮合齿轮的传动比大小

$$i_{12} = \omega_1/\omega_2 = z_2/z_1 \tag{a}$$

$$i_{23} = \omega_2/\omega_3 = z_3/z_2 \tag{b}$$

$$i_{3'4} = \omega_{3'}/\omega_4 = z_4/z_{3'} \tag{c}$$

$$i_{4'5} = \omega_{4'}/\omega_5 = z_5/z_{4'} \tag{d}$$

由上述各式可以看出，齿轮 1 的角速度 ω_1 出现在式（a）的分子中，齿轮 5 的角速度 ω_5 出现在式（d）的分母中，因 $\omega_3 = \omega_{3'}$、$\omega_4 = \omega_{4'}$，所以各中间齿轮的角速度 ω_2、ω_3、ω_4 在这

些式子的分子和分母中各出现一次。因此，为了求得轮系的传动比 i_{15}，可将上列各式的两端分别连乘，于是可得

$$i_{12}i_{23}i_{3'4}i_{4'5} = \frac{\omega_1\omega_2\omega_{3'}\omega_{4'}}{\omega_2\omega_3\omega_4\omega_5} = \frac{\omega_1\omega_2\omega_3\omega_4}{\omega_2\omega_3\omega_4\omega_5} = \frac{\omega_1}{\omega_5} = \frac{z_2\ z_3\ z_4\ z_5}{z_1\ z_2\ z_{3'}\ z_{4'}}$$

即

$$i_{15} = \frac{\omega_1}{\omega_5} = i_{12}i_{23}i_{3'4}i_{4'5} = \frac{z_2\ z_3\ z_4\ z_5}{z_1\ z_2\ z_{3'}\ z_{4'}} \tag{9-1}$$

此式表明，定轴轮系的传动比等于组成该轮系的各对啮合齿轮传动比的连乘积；其大小等于各对啮合齿轮中所有从动轮齿数的连乘积与所有主动轮齿数的连乘积之比，即

$$\text{定轴轮系的传动比} = \frac{\text{所有从动轮齿数的连乘积}}{\text{所有主动轮齿数的连乘积}} \tag{9-2}$$

根据上式，可以写出定轴轮系传动比的一般公式。设定轴轮系中齿轮 1 的轴为输入轴，齿轮 K 的轴为输出轴，则该定轴轮系的传动比 i_{1K} 可表示为

$$i_{1K} = \frac{\omega_1}{\omega_K} = \frac{z_2\cdots z_K}{z_1\cdots z_{K-1}} \tag{9-3}$$

需要指出的是，式（9-3）中的主动轮与从动轮是针对每一对相啮合的齿轮而言的，即相应每一个啮合点，必然有一个主动齿轮和从动齿轮，因此式（9-3）的分母中主动轮的数量与分子中从动轮的数量总是一一对应且相等。通常一根中间传动轴上各有一个主动齿轮和从动齿轮，如图 9-8 中的 3-3′和 4-4′齿轮，这种齿轮称为双联齿轮。特殊情况如图 9-8 中的齿轮 2，它同时分别与齿轮 1 和齿轮 3 相啮合，对于齿轮 1 来讲，它是从动轮，对于齿轮 3 来讲，它又是主动轮。因此，其齿数 z_2 在式（9-1）的分子、分母中同时出现，可以约去。齿轮 2 仅仅起着传动的中间过渡作用，而它的齿数多少并不影响该轮系传动比的大小。轮系中的这种齿轮称为惰轮（或过轮）。惰轮虽然不影响轮系传动比的大小，但却能影响轮系输出轴的转动方向。

二、首轮和末轮的转向关系

轮系的传动比计算，不仅需要知道轮系传动比的大小，还需要根据主动轮的转动方向确定从动轮的转向。下面分几种情况加以讨论。

（一）平面定轴轮系

如果定轴轮系中各对啮合齿轮均为圆柱齿轮传动，即各轮的轴线都相互平行，则称该轮系为平面定轴轮系。

平面定轴轮系中的转向关系可用"+""−"号来表示，"+"号表示输出轴与输入轴的转向相同，"−"号表示输出轴与输入轴的转向相反。一对外啮合圆柱齿轮传动的两轮转向相反，其传动比前应加注"−"号；一对内啮合圆柱齿轮传动的两轮转向相同，其传动比前应加注"+"号。设轮系中有 m 对外啮合齿轮，则在式（9-1）右侧的分式前应加注 $(-1)^m$。对于图 9-8 所示的轮系，$m = 3$，所以其传动比为

$$i_{15} = (-1)^3 \frac{z_3}{z_1}\frac{z_4}{z_{3'}}\frac{z_5}{z_{4'}} = -\frac{z_3}{z_1}\frac{z_4}{z_{3'}}\frac{z_5}{z_{4'}}$$

这说明输出轴与输入轴的转向相反。

（二）空间定轴轮系

如果定轴轮系中含有锥齿轮、蜗杆蜗轮等空间齿轮传动，即各轮的轴线不完全相互平

行，则称该轮系为空间定轴轮系。

空间定轴轮系含有轴线不平行的齿轮传动，因而空间定轴轮系输入轴与输出轴之间的转向关系不能在传动比大小的前面用加注 $(-1)^m$ 来确定。下面分两种情况来讨论。

1. 输入轴与输出轴平行

当空间定轴轮系输入轴与输出轴平行时，传动比计算式前应加"＋""－"号，表示输出轴与输入轴的转向是否相同。但其符号的确定不能用 $(-1)^m$，而只能用标注箭头法确定。对于锥齿轮传动，表示方向的箭头应该同时指向啮合点即箭头对箭头，或同时背离啮合点即箭尾对箭尾。通过画箭头，若输入轴和输出轴的转向相反，则在传动比的前面加负号，反之，加正号（正号一般省略）。

例如，图 9-9a 所示轮系的传动比为

$$i_{13} = \frac{\omega_1}{\omega_3} = -\frac{z_2 z_3}{z_1 z_{2'}}$$

而图 9-9b 所示轮系的传动比为 $\qquad i_{13} = \frac{\omega_1}{\omega_3} = \frac{z_2 z_3}{z_1 z_{2'}}$

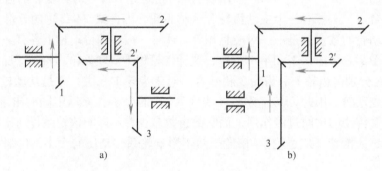

a)   b)

图 9-9 空间定轴轮系的转向

2. 输入轴与输出轴不平行

对于输入轴与输出轴不平行的空间定轴轮系，不能采用在传动比计算式前加"＋"或"－"号的方法来表示输出轴与输入轴间的转向关系，其转向关系只能用箭头表示在机构运动简图上，如图 9-10 所示。

对于蜗杆传动，从动件蜗轮的转向主要取决于蜗杆的转向和旋向。可以用左、右手法则来确定，右旋用右手来判断，左旋用左手来判断。如图 9-11 所示是右旋蜗杆蜗轮，用右手法则判断，即右手握住蜗杆，四指沿蜗杆角速度 ω_1 方向弯曲，则拇指所指方向的相反方向即是蜗轮上啮合接触点的线速度方向，所以蜗轮以角速度 ω_2 顺时针方向转动。如果是左旋蜗杆蜗轮，用左手法则来判断。

蜗杆蜗轮转动方向也可借助于螺旋方向相同的螺杆螺母的相对运动关系来确定，即把蜗杆看作螺杆，蜗轮看作螺母，当螺杆只能转动

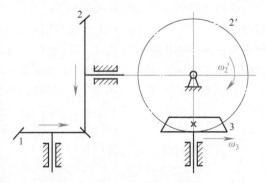

图 9-10 锥齿轮传动的转向

而不能做轴向移动时，螺母移动的方向即表示蜗轮上啮合点的线速度方向，从而确定了蜗轮转动方向。

例如，图 9-12 所示为输入轴与输出轴不平行的空间定轴轮系，齿轮 1 的轴为输入轴，蜗轮 5 的轴为输出轴，输出轴与输入轴的转向关系如图上箭头所示。

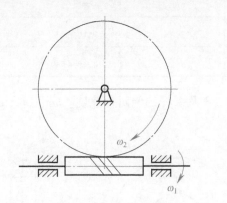

图 9-11 蜗杆传动的转向

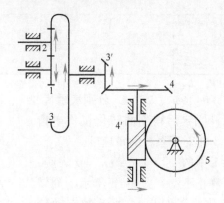

图 9-12 空间定轴轮系的转向

第三节 周转轮系的传动比计算

在周转轮系中，由于系杆的转动（设系杆的角速度为 ω_H），使轮系中出现既自转又公转而做复合运动的行星轮，因此周转轮系的传动比不能直接用定轴轮系的公式来进行计算。

一、周转轮系传动比计算的基本思路

为了解决周转轮系的传动比计算问题，应当设法将周转轮系转化为定轴轮系。而周转轮系和定轴轮系的根本差别就在于周转轮系中有转动着的系杆，使得行星轮既自转又公转。因此，应当设法使系杆固定不动。由相对运动原理可知，给周转轮系中的每一个构件都加上一个附加的公共转动（该公共转动的角速度为 $-\omega_H$）后，周转轮系各构件间的相对运动并不改变，但此时系杆的角速度就变成了 $\omega_H - \omega_H = 0$，即系杆可视为固定不动。于是得到一个假想的定轴轮系，称该假想的定轴轮系为原来周转轮系的转化机构（或称为转化轮系）。图 9-13 所示为 2K-H 型周转轮系，当给周转轮系加上一个角速度为 $-\omega_H$ 的附加转动后，各构件角速度的变化情况见表 9-1。

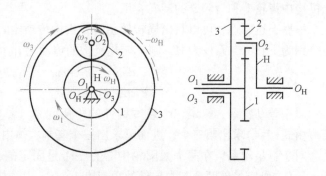

图 9-13 周转轮系各构件的转速

表 9-1　周转轮系转化机构中各构件的角速度

构件代号	原来的（相对于机架的）角速度	在转化机构中的角速度（即相对于系杆的角速度）
1	ω_1	$\omega_1^H = \omega_1 - \omega_H$
2	ω_2	$\omega_2^H = \omega_2 - \omega_H$
3	ω_3	$\omega_3^H = \omega_3 - \omega_H$
H	ω_H	$\omega_H^H = \omega_H - \omega_H = 0$

表中，ω_1、ω_2、ω_3、ω_H 分别表示齿轮 1、2、3 及系杆的绝对角速度。ω_1^H、ω_2^H、ω_3^H 分别表示在系杆固定后得到的转化机构中齿轮 1、2、3 相对于系杆的角速度。

表 9-1 中的 $\omega_H^H = \omega_H - \omega_H = 0$ 表明，这时系杆静止不动，图 9-13 所示的周转轮系就转化成了图 9-14 所示的定轴轮系。这时就可以用定轴轮系的传动比计算公式列出转化机构中各构件的角速度与各轮齿数间的关系式，并由此得到周转轮系中各构件的真实角速度与各轮齿数间的关系式，进而求得周转轮系的传动比。

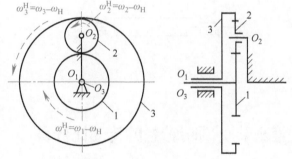

图 9-14　周转轮系的转化机构

二、周转轮系传动比的计算方法

由于转化机构相当于定轴轮系，故图 9-14 所示转化机构的传动比可按定轴轮系传动比公式进行计算

$$i_{13}^H = \frac{\omega_1^H}{\omega_3^H} = \frac{\omega_1 - \omega_H}{\omega_3 - \omega_H} = -\frac{z_3}{z_1}$$

式中，i_{13}^H 表示在转化机构中 1 轮主动、3 轮从动时的传动比。齿数比前的"－"号表示在转化机构中齿轮 1 和齿轮 3 的转向相反。

根据上述原理，可以写出周转轮系转化机构传动比的一般公式。设周转轮系中两个太阳轮分别为 1 和 K，系杆为 H，则其转化机构的传动比 i_{1K}^H 可表示为

$$i_{1K}^H = \frac{\omega_1^H}{\omega_K^H} = \frac{\omega_1 - \omega_H}{\omega_K - \omega_H} = \pm\frac{z_2\cdots z_K}{z_1\cdots z_{K-1}} \tag{9-4}$$

对于差动轮系，给定三个基本构件的角速度 ω_1、ω_K、ω_H 中的任意两个及各齿轮齿数，便可由式(9-4)求出第三个，进而可求出三个基本构体中任意两个之间的传动比。

对于行星轮系，在两个太阳轮中必有一个是固定的，例如，若太阳轮 K 固定，则角速度 $\omega_K = 0$，给定另外两个基本构件的角速度 ω_1、ω_H 中的任意一个，便可由式（9-4）求出另外一个，也可以直接式（9-4）求出传动比 i_{1H}。

将 $\omega_K = 0$ 代入式 (9-4) 得

$$i_{1K}^H = \frac{\omega_1^H}{\omega_K^H} = \frac{\omega_1 - \omega_H}{0 - \omega_H} = 1 - \frac{\omega_1}{\omega_H} = 1 - i_{1H} = \pm\frac{z_2 \cdots z_K}{z_1 \cdots z_{K-1}}$$

故
$$i_{1H} = 1 - i_{1K}^H \tag{9-5}$$

由以上分析可知，周转轮系中各个构件转速的确定以及轮系中两构件的传动比，一定要借助转化机构的传动比才能求得。

三、使用转化机构传动比式（9-4）的注意事项

1）该式只适用于转化机构的1轮、K轮和系杆H的轴线平行的情况。

例如，图9-15所示的转化机构的构件1与3的传动比可以写成

$$i_{13}^H = \frac{\omega_1 - \omega_H}{\omega_3 - \omega_H} = -\frac{z_3}{z_1}$$

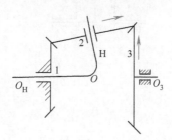

图9-15 空间周转轮系

但由于构件1与构件2的轴线不平行，故 $\quad i_{12}^H \neq \dfrac{\omega_1 - \omega_H}{\omega_2 - \omega_H}$

2）该式中 i_{1K}^H 是转化机构中1轮主动、K轮从动时的传动比，其大小和正、负完全按照定轴轮系来处理。在具体计算时，要特别注意转化机构传动比 i_{1K}^H 的正负号，它不仅表明在转化机构中太阳轮1和K转向之间的关系，而且将直接影响到周转轮系传动比的大小和正、负号。

应强调的是，这个正、负号与两个太阳轮的真实转向无直接关系，即"+"号并不表示两太阳轮的真实转向一定相同，"–"号并不表示两太阳轮的真实转向一定相反。按图9-16a、b、c、d所示周转轮系判断，不管两太阳轮真实转向如何，也不管其中一个太阳轮是否固定不动，转化机构的传动比 i_{1K}^H 必须是"–"号。因此，转化机构传动比 i_{1K}^H 的正、负号可以看成是周转轮系的"结构特征"符号。为此，将转化机构的传动比 i_{1K}^H 为"+"的周转轮系称为正号机构；将转化机构的传动比 i_{1K}^H 为"–"的周转轮系称为负号机构。

3）ω_1、ω_K、ω_H 均为代数值，运用该式计算时，必须带有相应的"+""–"号，如转向相同，用"+"号代入，如转向相反，用"–"号代入。在已知周转轮系中各轮齿数的条件下，已知 ω_1、ω_K、ω_H 中的两个量（包括大小和方向），就可用该式确定第三个量，并注意第三个构件的转向应由计算结果的"+""–"号来判断。

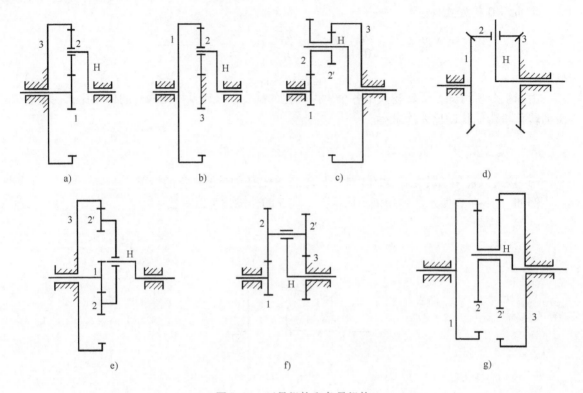

图 9-16 正号机构和负号机构

a）、b）、c）、d）负号机构 e）、f）、g）正号机构

四、轮系传动比计算举例

例题 9-1 图 9-17 所示的周转轮系中，已知 $z_1 = 100$、$z_2 = 101$、$z_2' = 100$、$z_3 = 99$，试求传动比 i_{H1}。

解：当构件 H 转动时，它推动齿轮 2' 在固定齿轮 3 上滚动，从而使齿轮 2 带动齿轮 1。由此可知，双联齿轮 2-2' 为行星轮，3 为固定太阳轮，即 $n_3 = 0$，1 为活动太阳轮，H 为系杆，它们组成一个行星轮系。其传动比可根据式(9-5)进行计算

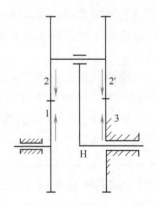

$$i_{1H} = 1 - i_{13}^H = 1 - \frac{z_2 z_3}{z_1 z_2'} = 1 - \frac{101 \times 99}{100 \times 100} = \frac{1}{10000}$$

所以 $$i_{H1} = 1/i_{1H} = 10000$$

即当系杆转 10000r 时，轮 1 才转 1r，n_1 与 n_H 转向相同。此例说明周转轮系可获得很大的传动比。

图 9-17 例题 9-1 图

例题 9-2 图 9-18 所示的轮系中，已知各轮齿数为：$z_1 = 48$、$z_2 = 48$、$z_2' = 18$、$z_3 = 24$、又 $n_1 = 250\text{r/min}$、$n_3 = 100\text{r/min}$，转向如图所示，试求系杆 H 的转速 n_H 的大小及方向。

解：该轮系是由锥齿轮 1、2、2'、3、系杆 H 以及机架所组成的差动轮系，1、3、H 的几何轴线互相重合，根据式（9-4）计算转化机构的传动比

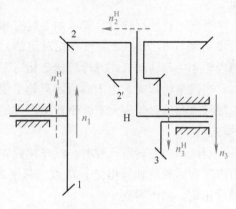

图 9-18 例题 9-2 图

$$i_{13}^{H} = \frac{n_1^H}{n_3^H} = \frac{n_1 - n_H}{n_3 - n_H} = -\frac{z_2 z_3}{z_1 z_2'} = -\frac{48 \times 24}{48 \times 18} = -\frac{4}{3}$$

式中，齿数比前的"−"号表示在该轮系的转化机构中，齿轮 1、3 的转向相反，它是通过在图上用画箭头的方法确定的。

将已知的 n_1、n_3 值代入上式。由于 n_1 和 n_3 的实际转向相反，故一个取正值，另一个取负值。现取 n_1 为正，n_3 为负，则

$$\frac{n_1 - n_H}{n_3 - n_H} = \frac{250\text{r/min} - n_H}{-100\text{r/min} - n_H} = -\frac{4}{3}$$

得到

$$n_H = \frac{350}{7}\text{r/min} = 50\text{r/min}$$

其结果为正，表明系杆 H 的转向与齿轮 1 的转向相同，与齿轮 3 的转向相反。

由于行星轮的角速度矢量与系杆的角速度矢量不平行，所以不能用代数法相加减，即如果要计算行星轮绕系杆转动的相对角速度，$\omega_2^H \neq \omega_2 - \omega_H$，则需要利用矢量合成的办法来求解，此处不详述。

例题 9-3 图 9-19 所示为汽车后桥差速器中的轮系结构示意图，已知各轮齿数，且 $z_1 = z_3$，试分析两后轮（太阳轮 1 和 3）实现直行和转弯时 n_1、n_3、n_4 之间的关系。

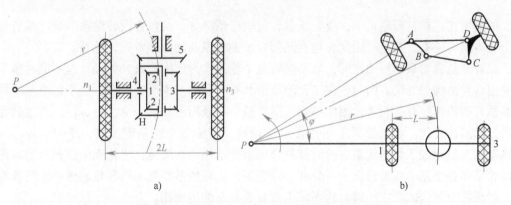

a)   b)

图 9-19 汽车后桥差速器中的轮系结构示意图

解：汽车的发动机通过传动轴驱动齿轮 5，再带动齿轮 4 及与其固连着的系杆 H 转动。齿轮 1、2、3、4（H）组成一差动轮系。

根据式（9-4）计算转化机构的传动比

$$i_{13}^{4} = \frac{n_1^4}{n_3^4} = \frac{n_1 - n_4}{n_3 - n_4} = -\frac{z_3}{z_1} = -1$$

即 $$n_1 + n_3 = 2n_4 \qquad\qquad\qquad (a)$$

当汽车直线行驶时，要求两后轮有相同的转速，即 $n_1 = n_3$。这时，有 $n_1 = n_3 = n_4$，齿轮 1、3 和系杆 4（H）之间没有相对运动，整个差动轮系相当于同齿轮 4 固接在一起的刚体，随齿轮 4 一起转动，此时行星轮 2 相对于系杆没有转动。

当汽车转弯时，由于前后四只轮子绕同一点 P（图 9-19b）转动，故处于弯道外侧的右轮滚过地面的弧长应大于处于弯道内侧的左轮滚过地面的弧长，这时，左轮与右轮具有不同的转速。

当汽车向左转弯行驶时，汽车两前轮在梯形转向机构 ABCD 的作用下向左偏转，其轴线与汽车两后轮的轴线相交于 P 点。两个后轮在与地面不打滑的条件下，其转速应与弯道半径成正比。由图得到

$$\frac{n_1}{n_3} = \frac{r-L}{r+L} \qquad\qquad\qquad (b)$$

式中，r 为弯道平均半径；L 为两后轮中心距之半。

这是一个附加的约束方程。联立式（a）、式（b），就可求得两后轮的转速

$$n_1 = \frac{r-L}{r}n_4 \qquad n_3 = \frac{r+L}{r}n_4$$

可见，轮 4 的转速通过差动轮系分解成 n_1 和 n_3 两个转速，这两个转速随弯道的半径不同而不同。

第四节　复合轮系的传动比计算

一、复合轮系传动比的计算方法

如前所述，在复合轮系中，或者既包含定轴轮系部分，又包含周转轮系部分，或者包含几个基本周转轮系，甚至可能同时包括几部分定轴轮系和几个基本周转轮系。

在计算复合轮系的传动比时，既不能将整个轮系作为定轴轮系来处理，也不能对整个轮系采用转化机构的办法。因为，在复合轮系中如果有多个基本周转轮系，由于每个基本周转轮系系杆的角速度并不相等，因此不能试图将整个轮系用附加某一个（$-\omega_H$），通过转化机构来计算其传动比。如果轮系中还包含定轴轮系，当给整个轮系附加某一个（$-\omega_H$）时，定轴轮系又转化成了周转轮系。故计算复合轮系传动比的方法是：将轮系中所包含的各部分定轴轮系和各个基本周转轮系——分开，分别列出定轴轮系和基本周转轮系传动比的计算公式，然后将所列公式联立求解，从而求出该复合轮系的传动比。

因此，在计算复合轮系的传动比时，最为关键的一步是：分析轮系的结构组成，将轮系中的定轴轮系部分和基本周转轮系部分正确地划分出来。为了正确地进行这种划分，首先是要把其中的周转轮系部分划出来。具体方法是：先找出轴线不固定的行星轮，支持行星轮的构件就是系杆，注意有时系杆不一定呈简单的杆状；而几何轴线与系杆的回转轴线相重合、且直接与行星轮相啮合的定轴齿轮就是太阳轮。这样，行星轮、系杆和太阳轮便组成一个基本周转轮系。其余的部分可按照上述同样的方法继续划分，若有行星轮存在，同样可以找出

与此行星轮相对应的基本周转轮系。区分出各个基本周转轮系后，剩余的那些由定轴齿轮组成的部分就是定轴轮系。

二、复合轮系传动比计算举例

例题 9-4 图 9-20 所示的轮系中，已知各轮齿数为：$z_1 = 20$，$z_2 = 40$，$z_2' = 20$，$z_4 = 80$。试求传动比 i_{1H}。

解：由图可知，齿轮 3 的轴线不固定，它是一个行星轮，支持该行星轮的构件 H 即为系杆；而与行星轮 3 相啮合的定轴齿轮 2′ 和 4 为太阳轮。因此，轮 2′、3、4 和系杆 H 组成一个基本周转轮系。太阳轮 4 是固定不动的，因此该周转轮系是一个行星轮系。齿轮 1、2 组成定轴轮系。而轮 2 与轮 2′ 为固连在同一轴上的两个齿轮（双联齿轮），故 $n_2 = n_{2'}$。

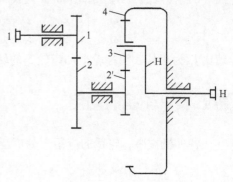

图 9-20 复合轮系

下面分别列出行星轮系和定轴轮系传动比的计算公式。对于行星轮系有

$$i_{2'H} = \frac{n_{2'}}{n_H} = 1 - i_{2'4}^H = 1 - \left(-\frac{z_4}{z_{2'}} \right) = 1 - \left(-\frac{80}{20} \right) = 5$$

对于定轴轮系有 $\quad i_{12} = \dfrac{n_1}{n_2} = -\dfrac{z_2}{z_1} = -\dfrac{40}{20} = -2$

又 $$n_2 = n_{2'}$$

所以 $$i_{1H} = \frac{n_1}{n_H} = i_{12} \cdot i_{2'H} = (-2) \times 5 = -10$$

传动比 i_{1H} 为负号表明轮 1 与系杆 H 的转向相反。

例题 9-5 在图 9-21 所示的电动卷扬机减速器中，已知各轮齿数为：$z_1 = 24$，$z_2 = 52$，$z_{2'} = 21$，$z_3 = 97$，$z_{3'} = 18$，$z_5 = 78$。试求传动比 i_{15}。

解：在该轮系中，双联齿轮 2-2′ 的几何轴线不固定，而是随着内齿轮 5 绕中心轴线的转动而运动，所以是行星轮；支持它运动的构件齿轮 5 就是系杆；和行星轮相啮合的齿轮 1 和 3 是两个太阳轮，这两个太阳轮都能转动。所以齿轮 1、2-2′、3、5 组成一个差动轮系。剩余的齿轮 3′、4 和 5 组成一个定轴轮系。齿轮 3′ 和 3 是同一构件，齿轮 5 和系杆也是同一个构件，也就是说差动轮系的两个基本构件太阳轮和系杆被定轴轮系封闭起来了，这种通过一个定轴轮系把差动轮系的两个基本构件（太阳轮和系杆）封闭起来而组成的自由度为 1 的复合轮系，通常称为封闭式行星轮系。

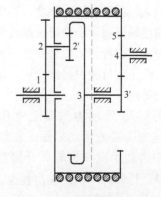

图 9-21 电动卷扬机减速器

在差动轮系中，有

$$i_{13}^5 = \frac{\omega_1 - \omega_5}{\omega_3 - \omega_5} = -\frac{z_2 z_3}{z_1 z_{2'}} \tag{a}$$

在定轴轮系中，有

$$i_{3'5} = \frac{\omega_3'}{\omega_5} = -\frac{z_5}{z_{3'}} \tag{b}$$

又

$$\omega_3 = \omega_{3'} \tag{c}$$

将式（c）代入式（b），解出 ω_3 代入式（a），整理后得

$$i_{15} = \frac{\omega_1}{\omega_5} = 1 + \frac{z_2 z_3}{z_1 z_{2'}} + \frac{z_5 z_2 z_3}{z_{3'} z_1 z_{2'}} = 1 + \frac{52 \times 97}{24 \times 21} + \frac{78 \times 52 \times 97}{18 \times 24 \times 21} = 54.38$$

传动比 i_{15} 为正号表明齿轮 1 和齿轮 5 的转向相同。

第五节　轮系的功用

在各种机械中，轮系的应用十分广泛，其功能可概括为以下几个方面。

一、实现大传动比传动

当两轴之间需要较大的传动比时，若仅用一对齿轮传动，则两轮齿数相差很大，小轮的轮齿极易损坏。一对齿轮传动，为了避免由于齿数过于悬殊而使小齿轮易于损坏和发生齿根干涉等问题，一般传动比不得大于 7；当两轴间需要较大的传动比时，就需要采用轮系来满足，特别是采用周转轮系，可以用很少的齿轮，并且在结构很紧凑的条件下，得到很大的传动比。例题 9-1 所示的轮系就是理论上实现大传动比的一个实例。

二、实现相距较远两轴之间的传动

当输入轴和输出轴之间的距离较远时，如果只用一对齿轮直接把输入轴的运动传给输出轴，如图 9-22 所示的双点画线 1、2 齿轮，齿轮的尺寸很大。这样，既占空间又费材料，而且制造、安装均不方便。如采用图中点画线所示轮系（齿轮 a，b，c 和 d 组成的轮系）来传动，便可克服上述缺点。

三、实现变速与换向传动

输入轴的转速转向不变，利用轮系可使输出轴得到若干种转速或改变输出轴的转向，这种传动称为变速与换向传动。如汽车在行驶中经常变速，倒车时要换向等。

图 9-23 所示为汽车上常用的三轴四速变速器的传动简图。在该定轴轮系中，利用滑移齿轮和牙嵌离合器便可以获得四种不同的输出转速。图中 Ⅰ 轴输入，Ⅱ 轴输出。

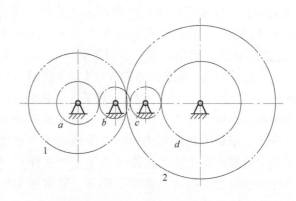

图 9-22　实现相距较远两轴之间的传动

第一档：齿轮 3 与 4 相结合，其余脱开（低速档）；

第二档：齿轮 5 与 6 相结合，其余脱开（中速档）；

第三档：牙嵌离合器 A、B 嵌合，其余脱开（高速档）；

第四档：齿轮 6 与 8 相结合，A、B 脱开（倒车档）。

变速换向传动还广泛地应用在金属切削机床等设备上。

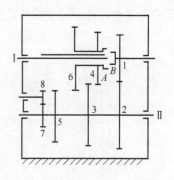

图 9-23　汽车上的三轴四速
变速器传动简图

四、实现分路传动

利用轮系可将主动轴的转速同时传到几根从动轴上，获得所需的各种转速。如图 9-24 所示的钟表传动示意图中，由发条 K 驱动齿轮 1 转动时，通过齿轮 1 与 2 相啮合使分针 M 转动；由齿轮 1、2、3、4、5 和 6 组成的轮系可使秒针 S 获得一种转速；由齿轮 1、2、9、10、11 和 12 组成的轮系可使时针 H 获得另一种转速。按传动比的计算，如适当选择各轮齿数，便可得到时针、分针、秒针之间所需的走时关系。

五、实现结构紧凑且质量较小的大功率传动

在机械制造业中，特别是在飞行器中，期望在机构尺寸及质量较小的条件下实现大功率传动，这种要求采用周转轮系可以较好地得到满足。

如图 9-25 所示，周转轮系中采用了多个均布的行星轮来同时传动。由于多个行星轮共同承担载荷，齿轮尺寸可以减小，又可使各啮合点处的径向力和行星轮公转所产生的离心惯性力得以平衡，减小了主轴承内的作用力，增加了运转的平稳性。此外，在动力传动用的行星减速器中，较多采用内啮合，且其输入轴与输出轴共线，这样可有效地利用空间，减小径向尺寸。因此，在结构紧凑、质量较小的条件下，可以实现大功率传动。

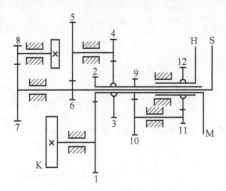

图 9-24　钟表传动示意图

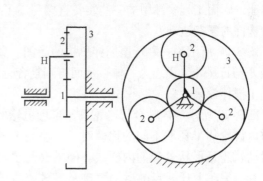

图 9-25　采用多个均布行星轮的周转轮系

图 9-26 所示为涡轮螺旋桨发动机主减速器的传动简图。动力由太阳轮 1 输入后，分两路从系杆 H 和内齿轮 3 输往左部，最后汇合到一起输往螺旋桨。由于采用多个行星轮，加上功率分路传递，所以在较小的外廓尺寸下，传递功率可达 2850kW，实现了大功率传动。

六、实现运动的合成与分解

差动轮系的自由度是 2，所以必须给轮系中三个基本构件中的任意两个输入确定的运动，

第三个基本构件才能获得确定的相对运动。利用这一特点，可以把两个运动合成为一个运动。

在图 9-27 所示的轮系中，两个太阳轮的齿数相等，即 $z_1 = z_3$，所以

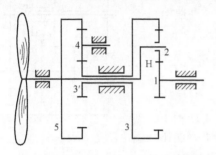

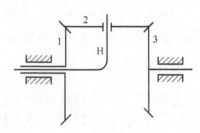

图 9-26　涡轮螺旋桨发动机主减速器
　　　　　的传动简图

图 9-27　锥齿轮所组成的差动轮系

$$i_{13}^{H} = \frac{n_1 - n_H}{n_3 - n_H} = -\frac{z_3}{z_1} = -1$$

得到

$$n_H = \frac{1}{2}(n_1 + n_3)$$

上式表明，系杆的转速是太阳轮 1 与 3 的合成，故这种轮系可用作加法机构。差动轮系运动合成的特性，被广泛用于机床、计算机构和补偿调整装置中。

同样，利用差动轮系可以实现运动的分解，即将差动轮系中已知的一个独立运动分解为两个独立的运动。例题 9-3 所示的轮系就是实现运动分解的一个实例。

七、实现复杂的轨迹运动和刚体导引

在周转轮系中，由于行星轮的运动是自转与公转的合成运动，而且可以得到较高的行星轮转速，因而工程实际中的一些装备直接利用了行星轮的这一特有的运动特点，来实现机械执行构件的复杂运动。

图 9-28 所示为一种行星搅拌机构的简图。其搅拌器 F 与行星轮 g 固连为一体，从而得到复合运动，增加了搅拌效果。

图 9-29 所示为内啮合行星轮系，当行星轮的半径与内齿轮的半径取不同的比值时，行星轮上各点的运动轨迹是形状各异的内摆线。外啮合行星轮系中，其行星轮上任一点的运动轨迹是各种类型的外摆线。由于行星轮能够产生出各种各样的摆线，因此可用它加工各种各样的摆线齿轮，在纺织工业中用来生产各种图案，以及利用它来设计带有停歇运动的组合机构。

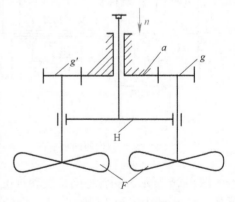

图 9-28　行星搅拌机构的简图

图 9-30 所示为花键轴自动车床下料机械手传动示意图，它是利用轮系实现刚体导引的一个实例。该机械手共有两个动作：机械手转臂的正、反向回转运动，以便将加工好的工件由自动车床上取下送到下一个工序的料道上；卡盘

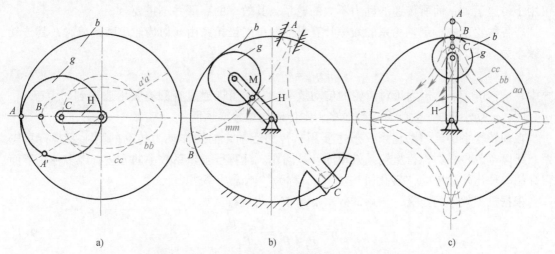

图 9-29 内啮合行星轮系行星轮上各点的运动轨迹

a) $r_g : r_b = 1 : 2$ b) $r_g : r_b = 1 : 3$ c) $r_g : r_b = 1 : 4$

的夹紧与放松运动，以便抓取和松开工件。当花键轴完成了自动车床上的工序后，夹紧液压缸 6 动作，卡爪 5 将工件夹紧（图中虚线所示）；这时回转液压缸 4 便带动机械手的转臂（即相当于行星齿轮机构的系杆 H）做回转运动。由于太阳轮 1 是固定构件，所以系杆 H 便驱动行星轮 2 做确定的行星运动。当系杆 H 按图示实线箭头方向旋转 90° 到达实线位置时，装在行星轮轴上的卡爪 5 正好转过 180°，工件即由车床上被传送到下一个工序的料道上。

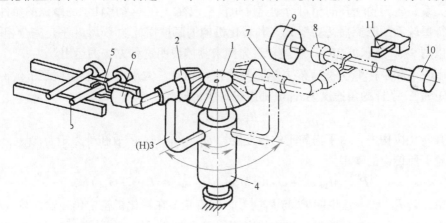

图 9-30 花键轴自动车床下料机械手传动示意图

1—太阳轮（锥齿轮） 2—行星轮 3—机械手转臂（即系杆 H） 4—回转液压缸 5—卡爪
6—夹紧液压缸 7—工件在自动线料道上的位置 8—工件在自动车床上的位置
9—车床主轴顶尖 10—车床尾顶尖 11—加工车刀

第六节 行星轮系的效率

轮系广泛应用于各种机械中，其效率直接影响这些机械的总效率。正因为如此，对用于传递动力的轮系，特别是用于传递较大动力的轮系，就必须对其效率加以分析。对于那些仅仅用于传递运动，而所传递的动力不大的轮系，其效率的高低并不重要。

在各种轮系中，定轴轮系的效率计算最为简单。当轮系由 n 对齿轮串联组成时，其传动总效率为

$$\eta_{1n} = \eta_1\eta_2\cdots\eta_n \tag{9-6}$$

式中，η_1，η_2，$\cdots$，η_n 为每对齿轮的传动效率，它们可以通过查阅有关手册得到。由于 η_1，η_2，$\cdots$，η_n 均小于 1，故啮合对数越多，则传动的总效率越低。

在周转轮系中，差动轮系一般主要用来传递运动，而用作动力传动的则主要是行星轮系。所以本节将只讨论行星轮系效率的计算问题。计算行星轮系效率的方法有许多种，下面仅介绍一种比较简单的"转化机构法"，又称为"啮合功率法"。

根据机械效率的定义，轮系的效率 η 可按下式进行计算

$$\eta = \frac{P_{\mathrm{r}}}{P_{\mathrm{r}} + P_{\mathrm{f}}} = \frac{P_{\mathrm{d}} - P_{\mathrm{f}}}{P_{\mathrm{d}}} \tag{9-7}$$

式中，P_{d} 为轮系的输入功率；P_{r} 为轮系的输出功率；P_{f} 为轮系的摩擦损耗功率，$P_{\mathrm{d}} = P_{\mathrm{r}} + P_{\mathrm{f}}$。

对于一个需要计算效率的轮系来说，其输入功率 P_{d} 或输出功率 P_{r} 总有一个是已知的，所以只要能确定出该轮系的损耗功率 P_{f}，就不难用式（9-7）得出该轮系的效率。

轮系中的摩擦损耗功率 P_{f} 主要取决于轮系中各运动副中的作用力、运动副元素间的摩擦因数和相对运动速度的大小。为了能较方便地求出 P_{f}，仍将行星轮系转化，即给整个行星轮系附加一个（$-\omega_{\mathrm{H}}$）的角速度，使其变成转化机构。此时，当不计轮系中行星轮和系杆转动产生的惯性力时，轮系中各运动副的作用力没有变，摩擦因数也没有变，各构件间的相对运动关系、各齿轮啮合的相对滑动速度也没有改变，在不考虑轴承的摩擦的条件下，可以认为：行星轮系的摩擦损耗功率 P_{f} 与其转化机构的摩擦损耗功率 $P_{\mathrm{f}}^{\mathrm{H}}$ 几乎是完全相同的。

下面以图 9-3a 所示的 2K-H 行星轮系为例来具体说明这种方法的运用。

设太阳轮 1 和系杆 H 为受有外力矩的两个转动构件。太阳轮 1 的角速度为 ω_1，其上作用有外力矩 M_1；系杆的角速度为 ω_{H}。则齿轮 1 所传递的功率为

$$P_1 = M_1\omega_1$$

而在其转化机构中，由于齿轮 1 的角速度为 $\omega_1^{\mathrm{H}} = \omega_1 - \omega_{\mathrm{H}}$，故在外力矩 M_1 保持不变的情况下，齿轮 1 所传递的功率为

$$P_1^{\mathrm{H}} = M_1(\omega_1 - \omega_{\mathrm{H}}) = M_1\omega_1(1 - i_{\mathrm{H1}}) = P_1(1 - i_{\mathrm{H1}})$$

上式中，若 $P_1^{\mathrm{H}} > 0$，这说明 P_1^{H} 与 P_1 同号，即齿轮 1 在转化机构中仍是输入轮，故 P_1^{H} 在转化机构中为输入功率，这时转化机构的摩擦损耗功率 $P_{\mathrm{f}}^{\mathrm{H}}$ 为

$$P_{\mathrm{f}}^{\mathrm{H}} = P_1^{\mathrm{H}}(1 - \eta_{1n}^{\mathrm{H}}) = M_1(\omega_1 - \omega_{\mathrm{H}})(1 - \eta_{1n}^{\mathrm{H}})$$

式中，η_{1n}^{H} 为转化机构的效率，即把行星轮系转化为定轴轮系后其中齿轮 1 到齿轮 n 的传动总效率。它应等于轮 1 到轮 n 间各对齿轮传动效率的连乘积。各种不同啮合方式的齿轮传动的效率可由有关手册查到，故对一已知轮系来说，η_{1n}^{H} 是已知的。一般计算中，一对内啮合齿轮可取 $\eta_{内} = 0.99$，一对外啮合齿轮可取 $\eta_{外} = 0.98$。

如果 $P_1^{\mathrm{H}} < 0$，说明 P_1^{H} 与 P_1 异号，即齿轮 1 在转化机构中变为输出轮，故 P_1^{H} 在转化机构中为输出功率，这时转化机构的摩擦损耗功率 $P_{\mathrm{f}}^{\mathrm{H}}$ 为

$$P_{\mathrm{f}}^{\mathrm{H}} = |P_1^{\mathrm{H}}|(1 - \eta_{1n}^{\mathrm{H}})/\eta_{1n}^{\mathrm{H}} = |M_1(\omega_1 - \omega_{\mathrm{H}})|(1/\eta_{1n}^{\mathrm{H}} - 1)$$

由于 $(1-\eta_{1n}^{H})$ 与 $(1/\eta_{1n}^{H}-1)$ 相差不大，为了简便起见，在下面的计算中，不再区分齿轮 1 在转化机构中是输入轮还是输出轮，均按齿轮 1 为输入轮计算，并取 P_{1}^{H} 的绝对值。

如上所述，行星轮系的摩擦损失功率就等于其转化机构的摩擦损失功率，即

$$P_{f}=P_{f}^{H}=|M_{1}(\omega_{1}-\omega_{H})|(1-\eta_{1n}^{H})=|P_{1}(1-i_{H1})|(1-\eta_{1n}^{H}) \tag{9-8}$$

损失功率求得后，行星轮系效率的计算问题，便迎刃而解了。

将式 (9-8) 代入式 (9-7)，可得到齿轮 1 分别为输入轮和输出轮时行星轮系的效率

$$\eta_{1H}=\frac{P_{1}-P_{f}}{P_{1}}=1-|(1-i_{H1})|(1-\eta_{1n}^{H}) \tag{9-9}$$

$$\eta_{H1}=\frac{|P_{1}|}{|P_{1}|+P_{f}}=\frac{1}{1+|(1-i_{H1})|(1-\eta_{1n}^{H})} \tag{9-10}$$

由以上两式可见，当 η_{1n}^{H} 一定时，行星轮系的效率是其传动比的函数，其变化曲线如图 9-31 所示，图中设 $\eta_{1n}^{H}=0.95$。图中实线为 η_{1H}-i_{1H} 线图，此时齿轮 1 为输入件，系杆 H 为输出件。虚线为 η_{H1}-i_{H1} 线图，此时系杆 H 为输入件，齿轮 1 为输出件。

由 2K-H 行星轮系传动比计算公式可知，$i_{1H}=1-i_{13}^{H}$。当转化机构的传动比 $i_{13}^{H}<0$ 时，行星轮系为负号机构，$i_{1H}>1$；当转化机构的传动比 $i_{13}^{H}>0$ 时，行星轮系为正号机构，$i_{1H}<1$。

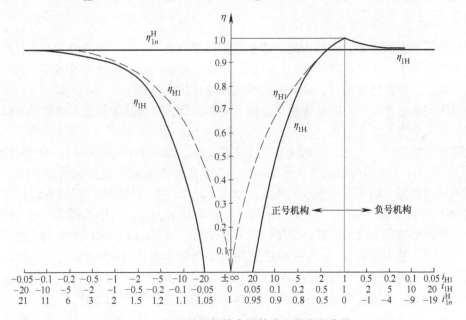

图 9-31 行星轮系的效率随传动比的变化曲线

以 $i_{1H}=1$ 为分界线，可以将行星轮系划分为正号机构和负号机构两大类。

分析行星轮系效率的四个计算公式和效率曲线图，可以得出以下结论：

1) 若齿轮 1 为输入件，系杆 H 为输出件。由式 (9-9) 可知，当 i_{1H} 很小时（即增速传动），即增速比 $|1/i_{1H}|$ 足够大时，效率 $\eta_{1H}\leqslant0$，轮系这时将发生自锁。而当传动比 i_{1H} 在此范围内时，若改为系杆 H 为输入件，齿轮 1 为输出件时，由式 (9-10) 可知效率 η_{H1} 总不会为负值，轮系将不会发生自锁，但此时效率却很低。

2）不论系杆是输入件还是输出件，负号机构的效率总是很高并大于其转化机构的效率，因此在动力传递中多采用负号机构。但是负号机构的传动比的值只比其转化机构的传动比的绝对值大1。因此，若希望利用负号机构来实现大的减速比，首先要设法增大其转化机构的传动比的绝对值，这将造成机构本身尺寸的增大。正号机构极易得到很大的传动比，但往往效率很低，甚至自锁，所以正号机构多用在要求传动比很大，但传递动力不大的场合。

综上所述，在行星轮系中存在着传动比、效率、轮系外形尺寸等相互制约的矛盾，在设计行星轮系时，应根据设计要求和轮系的工作条件综合考虑，以获得理想的设计效果。

由于实际加工、安装和使用情况等因素的影响，以及忽略了搅油损耗和轴承摩擦损耗等因素，行星轮系效率的理论计算结果并不能真实地反映实际传动装置的效率。因此，行星轮系的效率最好用实验方法进行测定。

第七节 行星轮系的设计简介

随着机械制造业的发展，行星轮系的应用日益广泛，下面将行星轮系设计中的几个问题简要地加以讨论。

一、行星轮系类型的选择

行星轮系的类型很多，如前所述，按基本构件可分为2K-H、3K等类型。在相同的传动比和载荷的条件下，采用不同的类型，可以使轮系在外廓尺寸、质量和效率等方面产生很大的差别。因此，在设计轮系时，必须合理地选择轮系的类型。

轮系类型的选择，主要应从传动比范围、效率高低、结构复杂程度、外廓尺寸以及功率流的情况等几个方面综合考虑。

选择轮系类型时，首先应考虑满足传动比的要求。如图9-16所示的2K-H型行星轮系，图9-16a、b、c、d为四种形式的负号机构，当以太阳轮为主动时是减速传动，这时输出转向与输入转向相同。图9-16a所示机构的传动比$i_{1H} > 2$，实用范围$i_{1H} = 2.8 \sim 13$；如果要求的减速比小于2，可采用图9-16b所示机构，其传动比$i_{1H} < 2$，实用范围$i_{1H} = 1.14 \sim 1.56$；图9-16c所示机构由于采用双联行星轮，它的减速比可达$i_{1H} = 8 \sim 16$；图9-16d所示机构的传动比$i_{1H} = 2$。图9-16e、f、g为三种形式的正号机构，当其转化机构的传动比$0 < i_{13}^H < 1$时，若以太阳轮为主动轮，是增速传动，输出转向与输入转向相同；当$1 < i_{13}^H < 2$时，若以太阳轮为主动轮，是增速传动，输出转向与输入转向相反；当$i_{13}^H > 2$时，$|i_{1H}| > 1$，若以太阳轮为主动轮，是减速传动，输出转向与输入转向相反；当$i_{13}^H \to 1$时，$i_{1H} \to 0$，即$i_{H1} = 1/i_{1H}$可达很大值，理论上增速比可趋于无穷大，而实际上可能是自锁的、不能传动。

从机械效率的角度来看，无论是用于增速还是减速，负号机构都具有较高的效率。因此，当设计的轮系主要用于传递动力时，应选用负号机构；若所设计的轮系除了用于传递动力外，还要求具有较高的传动比，而单级负号机构又不能满足传动比要求时，可将几个负号机构串联起来，或采用负号机构与定轴轮系串联的复合轮系，以获得较大的传动比。但是，随着串联级数的增多，效率将会有所降低，机构外廓尺寸和质量都会增加。正号机构一般用于传动比大而对效率要求不高的场合，如磨床的进给机构、轧钢机的指示器等。

在选用封闭行星轮系时，要特别注意轮系中的功率流向问题。如其形式及有关参数选择不当，可能会形成有一部分功率只在轮系内部循环，而不能向外输出的情况，即形成所谓的功率封闭流。这种封闭的功率流增大摩擦功率的损失，使轮系的效率降低，对于传动极为不利。有关封闭功率流的分析，可参阅相关文献。

总之，选择轮系的类型时，通常应根据上述因素，选择一种或几种传动类型，并进行分析比较，最后确定合理的类型方案。

二、行星轮系中各轮齿数的确定

设计行星轮系时，轮系中各齿轮的齿数应满足以下四个条件：

第一，保证实现给定的传动比要求；第二，保证两太阳轮和系杆转轴的轴线重合，即满足同心条件；第三，保证在采用多个行星轮时，各行星轮能够均匀地分布在两太阳轮之间，即满足装配条件；第四，保证多个均布的行星轮相互间不发生干涉，即满足邻接条件。

现以图 9-16a 的 2K-H 型行星轮系为例，说明行星轮系中各轮齿数与上述要求的关系。

（一）传动比条件

因为
$$i_{1H} = 1 - i_{13}^{H} = 1 + z_3/z_1$$
即
$$z_3 = (i_{1H} - 1)z_1 \tag{9-11}$$

（二）同心条件

即要求行星轮系的三个基本构件的回转轴必须在同一轴线上。对于所研究的行星轮系，轮 1 和 2 的中心距 a'_{12} 应等于轮 3 和 2 的中心距 a'_{23}，即 $a'_{12} = a'_{23}$，得到
$$r'_1 + r'_2 = r'_3 - r'_2$$

式中，r'_i 为 i 齿轮的节圆半径。

如果采用标准齿轮或等变位齿轮传动，则上式可用分度圆半径来表示，即
$$r_1 + r_2 = r_3 - r_2$$

将分度圆半径用齿数和模数来表示，得
$$z_2 = \frac{z_3 - z_1}{2} = \frac{z_1 (i_{1H} - 2)}{2} \tag{9-12}$$

上式表明，两太阳轮的齿数应同时为偶数或同时为奇数。这样，才能保证齿数为正整数。

（三）装配条件

如图 9-32 所示，设 k 为均匀分布的行星轮数，则相邻两个行星轮 A 和 B 所夹的中心角为 $2\pi/k$。现将第一个行星轮在位置 I 装入，当装好后，太阳轮 1 与 3 的轮齿之间的相对位置已通过该行星轮产生了联系。为了在相隔 $2\pi/k$ 处装入第二个行星轮，设轮 3 固定，使系杆 H 沿逆时针方向转过 $\varphi_H = 2\pi/k$ 达到位置 II。计算这时太阳轮 1 转过角度 φ_1。由于
$$\frac{\varphi_1}{\varphi_H} = \frac{\varphi_1}{2\pi/k} = \frac{\omega_1}{\omega_H} = i_{1H} = 1 + \frac{z_3}{z_1}$$

则
$$\varphi_1 = \left(1 + \frac{z_3}{z_1}\right)\frac{2\pi}{k}$$

此时，若在空出的 I 位置处，齿轮 1 与 3 的轮齿相对位置关系与装入第一个行星轮时完全相同，则在该位置处一定能够顺利装入第二个行星轮。为此，要求此时太阳轮 1 在位置 I

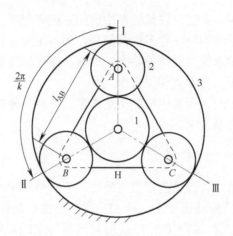

图 9-32　行星轮系的装配条件

的轮齿相位应与它回转角 φ_1 之前在该位置时的轮齿相位完全相同，即 φ_1 角所对弧必须刚好是其齿距的整数倍，即要求太阳轮 1 正好转过整数个齿。设 φ_1 对应于 N 个齿，因每个齿距所对的中心角为 $2\pi/z_1$，所以

$$\varphi_1 = N\frac{2\pi}{z_1} = \left(1 + \frac{z_3}{z_1}\right)\frac{2\pi}{k}$$

即

$$N = \frac{z_1 + z_3}{k} = \frac{z_1 i_{1H}}{k} \tag{9-13}$$

装入第二个行星轮后，再将系杆转过 $2\pi/k$，太阳轮 1 又会相应地转过 $N \times 2\pi/z_1$，故又可装入第三个行星轮。以此类推，直至装入第 k 个行星轮。

所以，这种行星轮系的装配条件是，两太阳轮的齿数和能被行星轮数 k 整除。

（四）邻接条件

行星轮的数量 k 值选择不当，还会造成相邻两行星轮齿廓发生干涉而无法装入。由图 9-32 可知，应使两行星轮的中心距 l_{AB} 大于两行星轮齿顶圆半径之和 d_{a2}，即 $l_{AB} > d_{a2}$，对于标准齿轮传动，则有

$$2(r_1 + r_2)\sin\left(\frac{\pi}{k}\right) > 2(r_2 + h_a^* m)$$

即

$$(z_1 + z_2)\sin\left(\frac{\pi}{k}\right) > z_2 + 2h_a^* \tag{9-14}$$

为了设计时便于选择各轮的齿数，通常把前三个条件合并为一个总的配齿公式，即将式（9-11）和式（9-12）中的 z_3 和 z_2 用 z_1 表示，得到

$$z_1 : z_2 : z_3 : N = z_1 : \frac{(i_{1H} - 2)}{2}z_1 : (i_{1H} - 1)z_1 : \frac{i_{1H}}{k}z_1 \tag{9-15}$$

在设计 2K-H 型行星轮系时，先根据式（9-15）初步定出 z_1、z_2 和 z_3 后，再用邻接条件式（9-14）进行校核。若不满足，则应重新进行设计。

现以图 9-16c 所示的双排行星轮系为例，经过类似推导，可以得到相应的关系式为

（1）传动比条件

$$z_2 z_3 = (i_{1H} - 1)z_1 z_{2'} \tag{9-16}$$

（2）同心条件（假定各齿轮的模数相等）

$$z_3 = z_1 + z_2 + z_{2'} \tag{9-17}$$

（3）安装条件（设 N 为整数）

$$N = \frac{z_1 z_{2'} + z_2 z_3}{z_{2'} k} \tag{9-18}$$

（4）邻接条件（假设 $z_2 > z_{2'}$）

$$(z_1 + z_2)\sin\left(\frac{\pi}{k}\right) > z_2 + 2h_a^* \tag{9-19}$$

需要注意的是，以上关系式，适用于标准齿轮传动或高度变位齿轮传动的场合，当采用角变位齿轮传动时，邻接条件关系式和同心条件关系式应有所变化。

三、行星轮系的均载装置

行星轮系的主要特点之一，就是在两太阳轮之间的空间采用多个行星轮来分担载荷。实际上，由于零件的制造和装配误差以及工作受力后的变形，往往会造成行星轮间的载荷不均衡。为了尽可能降低载荷分配不均的现象，提高行星轮系的承载能力，必须在结构上采取一定的措施，使每个行星轮上所受的载荷尽可能均匀。

常见的均载方法有以下几种：

1. 柔性浮动自位均载方法

这种方法是把行星轮系中某些构件设计成轴线可浮动的支承，当构件受载不均匀时，柔性构件便做柔性自动定位，直至几个行星轮的载荷自动调节趋于均匀分布为止，从而达到载荷均衡的目的。图 9-33a、b 和图 9-33c、d 所示分别为太阳外齿轮和太阳内齿轮浮动的情况。

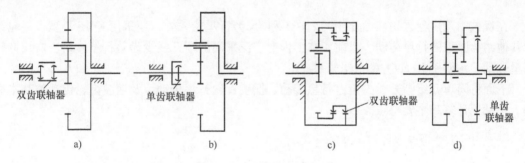

a)　　　　　　b)　　　　　　c)　　　　　　d)

图 9-33　柔性浮动均载结构

2. 采用弹性结构的均载方法

这种方法主要是利用弹性构件的弹性变形使各个行星轮均匀分担载荷。图 9-34 所示为这种均载方法的几种结构。图 9-34a 为行星轮 2 装在弹性心轴上；图 9-34b 为行星轮 2 装在非金属的弹性衬套上；图 9-34c 为行星轮 2 内孔与轴承外套的介轮 4 之间留有较大间隙以形成厚油膜 5 的所谓"油膜弹性浮动"结构。

3. 采用杠杆连锁机构的均载方法

这种方法是利用杠杆连锁机构使行星轮在受力不均时自动调整其位置来达到负荷均衡的效果。

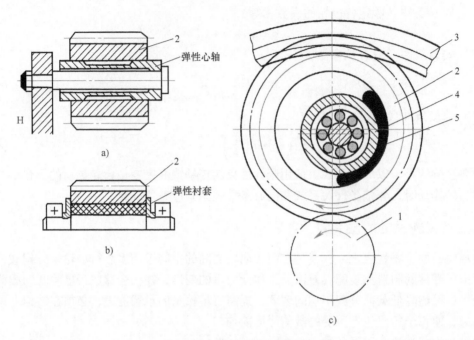

图 9-34 弹性结构均载结构
1—主动轮 2—行星轮 3—从动件 4—介轮 5—油膜

上面提到的几种均载方法各具优、缺点，该部分的内容可参阅相关文献。

第八节 其他行星传动简介

在机械中除广泛采用前面介绍的 2K-H 和 3K 型行星轮系外，还采用 K-H-V 型行星轮系及其他结构原理的行星传动。目前，在工程上广泛采用的渐开线少齿差行星传动、摆线针轮行星传动，均属于 K-H-V 型行星轮系。

下面将简单介绍渐开线少齿差行星传动、摆线针轮行星传动以及谐波齿轮传动的基本原理、传动比计算和主要特点。

一、渐开线少齿差行星传动

图 9-35 所示为渐开线少齿差行星传动的简图。它由固定内齿轮 1、行星轮 2、系杆 H、等角速比机构 3 以及输出轴 V 所组成。由于它的基本构件是太阳轮 1(K)、系杆 H 及一根带输出机构的输出轴 V，所以是 K-H-V 型行星轮系。它与前述各种行星轮系的不同在于，当用于减速时，系杆 H 为主动而输出的是行星轮的绝对转动，而不是太阳轮或系杆的绝对运动。由于太阳轮 1 与行星轮 2 的齿廓均为渐开线，且齿数相差很少（一般

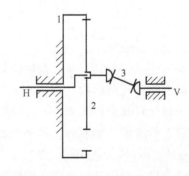

图 9-35 渐开线少齿差行星传动的简图

为1~4），故称为渐开线少齿差行星传动。

其传动比可根据式（9-4）计算

$$i_{21}^{H} = \frac{n_2 - n_H}{n_1 - n_H} = 1 - i_{2H} = \frac{z_1}{z_2}$$

得到

$$i_{2H} = \frac{n_2}{n_H} = 1 - \frac{z_1}{z_2} = -\frac{z_1 - z_2}{z_2}$$

所以当系杆主动、行星轮从动时的传动比为

$$i_{H2} = i_{HV} = \frac{n_H}{n_2} = -\frac{z_2}{z_1 - z_2}$$

上式表明，齿数差（$z_1 - z_2$）很小时，传动比 i_{HV} 很大。当 $z_1 - z_2 = 1$ 时，得一齿差行星传动，其传动比 $i_{HV} = -z_2$。

由于行星轮是做复合平面运动的，它既有自转，又有公转，因此要用一根轴直接把行星轮的运动输出来是不可能的，而必须在行星轮轴与输出轴 V 之间安装一个能实现等角速比传动的输出机构。目前应用最为广泛的是孔销式输出机构。图 9-36 所示为孔销式输出机构示意图，图中 O_2、O_3 分别为行星轮和输出轴圆盘的中心。行星轮 2 上均匀地开有 6 个圆孔（常采用6~12 个），其一个中心为 A。在输出轴的圆盘 3 上，在半径相同的圆周上，均布有相同数量的圆柱销，其一个中心为 B，这些圆柱销对应地插入行星轮的上述圆孔中。行星轮上销孔的半径为 r_k，输出轴上销套的半径为 r_x，设计时取系杆的偏距为 e（齿轮2、3的中心距），当 $e = r_k - r_x$ 时，O_2、O_3、A、B 将构成平行四边形 O_2ABO_3。由于在运动过程中，位于行星轮上的 O_2A 和位于输出轴圆盘上的 O_3B 始终保持平行，使得输出轴 V 将与行星轮等速同向转动。

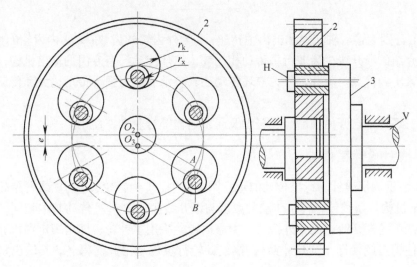

图 9-36　孔销式输出机构示意图

渐开线少齿差行星传动的优点是传动比大（一级减速传动可达100）、结构简单、体积小、质量小、运转平稳、齿形易加工、装卸方便、效率高。所以，它广泛应用于很多工业部门，如冶金、食品和石油化工等行业。但由于齿数差少，易产生齿廓重叠干涉现象，必须采用具有很大啮合角（38°~56°）的变位传动，因而导致较大的轴承压力。此外，还需要一个输出机构，致使其传递的功率和传动效率受到一些限制，所以一般只用于中、小功率传动。

近年来出现的三环传动是一种特殊形式的少齿差行星传动，其基本传动原理如图9-37a所示。它由平行四边形机构和齿轮机构组成。图9-37b中1为输入轴；2为无动力输入的支承轴；3为输入轴偏心套；4为支承轴偏心套；5为内齿板，是平行四边形机构的连杆，带有内齿轮；6为动力输出轴，输出轴上有外齿轮，通过与内齿板的啮合，将动力由输出轴输出。

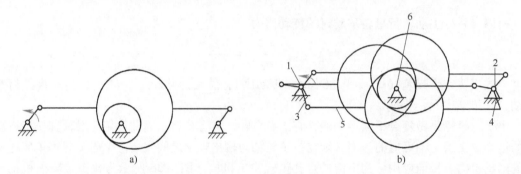

图 9-37　三环传动原理图

当平行四边形机构的连杆运动到与曲柄共线的两个位置（0°和180°）时，机构出现死点位置。为了克服机构在死点位置的运动不确定，最常用的方法是采用三相平行四边形机构并列布置，各相机构之间互呈120°的相位角，如图9-37b所示。这样当某一相平行四边形机构运动到死点位置时，由其他两相机构传递动力，克服死点。

三环传动的传动比为

$$i_{16} = \frac{n_1}{n_6} = \frac{z_1}{z_2 - z_1}$$

式中，n_1、n_6分别为输入轴转速和输出轴转速；z_1为外齿轮的齿数；z_2为内齿轮的齿数。

同前面介绍的渐开线少齿差行星传动相比较，三环传动没有专门的输出机构，因而具有结构简单、紧凑的优点。除此之外，三环传动还具有承载能力强、传动比大和传动效率高的特点。

目前，三环传动已开始在冶金、轻工及起重运输等行业推广使用。

■ 二、摆线针轮行星传动

图9-38所示为摆线针轮行星传动的示意图。其中，1为针轮，2为摆线行星轮，H为系杆，3为输出机构。摆线针轮行星传动的原理与渐开线少齿差行星传动基本相同，只是行星轮的齿廓曲线不是渐开线，而是外摆线；中心内齿轮采用了针轮，即由固定在机壳上带有滚动销套的圆柱销组成（即小圆柱针销），摆线针轮行星传动由此而得名。其输出机构采用孔销式机构。

摆线针轮行星传动的行星轮与太阳轮的齿数只差一齿，故属于一齿差 K-H-V 型行星轮系，其传动比为

$$i_{HV} = i_{H2} = \frac{n_H}{n_2} = -\frac{z_2}{z_1 - z_2} = -z_2$$

摆线针轮行星传动具有以下特点：传动比大、结构紧凑；不存在齿顶相碰和齿廓重叠干

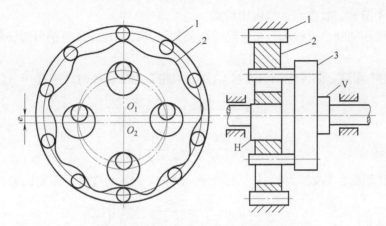

图 9-38 摆线针轮行星传动的示意图

涉的问题；同时啮合的齿数多（理论上有一半的轮齿处于啮合状态），故传动平稳、承载能力高；啮合角小于渐开线一齿差行星齿轮传动的啮合角，因而减轻了轴承载荷，有较高的传动效率；需要专门设备制造，加工及安装精度要求高，成本较高。

摆线针轮行星传动目前在军工、矿山、冶金、造船、化工等工业部门均有广泛的应用。

三、谐波齿轮传动

谐波齿轮传动是利用行星轮系传动原理发展起来的一种新型传动。图 9-39 所示为谐波齿轮传动的示意图。它由三个基本构件组成，即具有内齿的刚轮 1、具有外齿的柔轮 2 和激波器（波发生器）H。与行星传动一样，在这三个构件中必须有一个是固定的，而其余两个，一个为主动件，另一个为从动件。通常将波发生器作为主动件，而刚轮和柔轮之一为从动件，另一个为固定件。

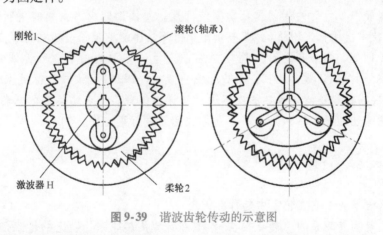

图 9-39 谐波齿轮传动的示意图

谐波齿轮传动的工作原理是：波发生器的长度比未变形的柔轮内圆直径大。当波发生器装入柔轮内圆时，迫使柔轮产生弹性变形而呈椭圆状，于是椭圆形柔轮的长轴端附近的齿与刚轮齿完全啮合，短轴端附近的齿与刚轮齿完全脱开。在柔轮其余各处，有的齿处于啮合状态，有的齿处于啮出状态。当波发生器连续转动时，柔轮长短轴的位置不断变化，使柔轮的齿依次进入啮合，然后再依次退出啮合，从而实现啮合传动。在传动过程中，柔轮产生的弹性变形波近似于谐波，故称为谐波齿轮传动。

谐波齿轮传动的啮合过程和行星齿轮传动类似，其传动比的计算按照周转轮系的计算方法得到。

1）当刚轮 1 固定，波发生器 H 为主动件、柔轮 2 为从动件时，则有

$$i_{21}^{\mathrm{H}} = \frac{n_2 - n_{\mathrm{H}}}{n_1 - n_{\mathrm{H}}} = 1 - i_{2\mathrm{H}} = \frac{z_1}{z_2}$$

$$i_{\mathrm{H}2} = \frac{n_{\mathrm{H}}}{n_2} = -\frac{z_2}{z_1 - z_2}$$

2）当柔轮 2 固定，波发生器 H 为主动件、刚轮 1 为从动件时，传动比为

$$i_{\mathrm{H}1} = \frac{n_{\mathrm{H}}}{n_1} = \frac{z_1}{z_1 - z_2}$$

上面两式中，齿数差是根据波发生器转一周柔轮变形时与刚轮同时啮合区域的数目（变形波数）来确定。目前多用双波（有两个啮合区）和三波（有三个啮合区）传动。

谐波齿轮传动具有以下特点：传动比大，且变化范围宽；在传动比很大的情况下，仍具有较高的效率；结构简单、体积小、质量小；齿面相对速度低，齿面之间接近于面接触，故磨损小，运动平稳；由于多齿啮合的平均效应，运动精度高。但是柔轮易发生疲劳损坏，起动力矩较大。

谐波齿轮传动广泛应用在军工机械、精密机械、自动化机械等传动系统。

文献阅读指南

本章重点介绍了各种轮系传动比的计算方法，讨论了行星轮系的效率和几何设计问题，简介了几种特殊形式的新型齿轮传动机构。学习时还需注意下列两方面的内容：

1）对行星轮系设计时的封闭循环功率流问题，可阅读张少名主编的《行星传动》（西安：陕西科学技术出版社，1988）。书中介绍了循环功率流的理论分析和计算方法问题。

2）对均载问题，本书只进行了简单介绍，关于这方面的内容，可参阅饶振纲编著的《行星传动机构设计》（2 版，北京：国防工业出版社，1994）。该书对行星齿轮均载问题的产生原因、解决措施和不均匀系数的确定进行了详细解释。罗名佑编著的《行星齿轮机构》（北京：高等教育出版社，1984）一书也对均载问题进行了讨论。

思 考 题

9-1 什么是惰轮？它在轮系中起什么作用？

9-2 什么是周转轮系的"转化机构"？它在计算周转轮系传动比中起什么作用？

9-3 计算复合轮系的传动比时，能否采用转化机构法？如何计算复合轮系的传动比？

9-4 什么是正号机构？什么是负号机构？各有什么特点？

9-5 设计行星轮系时，轮系中各齿轮的齿数应满足哪些条件？

9-6 在行星轮系传动中为什么要采用均载装置？采用均载装置后会不会影响轮系的传动比？

习 题

9-1 图 9-40 所示的车床变速箱中，已知各轮齿数为：$z_1 = 40$，$z_2 = 56$，$z_{3'} = 36$，$z_{4'} = 40$，$z_{5'} = 50$，$z_{6'} = 48$，电动机转速为 1450r/min。若移动三联滑移齿轮 a 使齿轮 3′ 和 4′ 啮合，又移动双联滑移齿轮 b 使 5′ 和 6′ 啮合，试求此时带轮转速的大小和方向。

9-2 图 9-41 所示为一滚齿机工作台的传动机构，工作台与蜗轮 5 相固连。已知 $z_1 = z_{1'} = 15$，$z_2 = 35$，$z_{4'} = 1$（右旋），$z_5 = 40$，滚刀 $z_6 = 1$（左旋），$z_7 = 28$。若要加工一个 $z_{5'} = 60$ 的齿轮，试决定交换齿轮组的传动比。

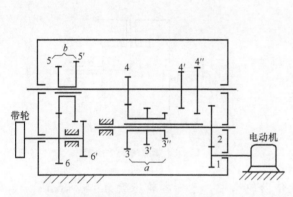

图 9-40 习题 9-1 图

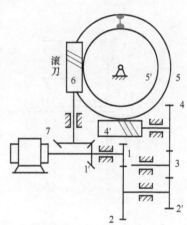

图 9-41 习题 9-2 图

9-3 图 9-42 所示的减速器中，已知蜗杆 1 和 5 的头数均为 1，蜗杆 1 为左旋，蜗杆 5 为右旋，各轮齿数为：$z_{1'} = 102$，$z_2 = 99$，$z_{2'} = z_4$，$z_{4'} = 100$，$z_{5'} = 101$。

1）试求传动比 i_{1H}。

2）若主动蜗杆 1 由转速为 1375r/min 的电动机带动，问输出轴 H 转一周需要多长时间？

9-4 图 9-43 所示为一灯具的转动装置。已知：$n_1 = 21$r/min，方向如图所示，各轮齿数为：$z_1 = 40$，$z_2 = z_{2'} = 30$，$z_3 = z_4 = 40$，$z_5 = 100$。求灯具箱体的转速及转向。

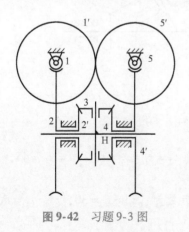

图 9-42 习题 9-3 图

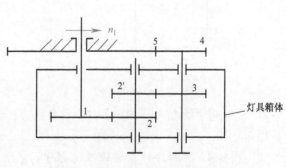

图 9-43 习题 9-4 图

9-5　图9-44所示为收音机短波调谐、微动机构。已知$z_1 = 99$，$z_2 = 101$。试问当旋钮转动一圈时，齿轮2转过多大角度（齿轮3为宽齿，同时与轮1、2相啮合）？

9-6　图9-45a、b所示为两个不同结构的锥齿轮周转轮系。已知$z_1 = 20$，$z_2 = 24$，$z_{2'} = 30$，$z_3 = 40$，$n_1 = 180\text{r/min}$，$n_3 = -100\text{r/min}$。求两轮系的n_H。

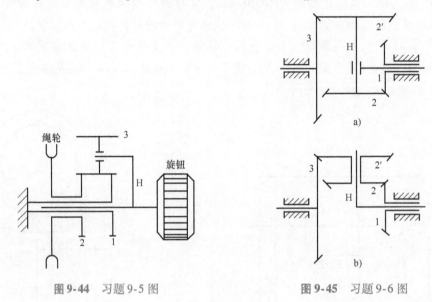

图9-44　习题9-5图　　　　　　　图9-45　习题9-6图

9-7　图9-46所示的电动自定心卡盘传动轮系中，已知各轮齿数为：$z_1 = 6$，$z_2 = z_{2'} = 25$，$z_3 = 56$，$z_4 = 55$，试求传动比i_{14}。

9-8　图9-47所示的轮系中，已知各轮齿数为：$z_1 = 60$，$z_2 = 56$，$z_{2'} = 24$，$z_3 = 35$，$z_4 = 80$，试求传动比i_{AB}。

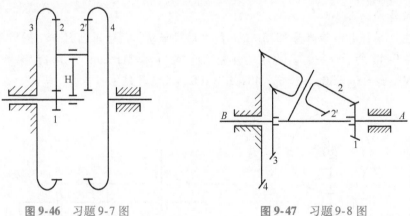

图9-46　习题9-7图　　　　　　　图9-47　习题9-8图

9-9　图9-48所示的轮系中，已知各轮齿数为：$z_1 = 63$，$z_2 = z_3 = z_4 = 18$，$z_{2'} = z_{3'} = 45$，试求传动比i_{1H}。

9-10　图9-49所示的行星齿轮减速器中，各齿轮的齿数为：$z_1 = z_6 = 30$，$z_3 = z_4 = 50$，$z_2 = z_5 = 10$，试求：

1）固定齿轮 4 时的传动比 i_{1H_2}。

2）固定齿轮 3 时的传动比 i_{1H_2}。

9-11 图 9-50 所示的自行车里程表机构中，C 为车轮轴，P 为里程表指针。已知各轮齿数为：$z_1 = 15$，$z_3 = 23$，$z_4 = 19$，$z_{4'} = 20$，$z_5 = 24$。设轮胎受压变形后使 28in（1in = 25.4mm）车轮的有效直径为 0.8m，当自行车行驶 1km 时，表上的指针刚好回转一周。试求齿轮 2 的齿数。

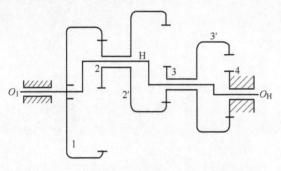

图 9-48 习题 9-9 图

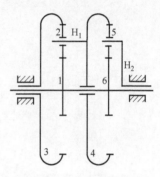

图 9-49 习题 9-10 图

9-12 在图 9-51 所示双螺旋桨飞机的减速器中，已知 $z_1 = 26$，$z_2 = 20$，$z_4 = 30$，$z_5 = 18$，$n_1 = 14000\mathrm{r/min}$，求螺旋桨 P、Q 的转速 n_P、n_Q 及转向。

9-13 图 9-52 所示的轮系中，已知 $z_1 = 32$，$z_2 = 18$，模数 $m = 6\mathrm{mm}$，均为标准齿轮，试求齿轮 3 的齿数 z_3 和系杆 H 的长度 l_H。若要求均布四只行星轮，问能否实现？

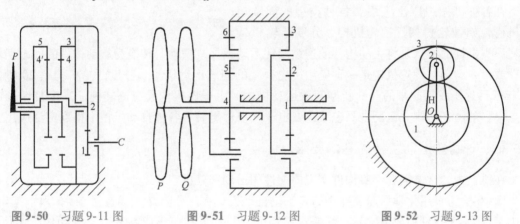

图 9-50 习题 9-11 图　　　　图 9-51 习题 9-12 图　　　　图 9-52 习题 9-13 图

第十章 其他常用机构

内容提要 V

在本章中，将扼要地介绍间歇运动机构、组合机构、机器人机构以及螺旋机构。在间歇运动机构一节中重点介绍各种机构的特点、应用和设计要点。在组合机构一节中重点介绍机构的组合方式和各种组合机构的特点和应用。在机器人机构一节中扼要介绍机构的组成、类型和特点，以及机器人机构运动分析的基本概念和方法。在螺旋机构一节中扼要介绍该机构的功能、特点及差动螺旋机构和复式螺旋机构的工作原理和应用。

第一节 间歇运动机构

在各种机械中广泛应用着各种类型的间歇运动机构，如棘轮机构、槽轮机构、分度凸轮机构

扫码看视频　　　扫码看视频　　　扫码看视频

等。该类机构的特点是将主动构件的连续回转运动或往复摆动，转换为从动构件的间歇回转运动或直线运动。棘轮机构是一种应用历史很久的间歇运动机构。分度凸轮机构是20世纪50年代后逐步发展起来的一种新型间歇运动机构，由于该机构具有高转速、高定位精度的特点，目前已在印刷、医药食品包装以及电子元器件组装等各种自动机械中得到广泛应用。

一、对间歇运动机构的基本要求

在机械中，常常需要某些构件实现周期性的运动和停歇。

图10-1为日用化学厂灌装冷霜的多工位自动机。在工作台7上设置了1~6六个工位，其中工位1~5分别完成上空盒、灌霜、贴锡纸、盖盒盖和送出成品五个工艺动作，工位6为空工位。工作台需要周期性地回转和停歇。工作台停歇时，各工位完成工艺动作；然后工作台转动60°，每个工件都转到下一个工位，这个运动常常称为分度运动。工作台的间歇分度运动是由工作台下面一个具有间歇运动的分度机构8产生的。这种多工位工作台在机床和各种自动化机械中应用十分广泛。

流水生产线上输送工件的传送带也需要周期性地停歇和运动，这个运动也常常称为步进运动。图10-2所示的电影放映机中的胶片也要求做高速的步进运动，它的步进周期应与人的视觉暂留时间相适应，以便使人感觉运动是连续的。为此，也应用了间歇运动机构。

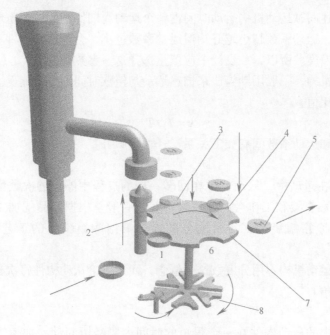

图 10-1 灌装冷霜多工位自动机

1—送入工位　2—灌霜工位　3—贴锡纸工位　4—盖盒盖工位

5—送出工位　6—空工位　7—工作台　8—分度机构

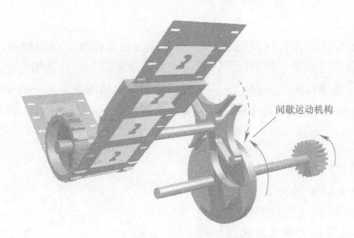

间歇运动机构

图 10-2 电影放映机中胶片的驱动机构

　　能够产生有规律的停歇和运动的机构称为间歇运动机构，也称为步进运动机构或分度机构。本节将介绍几种常用的间歇运动机构的工作原理、类型、特点和设计要点。

　　对间歇运动机构的设计有以下一些要求：

1. 运动系数

　　间歇运动机构中的主动构件做连续回转运动或往复摆动，从动构件做间歇运动。从动构件的一个运动周期 T 分为两部分：运动时间 T_d 和停歇时间 T_t。运动时间占整个运动周期的比例称为运动系数 τ

$$\tau = T_d / T \tag{10-1}$$

运动系数是描述间歇运动机构运动时间占整个运动周期比例的一个重要设计参数。从提高生产率的角度看，运动系数越小越好；但运动系数过小，会使从动构件在起动和停歇的运动中产生较大的加速度。所以，在设计中应慎重选择这一参数。

对于分度凸轮机构，一般用动停比来描述运动与停歇时间的分配比例。动停比 k 是运动时间和停歇时间的比值

$$k = T_d / T_t \tag{10-2}$$

显然，动停比和运动系数间有如下关系 $\quad \tau = k/(k+1)$ (10-3)

2. 分度数

间歇运动机构在运动中，从动构件在回转一周的过程中停歇的次数称为分度数，常用符号 n 表示。该参数直接和工作台的工位数有关，一般是根据产品的加工工艺要求给定的设计参数。例如，冷霜罐装机工作台的分度数是根据冷霜罐装的工艺要求确定的设计参数。

也有一些间歇运动机构不用分度数这一概念，而只讨论从动构件每次分度运动中所转过的角度，称为步进角。

3. 动力学性能

间歇运动机构中的从动构件在一个很短的时间内要经历起动、加速、减速、停止的过程，会产生较大的加速度，从而带来惯性负荷并产生冲击。因此，要注意从动构件的运动规律。尤其对于高速分度凸轮机构，从动构件的运动规律是影响其动力学性能的主要因素之一。

4. 定位精度

许多应用场合要求工作台（从动构件）有较好的定位精度。在影响间歇运动机构定位精度的因素中，除制造误差、间隙以外，还应注意到动态误差。从动构件在减速运动中的惯性力常常使其在停歇期发生残余振动，从而引发动态定位精度误差。一些间歇运动机构要另外设置定位装置，而一些机构则自身就能实现较精确的定位。

二、棘轮机构

（一）棘轮机构的组成和特点

在第一章牛头刨床的进给传动系统（图1-7）中，我们已见过它的应用。

图10-3是最常见的外啮合齿式棘轮机构。做往复摆动运动的摇杆1是主动构件。当摇杆沿逆时针方向摆动时，驱动棘爪2插入棘轮3的齿间，推动棘轮转过一定的角度。当摇杆沿顺时针方向摆回时，止动棘爪4在弹簧5的作用下，阻止棘轮沿顺时针方向摆动回来，而棘爪2从棘轮的齿背上滑过，故棘轮静止不动。这样，当摇杆连续地往复摆动时，棘轮做单向的间歇运动。

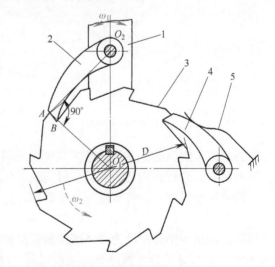

图10-3 外啮合齿式棘轮机构

1—摇杆 2—棘爪 3—棘轮 4—止动棘爪 5—弹簧

调整棘轮每次转过的角度有两种方法：

（1）调整摇杆摆角　摇杆的往复摆动通常是由另一个机构产生的（如牛头刨床中刀架的往复运动就是用曲柄摇杆机构带动实现的）。调整摇杆的摆角范围，也就调整了棘轮每次转过的角度。如图10-4a所示，曲柄摇杆机构 O_1ABO_2 是棘轮机构的前置机构。在主动轮1的槽中安装滑块2，用丝杠3调节，可改变曲柄 O_1A 的长度。摇杆 BO_2 的长度也可通过改变销 B 在槽中的位置实现。因此，通过调整曲柄和摇杆的长度，可改变摇杆的摆角，从而可实现调整棘轮每次转过的角度。

（2）装置遮板　如图10-4b所示，遮板7上的定位销9放在定位板8的不同的孔中，即可调节棘轮被遮板遮盖的齿数，从而改变棘轮转角的大小。

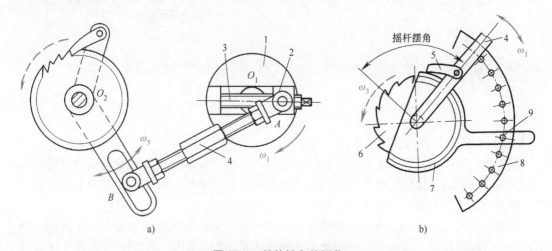

a) b)

图10-4　棘轮转角的调节

a）调整摇杆摆角　b）装置遮板

1—主动轮　2—滑块　3—丝杠　4—摇杆　5—棘爪　6—棘轮　7—遮板　8—定位板　9—定位销

棘轮机构的优点是结构简单，制造容易，步进量易于调整。其缺点是有较大的冲击和噪声，而且定位精度差，因此只能用于速度不高、载荷不大、精度要求不高的场合。

（二）棘轮机构的类型

图10-5所示为内啮合齿式棘轮机构，它的优点是结构紧凑，外形尺寸小。

以上两种棘轮机构都是棘轮实现单向的间歇转动。当需要使棘轮得到不同方向的转动时，如图10-6所示，可将棘轮齿做成矩形，而将棘爪做成可翻转的形式。当棘爪处于实线和双点画线位置时，棘轮可分别实现沿逆时针和顺时针方向的间歇回转转动。

除齿式棘轮机构以外，还有摩擦式棘轮机构，如图10-7所示。当主动构件1沿逆时针方向摆动时，它将楔块2和从动轮3楔紧，通过摩擦力推动从动轮转动；当主动构件1沿顺时针方向摆动

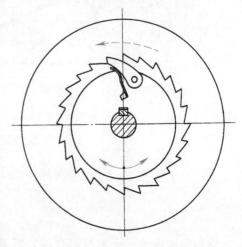

图10-5　内啮合齿式棘轮机构

时，从动轮 3 停歇。它克服了齿式棘轮机构冲击和噪声大的缺点，而且可实现棘轮转动角度的无级调节。但停歇定位精度不高。

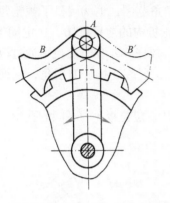

图 10-6　棘轮双向转动时的棘爪结构

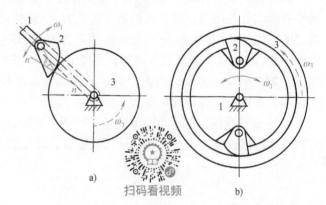

扫码看视频

图 10-7　摩擦式棘轮机构
a）外接式　b）内接式
1—主动构件　2—楔块　3—从动轮

（三）棘轮机构应用范围的扩展

棘轮机构除了可实现间歇送进、分度运动以外，还可作为制动器和超越离合器使用。

图 10-8a 中的卷扬机卷筒 1 沿顺时针方向转动而提升重物。棘轮 2 与卷筒 1 为一体。在发生事故时，止动棘爪 3 突然伸出，可防止卷筒逆转。

图 10-8b 所示的单向离合器可看作是一个内接式摩擦棘轮机构。星轮 5 为主动件，当其沿逆时针方向回转时，滚柱 6 借助摩擦力而滚向楔形空间的小端，将套筒 4 楔紧，使其随星轮一同回转。当星轮沿顺时针方向回转时，滚柱滚向楔形空间的大端，套筒停止不动。套筒只随星轮沿逆时针方向回转，从这个意义上说，它是一个单向离合器。

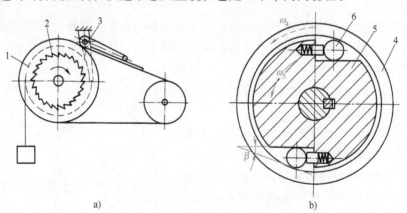

图 10-8　棘轮机构应用范围的扩展
a）齿式棘轮机构作为制动器　b）单向离合器
1—卷筒　2—棘轮　3—止动棘爪　4—套筒　5—星轮　6—滚柱

它也可以成为一个超越离合器。当星轮沿逆时针方向回转时，带动套筒一起回转。而当套筒从另一条传动路线得到一个更快的沿逆时针方向回转速度时，星轮相对于套筒成了沿顺时针方向回转，楔形空间中的摩擦不再起作用，套筒可以超越星轮以高速转动。超越离合器在机床中有所应用，它使正常切削的运动链和快速运动的运动链可并行不悖地起作用。

自行车中安装有如图 10-5 所示的内啮合齿式棘轮机构，也起超越离合器的作用。

（四）棘轮机构的设计要点

1. 模数和齿数的确定

与齿轮参数设计相类似，棘轮轮齿的几何尺寸也用模数 m 作为计算的基本参数，模数已标准化。棘轮的标准模数按其顶圆直径 d_a 来计算

$$m = d_a/z \tag{10-4}$$

式中，z 为棘轮的齿数。z 可根据棘轮机构的使用条件和运动要求选定。齿数太少则可能保证不了棘轮每次步进运动的最小转角。模数决定了齿的大小，应根据齿和棘爪的强度来确定。

2. 棘轮的齿形

单向转动的棘轮齿形一般为非对称梯形（图 10-3），载荷较小时可用三角形（图 10-5）。棘轮齿形和其他尺寸的计算可参阅机械设计的有关手册。

3. 棘轮机构的可靠工作条件

（1）齿式棘轮机构　设计齿式棘轮机构时，应保证棘爪啮入时能顺利地滑入棘轮齿槽，且不会自行脱离棘轮。图 10-9 为驱动棘爪与非对称梯形棘轮的齿顶 A 在开始接触时的受力情况。为使棘爪受力合理，应使 $\angle O_1AO_2 = 90°$。此时棘轮作用于棘爪的法向反力为 F_N。由于棘爪要滑入棘轮齿槽，所以棘爪受到的摩擦力 F_T 方向向外，起阻止棘爪滑入的作用。要使棘爪能顺利地滑入，则棘爪在法向反力 F_N 作用下的滑入力矩应大于摩擦力 F_T 所产生的阻力矩，即

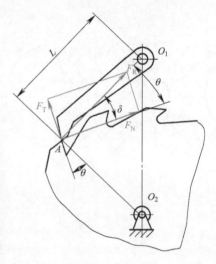

图 10-9　棘爪顺利滑入棘轮齿槽的条件

$$F_N L\sin\delta > F_T L\cos\delta$$

式中，δ 为棘爪和棘轮接触点的公法线与棘爪回转中心到棘爪顶端连线 O_1A 之间的夹角；$L = \overline{O_1A}$，为棘爪长度。由此得到

$$\tan\delta > F_T/F_N$$

而

$$F_T/F_N = f = \tan\varphi$$

式中，f 为滑动摩擦因数；φ 为摩擦角。

故有

$$\delta > \varphi \tag{10-5}$$

由以上分析可知，棘爪能够顺利地滑入齿槽，并自动楔紧棘轮的条件是：夹角 δ 必须大于摩擦角 φ。这一条件也可表述为：棘轮对棘爪的总反力的作用线和棘爪、棘轮回转中心的连线的交点必须位于两回转中心之间。δ 角一般取 20°。

（2）摩擦式棘轮机构　设计摩擦式棘轮机构时，为了保证楔紧，在图 10-7 所示的外接式摩擦棘轮机构中，角 β 应小于摩擦角（图中 n-n 为楔块表面的法线方向）；在图 10-8b 所示的单向离合器中，角 β 应小于两倍的摩擦角。这两个结论读者可自行推导。

三、槽轮机构

（一）槽轮机构的组成和特点

槽轮机构是一种最常用的间歇运动机构。

图 10-10 为一分度数 $n = 4$ 的外槽轮机构。拨盘 1 为主动构件，做连续回转运动。开有 4 个等分径向槽的槽轮 2 为从动构件。当拨盘上的圆柱销 A 进入径向槽之前，槽轮上的内凹锁止弧 nn 被拨盘上的外凸圆弧 mm 锁住，槽轮静止不动。图 10-10a 所示为拨盘沿逆时针方向回转，圆柱销 A 刚开始进入槽轮上的径向槽的瞬间。锁止弧 nn 刚好被松开，圆柱销 A 将驱动槽轮转动。槽轮在圆柱销驱动下转过 90°，完成分度运动。图 10-10b 所示为圆柱销 A 即将脱离径向槽的瞬间，此时槽轮上的另一个锁止弧又被锁住，槽轮又静止不动。因此，当拨盘连续转动时，槽轮被驱动做间歇运动，拨盘转过 4 周，槽轮转过 1 周。图 10-2 所示为 $n = 4$ 的外槽轮机构在电影放映机中的应用情况。

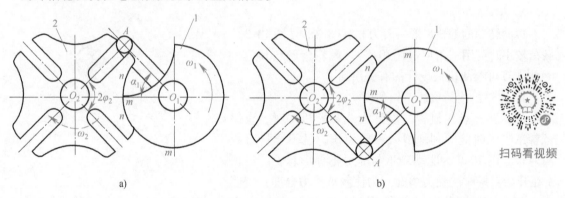

a)　　　　　　　　　　　　　　　b)

图 10-10　$n = 4$ 的外槽轮机构

a）啮入瞬间　b）啮出瞬间

1—拨盘　2—槽轮

扫码看视频

槽轮上径向槽的数目不同就可以获得不同的分度数，如图 10-1 所示的冷霜灌装机的工作台就是由一个 $n = 6$ 的外槽轮机构驱动的。

槽轮机构的优点是：结构简单，易于制造，工作可靠，机械效率也较高。它还同时具有分度和定位的功能。但拨盘上的锁止弧定位精度有限，当要求精确定位时，还应设置定位销。

当设计槽轮机构时，在分度数确定以后，运动系数也随之确定而不能改变，因此设计者没有很大的自由度。这是槽轮机构的突出缺点。此外，虽然振动和噪声比棘轮机构小，但槽轮在起动和停止的瞬间加速度变化大，有冲击，不适用于高速重载情况。分度数越小，冲击越剧烈；分度数大时，拨盘回转中心到销 A 的距离太小，故一般取分度数 $n = 4 \sim 8$。

（二）槽轮机构的类型

传递平行轴间运动的槽轮机构称为平面槽轮机构，其中应用最广的是上述外槽轮机构。此外还有图 10-11 所示的内槽轮机构。内槽轮机构的停歇时间短，运动时间长，因此传

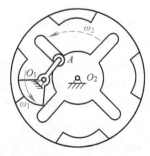

图 10-11　$n = 4$ 的内槽轮机构

动更平稳。此外，内槽轮机构所占的空间小。

上述外槽轮机构和内槽轮机构都具有几何上的对称性。工程中为了满足某些特殊的工作要求，平面槽轮机构也可以设计成不对称的。图 10-12a 所示为不等臂长的多销槽轮机构，其径向槽的尺寸不同，拨盘上圆销的分布也不均匀。该机构在回转一周中可实现几个运动和停歇时间均不相同的运动要求。图 10-12b 所示槽轮的径向槽为曲线形状，它可以改变分度过程的运动规律，使之更为平稳。

传递相交轴间运动的槽轮机构称为空间槽轮机构，如图10-13所示。

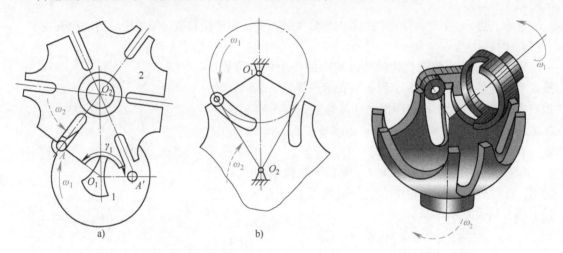

图 10-12　一些特殊的平面槽轮机构

a) 不等臂长的多销槽轮机构　b) 曲线形状的径向槽

1—拨盘　2—槽轮

图 10-13　空间槽轮机构

（三）外槽轮机构的运动分析

1. 运动系数

图 10-10 所示的外槽轮机构中，为了避免圆柱销 A 和槽轮的径向槽发生刚性冲击，在进入和脱离径向槽的瞬间，圆柱销的线速度应沿着径向槽的中心线方向。因此 O_1A 和 O_2A 应互相垂直。因为拨盘等速回转，运动时间 T_d 和运动周期 T 是与拨盘的转角 $2\alpha_1$ 和 2π 相对应的。因此，运动系数为

$$k = \frac{T_d}{T} = \frac{2\alpha_1}{2\pi} \tag{10-6}$$

因

$$2\alpha_1 = \pi - 2\varphi_2 \tag{10-7}$$

$$2\varphi_2 = \frac{2\pi}{z} \tag{10-8}$$

式中，$2\varphi_2$ 为槽轮上两径向槽间所夹的中心角；z 为槽轮径向槽的数目。将式（10-7）和式（10-8）代入式（10-6），得

$$k = \frac{1}{2} - \frac{1}{z} \tag{10-9}$$

因为运动系数应该大于零，所以可知，槽轮上的径向槽数 z 不能小于 3。另外，运动系数总是小于 0.5，也就是说，单销外槽轮机构槽轮的运动时间总是小于停歇时间。

如果要使运动系数大于 0.5，即让槽轮的运动时间大于其停歇时间，可在拨盘上均匀地布置 m 个圆销，则运动系数为

$$k = \left(\frac{1}{2} - \frac{1}{z}\right)m \tag{10-10}$$

因 $k < 1$，故有

$$m < \frac{2z}{z-2} \tag{10-11}$$

由式（10-11）可知，当 $z = 3$ 时，m 可取 $1 \sim 5$；当 $z = 4 \sim 5$ 时，m 可取 $1 \sim 3$；当 $z = 6$ 时，m 可取 $1 \sim 2$。

注意，当 $m > 1$ 时，槽轮在一周内的分度数不变，但槽轮和拨盘间的平均传动比改变了。

2. 运动分析

图 10-14 为外槽轮机构转动过程中的一个任意位置。拨盘和槽轮的位置分别用 α 和 φ 来表示。规定：α 和 φ 的值在圆销进入区为负，在圆销离开区为正，即 α 和 φ 的变化区间分别为 $-\alpha_1 \leqslant \alpha \leqslant \alpha_1$ 和 $-\varphi_2 \leqslant \varphi \leqslant \varphi_2$，$\alpha_1$ 和 φ_2 用式（10-7）和式（10-8）计算。

设拨盘和槽轮的中心距为 A，圆销到拨盘中心的距离为 R，此时刻圆销到槽轮中心的距离为 R_x。注意 R_x 为变量。由几何关系不难写出

$$\begin{cases} R\sin\alpha = R_x\sin\varphi \\ R\cos\alpha + R_x\cos\varphi = A \end{cases} \tag{10-12}$$

由此式可得

$$\varphi = \arctan\left(\frac{\lambda\sin\alpha}{1 - \lambda\cos\alpha}\right) \tag{10-13}$$

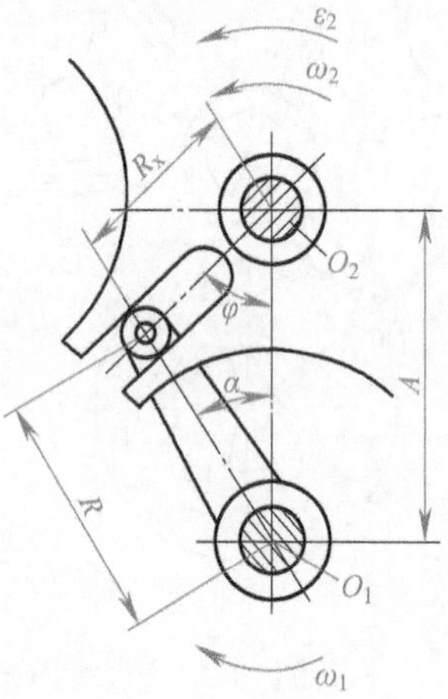

图 10-14 外槽轮机构的运动分析

式中，$\lambda = R/A$。令拨盘和槽轮的角速度分别为 ω_1、ω_2，槽轮的角加速度为 ε_2，将式（10-13）求导数可得到槽轮的无因次角速度

$$\frac{\omega_2}{\omega_1} = \frac{\lambda\ (\cos\alpha - \lambda)}{(1 - 2\lambda\cos\alpha + \lambda^2)} \tag{10-14}$$

和无因次角加速度

$$\frac{\varepsilon_2}{\omega_1^2} = \frac{\lambda\ (\lambda^2 - 1)\ \sin\alpha}{(1 - 2\lambda\cos\alpha + \lambda^2)^2} \tag{10-15}$$

由图 10-10 可知

$$\lambda = R/A = \sin\varphi_2 = \sin(\pi/z) \tag{10-16}$$

式（10-14）、式（10-15）中拨盘的角速度 ω_1 是常数，槽轮的无因次角速度和无因次角加速度是径向槽个数 z 的函数，也是拨盘位置角 α 的函数。图 10-15a 中给出了 $z = 4$ 和 $z = 8$ 的外槽轮机构的槽轮无因次角速度和无因次角加速度的变化曲线。由图可看出，当径向槽个数 z 减少时，角速度和角加速度的峰值急剧增加；在圆销进入和脱离径向槽的瞬间，角加速度存在突变，因此在这两个瞬间存在柔性冲击。径向槽个数 z 越小，柔性冲击越大。所以，一般不推荐使用 $z = 3$ 的情况。图 10-15b 中给出了内槽轮机构的槽轮角速度和角加速度的变化曲线。由图可看出，内槽轮机构的动力学性能比外槽轮机构要好得多。

（四）槽轮机构的设计要点

外槽轮机构设计中主要应注意的问题有：

（1）槽数和圆销数的确定 根据使用场合所要求的分度数确定槽轮的槽数 z，根据对运

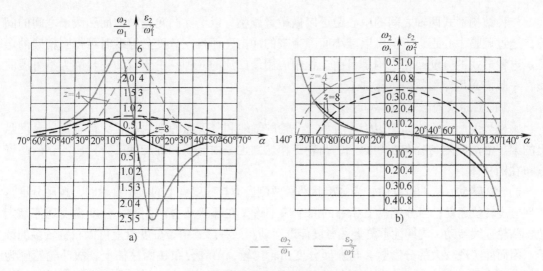

图 10-15　槽轮的角速度和角加速度

a) 外槽轮机构　b) 内槽轮机构

动系数的要求确定圆销数 m。

（2）中心距的确定　决定槽轮机构所占空间大小的关键尺寸是中心距 A。中心距偏大受到空间布局的制约。若中心距太小，则由式（10-16）可知拨盘的关键尺寸 R 也小，因而圆销直径和各部分的其他尺寸都不得不受到限制。尺寸 R 小，圆销和槽的受力就更大。所以，中心距偏小受到强度的制约。

槽轮机构的其他结构尺寸的确定可参阅机械设计的有关手册。

四、凸轮式间歇运动机构

凸轮式间歇运动机构又称为分度凸轮机构。它是由凸轮、分度盘和机架组成的一种高副机构。分度凸轮机构主要有三种类型：弧面分度凸轮、圆柱分度凸轮以及平行分度凸轮机构（图 10-16、图 10-17、图 10-18）。当然，这三种分度传动方式，针对不同的使用条件和设计参数，在结构设计上也会略有不同，其详细介绍可参考相关文献。

（一）凸轮式间歇运动机构的组成和工作原理

首先以图 10-16 所示弧面分度凸轮机构为例，介绍其组成和工作原理。主动凸轮 1 的轴线和分度盘 2 的轴线相互垂直交错，分度盘上沿径向均匀分布着若干个滚动轴承 3（简称滚子）。凸轮工作轮廓是由环状和螺旋状凸脊在类似环面蜗杆的柱体上环绕一周，故该种形式也称为蜗杆分度凸轮机构。

凸轮在转动一周的过程中，当螺旋状凸脊两侧齿廓与分度盘上的滚子接触时，拨动分度盘实现分度转位运动；当分度盘上相邻的两个滚子跨夹在环状凸脊两侧时，分度盘实现停歇定位。凸轮连续转动，周期性重复上述分度停歇运动。

图 10-16　弧面分度凸轮机构

1—主动凸轮　2—分度盘　3—滚动轴承（滚子）

该种结构形式两轴之间的中心距可以做微量调整，以消除凸轮轮廓曲面和滚子之间的间隙。通过调整中心距，不但可以减小间隙带来的冲击，而且在分度盘停歇时可得到精确的定位。这种形式的分度凸轮机构是目前工程中应用最广泛的一种。由于该凸轮轮廓为不可展曲面，一般需采用专用数控机床加工。

（二）凸轮式间歇运动机构的类型

圆柱分度凸轮机构如图 10-17 所示。凸轮的轴线和分度盘的轴线垂直交错布置。分度盘上的滚子沿周向均匀分布在端面上，凸轮工作轮廓也是由环状和螺旋状凸脊构成的，但凸脊分布在圆柱体上。

凸轮在转动一周的过程中，当螺旋状凸脊两侧齿廓与分度盘上的滚子接触时，拨动分度盘实现分度转位运动；当分度盘上相邻的两个滚子跨夹在环状凸脊两侧时，分度盘实现停歇定位。凸轮连续转动，周期性重复上述分度停歇运动。该种形式由于分度盘上可以布置较多的滚子，因而能实现较大的分度数。与弧面分度凸轮比较，凸脊分布在圆柱体上，故凸轮轮廓为可展曲面，因此易于加工。但该种结构形式难以实现预紧，一定程度上会存在间隙误差。

平行分度凸轮机构如图 10-18 所示。凸轮的轴线与分度盘的轴线平行布置，它和第七章图7-7d 所示的共轭凸轮机构本质上是一样的。主动轴上一般装有三片共轭平面凸轮，如图 10-18 所示，分度盘上分三层均匀布置若干个滚子，每片凸轮分别与对应的滚子接触。

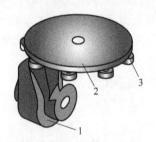

图 10-17　圆柱分度凸轮机构
1—凸轮　2—分度盘　3—滚子

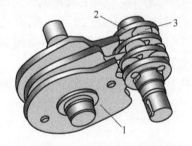

图 10-18　平行分度凸轮机构
1—凸轮　2—分度盘　3—滚子

凸轮在转动一周的过程中，当共轭凸轮的曲线轮廓与分度盘上对应的滚子接触时，拨动分度盘实现分度转位运动；当共轭凸轮的等径圆弧段轮廓与分度盘上每组对应的两个滚子接触时，凸轮的圆弧段轮廓类似于槽轮机构的锁止弧，锁定分度盘实现停歇定位。凸轮连续转动，周期性重复上述分度停歇运动。该种形式在实现小分度数传动时，为增加系统的刚性，一般采用多片共轭凸轮。图 10-18 所示为一分度平行分度凸轮机构，主动轴上装有三片共轭平面凸轮，相应地其分度盘上也采用三层滚子均布的结构形式。所谓一分度，即凸轮转过一周，分动盘也转过一周，并停歇一段时间。能实现分度数为 1 的间歇运动，是平行分度凸轮机构的特点之一，因而在印刷、包装机械中应用较多。

（三）凸轮式间歇运动机构的特点和应用

分度凸轮机构和前两类间歇运动机构相比，有以下几个突出的优点：

1）运转可靠，转位准确。

2）无须另加定位装置，而且定位可靠。

3）分度数一般取决于分度盘上均布的滚子数目，而动停比则取决于凸轮廓线设计，两者之间没有确定的关系，因此设计者有较大的设计自由度。

4）通过合理设计分度盘的运动规律，可减小动载荷和冲击，因此它的运转速度比棘轮机构和槽轮机构高得多，适用于高速分度运动的场合。如弧面分度凸轮机构的工作转速最高可达3000r/min。

分度凸轮机构被公认为是当前最理想的高速、高精度的间歇运动机构。它在许多场合正逐渐取代棘轮机构和槽轮机构，已在高速压力机、加工中心、模切机、多色印刷机、包装机和许多轻工自动机械中得到应用，而且会得到越来越广泛的应用。

三种分度凸轮机构的特性比较和应用场合见表10-1。

表10-1　三种分度凸轮机构的特性比较和应用场合

机 构 类 型	平行分度凸轮机构	圆柱分度凸轮机构	弧面分度凸轮机构
两轴线相对位置	平行	垂直交错	垂直交错
分度数 n	一般 1～8 最大不超过 16	一般 6～24 也有用到 64	一般 3～12 最大可达 48
凸轮最高转速/(r/min)	最大 1000	最大 300	一般不超过 1000， 制造精良的最大可达 3000
预紧情况	易于做到	不易做到	易于做到
分度精度	15″～30″	15″～30″	10″～20″
刚性	一般	一般	高
适用场合	中、高速，轻载	中、低速，中、轻载	高速，中、重载，高精度

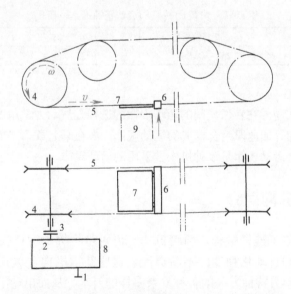

图10-19　一分度平行分度凸轮机构用于模切机送进系统
1—输入轴　2—输出轴　3—联轴器　4—链轮　5—链条
6—牙排　7—纸板　8—分度凸轮机构　9—冲模

图10-19所示为一分度平行分度凸轮机构在压制纸盒的模切机送进系统中的应用实例。

分度凸轮机构 8 的输出轴 2 通过联轴器 3 与链轮 4 的轴相连。分度凸轮机构将输入轴 1 的连续转动转换为链轮 4 的步进运动。在链条 5 上安装着夹持纸板 7 的牙排 6，链轮 4 转动时通过链条的运动将纸板带入模切区；链轮停歇时，纸板在模切区被冲模 9 压制。

我国从 20 世纪 80 年代初期开始凸轮式间歇运动机构的开发与研制，20 世纪 90 年代初开始批量生产这类机构。目前一些分度凸轮机构已经实现设计的系列化，并像齿轮减速器一样作为单独的部件在专门的工厂生产。机器的设计者只要根据分度数、动停比和其他要求选用或订货即可。

凸轮式间歇运动机构是一种精度要求较高的传动装置，其凸轮要使用数控机床加工，安装调整的要求也较高。

（四）凸轮式间歇运动机构的设计要点

凸轮式间歇运动机构的设计比槽轮机构要复杂得多，具体设计步骤和公式可参阅有关的机械设计手册。这里只扼要地介绍几个重要问题。

1. 机构类型的选择

选择机构类型时要考虑到多种因素：要注意轴间的相对位置、分度数、速度高低和载荷大小，以及定位精度的要求等，可参考表 10-1 来选择使用哪一种机构。

2. 运动系数的确定

运动系数的确定主要取决于机器的工艺要求。如果设计者有在一定范围内选择的自由，则要注意到：当运动周期 T 确定以后，运动系数越大，转位时间 T_d 越长，分度盘在分度转位运动中的速度和加速度就越小，对改善系统的动态性能就越有利。这三种分度凸轮机构运动系数的选取范围见表 10-2。

表 10-2　分度凸轮机构运动系数的选取范围

机 构 类 型	平行分度凸轮机构	圆柱分度凸轮机构	弧面分度凸轮机构
常用运动系数范围	0.25 ～ 0.75	0.33 ～ 0.50	0.25 ～ 0.83

3. 从动件运动规律的选择

分度凸轮机构的从动件在转位期间的运动规律的选择是从动力学角度考虑的，常采用多段简谐函数或简谐函数与等加速段组合构成的运动规律。如在第七章第二节简介中介绍的修正正弦、修正梯形等组合型运动规律是该种机构常采用的运动规律。

第二节　组合机构简介

扫码看视频

本书前述各章介绍了连杆机构、凸轮机构、齿轮机构等基本机构的应用与设计。随着机械化和自动化程度的不断提高，这些基本机构在单独使用时往往不能满足运动和动力特性方面的各种复杂多样的要求，从而出现了将基本机构以一定的方式组合起来使用的组合机构。

组合机构的研究是从 20 世纪 40 年代发展起来的，现在它已广泛应用于各种自动化机械中。

一、基本机构的类型

各种机械均由一个或多个机构组成。根据这些机构中主要构件的特点和运动副的性质，可将它们分为以下几类：

（1）刚性件机构　组成这类机构的构件均为刚性构件，利用构件本身及其所组成的运动副元素来传递运动和动力。连杆机构、凸轮机构、齿轮机构、螺旋机构和间歇运动机构等都属于刚性件机构。这类机构应用广泛。

（2）挠性件机构　这类机构的特征是包含链、带或绳索等挠性构件。用挠性构件来连接两个不直接接触的主动件和从动件，并依靠挠性构件的拉力来传递运动和动力。

（3）气动、液压机构　在这类机构中，利用气体或液体等中间介质来连接两相邻构件，并利用气体或液体的压力来传递运动和动力。

上述几类单一的机构通常称为基本机构。这些基本机构在实现运动规律方面有其局限性。单一的平面凸轮机构一般不能实现从动件具有一定运动规律的整周转动；单一的连杆机构无法实现从动杆精确的长期停歇，无法使导引点精确复演任意形状的轨迹；圆柱齿轮机构和齿轮齿条机构只能使机构实现定传动比的整周转动或移动。单一的挠性件机构以及气动、液压机构所能实现的从动件运动形式均较为简单。单一的气动、液压机构仅能使从动件产生摆动或移动。

二、机构的组合方式

为了满足生产实践对从动件更复杂的运动要求，常常将各种基本机构以一定的方式组合起来使用。

机构的组合方式不但是分析和设计组合机构的基础，而且是创造新机构的重要途径之一，故在组合机构的研究中占有重要的地位。基本机构通常采用串联式、并联式、复合式、反馈式和装载式等组合方式。

（一）串联式组合（串接）

在机构组合系统中，若前一级基本机构的输出构件就是后一级基本机构的输入构件，则这种组合方式称为串联式组合。根据前后机构串联方法的不同，又可分为以下两种形式：

（1）I型串联式组合　连接点选在做简单运动的构件上的串联式组合。图10-20a所示为由椭圆齿轮机构 I 和正弦机构 II 通过 I 型串联式组合而成的例子。机构 I 使主动件1的等速转动转变为从动件2的变速转动，适当选择机构中构件2和4串接时的相位角，可以使从动件6获得具有等速工作段和急回特性的往复移动。图10-20b为输入件1与输出件6的速度线图，图10-20c为机构组合的传动框图。

（2）II型串联式组合　连接点选在做复杂平面运动的构件上的串联式组合。图10-21a为由系杆1、行星轮2、固定太阳轮3和机架4组成的行星齿轮机构 I 以及由连杆5、滑块6和机架4组成的连杆机构 II，通过 II 型串联式组合而成的例子。适当选择机构参数，可使行星轮2和连杆5相铰接的 M 点具有圆弧（或近似圆弧）轨迹 mm，从而使从动件6做具有单侧近似停歇的往复移动。图10-21b、c分别为输入件1与输出件6的速度线图和机构组合的传动框图。

（二）并联式组合（并接）

图10-22a所示的组合机构为并联式组合的一个例子。其中，由齿轮2、3、4和系杆 H 组成一个自由度为2的差动轮系（机构 III）；由定轴齿轮1和2组成机构 I；而四杆机构 $ABCD$ 则为机构 II。主动件1的角速度 ω_1 分别通过机构 I 和 II 带动太阳轮2和系杆 H，使机构 III 获得两个确定的输入运动 ω_2 和 ω_H，从而使从动轮4获得确定的输出运动 ω_4。适当选择

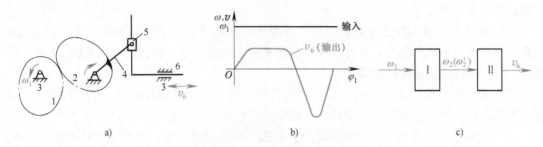

图 10-20　Ⅰ型串联式组合

a）机构运动简图　b）速度线图　c）机构组合的传动框图

1—主动件　2、4、6—从动件　3—机架　5—滑块

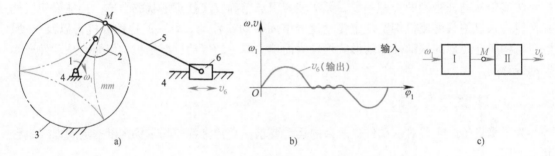

图 10-21　Ⅱ型串联式组合

a）机构运动简图　b）速度线图　c）机构组合的传动框图

1—系杆　2—行星轮　3—固定太阳轮　4—机架　5—连杆　6—滑块

机构参数，可使从动轮 4 做具有近似瞬时停歇的单向转动，其速度线图如图 10-22b 所示。该机构的传动框图如图 10-22c 所示。

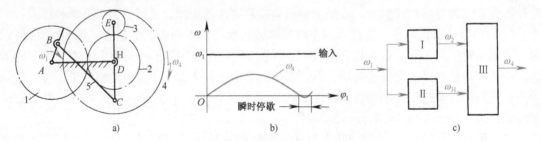

图 10-22　具有两个附加机构的并联式组合机构

a）机构运动简图　b）速度线图　c）机构传动框图

1—主动件　2、3、4—齿轮　5—连杆

　　若由 n（$n>1$）个自由度为 1 的基本机构（附加机构）的输出件与一个自由度为 n 的基本机构（基础机构）的输入件分别固连而成，则这种组合方式称为并联式组合。在上例中，$n=2$，机构Ⅲ为基础机构，机构Ⅰ和Ⅱ为附加机构。

　　（三）复合式组合

　　图 10-23a 所示的组合机构为复合式组合的一个例子。其中构件 1 为主动件，二自由度的五杆机构 ABCDE 为机构Ⅱ，由凸轮 1、摆杆 4′（与杆 4 固连）和机架 5 组成的单自由度

摆动从动件盘形凸轮机构为机构 I。组合机构中连杆 2 上点 M 的运动或轨迹是构件 1 和构件 4 运动的合成，将取决于构件 1 和 4 的角速度 ω_1 和 ω_4。只要适当设计机构 I 中凸轮 1 的廓线，即可使连杆 2 上的点 M 能更精确地复演给定轨迹 mm。图 10-23b 为该机构的传动框图。

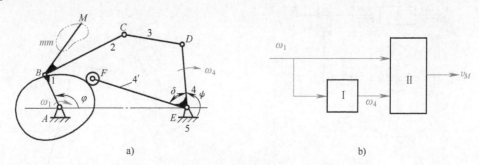

图 10-23 具有一个附加机构的复合式组合机构
a）机构运动简图 b）机构传动框图
1—主动件 2、3—连杆 4—杆 4′—摆杆 5—机架

n 个单自由度的基本机构（附加机构）的输出运动是 $(n+1)$ 个自由度的基本机构（基础机构）的输入运动。另外，来自主动件的输出运动直接作为该基础机构的输入运动，且该基础机构将 $(n+1)$ 个输入运动合成为一个输出运动，则这种组合方式称为复合式组合。在上例中，$n=1$，五杆机构 II 是基础机构，凸轮机构 I 是附加机构。

复合式组合与串联式组合相比不同的是，基础机构 II 的输入运动并不完全是附加机构 I 的输出运动；与并联式组合相比不同的是，这两个输入运动一个来自附加机构 I，而另一个来自主动件。

（四）反馈式组合

图 10-24a 所示为用于齿轮加工机床中的一种误差校正机构，是反馈式组合的一个例子。由蜗杆 1 和蜗轮 2（即安装齿轮毛坯的工作台）组成基础机构 II。这是一个二自由度蜗杆机构，蜗杆 1 既可绕轴线 O_1 转动，又可沿轴向移动。由凸轮 3 和移动从动件 4 组成的凸轮机构为附加机构 I。当主动蜗杆 1 以 $\varphi_1(t)$ 运动规律转动时，蜗轮 2 和与之相固连的凸轮 3 绕轴线 O_2 转动，从而使与凸轮 3 相接触的从动件 4 在导路 5 中以 $s_4(t)$ 运动规律往复移动。由于从动件 4 的另一端装有与蜗杆 1 轴端的叉形槽相啮合的滚子 6，故从动件 4 的轴向移动又通过蜗杆 1 使蜗轮 2 产生附加转动 $\Delta\varphi_2(t)$。因此，从动蜗轮 2 的输出运动为由 $\varphi_1(t)$ 引起的主运动 $\varphi_2(t)$ 和附加运动 $\Delta\varphi_2(t)$ 的叠加。在加工机床中，由于实际蜗轮副中误差的存在往往使从动蜗轮不可避免地产生运动误差。如果实测蜗轮副一个周期的运动误差，并以此作为设计凸轮廓线的依据，通过反馈组合后的附加运动，即可使运动误差得到相应的补偿。

在机构组合系统中，若其多自由度基础机构的一个输入运动是通过单自由度的附加机构从该基础机构的输出构件反馈得到的，则这种组合方式称为反馈式组合。

（五）装载式组合

图 10-25a 所示的风扇摇头机构为装载式组合的例子。由构件 2、3、4 和机架 5 组成的双摇杆机构为承载用的基础机构 II；而由蜗杆 1 和蜗轮 2（与机构 II 的连杆 2 相固连）以及承载杆 3 组成的蜗杆机构为附加机构 I。当机构 I 中的电动机 M 运转时，使风扇 F 随之转

动；与此同时，通过蜗轮（连杆）2 使机构Ⅱ中的摇杆 3 和 4 往复摆动，由此实现了两运动的合成，即利用一个驱动源同时实现风扇 F 的转动和风扇座（承载杆）3 的摆动。设计时应使双摇杆机构中连杆 2 满足整周转动条件。机构传动框图如图 10-25b 所示。

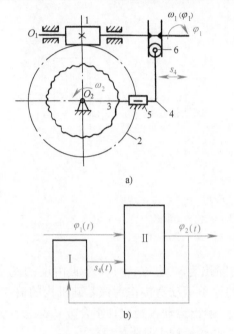

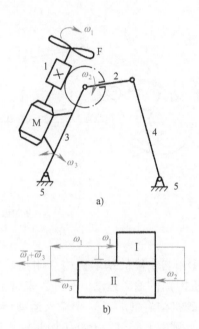

图 10-24　反馈式组合机构

a）机构运动简图　b）机构传动框图

1—蜗杆　2—蜗轮　3—凸轮　4—从动件

5—导路　6—滚子

图 10-25　机构的装载式组合

a）机构运动简图　b）机构传动框图

1—蜗杆　2—蜗轮　3、4—摇杆　5—机架

　　将一个基本机构（包括其动力源）装载在另一个基本机构的某一活动构件上的组合方式称为机构的装载式组合。两基本机构各自完成自身的运动，其运动的叠加即为所要求的输出运动或工艺动作，故又称为叠加式组合机构。

　　将基本机构组合成组合机构时还应尽可能综合各种基本机构的优点和特长，且尽量使机构结构简单、设计方便。

▋ 三、组合机构的概念和类型及功能

（一）组合机构的概念

　　由基本机构组合而成的复杂机构或机构系统有两种不同的情况：一种是将两种或几种基本机构通过封闭约束组合而形成的，它是具有与原基本机构不同结构特点和运动性能的复合机构，一般称其为组合机构；另一种则是在机构组合中所含的基本机构仍能保持其原有结构和各自相对独立的机构系统，一般称其为机构组合。组合机构与机构组合的不同处在于：机构组合中所含的基本机构，在组合中仍能保持其原有结构，各自相对独立；而组合机构所含的各基本机构不能保持相对独立，而是"有机"连接。所以，组合机构可以看成是若干基本机构"有机"连接的独特机构。每类组合机构具有各自特有的型综合、尺寸综合和分析设计方法。

（二）组合机构的类型和功能

组合机构可按其基本机构的名称来分类，如齿轮连杆机构、凸轮连杆机构、齿轮凸轮机构和含有挠性件的组合机构等。下面介绍各类组合机构的功能。

1. 齿轮连杆机构

顾名思义，齿轮连杆机构由齿轮机构和连杆机构组合而成。它是组合机构中种类最多、应用较广的一种。这类机构可使执行构件实现多样的运动规律，也可复演较复杂的运动轨迹。

（1）实现特定运动规律的齿轮连杆机构　该机构的运动简图如图 10-26a、b 所示。其中，由齿轮 a、b 和系杆 1（H）、机架 4 所组成的差动轮系作为基础机构；而由构件 1、2、3 和机架 4 所组成的铰链四杆机构作为附加机构。两个机构组合成齿轮连杆机构。在差动轮系中，齿轮 a 和 b 可以是外啮合（图 10-26a），也可以是内啮合（图 10-26b）。

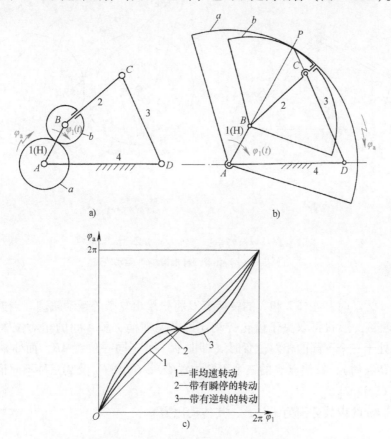

图 10-26　实现特定运动规律的齿轮连杆机构

a）外啮合机构　b）内啮合机构　c）从动件位移线图

1—系杆　2、3—连杆　4—机架　a、b—齿轮

当主动杆 1（H）以角速度 ω_1（ω_H）等速转动时，从动轮 a 的输出运动将是主动杆（系杆）1 的运动和连杆 2 相对于主动杆 1（H）的运动的合成。

只要机构参数选择适当，就能使从动轮实现带有逆转、瞬时停歇或非匀速的转动。当附加机构为双曲柄机构时，从动轮典型的角位移运动线图如图 10-26c 所示，其中 φ_a 和 φ_1 分别

为从动轮 a 和主动杆 1 的角位移。

（2）复演特定运动轨迹的齿轮连杆机构　图 10-27a 所示为二自由度五杆机构，若在其定轴 A 和 E 之间安置一对定轴圆柱齿轮，且使轮 a 和 b 分别同杆 1 和 4 相固连，则构成如图 10-27b 所示的单自由度齿轮连杆机构，其基础机构为五杆机构 $ABCDE$，而附加机构则为齿轮机构。

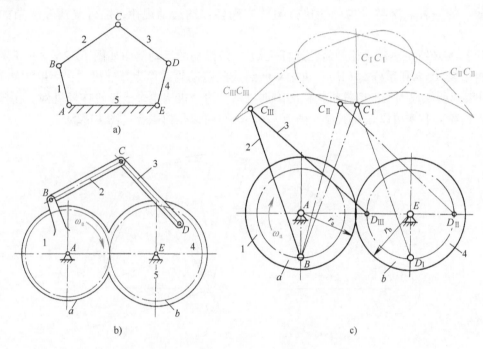

图 10-27　复演特定运动轨迹的齿轮连杆机构
a）五杆机构　b）齿轮连杆机构　c）运动轨迹

当主动轮 a 运动时，连杆 2 和 3 的铰接点 C 将描绘出复杂的运动轨迹。当连杆机构尺寸确定后，C 点轨迹的形状将取决于齿轮传动比以及两曲柄 1 和 4 间的相对位置。图 10-27c 所示为两曲柄处于三个不同的相对位置时（即曲柄 1 处于同一位置 AB，而曲柄 4 处于位置 ED_I、ED_{II} 和 ED_{III} 时），铰接点 C 的三个不同位置 C_I、C_{II} 和 C_{III} 及其三种不同形状的运动轨迹 C_IC_I、$C_{II}C_{II}$ 和 $C_{III}C_{III}$。

设齿轮 a 和 b 的齿数分别为 z_a 与 z_b，其传动比为

$$i_{ab} = \frac{z_b}{z_a} = \frac{m}{n}$$

式中，m 和 n 为不可通约的整数。若 $i_{ab}=1$，则当主动轮 a 转过一整周时，C 点运动轨迹完成一个循环；若 $i_{ab} \neq 1$，则必须当轮 a 转过 m 转、轮 b 转过 n 转时，C 点运动轨迹才能完成一个循环，且轨迹形状也较为复杂。

图 10-28 所示为振摆轧机轧辊驱动装置，四套相同的齿轮连杆机构对称地安置于轧坯 9 的四周（水平面内两套未示于图上）。当主动轮 b 使与之相啮合的齿轮 a 和 c（即曲柄 1、2）做同向转动时，连杆 3 上的 M 点便描绘出图示运动轨迹 mm。若在 M 点铰接一工作轧辊 6，

则当机构运动时，轧辊 6 的包络线 $m'm'$ 和 $m''m''$ 就能够满足轧制工艺的需要。构件 7 和 8 分别为支承辊和送料辊。调节两曲柄 1 和 2 的相位角 φ_1 和 φ_2，就会改变 M 点的运动轨迹以及包络线的形状。

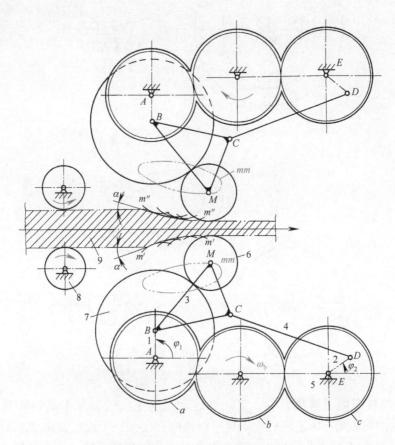

图 10-28　振摆轧机轧辊驱动装置

2. 凸轮连杆机构

凸轮连杆机构由凸轮机构和连杆机构组合而成。采用凸轮连杆机构比较容易实现从动杆给定的运动规律或复演较复杂的运动轨迹。

（1）实现特定运动规律的凸轮连杆机构　图 10-29 所示机构由二自由度五杆机构和凸轮固定的盘形槽凸轮机构组合而成，其基础机构为曲柄 1 长度 l_{AB} 可变的对心曲柄滑块机构 ABC，附加机构为移动从动件盘形槽凸轮机构。当与滑块 6 构成移动副的曲柄 1 等速转动时，铰接于 B 处的滚子 4 沿固定凸轮 5 的凹槽运动，从而使每一瞬时位置的曲柄 1 的长度 l_{AB} 成为可变的。因此，只要凸轮 5 廓线设计得当，就能使滑块 3 在其行程 H 内实现给定的运动规律。

图 10-30 所示为另一种形式的凸轮连杆机构，其基础机构为由构件 1、2、3、4 和机架组成的长度 l_{BD} 可变的二自由度五杆机构，而附加机构则同样为凸轮固定的盘形槽凸轮机构。

采用上述凸轮连杆机构可以实现从动件行程（或摆角）较大而运动规律又较复杂的往复移动（或摆动）。在这种情况下，若使用单一的三构件凸轮机构，将会导致盘形凸轮径向尺寸的增大，甚至使机构受力情况恶化；而若采用单一的四杆机构，则往往无法实现给定的较复杂的运动规律。

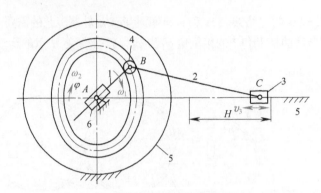

图 10-29 实现从动杆往复移动的凸轮连杆机构（变曲柄长）

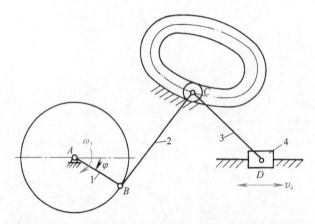

图 10-30 实现从动杆往复移动的凸轮连杆机构（变连杆长）

为了使从动杆既能做整周转动，又能在转动过程中实现较复杂的运动规律，可采用图 10-31a 所示的回归式凸轮连杆机构。其基础机构为仅有一个固定铰接点 A 的二自由度连杆机构 $ABCD$；附加机构为凸轮机构，两者组合而成凸轮连杆机构。当主动杆 1 做等速转动时，装置于连杆 2 和 3 铰接点 C 处的滚子 6 沿固定槽凸轮 5 的凹槽运动。由于凸轮向径 AC 的变化，迫使主动杆 1 和连杆 2 之间的夹角 δ 增大或减小，从而通过连杆 3 拉动从动杆 4 做反向或同向的附加转动；当 δ 角无变化时，主动杆 1 的运动将全部传递给从动杆 4。因此，与主动杆 1 具有同一轴线 A 的从动杆 4 的运动将是主动杆 1 的运动以及连杆 2 相对于主动杆 1 的附加运动的叠加。当滚子 6 沿以 D 点为圆心、以连杆 3 的长度 l_{CD} 为半径的圆弧段（$C_1 C_2$ 段）凸轮廓线运动时，从动杆 4 将停歇不动；而当滚子 6 沿以点 A 为圆心、以 l_{AC_1} 为半径的圆弧段（$C_1 C_4$ 段）凸轮廓线运动时，整个机构将如同一个刚性构件绕定轴 A 转动，此时主动杆 1 和从动杆 4 的运动规律完全相同；但当滚子 6 沿凸轮的其他任意曲线段（$C_2 C_3 C_4$ 段）廓线运动时，从动杆 4 将做非匀速的加速和减速转动。因此，采用这种机构可以实现主、从动杆整周相对应的转动，且从动杆在转动过程中具有精确的停歇段。从动杆 4 的位移线图如图 10-31b 所示，其中 φ_1 和 ψ_4 分别为主动杆 1 和从动杆 4 的角位移。从动杆 4 停歇时，因槽凸轮的形闭锁而无须其他锁止装置。这种机构还常与槽轮机构串联使用，从而使从动槽轮获得较好的动力性能。

（2）实现特定运动轨迹的凸轮连杆机构　在图 10-32 所示的机构中，基础机构为由杆

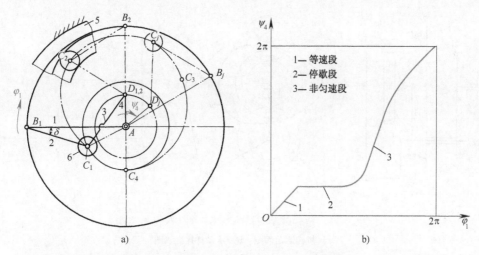

图 10-31　实现从动杆整周转动的凸轮连杆机构
a) 机构运动简图　b) 从动件位移线图

1、2、3、4 和机架 5 组成的二自由度五杆机构，附加机构为由凸轮 6、从动件 4 和机架 5 组成的凸轮机构，两者组合成凸轮连杆机构。凸轮 6 与主动曲柄 1 相固结，移动从动件 4 端部的滚子 7 与凸轮 6 构成高副。在这种机构中，只要使凸轮 6 的廓线设计得当，就能使主动曲柄 1 和凸轮 6 一起转动时，杆 2 和 3 的铰接点 C 按给定轨迹 cc 运动。

由于凸轮机构比定传动比的齿轮机构在设计上有更大的自由度，所以凸轮连杆机构比齿轮连杆机构更容易实现给定轨迹。

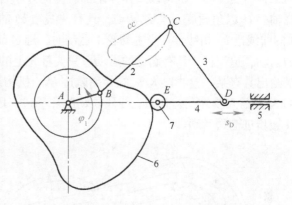

图 10-32　复演轨迹的凸轮连杆机构
1、2、3、4—杆　5—机架　6—凸轮　7—滚子

3. 齿轮凸轮机构

齿轮凸轮机构由齿轮机构和凸轮机构组合而成。这种机构主要用于实现复杂运动规律的转动，也可使从动杆上的某点复演给定的运动轨迹。

（1）实现特定运动规律的齿轮凸轮机构　齿轮凸轮机构常以周转轮系为基础机构，通过作为附加机构的凸轮机构控制系杆以获得附加运动。图 10-33a 所示为自动运输机输送带传送机构所采用的齿轮凸轮机构，其基础机构为由齿轮 1、2、3、4 和系杆 H 等基本构件组成的差动轮系；附加机构的基本构件则为与太阳轮 1 相固连的凸轮 K 和摆杆 AE。运动自轮 1 输入，凸轮 K 使摆杆 AE 往复摆动，并将运动通过四杆机构 $ABCD$ 传至系杆 H；与输送带相连的输出轮 4 的运动将是产生于太阳轮 1 的主运动和系杆 H 的附加运动的叠加。若系杆 H 静止不动，周转轮系便成为定轴轮系，输出轮 4 做等速转动；当需要使轮 4 或输送带产生附加运动时，可利用附加机构中的凸轮 K 使系杆 H 产生附加摆动；运动合成后的从动轮 4 的速度线图如图 10-33b 所示，它表示在输送带正常等速运动过程的某一阶段可使其速度 v 突然减缓，以满足工艺要求。

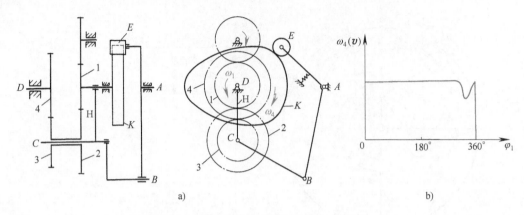

图 10-33 定轴转动凸轮控制系杆的齿轮凸轮机构

a）机构运动简图 b）从动件速度线图

（2）实现特定轨迹的齿轮凸轮机构 图 10-34 所示为一抓片机构，它由作为基础机构的二自由度反凸轮机构以及作为附加机构的外啮合齿轮机构组合而成。杆 1 与齿轮固连，并绕轴心 O_1 以角速度 ω_1 等速转动，具有曲线槽 bb 的杆 3 做一般平面运动；轮 2 上的销 B 与杆 3 的曲线槽 bb 相啮合。当主动轮 1 运动时，通过其上销 A 的运动以及轮 2 上销 B 沿廓线 bb 的运动，迫使杆 3 具有确定的运动。只要杆 3 上的廓线 bb 设计得当，就能使杆 3 上的端点 K 描绘出具有某一直线段 K_1K_n 的封闭轨迹 kk。机构运动时，抓片杆 3 上的端爪 K 在其轨迹 kk 的 K_1 处插入胶片孔，并在直线段拉动胶片移过一段距离 K_1K_n，然后在 K_n 处退出，由此使胶片做步进输送运动。

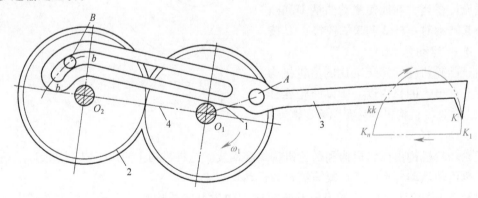

图 10-34 实现特定轨迹的齿轮凸轮机构

这类组合机构结构简单、紧凑，仅包括三个活动构件；由于杆 3 做一般平面运动，因而有可能利用杆 3 上不同点的运动轨迹来实现各种工艺要求。杆 3 上的廓线 bb 应根据给定轨迹进行设计。

4. 含有挠性件的组合机构

含有挠性构件（如链、带和绳索等）的机构（简称挠性件机构）与连杆机构、凸轮机构等刚性件机构组合而成的机构称为含有挠性件的组合机构。其优点有：结构和制造较为简单，运动副元素并不要求较高的制造精度；挠性件和刚性件组成的运动副在工作时磨损较轻；且挠性构件的受力条件也较有利。含有挠性构件的组合机构可用于实现从动件复杂的运动规律和复演特定的运动轨迹。因此，含有挠性构件的组合机构常作为传动机构、操纵机构和导引机构等而用于轻、纺工业以及起重运输业等各个部门。

（1）实现特定运动规律的链-连杆组合机构　在这类机构中，常将挠性件机构和连杆机构用串联方式加以组合。图 10-35 所示为两种形式的链-连杆组合机构。挠性件机构为由链轮 1 和 2 以及链条 3 等主要构件组成的链传动机构；而连杆机构则为由刚性构件 4 和 5 以及机架 6 组成的二自由度开链机构。

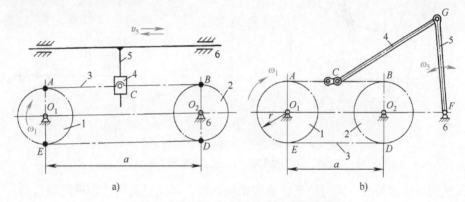

图 10-35　实现往复运动的链-连杆组合机构
a）实现往复移动　b）实现往复摆动

当主动链轮 1 绕轴线 O_1 以角速度 ω_1 等速转动时，链条 3 等速移动，从而通过其与构件 4 的铰接点 C 带动从动杆 5 以某种特定的运动规律往复运动。在图 10-35a 所示机构中，当铰接点 C 沿链迹的直线段 AB 和 DE 运动时，从动杆 5 做正向和反向等速移动；而当 C 点沿链迹的圆弧段 BD 和 EA 运动时，从动杆由最大的正向或反向速度逐渐减小至零，然后逐渐增加反向或正向速度至最大，从动杆在变向时做简谐运动。与其他机构（如曲柄滑块机构）相比，采用这种机构可使从动杆在较大范围（行程为链轮中心距 a）内保持等速移动，且反向冲击较小，换向平稳且结构尺寸较小。在图 10-35b 所示机构中，当 C 点沿链迹直线段 AB 和 DE 运动时，该机构相当于以滑块为主动件的摇杆滑块机构；但当 C 点在链迹的圆弧段 BD 和 EA 运动时，则该机构相当于以曲柄为主动件的曲柄摇杆机构。因此，从动杆 5 将做特定运动规律的往复摆动。

图 10-36 所示为实现从动杆非匀速转动的链-连杆组合机构。主动链轮 1 和从动杆 6 具有同一回转轴线 A_0，但相互不固结。当连杆 5 与链条 3 的铰接点 C 沿链迹直线段 DE 运动时，这相当于滑块（链条）3 以链速 v_C 运动时的偏置曲柄滑块机构，从动杆 6 将做变速转动；当铰接点 C 进入链迹圆弧段 EE_d 时，就形成了以链轮 2 为曲柄、从动杆 6 为摇杆的曲柄摇杆机构，从动杆 6 产生与主动链轮 1 相同转向的变速转动；而当 C 点运动至链迹上的 E_d 点，即当连杆 AC 通过链轮 2 的轴心 B 时，从动杆 6 的瞬时角速度 ω_6 为零，且在此位置附近从动杆 6 的角速度 ω_6 很小，可认为在主动链轮 1 的某一小的转角范围内从动杆 6 做近似停歇；但当 C 点进入链迹的圆弧段 E_dF 和直线段 FG 时，从动杆 6 有可能做带有部分逆转的变速转动；最后，当 C 点沿链迹中以轴心 A_0 为圆心、以 r_1 为半径的圆弧段 GHD 运动时，主、从动杆如同一个整体做同向等速转动。从动件的速度线图如图 10-36b 所示，图中 φ_{1t}、φ_{1d} 和 φ_{1n} 分别为相应于从动杆做等速运动、近似停歇和逆转时的主动链轮 1 的转角。

显然，当铰接点 C 沿其他任意形状的链迹运动时，从动杆会有更复杂的运动规律。但

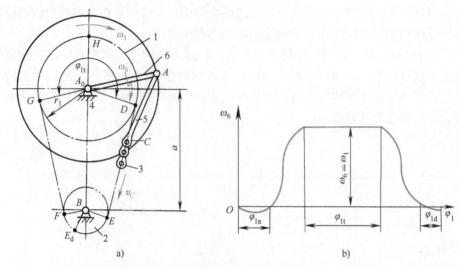

a)

b)

图 10-36　实现变速转动的链-连杆组合机构

a) 机构运动简图　b) 从动件速度线图

必须计及机构的传力特性，同时应正确选取机构参数，以便使机构能实现周期运动。

（2）实现特定运动轨迹的挠性带-凸轮组合机构　图 10-37a 为挠性带-凸轮组合机构运动简图。由摆杆 1 以及与其组成回转副的凸轮 2 和机架 4 组成的二自由度行星凸轮机构作为基础机构；以一端固结于机架 4 而另一端与凸轮 2 相固结的挠性带 3 作为附加机构，两者组合成挠性带-凸轮组合机构。当机构中的摆杆 1 绕轴 O 往复摆动时，由于挠性带的约束使机构具有确定运动，且凸轮 2 做行星运动。凸轮 2 与挠性带 3 间做无滑动的纯滚动，挠性带 3 将包缠于凸轮 2 轮廓表面或自轮廓表面展开。若凸轮廓线设计得当，就能控制凸轮 2 相对于主动摆杆 1 的角速度或角位移，从而使凸轮体上某点（如图示 M 点）在其复合运动中描绘出特定的运动轨迹。

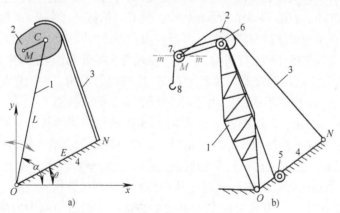

a)　　　　　　　　　　　b)

图 10-37　挠性带-凸轮组合机构

a) 机构运动简图　b) 机构在起重机上的应用

1—摆杆　2—凸轮　3—挠性带　4—机架　5—绞车　6、7—滑轮　8—吊钩

图 10-37b 为用于港口和船用起重机的挠性件-凸轮组合机构。起重绞车 5 的钢绳通过滑轮 6 和 7 带动吊钩 8 上下运动以升降重物；滑轮 7 的轴心置于凸轮体 2 的端部 M 处。主臂

（摆杆）1 绕轴线 O 摆动时，利用凸轮轮廓形状来补偿吊钩运动轨迹与预定水平线间的偏差，从而使吊钩连同重物可以沿给定的水平线 mm 运动。

第三节 机器人机构

机器人是近 40 年发展起来的一种高科技自动化设备。它的特点是可通过编程完成预期的作业任务；改变程序，即可改变作业任务。机器人按用途可分为工业机器人和特种机器人两大类。工业机器人可完成生产线上的许多作业，如喷漆、焊接、装配、搬运等；而特种机器人则能代替人完成一些特殊任务，如潜水、行走、爬壁等。机器人是一种典型的现代机械，在组成上，一般均包括执行机构（操作机）、驱动装置、控制装置和传感装置。本节侧重对机器人的机械部分——操作机做一入门性介绍，包括操作机的类型、操作机的运动分析方法。

一、操作机的结构分析

（一）操作机的组成

在第一章，已经介绍过一个典型的空间六自由度通用工业机器人的操作机（图 1-11 和相关的文字介绍）。而且也介绍过，连接各构件的运动副在机器人学中通常称为"关节"。

确定手部在空间的位置和姿态需要 6 个自由度。图 1-11 中的 $\phi_1 \sim \phi_6$ 统称为关节变量。当这 6 个关节变量给定时，末端执行器就获得了在空间中被指定的位置和姿态。当 6 个伺服电动机在计算机的控制下按设计好的运动规律转动时，这 6 个关节变量连续变化，末端执行器就按一定的规律运动。

（二）操作机的类型

操作机可分为串联式和并联式两大类。

1. 串联式操作机

串联式操作是目前应用最多的形式。串联式操作机的各构件组成一个开式运动链，常见的几种形式如图 10-38 所示（图中去掉了腕部和手部）。一般情况下，操作机手部在空间的位置和运动范围主要取决于臂部，因此臂部的运动称为操作机的主运动，腕部的运动主要是用来获得手部在空间的姿态。若不计腕部的自由度，每种形式都有三个基本的自由度，在图中用红色箭头标出。表 10-3 对各种形式的串联式操作机的运动和特点做了一个简单的比较。

表 10-3 串联式操作机的几种形式

类 型	直角坐标型	圆柱坐标型	球 坐 标 型	关 节 型
基本自由度	3 个移动	2 个移动，1 个回转	1 个移动，2 个回转	3 个回转
基本运动	伸缩、升降、平移	伸缩、升降、水平回转	伸缩、水平回转、俯仰回转	水平回转和两个俯仰回转
工作空间	长方体	空心圆柱体	空心球体的一部分	空心球体的一部分
特点	结构简单，运动直观性强，便于实现高精度。占据空间大，工作范围较小	运动直观性强，结构紧凑，工作范围大。应用较广	工作范围更大。结构较复杂，运动直观性差，不便于实现高精度	占据空间最小，工作范围最大。运动直观性最差，驱动控制较复杂。应用较广

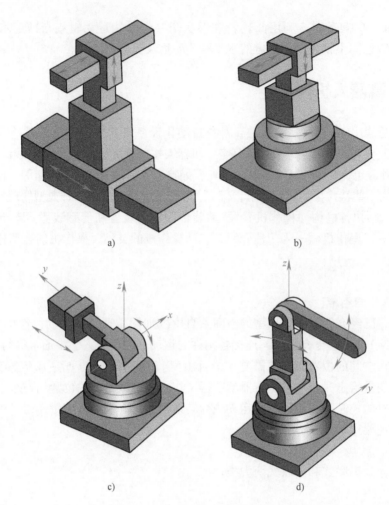

图 10-38　串联式操作机的类型

a）直角坐标型　b）圆柱坐标型　c）球坐标型　d）关节型

2. 并联式操作机

　　并联式操作机的各构件组成一个闭式运动链。它是近 10 余年间发展起来的，已提出许多种形式。图 10-39 所示为被称为 Stewart 平台的一种空间并联式操作机的典型结构。动平台 1 和定平台 2 之间有 6 条并联的支链。每个支链包含构件 3、4，它们之间用移动副相连，支链的两端用球形铰链和动平台、定平台相连。构件 3 是主动构件，6 个支链的运动可使动平台获得沿 3 个坐标轴方向的移动和绕 3 个坐标轴方向的转动，共 6 个自由度。并联式操作机的刚性和承载能力较强，但工作空间较小，在飞行模拟器、机床等方面有所应用。

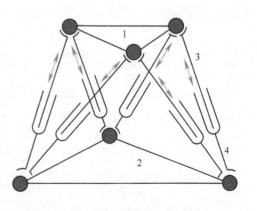

图 10-39　一种典型的空间并联式操作机——Stewart 平台

（三）串联式操作机的自由度

操作机的自由度和机构自由度的定义是相同的。所不同的是，对一般工业上应用的串联式操作机，为了方便驱动，每个关节的运动只由一个变量来确定，操作机中便只有回转副和移动副这两种运动副，在机器人学中常称为回转关节和移动关节。因此，操作机中每个构件相对于与它相连的另一个构件只有一个自由度，机器人操作机的总自由度数就等于运动构件的数目。例如，图 1-11 中的操作机，有立柱、大臂、前臂三个大的活动构件，腕部三个小的活动构件，共 6 个活动构件，自由度数为 6。手部有一个开闭的动作，用来夹持工件或工具，但是这个动作不影响手部在空间的位姿，故在自由度计算时不考虑手部的这个自由度。

一般通用的空间机器人应有 6 个自由度，通用的平面机器人应有 3 个自由度。但用于某一特定场合的专用机器人可根据实际需要确定所需要的自由度数。例如：在空间中搬运球体，只需要手部的三个笛卡儿坐标，手部的姿态就不需特别指定，那么便可用空间三自由度操作机；焊接机器人需要确定焊条端部的位置和姿态，但焊条绕自身轴线转动这个自由度并不需要，因此可用五自由度操作机。还有自由度数超过 6 的机器人，称为有冗余自由度的机器人，它们在避开障碍方面有特殊的优点。

二、机器人操作机的位姿分析

下面简单介绍机器人操作机运动分析中常用的 D-H 方法。

（一）位置与姿态的描述

构件在空间中的位置和姿态可如下表述。如图 10-40 所示，在构件 j 上取一点 O_j，并建立与此构件固结的坐标系 $O_j x_j y_j z_j$。这种与构件固结的坐标系称为构件坐标系。取参考坐标系 $O_i x_i y_i z_i$。设 O_j 在参考坐标系中的坐标为 x_{iO}、

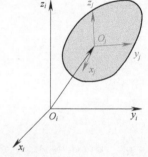

图 10-40　构件的位置与姿态描述

y_{iO}、z_{iO}，则构件 j 在参考坐标系中的位置可用位置列阵 $\boldsymbol{r}_{ij}$ 来表示

$$\boldsymbol{r}_{ij} = (\, x_{iO} \quad y_{iO} \quad z_{iO} \,)^{\mathrm{T}} \tag{10-17}$$

构件在参考坐标系中的姿态可用构件坐标系相对于参考坐标系的方向余弦矩阵 $\boldsymbol{R}_{ij}$ 来描述

$$\boldsymbol{R}_{ij} = \begin{pmatrix} \cos(x_i, x_j) & \cos(x_i, y_j) & \cos(x_i, z_j) \\ \cos(y_i, x_j) & \cos(y_i, y_j) & \cos(y_i, z_j) \\ \cos(z_i, x_j) & \cos(z_i, y_j) & \cos(z_i, z_j) \end{pmatrix}^{\mathrm{T}} \tag{10-18}$$

式中，各元素为对应坐标轴间夹角的余弦。

（二）坐标变换

下面结合图 10-41 来说明坐标间的变换。设有两个坐标系，如图 10-41a 所示，坐标系 $Ox_i y_i z_i$ 和 $Ox_j y_j z_j$ 有共同的原点，x_i 和 x_j 两坐标轴重合。坐标系 $Ox_j y_j z_j$ 可看作是绕坐标系 $Ox_i y_i z_i$ 的 x_i 轴旋转过角度 α 而得来。假设 P 点在坐标系 $Ox_j y_j z_j$ 中的坐标为 x_{jP}、y_{jP}、z_{jP}，是已知的，要求出 P 点在坐标系 $Ox_i y_i z_i$ 中的坐标 x_{iP}、y_{iP}、z_{iP}。

在第六章第三节我们已经介绍过绕直角坐标轴的旋转矩阵，因此可建立两组坐标之间的

几何关系

$$\begin{pmatrix} x_{iP} \\ y_{iP} \\ z_{iP} \end{pmatrix} = \boldsymbol{R}_{ij}^{\alpha} \begin{pmatrix} x_{jP} \\ y_{jP} \\ z_{jP} \end{pmatrix} \tag{10-19}$$

式中，$\boldsymbol{R}_{ij}^{\alpha}$ 为绕 x_i 轴的旋转矩阵。同理，可建立图 10-40b 所示的坐标系 $Ox_jy_jz_j$ 绕 y_i 轴转过角度 β 时的旋转变换矩阵 $\boldsymbol{R}_{ij}^{\beta}$。

在图 10-41c 中，坐标系 $Ox_jy_jz_j$ 的位置，可看作先绕坐标系 $Ox_iy_iz_i$ 的 z_i 轴转过角度 θ，达到 $Ox_ky_kz_i$ 位置，再绕 x_k 轴转过角度 α 完成。这时的旋转变换矩阵记为

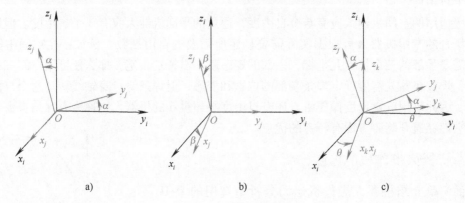

图 10-41　坐标变换
a）绕 x_i 轴旋转　b）绕 y_i 轴旋转　c）两次旋转

$$\boldsymbol{R}_{ij}^{\theta\alpha} = \boldsymbol{R}_{ik}^{\theta} \boldsymbol{R}_{kj}^{\alpha} \tag{10-20}$$

式中，$\boldsymbol{R}_{ik}^{\theta}$、$\boldsymbol{R}_{kj}^{\alpha}$ 分别为绕 z_i 轴和 x_k 的旋转矩阵。由此可见，运用旋转变换矩阵的连乘，可完成坐标系的连续变换。

下面来研究坐标系 $Ox_jy_jz_j$ 既绕坐标系 $Ox_iy_iz_i$ 旋转，又相对于该坐标系平移的情况。设平移后 O_j 在坐标系 $Ox_iy_iz_i$ 中的坐标为 x_{iO}、y_{iO}、z_{iO}，坐标系 $Ox_jy_jz_j$ 绕坐标系 $Ox_iy_iz_i$ 的旋转矩阵为 $\boldsymbol{R}_{ij}$。构件 j 上的任一点 P 在坐标系 $Ox_iy_iz_i$ 中的坐标可做如下计算

$$\begin{pmatrix} x_{iP} \\ y_{iP} \\ z_{iP} \end{pmatrix} = \boldsymbol{R}_{ij} \begin{pmatrix} x_{jP} \\ y_{jP} \\ z_{jP} \end{pmatrix} + \begin{pmatrix} x_{iO} \\ y_{iO} \\ z_{iO} \end{pmatrix} \tag{10-21}$$

为了将平移和回转表达得更为简洁，引入一个 4×4 矩阵和 4 维列阵的表达式

$$\begin{pmatrix} x_{iP} \\ y_{iP} \\ z_{iP} \\ 1 \end{pmatrix} = \begin{pmatrix} & & & x_{iO} \\ & \boldsymbol{R}_{ij} & & y_{iO} \\ & (3 \times 3) & & z_{iO} \\ 0 & 0 & 0 & 1 \end{pmatrix} \begin{pmatrix} x_{jP} \\ y_{jP} \\ z_{jP} \\ 1 \end{pmatrix} \tag{10-22}$$

此式左右两边各有一个 4 维列阵，$\boldsymbol{r}_i = \begin{pmatrix} x_{iP} & y_{iP} & z_{iP} & 1 \end{pmatrix}^{\mathrm{T}}$、$\boldsymbol{r}_j = \begin{pmatrix} x_{jP} & y_{jP} & z_{jP} & 1 \end{pmatrix}^{\mathrm{T}}$ 称为齐次坐标列阵；式中的 4×4 矩阵称为坐标平移旋转变换矩阵，也称为位姿矩阵，记为 $\boldsymbol{M}_{ij}$

$$\boldsymbol{M}_{ij} = \begin{pmatrix} \boldsymbol{R}_{ij} & \boldsymbol{r}_{iO} \\ \boldsymbol{0} & 1 \end{pmatrix} \tag{10-23}$$

式中，$\boldsymbol{r}_{iO} = (x_{iO} \quad y_{iO} \quad z_{iO})^{\mathrm{T}}$为一 3 维列阵，表示平移后 O_i 在坐标系 $Ox_iy_iz_i$ 中的坐标。

用齐次坐标和位姿矩阵表达坐标变换关系的这种方法，用它的提出者命名，被称为 D-H（Denavit-Hartenberg）方法。

（三）操作机两构件间的坐标变换

操作机是一个多杆系统，两构件间的坐标变换是确定末端执行器位姿的基础。

如图 10-42 所示，操作机中的任一构件 i 和其相邻两构件 $i-1$ 和 $i+1$ 以回转副相连。我们分别在构件 i 和 $i-1$ 上建立构件坐标系。在建立构件 i 的坐标系时，取构件 i 和构件 $i+1$ 间的回转副的轴线为 z_i 轴。在建立构件 $i-1$ 的坐标系时，取构件 $i-1$ 和构件 i 间的回转副的轴线为 z_{i-1} 轴。z_i 和 z_{i-1} 两轴线在一般情况下为异面直线，取它们之间的公垂线为 x_i 轴，以由 z_{i-1} 指向 z_i 的方向为正向。以 z_i 和 x_i 的交点为构件坐标系的原点 O_i，坐标轴 y_i 可按右手坐标系的定则来确定（但一般可不绘出），这样就得到了构件坐标系 $O_ix_iy_iz_i$。用同样的方法可得到构件 $i-1$ 的构件坐标系 $O_{i-1}x_{i-1}y_{i-1}z_{i-1}$。

如图 10-42 所示，当构件 i 和 $i-1$ 的构件坐标系选定后，两坐标系之间的关系可用图中的 h_i、α_i、d_i、θ_i 四个参数完全确定，其中：

h_i——构件 i 的两个关节轴线 z_i 和 z_{i-1} 间的公垂线的长度，称为杆长，以沿 x_i 的正向为正，在通常情况下杆长为常量。

α_i——轴线 z_i 相对于 z_{i-1} 轴线绕 x_i 轴转过的角度，称为扭角，以绕 x_i 轴右旋为正，在通常情况下扭角为常量。

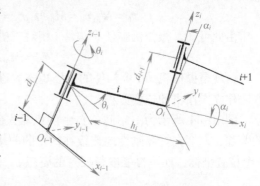

图 10-42 两个构件间的坐标变换

d_i——x_{i-1} 和 x_i 两轴之间沿坐标轴 z_{i-1} 方向的距离，以沿 z_{i-1} 的正向为正。

θ_i——轴线 x_i 相对于 x_{i-1} 轴线绕 z_{i-1} 轴转过的角度，以绕 z_{i-1} 轴右旋为正。

对回转副而言，d_i 为常量，称为偏距，而 θ_i 为变量，称为关节转角；对移动副而言，θ_i 为常量，称为偏角，而 d_i 为变量，称为关节位移。因此，在 h_i、α_i、d_i、θ_i 这四个参数中，无论是回转副还是移动副，总是有三个常数，是机构的结构参数，有一个变量，为机构的运动参数。

第 $i-1$ 个和第 i 个构件的两个坐标系之间的关系，即为式（10-23）描述的平移加旋转的变换关系。下面结合图 10-42 建立第 i 个坐标系相对于第 $i-1$ 个坐标系的变换矩阵。

具体变换步骤如下：①先将第 $i-1$ 个坐标系随其原点 O_{i-1} 沿直线 $O_{i-1}O_i$ 移动到点 O_i；②绕第 $i-1$ 个坐标系新位置的 z_{i-1} 轴旋转角 θ_i，使两个坐标系的 x_{i-1} 轴和 x_i 轴重合；③绕 x_i 轴旋转角 α_i，便使坐标系 $O_{i-1}x_{i-1}y_{i-1}z_{i-1}$ 和坐标系 $O_ix_iy_iz_i$ 完全重合。于是，由式（10-23）和式（10-20），坐标系 $O_ix_iy_iz_i$ 中的任一点 P 的坐标可用下式变换到坐标系 $O_{i-1}x_{i-1}y_{i-1}z_{i-1}$ 中

$$\boldsymbol{P}_{i-1} = \begin{pmatrix} \boldsymbol{R}_{i-1,i}^{\theta_i,\alpha_i} & \boldsymbol{r}_{i-1,i} \\ \boldsymbol{0} & 1 \end{pmatrix} \boldsymbol{P}_i = \boldsymbol{M}_{i-1,i}\boldsymbol{P}_i \tag{10-24}$$

式中，$\boldsymbol{P}_{i-1}$、$\boldsymbol{P}_i$ 为点 P 在第 $i-1$ 个和第 i 个坐标系中的齐次坐标；$\boldsymbol{M}_{i-1,i}$ 为位姿矩阵。其中 $\boldsymbol{r}_{i-1,i}$ 为第 i 个坐标系的原点 O_i 在第 $i-1$ 个坐标系中的坐标列阵，$\boldsymbol{R}_{i-1,i}^{\theta_i,\alpha_i}$ 为两次旋转的旋转矩阵。

将图 10-42 所示参数代入式（10-24），可得第 i 个坐标系相对于第 $i-1$ 个坐标系的变换矩阵

$$M_{i-1,i} = \begin{pmatrix} \cos\theta_i & -\sin\theta_i\cos\alpha_i & \sin\theta_i\sin\alpha_i & h_i\cos\theta_i \\ \sin\theta_i & \cos\theta_i\cos\alpha_i & -\cos\theta_i\sin\alpha_i & h_i\sin\theta_i \\ 0 & \sin\alpha_i & \cos\alpha_i & d_i \\ 0 & 0 & 0 & 1 \end{pmatrix} \qquad (10\text{-}25)$$

（四）操作机位姿方程的建立

描述操作机各构件在空间相对于机座坐标系的位置和姿态的方程称为操作机的位姿方程。

图 10-43 为一具有 n 个活动构件的串联式操作机。从机座到末端执行器依次用 0、1、2、…、n 标出各构件的编号。按前述之规则建立起各构件的坐标系。

设末端执行器上的任一点 P 在各坐标系中的齐次坐标列阵依次为 r_0、r_1、…、r_n，则根据式（10-24），有

$$r_0 = M_{01}r_1 = M_{01}M_{12}r_2 = M_{01}M_{12}\cdots M_{n-1,n}r_n = M_{0n}r_n \qquad (10\text{-}26)$$

由此可知，操作机中任一构件 i 相对于机座的位姿矩阵为

$$M_{0i} = M_{01}M_{12}\cdots M_{i-1,i} \qquad (10\text{-}27)$$

这就是操作机第 i 个构件的位姿矩阵方程。下面以一个简单操作机为例说明如何用 D-H 方法建立操作机的位姿方程。

图 10-44 所示为一空间三自由度机器人的操作机。它只包含图 1-11 中六自由度操作机的臂部，末端夹持器刚性地连接在前臂的前端，而去掉了腕部。因而夹持器只有在空间中的 3 个位置坐标，而不再能取得任意的姿态。

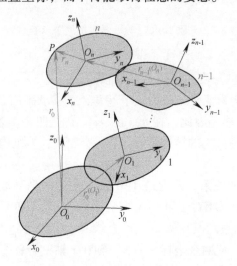

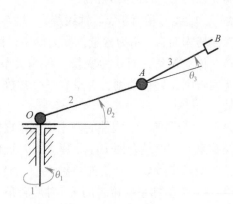

图 10-43 串联式操作机的坐标变换　　　图 10-44 三自由度机器人操作机

图 10-45 中绘出了各构件的坐标系，按照坐标系中各量的规定可确定以下结构参数：

对构件 1 坐标系：$d_1 = 0$，$h_1 = 0$，$\alpha_1 = 90°$。

对构件 2 坐标系：$d_2 = 0$，$h_2 = L_2$，$\alpha_2 = 0°$。

对构件 3 坐标系：$d_3 = 0$，$h_3 = L_3$，$\alpha_3 = 0°$。

由此可根据式（10-25）写出各构件的位姿矩阵

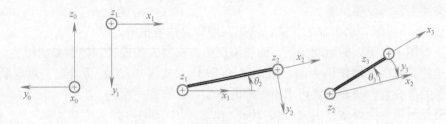

图 10-45　三自由度操作机各构件坐标系

$$M_{01} = \begin{pmatrix} C_1 & 0 & S_1 & 0 \\ S_1 & 0 & -C_1 & 0 \\ 0 & 1 & 0 & 0 \\ 0 & 0 & 0 & 1 \end{pmatrix} \quad M_{12} = \begin{pmatrix} C_2 & -S_2 & 0 & L_2C_2 \\ S_2 & C_2 & 0 & L_2S_2 \\ 0 & 0 & 1 & 0 \\ 0 & 0 & 0 & 1 \end{pmatrix}$$

$$M_{23} = \begin{pmatrix} C_3 & -S_3 & 0 & L_3C_3 \\ S_3 & C_3 & 0 & L_3S_3 \\ 0 & 0 & 1 & 0 \\ 0 & 0 & 0 & 1 \end{pmatrix} \tag{10-28}$$

式中，$C_i = \cos\theta_i$，$S_i = \sin\theta_i$。上述三个矩阵连乘，即可得到构件 3 的位姿矩阵

$$M_{03} = M_{01}M_{12}M_{23}$$

$$= \begin{pmatrix} C_1C_2C_3 - C_1S_2S_3 & -C_1C_2S_3 - C_1S_2C_3 & S_1 & [L_3(C_2C_3 - S_2S_3) + L_2C_2]C_1 \\ S_1C_2C_3 - S_1S_2S_3 & -S_1C_2S_3 - S_1S_2C_3 & -C_1 & [L_3(C_2C_3 - S_2S_3) + L_2C_2]S_1 \\ S_2C_3 + C_2S_3 & C_2C_3 - S_2S_3 & 0 & L_3(S_2C_3 + C_2S_3) + L_2S_2 \\ 0 & 0 & 0 & 1 \end{pmatrix}$$

$$\tag{10-29}$$

此位姿矩阵第 4 列的前 3 个元素即为手部 P 在机座坐标系中的坐标，称为手部坐标。

$$x_P = [L_2\cos\theta_2 + L_3\cos(\theta_2 + \theta_3)]\cos\theta_1 \tag{10-30a}$$

$$y_P = [L_2\cos\theta_2 + L_3\cos(\theta_2 + \theta_3)]\sin\theta_1 \tag{10-30b}$$

$$z_P = L_2\sin\theta_2 + L_3\sin(\theta_2 + \theta_3) \tag{10-30c}$$

式（10-29）的位姿矩阵中左上角的 3×3 子矩阵即为手部的方向余弦矩阵，它表征了手部的空间姿态。

式（10-29）中的 θ_1、θ_2、θ_3 即为各回转副处两构件的相对转角，它们反映了各电动机的运动，称为关节变量或关节坐标。

用这个三自由度操作机作为例子，只是为了解释 D-H 方法。当然，这个操作机较为简单，即使不用 D-H 方法，用普通的几何与三角推演即可得到式（10-30）。但是当操作机的自由度更多时（如再加上腕部的三个自由度时），D-H 方法便是一个规范化的、方便得多的数学工具。

（五）位姿方程的求解

在机器人操作机位姿方程的求解方面有两类问题：

1）末端执行器的位置和姿态是由使用者根据机器人要完成的工作在直角坐标系中加以描述的。如何确定一组关节坐标，使末端执行器获得所需要的位姿？已知手部坐标，求关节坐标，这类问题称为位姿反解。

2）已知关节坐标，求手部的位姿，这类问题称为位姿正解。

位姿正解用于机器人的运动分析，而位姿反解与机器人的设计和控制密切相关。

以上述的三自由度操作机为例，由式（10-29）和式（10-30）可看出，对串联式操作机，已知各关节变量，很容易便可求出手部的位姿，且有唯一解。

而位姿反解则复杂得多。由式（10-30a）和式（10-30b）可得

$$\theta_1 = \arctan\ (y_P/x_P) \tag{10-31}$$

由式（10-30a）和式（10-30c）可得

$$\theta_2 = 2\arctan\left(\frac{A \pm \sqrt{A^2 + B^2 - C^2}}{B - C}\right) \tag{10-32}$$

式中，$A = -2z_P L_2$；$B = -2x_P L_2/\cos\theta_1$；$C = L_2^2 - L_3^2 + z_P^2 +\ (x_P/\cos\theta_1)^2$。

将 θ_2 代入式（10-30c），可得

$$\theta_3 = \arcsin[\ (z_P - L_2\sin\theta_2)/L_3] - \theta_2 \tag{10-33}$$

由式（10-32）可得出两个 θ_2 值，代入式（10-33）后 θ_3 也有两个值，因此三自由度操作机的位姿反解有两组解。图 10-46 中的双点画线表示出了另一组解。

当串联式操作机的自由度数更多时，位姿反解要更复杂得多，而且会得到更多组解。

三、机器人操作机的速度分析

在操作机的分析、设计和控制中，还常常需要知道手部速度和关节速度间的关系。在 D-H 方法中已导出了手部坐标和关节坐标间的关系，对位姿方程微分便可以找出速度之间的关系。限于篇幅，这里不再介绍具有一般性的方法，而只以前述的三自由度操作机为例，引出速度分析的基本概念。

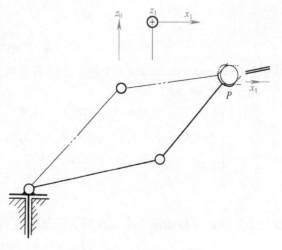

图 10-46　位姿反解不是唯一解

将式（10-30）两边对时间求导，可得

$$\begin{pmatrix} \dot{x}_P \\ \dot{y}_P \\ \dot{z}_P \end{pmatrix} = \begin{bmatrix} \dfrac{\partial x_P}{\partial \theta_1} & \dfrac{\partial x_P}{\partial \theta_2} & \dfrac{\partial x_P}{\partial \theta_3} \\ \dfrac{\partial y_P}{\partial \theta_1} & \dfrac{\partial y_P}{\partial \theta_2} & \dfrac{\partial y_P}{\partial \theta_3} \\ \dfrac{\partial z_P}{\partial \theta_1} & \dfrac{\partial z_P}{\partial \theta_2} & \dfrac{\partial z_P}{\partial \theta_3} \end{bmatrix} \begin{pmatrix} \dot{\theta}_1 \\ \dot{\theta}_2 \\ \dot{\theta}_3 \end{pmatrix} \tag{10-34}$$

上式可写成如下之矩阵形式

$$V = J\Omega \tag{10-35}$$

式中，$V = (\ \dot{x}_P \quad \dot{y}_P \quad \dot{z}_P)^{\mathrm{T}}$ 为一个三维列阵，称为手部速度列阵，它的各元素是手部在三

个坐标轴方向的速度分量；$\boldsymbol{\Omega} = (\dot{\theta}_1 \quad \dot{\theta}_2 \quad \dot{\theta}_3)^{\mathrm{T}}$也是一个三维列阵，称为关节速度列阵，它的各元素是三个关节处的角速度；$\boldsymbol{J}$是一个 3×3 矩阵，它的各元素为手部坐标对关节坐标的偏导数，这个矩阵将手部速度列阵 $\boldsymbol{V}$ 和关节速度列阵 $\boldsymbol{\Omega}$ 联系起来，称为雅克比矩阵。雅克比矩阵是机器人操作机分析中的一个重要概念。对这个三自由度操作机，雅克比矩阵的各元素可由式（10-30）求偏导数得出来（略）。

由式（10-35）可得
$$\boldsymbol{\Omega} = \boldsymbol{J}^{-1}\boldsymbol{V} \tag{10-36}$$
式中，$\boldsymbol{J}^{-1}$为雅克比矩阵的逆矩阵。

当已知关节速度时，可用式（10-35）求出手部速度，称为速度正解；当已知手部速度时，可用式（10-36）求出关节速度，称为速度反解。

四、操作机的工作空间与奇异位置

操作机臂端在空间中所能到达的位置的集合称为操作机的工作空间。它反映了操作机的工作范围的大小，是一个重要技术指标。

在图 10-44 所示的三自由度操作机中，假定立柱转角 θ_1 固定不变，在图示平面 N 中，当 $\theta_3 = 0$ 时，B 点距 O 点最远，而当 $\theta_3 = \pi$ 时，B 点距 O 点最近。当大臂和前臂均可绕其回转轴无约束地整周回转时，手部 B 在图示平面 N 中可到达的位置的集合是半径分别为 $L_2 + L_3$ 和 $L_2 - L_3$ 的两个圆中间的圆环形区域，如图10-47所示。考虑到立柱的转动，手部的工作空间就是这个圆环绕 z 轴回转形成的空心球体。注意，计算工作空间时是按臂部前端考虑的，而不考虑腕部和末端执行器。

当三自由度操作机的 $\theta_3 = 0$ 或 π，也即大臂和前臂共线时，手部到达它的工作空间的最远或最近的边界上。此时手部的瞬时速度只能沿边界的切线方向，而不能取任何别

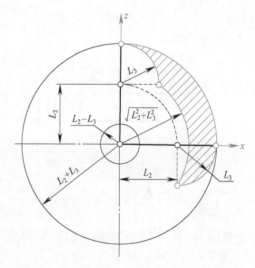

图 10-47 三自由度机器人的工作空间与奇异位置

的方向，如图 10-47 所示。操作机的这种位置称为奇异位置。在规划操作机手部的运动时应避开奇异位置。从数学上说，奇异位置对应着雅克比矩阵奇异。将 $\theta_3 = 0$ 或 π 代入雅克比矩阵，可证明矩阵 $\boldsymbol{J}$ 奇异（行列式值为零），也即其逆矩阵 $\boldsymbol{J}^{-1}$ 不存在，因而用式（10-36）便无法求出关节速度。关于操作机的工作空间分析可参阅相关文献。

第四节 螺旋机构

利用螺旋副传递运动和动力的机构称为螺旋机构。

螺旋机构是古代就使用过的几种简单机械之一。在近代的工业革命中，随着切削机床、起重机械和压力机的发展，应用日益广泛。

▎一、螺旋机构的功能和特点

螺旋机构可转变运动形式。一般用来将螺杆的转动变为螺母的移动，在许多机床中广泛应用（图10-48）。它能传递较大的动力，因此在压力机中应用也较多。在精密机械、仪表的微调和测量中也有所应用。

螺旋机构具有结构简单、制造方便、运动准确、工作平稳、噪声小的特点；同时它还能实现较大的速比和力的增益。另外，合理选择螺纹的螺纹升角还可实现自锁，但具有自锁作用的螺旋机构效率低。

▎二、差动螺旋机构和复式螺旋机构的工作原理和应用

图10-48a所示为最简单的三构件螺旋机构。螺杆1与螺母2组成螺旋副B，螺杆1与机架3组成转动副A，螺母2与机架3组成移动副C。若螺旋的导程为l_B，当螺杆1转动φ角时，螺母2的位移s为

$$s = l_B \frac{\varphi}{2\pi} \tag{10-37}$$

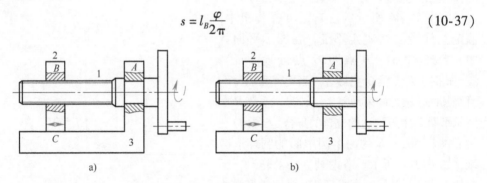

图 10-48　螺旋机构的简图

a）含有一个螺旋副的螺旋机构　b）含有两个螺旋副的螺旋机构

若将图10-48a中的转动副A换成导程为l_A的螺旋副（图10-48b），则当螺杆1转动φ角时，螺母2的位移s为

$$s = (l_A \pm l_B) \frac{\varphi}{2\pi} \tag{10-38}$$

式中，"+"号用于两螺旋的旋向相反时，即一个右旋，另一个左旋；"−"号用于两螺旋的旋向相同时，即同为右旋或同为左旋。旋向的判别方法是：将螺杆沿轴向垂直放置，若螺旋线向右上方倾斜便是右旋；反之，向左上方倾斜便是左旋。

由上式可知，当两螺旋的旋向相反时，螺母2可产生快速移动，这种螺旋机构称为复式螺旋机构，应用于车辆连接和夹具装置中需快速移动的部件；当两螺旋的旋向相同、且l_A与l_B相差很小时，螺母2的移动可以很小，这种螺旋机构称为差动螺旋机构（又称为微动螺旋机构），应用于各种机床、机器、工具和精密机械的微调与测量装置。

文献阅读指南

1）随着生产自动化程度的提高，间歇运动机构的应用日趋广泛。本章只对最常用的几

种间歇运动机构做了介绍，除此之外，还有不完全齿轮机构、星轮机构、连杆间歇运动机构和组合式间歇运动机构等多种形式，可参阅刘政昆编著的《间歇运动机构》（大连：大连理工大学出版社，1991）。本章的介绍主要涉及结构形式、原理、特点、应用和运动分析。关于设计方面更详细的内容，可参阅徐灏主编的《机械设计手册：第4卷》（2版，北京：机械工业出版社，2004）。

在各种间歇运动机构中，凸轮式间歇运动机构是性能最好的，也是当前研究最多、发展最快的一种新型机构。殷鸿梁、朱邦贤编著的《间歇运动机构设计》（上海：上海科学技术出版社，1996）一书对这种机构的设计有更多的介绍。

2）近年来，组合机构已成为机构学研究的一个活跃领域。本章重点介绍了机构的组合方式以及部分基本机构的组合；此外，还简要地介绍了几种常见的组合机构。限于篇幅，对其运动特性介绍得较为扼要，对其综合方法没有介绍。较详细的机构组合方式可参阅徐灏主编的《机械设计手册：第4卷》（2版，北京：机械工业出版社，2004）中机构的变异和组合一章的内容；有关组合机构运动综合方面的内容，可参阅吕庸厚和沈爱红编著的《组合机构设计与应用创新》（北京：机械工业出版社，2008）以及徐灏主编的《机械设计手册：第2卷》（2版，北京：机械工业出版社，2003）。齿轮连杆机构的快速设计可查阅孟宪源主编的《现代机构手册》（北京：机械工业出版社，2007）所提供的各种设计图线。

3）随着生产自动化程度的提高和人类科学探索的发展，机器人的应用越来越多、越来越广泛，机器人学随之成为一个发展异常迅速的综合性学科，它涉及机械学、计算机控制理论和技术、人工智能等多个领域。机器人机构学是机器人学的重要组成部分，也是机构学理论的一个分支。本章中仅通过一个最简单的实例，使读者对机器人操作机运动学研究中涉及的诸多问题，如运动学的正解和反解、工作空间与奇异位置、雅克比矩阵等有一个初步的了解。进一步了解机器人机构学的内容，可参阅谢存禧等编著的《空间机构设计》（上海：上海科学技术出版社，1996）和马香峰编著的《机器人机构学》（北京：机械工业出版社，1991）。

思　考　题

10-1　什么是间歇运动机构的运动系数？

10-2　将棘轮机构和槽轮机构加以比较，各有什么特点？

10-3　棘轮机构的可靠工作条件是什么？

10-4　外槽轮的槽数不同时，机构的运动学和动力学表现有什么不同？

10-5　凸轮式间歇运动机构有哪几种形式？各有什么特点？它们与棘轮机构和槽轮机构比较，最突出的优点是什么？

10-6　生产中常用的基本机构有几种？各有什么特点？

10-7　机构的组合方式有几种类型？各有什么特色？

10-8　为什么组合机构能实现特定的运动规律和复演特定的轨迹曲线？

10-9　列出常见的几种组合机构，指出该机构的运动特点。

10-10　完成如下工作的机器人操作机各需要几个自由度？

1）在运动馆里捡乒乓球的自动小车。

2）在空间中搬运圆柱体。

3）在空间中搬运立方体。

4）抓起圆销并装配到孔中。

10-11　人的腕部加手部共有多少个自由度？

10-12　何谓复式螺旋机构？何谓差动螺旋机构？两者有何区别？

10-13　请举例说明螺旋机构的功能。

习　题

10-1　试证明：为了保证楔紧，图 10-7a 所示的外接式摩擦棘轮机构中，角 β 应小于摩擦角（n-n 为楔块表面的法线方向）；图 10-8b 所示的单向离合器中，角 β 应小于两倍的摩擦角。

10-2　推导图 10-11 所示内槽轮机构的运动系数 k 的计算公式，并确定拨盘上可安装的圆销个数 m。

10-3　外槽轮机构中，拨盘等速回转，槽数 $z=6$，要求动停比为 2，试求运动系数和拨盘上应安装的圆销数目。

10-4　外槽轮机构中，拨盘以角速度 $\omega_1=10\text{rad/s}$ 等速回转，槽数 $z=8$。试问：槽轮的角加速度最大值是多少？出现最大角加速度时，主动拨盘上的圆销处在什么位置？

10-5　对以下几种应用场合选择适当的间歇运动机构类型：

1）某 4 工位自动机床工作台，当停歇时各工位用不同的刀具进行加工，加工完成后转位。转位的时间不应超过加工时间的 1/3，转位速度不高。

2）某轻工自动机的 6 工位工作台，要求转位时间不超过运动周期的 40%，每分钟转位次数达 600 次，载荷也较大，定位精度要求尽可能高。

3）一工作台需做直线步进运动，速度很低，载荷也不大，但要求步进量能很容易地调整。

4）制作灯泡的自动机械的工作台，沿其圆周需同时安装 60 支灯泡，工作台每秒钟转位一次。

10-6　请指出图 10-32 所示复演轨迹的凸轮连杆机构的组合方式是什么。

10-7　图 10-44 所示的三自由度机器人操作机中，试推导出雅克比矩阵的表达式，并证明手部到达它的工作空间的最远边界时雅克比矩阵奇异。

10-8　图 10-38c 所示的球坐标型操作机中，两回转轴的轴线垂直相交，腕部安装在伸缩杆的前端，位于图示的 y 轴线上，试推导出腕部的位姿方程、位置正解和位置反解的公式和雅克比矩阵。

10-9　图 10-49 所示为微调螺旋机构，构件 1 与机架 3 组成螺旋副 A，其导程 $l_A=2.8\text{mm}$，右旋。构件 2 与机架 3 组成移动副 C，构件 2 与构件 1 还组成螺旋副 B。现要求当构件 1 转一圈时，构件 2 向右移动 0.2mm。问螺旋副 B 的导程 l_B 为多少？右旋还是左旋？

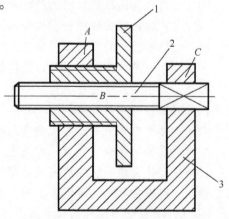

图 10-49　习题 10-9 图

第四篇

机器动力学基础

机械是在外力作用下进行工作的。机械的动力学性能将直接影响机械的工作质量、效率与使用寿命。本篇研究机械运转过程中的若干动力学问题，包括两章。

在第十一章"机械系统动力学"中，介绍了机械系统真实运动规律的求解方法，包括基于拉格朗日方程的多自由度机械系统动力学分析与基于等效动力学模型的单自由度机械系统动力学分析；介绍了机械速度波动的产生原因及相应的调节方法，特别是飞轮转动惯量的计算方法。

在第十二章"机械的平衡"中，介绍了机械平衡的目的与分类，重点介绍了刚性转子的平衡设计方法，并对刚性转子的平衡试验方法及平面机构的总惯性力平衡方法做了简要的介绍。

第十一章 机械系统动力学

内容提要 ∨

　　本章介绍机械系统真实运动规律的求解方法，包括基于拉格朗日方程的多自由度机械系统动力学分析与基于等效动力学模型的单自由度机械系统动力学分析。介绍机械运转过程中速度波动产生的原因及相应的调节方法，并重点介绍飞轮转动惯量的计算方法。

第一节　概述

　　机械系统通常由原动机、传动系统与执行系统等组成。前面各章在对机构进行运动分析和力分析时，总认为原动件的运动规律已知，且一般假定其做等速运动。实际上，原动件的运动规律是由机构中各运动构件的质量、转动惯量和作用在机械上的外力等因素所决定的，因而在一般情况下原动件的速度并不恒定。只有确定了原动件的真实运动规律后，才能应用前述的分析方法求解出机构中其他构件的运动规律与受力状况。因此，研究机械系统的真实运动规律，对于设计机械（特别是高速、精密、重载及高自动化机械）具有重要意义。

　　19 世纪中叶，蒸汽锤、颚式破碎机陆续问世。19 世纪末，以电为动力的压力机迅速发展起来。锻压、破碎类机械的工作负荷变化很大，导致运转过程中产生很大的速度波动。速度波动将导致运动副中产生附加的动压力，并引起振动与噪声，降低了机械的工作质量、使用寿命与效率。同时，对于此类机械，根据峰值负荷确定原动机的容量是不合理的。在这种生产实践的背景中，机械系统动力学发展起来。

　　为研究机械系统的真实运动规律与机械运转过程中的速度波动情况，首先应了解作用在机械上的力与机械的运转过程。

一、作用在机械上的力

　　机械总是在外力作用下进行工作的。若忽略各运动构件的重力、惯性力与运动副中的摩擦力，则作用在机械上的力可分为驱动力和生产阻力两大类。

　　（1）驱动力　由原动机输出并驱使原动件运动的力，其变化规律取决于原动机的机械特性。例如：蒸汽机、内燃机所输出的驱动力是活塞位移的函数；电动机所输出的驱动力矩是其角速度的函数。

（2）生产阻力　机械完成有用功时所需克服的工作负荷，其变化规律取决于机械的工艺特点。例如：起重机的生产阻力一般为常数；曲柄压力机、往复式压缩机的生产阻力为执行构件位移的函数；鼓风机、离心泵的生产阻力为执行构件速度的函数；球磨机、揉面机的生产阻力为时间的函数。

二、机械的运转过程

如图 11-1 所示，机械的运转过程可分为以下三个阶段：

（1）起动阶段　原动件的速度由零逐渐上升至稳定运转阶段。

（2）稳定运转阶段　原动件的速度保持为常数（称为匀速稳定运转）或在平均速度的上下做周期性的波动（称为变速稳定运转）。图 11-1 中，T 为稳定运转阶段速度波动的周期，ω_{m} 为原动件的平均角速度。经过一个周期 T 后，系统中各构件的运动均回到原来的状态。

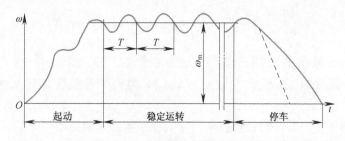

图 11-1　机械运转过程的三个阶段

（3）停车阶段　原动件的速度由平均速度逐渐下降至零。

根据动能定理，在任一时间间隔内，外力所做的功应等于机械系统的动能增量，即

$$W_{\mathrm{d}} - (W_{\mathrm{r}} + W_{\mathrm{f}}) = W_{\mathrm{d}} - W_{\mathrm{c}} = E_2 - E_1 \tag{11-1}$$

式中，W_{d} 为驱动力所做的功，即输入功；W_{r}、W_{f} 分别为克服生产阻力与有害阻力（主要为摩擦力）所需的功，即输出功与损耗功；W_{c} 为总耗功；E_1、E_2 分别为机械系统在该时间间隔的开始与终止时刻所具有的动能。

由式（11-1）可知，机械运转过程的三个阶段具有以下特征：

起动阶段，机械系统的动能逐渐增加，即 $W_{\mathrm{d}} - W_{\mathrm{c}} = E_2 - E_1 > 0$。

稳定运转阶段，若机械做匀速稳定运转，由于该阶段的速度为常数，故在任一时间间隔内输入功均等于总耗功，即 $W_{\mathrm{d}} - W_{\mathrm{c}} = E_2 - E_1 = 0$；若机械做变速稳定运转，由于每个运动周期的末速度均等于初速度，故在一个运动循环以及整个稳定运转阶段，输入功均等于总耗功，但在一个运动周期的任一时间间隔内输入功与总耗功并不一定相等。

停车阶段，机械系统的动能逐渐减小，即 $W_{\mathrm{d}} - W_{\mathrm{c}} = E_2 - E_1 < 0$。在此阶段，由于驱动力通常已撤去，即输入功 $W_{\mathrm{d}} = 0$，故当总耗功逐渐将机械系统所具有的动能消耗殆尽时，机械便停止运转。

起动阶段和停车阶段统称为机械运转过程的过渡阶段。机械通常是在稳定运转阶段进行工作的，因此应尽量节省过渡阶段所需的时间。在起动阶段，常使机械空载起动或另加一个

起动马达来增大输入功 W_d，以达到快速起动的目的。在停车阶段，可利用机械的制动装置来增大损耗功 W_f，从而缩短停车时间。图 11-1 中的虚线表示施加制动力矩后，停车阶段原动件的角速度随时间 t 的变化关系。

第二节　多自由度机械系统的动力学分析

研究机械系统的真实运动规律，必须建立外力与运动学参数（位移、速度、加速度等）之间的函数关系式，这种函数关系式称为机械系统的动力学方程。本节将以二自由度机械系统为例，介绍基于拉格朗日方程的多自由度机械系统的动力学分析方法。

一、拉格朗日方程

拉格朗日方程是解决具有理想约束（即约束反力在虚位移上不做功的约束）的机械系统的动力学问题的普遍方程，其表达式为

$$\frac{\mathrm{d}}{\mathrm{d}t}\left(\frac{\partial E}{\partial \dot{q}_i}\right) - \frac{\partial E}{\partial q_i} + \frac{\partial U}{\partial q_i} = F_{ei} \quad i = 1,\ 2,\ \cdots,\ N \tag{11-2}$$

式中，E、U 分别为系统的动能与势能；q_i 为系统的广义坐标；$\dot{q}_i$ 为系统的广义速度（即 q_i 对时间的一阶导数）；F_{ei} 为与 q_i 对应的广义力；N 为系统的广义坐标数（即自由度数）。

显然，拉格朗日方程是以能量观点来研究机械系统的真实运动规律的。利用拉格朗日方程进行机械系统的动力学分析，首先应确定系统的广义坐标（即完全确定系统的运动所需的一组独立参数），然后列出系统的动能、势能和广义力的表达式，再代入式（11-2），即可获得系统的动力学方程。拉格朗日方程是分析力学的核心内容，其求解步骤规范、统一。此外，由于拉格朗日方程中不包含未知的约束反力，故克服了利用牛顿第二运动定律推导机械系统动力学方程的缺点。

二、二自由度机械系统的动力学分析

工程中经常遇到二自由度机械系统，如五杆机构、差动轮系等。图 11-2 所示为一平面

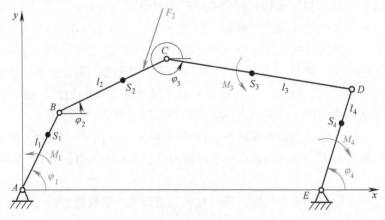

图 11-2　平面五杆机构

五杆机构，若原动件 1、4 的角位移 φ_1、φ_4 已知，则该机构的运动完全确定。因此，可取上述两角位移作为系统的广义坐标，即 $q_1 = \varphi_1$、$q_2 = \varphi_4$。若不计各运动构件的质量与弹性，则系统的势能 U 不必计算。该二自由度机械系统的拉格朗日方程为

$$\begin{cases} \dfrac{\mathrm{d}}{\mathrm{d}t}\left(\dfrac{\partial E}{\partial \dot{q}_1}\right) - \dfrac{\partial E}{\partial q_1} = F_{e1} \\[3mm] \dfrac{\mathrm{d}}{\mathrm{d}t}\left(\dfrac{\partial E}{\partial \dot{q}_2}\right) - \dfrac{\partial E}{\partial q_2} = F_{e2} \end{cases} \tag{11-3}$$

1. 系统动能的确定

对于平面机构而言，构件的运动形式仅有三种，即平动、定轴转动与一般平面运动。平动与定轴转动均可视为一般平面运动的特例。故以一般平面运动为典型，可写出第 j 个运动构件的动能为

$$E_j = \frac{1}{2}m_j v_{S_j}^2 + \frac{1}{2}J_{S_j}\omega_j^2 \tag{11-4}$$

式中，m_j、v_{S_j}、J_{S_j}、ω_j 分别为第 j 个运动构件的质量、质心 S_j 的速度、绕质心 S_j 的转动惯量及构件的角速度；对于平动构件，$\omega_j = 0$；对于绕质心做定轴转动的构件，$v_{S_j} = 0$。

具有 n 个运动构件的机械系统的动能为

$$E = \sum_{j=1}^{n} \frac{1}{2}\left(m_j v_{S_j}^2 + J_{S_j}\omega_j^2\right) \tag{11-5}$$

系统动能的求解步骤为：

（1）位移分析 由平面机构的运动分析（详见第四章），可导出各运动构件的角位移 φ_j 及其质心坐标 x_{S_j}、y_{S_j}。它们应为系统广义坐标的函数，一般可写为

$$\begin{cases} \varphi_j = \varphi_j(q_1, q_2) \\ x_{S_j} = x_{S_j}(q_1, q_2) \quad j = 1,\ 2,\ \cdots,\ n \\ y_{S_j} = y_{S_j}(q_1, q_2) \end{cases} \tag{11-6}$$

（2）速度分析 将上式对时间求导，可得各运动构件的角速度 ω_j 及其质心速度 v_{S_j} 为

$$\begin{cases} \omega_j = \dfrac{\partial \varphi_j}{\partial q_1}\dot{q}_1 + \dfrac{\partial \varphi_j}{\partial q_2}\dot{q}_2 \quad j = 1,\ 2,\ \cdots,\ n \\[3mm] v_{S_j} = \sqrt{\dot{x}_{S_j}^2 + \dot{y}_{S_j}^2} \end{cases} \tag{11-7}$$

式中

$$\begin{cases} \dot{x}_{S_j} = \dfrac{\partial x_{S_j}}{\partial q_1}\dot{q}_1 + \dfrac{\partial x_{S_j}}{\partial q_2}\dot{q}_2 \quad j = 1,\ 2,\ \cdots,\ n \\[3mm] \dot{y}_{S_j} = \dfrac{\partial y_{S_j}}{\partial q_1}\dot{q}_1 + \dfrac{\partial y_{S_j}}{\partial q_2}\dot{q}_2 \end{cases} \tag{11-8}$$

（3）系统动能 将 v_{S_j}、ω_j 代入式（11-5），并经整理，可得系统动能的表达式为

$$E = \frac{1}{2}J_{11}\dot{q}_1^2 + J_{12}\dot{q}_1\dot{q}_2 + \frac{1}{2}J_{22}\dot{q}_2^2 \tag{11-9}$$

$$
\text{式中}\quad
\begin{cases}
J_{11} = \sum_{j=1}^{n} \left\{ m_j \left[\left(\dfrac{\partial x_{S_j}}{\partial q_1} \right)^2 + \left(\dfrac{\partial y_{S_j}}{\partial q_1} \right)^2 \right] + J_{S_j} \left(\dfrac{\partial \varphi_j}{\partial q_1} \right)^2 \right\} \\[4mm]
J_{22} = \sum_{j=1}^{n} \left\{ m_j \left[\left(\dfrac{\partial x_{S_j}}{\partial q_2} \right)^2 + \left(\dfrac{\partial y_{S_j}}{\partial q_2} \right)^2 \right] + J_{S_j} \left(\dfrac{\partial \varphi_j}{\partial q_2} \right)^2 \right\} \\[4mm]
J_{12} = \sum_{j=1}^{n} \left\{ m_j \left[\left(\dfrac{\partial x_{S_j}}{\partial q_1} \dfrac{\partial x_{S_j}}{\partial q_2} \right) + \left(\dfrac{\partial y_{S_j}}{\partial q_1} \dfrac{\partial y_{S_j}}{\partial q_2} \right) \right] + J_{S_j} \left(\dfrac{\partial \varphi_j}{\partial q_1} \dfrac{\partial \varphi_j}{\partial q_2} \right) \right\}
\end{cases}
\tag{11-10}
$$

由于 J_{11}、J_{22}、J_{12} 均具有转动惯量的量纲，故称之为二自由度机械系统的等效转动惯量。由式（11-10）可知，等效转动惯量是系统的几何参数、惯性参数与广义坐标的函数，因而也是时间的函数，但与系统的广义速度无关。

2. 广义力的确定

由分析力学可知，二自由度机械系统的广义力为

$$
F_{ei} = \sum_{j=1}^{l} \left(F_{jx} \frac{\partial x_j}{\partial q_i} + F_{jy} \frac{\partial y_j}{\partial q_i} \right) + \sum_{k=1}^{m} M_k \frac{\partial \varphi_k}{\partial q_i} \quad i = 1,\ 2
\tag{11-11}
$$

式中，l、m 分别为外力与外力矩的数目；F_{jx}、F_{jy} 分别为外力 F_j 的 x、y 方向分量；x_j、y_j 分别为 F_j 作用点的 x、y 方向位移；φ_k 为外力矩 M_k 作用构件的角位移。

广义力也可由虚位移原理确定。对于二自由度机械系统，若将外力、外力矩的虚功直接表达为与两个虚位移 δq_1、δq_2 的关系

$$
\delta W = F_{e1} \delta q_1 + F_{e2} \delta q_2
\tag{11-12}
$$

则虚位移 δq_1、δq_2 的系数 F_{e1}、F_{e2} 即为其所对应的广义力。

对于二自由度机械系统，若可写出外力、外力矩的功率 P 与广义速度 $\dot{q}_1$、$\dot{q}_2$ 的关系式

$$
P = F_{e1} \dot{q}_1 + F_{e2} \dot{q}_2
\tag{11-13}
$$

则广义速度 $\dot{q}_1$、$\dot{q}_2$ 的系数即为其所对应的广义力。

3. 动力学方程

将式（11-9）对时间求导，可得

$$
\begin{cases}
\dfrac{\partial E}{\partial q_1} = \dfrac{1}{2} \dfrac{\partial J_{11}}{\partial q_1} \dot{q}_1^2 + \dfrac{\partial J_{12}}{\partial q_1} \dot{q}_1 \dot{q}_2 + \dfrac{1}{2} \dfrac{\partial J_{22}}{\partial q_1} \dot{q}_2^2 \\[4mm]
\dfrac{\partial E}{\partial \dot{q}_1} = J_{11} \dot{q}_1 + J_{12} \dot{q}_2 \\[4mm]
\dfrac{\partial E}{\partial q_2} = \dfrac{1}{2} \dfrac{\partial J_{11}}{\partial q_2} \dot{q}_1^2 + \dfrac{\partial J_{12}}{\partial q_2} \dot{q}_1 \dot{q}_2 + \dfrac{1}{2} \dfrac{\partial J_{22}}{\partial q_2} \dot{q}_2^2 \\[4mm]
\dfrac{\partial E}{\partial \dot{q}_2} = J_{12} \dot{q}_1 + J_{22} \dot{q}_2
\end{cases}
\tag{11-14}
$$

将式（11-14）代入式（11-3），并经整理，可得二自由度机械系统的动力学方程

$$
\begin{cases}
J_{11} \ddot{q}_1 + J_{12} \ddot{q}_2 + \dfrac{1}{2} \dfrac{\partial J_{11}}{\partial q_1} \dot{q}_1^2 + \dfrac{\partial J_{11}}{\partial q_2} \dot{q}_1 \dot{q}_2 + \left(\dfrac{\partial J_{12}}{\partial q_2} - \dfrac{1}{2} \dfrac{\partial J_{22}}{\partial q_1} \right) \dot{q}_2^2 = F_{e1} \\[4mm]
J_{12} \ddot{q}_1 + J_{22} \ddot{q}_2 + \left(\dfrac{\partial J_{12}}{\partial q_1} - \dfrac{1}{2} \dfrac{\partial J_{11}}{\partial q_2} \right) \dot{q}_1^2 + \dfrac{\partial J_{22}}{\partial q_1} \dot{q}_1 \dot{q}_2 + \dfrac{1}{2} \dfrac{\partial J_{22}}{\partial q_2} \dot{q}_2^2 = F_{e2}
\end{cases}
\tag{11-15}
$$

式（11-15）为二阶非线性微分方程组，求解该方程组即可获得系统广义坐标 q_1 与 q_2。但此类方程一般难以利用解析法求得显式解，常需采用数值法近似求解。

将求出的 q_1、q_2 再代入式（11-6），即可获得二自由度机械系统的真实运动规律。

第三节　单自由度机械系统的动力学分析

一、基于拉格朗日方程的动力学方程

对于单自由度机械系统，描述其运动仅需一个独立参数，即系统的广义坐标只有一个 q_1。应用拉格朗日方程时，若令式（11-15）中的 q_2、J_{12}、J_{22}、F_{e2} 均为零，即可得到单自由度机械系统的动力学方程

$$J_{11}\ddot{q}_1 + \frac{1}{2}\frac{\mathrm{d}J_{11}}{\mathrm{d}q_1}\dot{q}_1^2 = F_{e1} \tag{11-16}$$

式中，J_{11}、F_{e1} 可分别按前述方法求得

$$\begin{aligned}
J_{11} &= \sum_{j=1}^{n}\left\{m_j\left[\left(\frac{\mathrm{d}x_{S_j}}{\mathrm{d}q_1}\right)^2 + \left(\frac{\mathrm{d}y_{S_j}}{\mathrm{d}q_1}\right)^2\right] + J_{S_j}\left(\frac{\mathrm{d}\varphi_j}{\mathrm{d}q_1}\right)^2\right\} \\
&= \sum_{j=1}^{n}\left[m_j\left(\frac{v_{S_j}}{\dot{q}_1}\right)^2 + J_{S_j}\left(\frac{\omega_j}{\dot{q}_1}\right)^2\right]
\end{aligned} \tag{11-17}$$

$$\begin{aligned}
F_{e1} &= \sum_{j=1}^{l}\left(F_{jx}\frac{\dot{x}_j}{\dot{q}_1} + F_{jy}\frac{\dot{y}_j}{\dot{q}_1}\right) + \sum_{k=1}^{m}\left(\pm M_k\frac{\omega_k}{\dot{q}_1}\right) \\
&= \sum_{j=1}^{l}F_j\cos\theta_j\frac{v_j}{\dot{q}_1} + \sum_{k=1}^{m}\left(\pm M_k\frac{\omega_k}{\dot{q}_1}\right)
\end{aligned} \tag{11-18}$$

式中，n 为运动构件的数目；m_j、J_{S_j} 分别为第 j 个运动构件的质量与绕质心 S_j 的转动惯量；φ_j、ω_j 分别为该构件的角位移与角速度；x_{S_j}、y_{S_j} 分别为该构件质心的 x、y 方向坐标；v_{S_j} 为质心 S_j 的速度；l、m 分别为外力与外力矩的数目；F_{jx}、F_{jy} 分别为外力 F_j 的 x、y 方向分量；v_j 为 F_j 作用点的速度；$\dot{x}_j$、$\dot{y}_j$ 分别为 v_j 的 x、y 方向分量；θ_j 为 F_j 方向与 v_j 方向的夹角；ω_k 为外力矩 M_k 作用构件的角速度；" $\pm$ "号的选择取决于 M_k 与 ω_k 的方向是否相同，同向取" $+$ "号，否则取" $-$ "号。

式（11-16）中，若 q_1 为位移，则 J_{11} 具有质量的量纲，称为等效质量，常用 m_e 表示；而 F_{e1} 具有力的量纲，称为等效力，常用 F_e 表示。若 q_1 为角位移，则 J_{11} 具有转动惯量的量纲，称为等效转动惯量，常用 J_e 表示；F_{e1} 具有力矩的量纲，称为等效力矩，常用 M_e 表示。

二、基于等效动力学模型的动力学方程

1. 等效动力学模型

单自由度机械系统仅有一个广义坐标，式（11-16）中各参数均具有明确的物理意义。因此，无论其组成如何复杂，均可将单自由度机械系统简化为一个等效构件。通常，将定轴

转动构件或直线移动构件作为单自由度机械系统的等效构件，等效构件的角位移（或位移）即为系统的广义坐标。为使等效构件与系统中该构件的真实运动一致，需将作用于机械系统的所有外力与外力矩、所有运动构件的质量与转动惯量都向等效构件转化。换言之，等效构件的等效质量（或等效转动惯量）所具有的动能，应等于机械系统的总动能；等效构件上的等效力（或等效力矩）所产生的功率，应等于机械系统的所有外力与外力矩所产生的总功率。

如图 11-3 所示，当取等效构件为定轴转动构件时，作用于其上的等效力矩为 M_e，其具有的等效转动惯量为 J_e；当取等效构件为直线移动构件时，作用于其上的等效力为 F_e，其具有的等效质量为 m_e。求出位移 s（或角位移 φ）的变化规律，即可获得系统中各构件的真实运动。

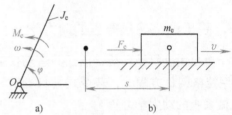

图 11-3 等效动力学模型

a）等效构件为定轴转动构件　b）等效构件为直线移动构件

由式（11-17）与式（11-18）可知，单自由度机械系统的等效量不仅与各运动构件的质量、转动惯量以及作用于机械系统的外力、外力矩有关，而且同各运动构件与等效构件的速比有关。应当指出，等效力（或等效力矩）只是一个假想的力（或力矩），它并不是作用于单自由度机械系统的所有外力的合力（或外力矩的合力矩）；等效质量（或等效转动惯量）也只是一个假想的质量（或转动惯量），它并不是系统中各构件的质量（或转动惯量）的总和。

2. 动力学方程的形式

对于单自由度机械系统，常用的动力学方程有以下两种形式：

（1）力矩形式（微分形式）　根据动能定理，在任一时间间隔内，等效力（或等效力矩）所做的功 $\mathrm{d}W$ 应等于等效构件动能的增量 $\mathrm{d}E$，即

$$\mathrm{d}W = \mathrm{d}E \tag{11-19}$$

若等效构件为直线移动构件，则有

$$F_e \mathrm{d}s = \mathrm{d}\left(\frac{1}{2}m_e v^2\right) \tag{11-20}$$

于是

$$F_e = \frac{1}{2}\frac{\mathrm{d}}{\mathrm{d}s}(m_e v^2) = \frac{v^2}{2}\frac{\mathrm{d}m_e}{\mathrm{d}s} + m_e v \frac{\mathrm{d}v}{\mathrm{d}s} \tag{11-21}$$

由于

$$v\frac{\mathrm{d}v}{\mathrm{d}s} = \frac{\mathrm{d}s}{\mathrm{d}t}\frac{\mathrm{d}v}{\mathrm{d}s} = \frac{\mathrm{d}v}{\mathrm{d}t}$$

故

$$F_e = \frac{v^2}{2}\frac{\mathrm{d}m_e}{\mathrm{d}s} + m_e\frac{\mathrm{d}v}{\mathrm{d}t} \tag{11-22}$$

显然，式（11-22）与利用拉格朗日方程所建立的动力学方程式（11-16）是一致的。现以 F_{ed}、F_{er} 分别表示作用于单自由度机械系统的所有驱动力与所有生产阻力的等效力。其中，F_{ed} 与等效构件的速度 v 同向，做正功；F_{er} 与 v 反向，做负功。为方便起见，F_{ed}、F_{er} 均取其绝对值，则 $F_e = F_{ed} - F_{er}$。于是，式（11-22）可进一步写为

$$F_e = F_{ed} - F_{er} = \frac{v^2}{2}\frac{dm_e}{ds} + m_e\frac{dv}{dt} \tag{11-23}$$

类似地，若等效构件为定轴转动构件，则有

$$M_e = M_{ed} - M_{er} = \frac{\omega^2}{2}\frac{dJ_e}{d\varphi} + J_e\frac{d\omega}{dt} \tag{11-24}$$

式中，M_{ed}、M_{er}分别为等效驱动力矩与等效阻力矩的绝对值；M_{ed}与等效构件的角速度 ω 同向，做正功；M_{er}与 ω 反向，做负功。

式（11-23）与式（11-24）即为单自由度机械系统动力学方程的力矩形式（微分形式）。特别地，当 m_e 和 J_e 为常数时，上述两式可简化为

$$\begin{cases} F_{ed} - F_{er} = m_e\dfrac{dv}{dt} \\[2mm] M_{ed} - M_{er} = J_e\dfrac{d\omega}{dt} \end{cases} \tag{11-25}$$

（2）能量形式（积分形式） 若等效构件为直线移动构件，且其位移由 s_1 变为 s_2 时，速度相应地由 v_1 变为 v_2，则有

$$\int_{s_1}^{s_2} F_{ed}\,ds - \int_{s_1}^{s_2} F_{er}\,ds = \frac{1}{2}m_{e2}v_2^2 - \frac{1}{2}m_{e1}v_1^2 \tag{11-26}$$

式中，m_{e1}、m_{e2}分别为等效构件在位移 s_1 与 s_2 时的等效质量。

类似地，若等效构件为定轴转动构件，且其角位移由 φ_1 变为 φ_2 时，角速度相应地由 ω_1 变为 ω_2，则有

$$\int_{\varphi_1}^{\varphi_2} M_{ed}\,d\varphi - \int_{\varphi_1}^{\varphi_2} M_{er}\,d\varphi = \frac{1}{2}J_{e2}\omega_2^2 - \frac{1}{2}J_{e1}\omega_1^2 \tag{11-27}$$

式中，J_{e1}、J_{e2}分别为等效构件在角位移 φ_1 与 φ_2 时的等效转动惯量。

式（11-26）与式（11-27）即为单自由度机械系统动力学方程的能量形式（积分形式）。

3. 动力学方程的求解

动力学方程建立后，即可求解外力作用下单自由度机械系统的真实运动规律。如前所述，由于所含原动机、传动系统与执行系统的不同，单自由度机械系统的等效量可能是等效构件的位移、速度或时间的函数。此外，等效量可能以函数表达式、曲线或数值表格等不同的形式给出。因此，在不同的情况下，动力学方程的求解方法也不相同。本节仅以等效构件为定轴转动构件，等效力矩与等效转动惯量均为等效构件角位移的函数的情况为例，介绍单自由度机械系统真实运动规律的求解方法。

当等效力矩是等效构件角位移的函数时，采用能量形式的动力学方程比较方便。设等效转动惯量、等效力矩的函数表达式 $J_e = J_e(\varphi)$、$M_e = M_{ed}(\varphi) - M_{er}(\varphi)$ 均已知。若等效力矩可以积分，且其边界条件已知，即 $t = t_0$ 时，$\varphi = \varphi_0$、$\omega = \omega_0$、$J_e = J_0$，则由式（11-27）可得

$$\frac{1}{2}J_e(\varphi)\omega^2(\varphi) = \frac{1}{2}J_0\omega_0^2 + \int_{\varphi_0}^{\varphi} M_{ed}(\varphi)\,d\varphi - \int_{\varphi_0}^{\varphi} M_{er}(\varphi)\,d\varphi \tag{11-28}$$

故
$$\omega = \sqrt{\frac{J_0}{J_e(\varphi)}\omega_0^2 + \frac{2}{J_e(\varphi)}\left(\int_{\varphi_0}^{\varphi}M_{ed}(\varphi)d\varphi - \int_{\varphi_0}^{\varphi}M_{er}(\varphi)d\varphi\right)} \tag{11-29}$$

上式即为等效构件的角速度 ω 与其角位移 φ 的函数关系 $\omega = \omega(\varphi)$。

若需进一步求出以时间 t 表示的运动规律，可由 $\omega = d\varphi/dt$ 积分得

$$t = t_0 + \int_{\varphi_0}^{\varphi}\frac{d\varphi}{\omega(\varphi)} \tag{11-30}$$

上式即为等效构件的角位移函数 $\varphi = \varphi(t)$。

将式（11-30）代入式（11-29），即可得到等效构件的角速度函数 $\omega = \omega(t)$。

等效构件的角加速度函数 $\alpha = \alpha(t)$ 可按下式计算

$$\alpha = \frac{d\omega}{dt} = \frac{d\omega}{d\varphi}\frac{d\varphi}{dt} = \frac{d\omega}{d\varphi}\omega \tag{11-31}$$

求出等效构件的运动规律后，整个单自由度机械系统的真实运动规律即可随之求得。

应该指出，上述方法仅限于可以用积分的函数表达式写出解析式的情况。对于等效力矩不能用简单的、易于积分的函数表达式写出的情况，以及等效力矩以曲线或数值表格的形式给出的情况，则需采用数值法进行近似求解。

例题 11-1 图 11-4 所示的行星轮系中，已知各轮均为渐开线标准直齿圆柱齿轮，其齿数分别为 $z_1 = z_2 = 30$、$z_3 = 90$；模数 $m = 12mm$；各运动构件的质心均在其相对回转轴线上，其转动惯量分别为 $J_1 = J_2 = 0.02kg \cdot m^2$、$J_H = 0.32kg \cdot m^2$；行星轮 2 的质量 $m_2 = 4kg$；作用在系杆 H 上的外力矩 $M_H = 80N \cdot m$。试求以太阳轮 1 为等效构件时系统的等效转动惯量 J_e 及等效力矩 M_e。

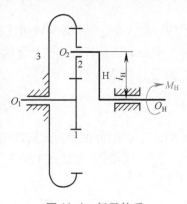

图 11-4 行星轮系

解：（1）等效转动惯量 J_e 该轮系中，太阳轮 1 与系杆 H 均为定轴转动构件，而行星轮 2 为平面运动构件。

由式（11-17）可知

$$J_e = J_1\left(\frac{\omega_1}{\omega_1}\right)^2 + J_2\left(\frac{\omega_2}{\omega_1}\right)^2 + m_2\left(\frac{v_{O_2}}{\omega_1}\right)^2 + J_H\left(\frac{\omega_H}{\omega_1}\right)^2$$

$$= J_1 + J_2\left(\frac{\omega_2}{\omega_1}\right)^2 + (m_2 l_H^2 + J_H)\left(\frac{\omega_H}{\omega_1}\right)^2$$

式中
$$l_H = \frac{m(z_1 + z_2)}{2} = \frac{12 \times (30 + 30)}{2}mm = 360mm$$

由于 $\omega_3 = 0$，故
$$i_{13}^H = \frac{\omega_1 - \omega_H}{\omega_3 - \omega_H} = 1 - \frac{\omega_1}{\omega_H} = -\frac{z_3}{z_1} = -\frac{90}{30} = -3$$

$$i_{23}^H = \frac{\omega_2 - \omega_H}{\omega_3 - \omega_H} = 1 - \frac{\omega_2}{\omega_H} = \frac{z_3}{z_2} = \frac{90}{30} = 3$$

由此可得
$$\frac{\omega_H}{\omega_1} = \frac{1}{4} \quad \frac{\omega_2}{\omega_H} = -2 \quad \frac{\omega_2}{\omega_1} = \frac{\omega_2}{\omega_H}\frac{\omega_H}{\omega_1} = -2 \times \frac{1}{4} = -\frac{1}{2}$$

于是，系统的等效转动惯量 J_e 为

$$J_e =0.02\text{kg}\cdot\text{m}^2 +0.02\times\left(-\frac{1}{2}\right)^2\text{kg}\cdot\text{m}^2 +(4\times0.36^2+0.32)\times\left(\frac{1}{4}\right)^2\text{kg}\cdot\text{m}^2 =0.0774\text{kg}\cdot\text{m}^2$$

（2）等效力矩 M_e　由式（11-18）可知

$$M_e = M_H\left(\frac{\omega_H}{\omega_1}\right) = 80\times\frac{1}{4}\text{N}\cdot\text{m} = 20\text{N}\cdot\text{m}$$

由于 ω_H 与 ω_1 方向相同，故等效力矩 M_e 与 M_H 的方向相同。

第四节　机械的速度波动及其调节

如前所述，在机械的运转过程中，由于外力的变化，机械的运转速度会产生波动。过大的速度波动对机械的工作是不利的。因此，设计者应设法降低机械运转速度的波动程度，将其限制在许可的范围内，以保证机械的工作质量、效率与使用寿命。

一、周期性速度波动及其调节

1. 周期性速度波动产生的原因

由式（11-24）可知，机械系统做匀速稳定运转的条件为：等效转动惯量 J_e 为常数，且任一时刻等效驱动力矩均等于等效阻力矩（即 $M_e=0$）。但实际上，对于多数机械而言，上述条件难以保证。例如，由电动机驱动的鼓风机，其等效转动惯量为常数，但其等效力矩是等效构件角速度的函数；又如，由内燃机驱动的往复式工作机，其等效转动惯量、等效力矩均是等效构件位移的函数。

根据作用于机械系统的外力、外力矩性质的不同，等效力矩 M_e 可能是等效构件的角位移、角速度或时间的函数。在稳定运转阶段，若系统存在周期性的速度波动，则等效构件的角速度 ω 必可表示为其位移 φ 的周期性函数。因此，对于 $M_e = M_e(\varphi)$、$M_e = M_e(\omega)$ 及 $M_e = M_e(\varphi,\omega)$ 的情形，其等效力矩归根结底均可统一表示为 $M_e = M_e(\varphi)$。若等效力矩与时间有关，则该类机械系统不可能出现周期性的速度波动。

由式（11-17）可知，等效转动惯量 J_e 是系统中各运动构件的质量、转动惯量以及各运动构件与等效构件的速比的函数。若系统中仅含齿轮机构等定速比机构，则各运动构件与等效构件的速比均为常数；若系统中含有连杆机构、凸轮机构等变速比机构，则上述速比仅与等效构件的位移有关。因此，等效转动惯量可统一表示为 $J_e = J_e(\varphi)$。

因此，在稳定运转阶段，若机械系统的运转速度呈现周期性的波动，则其等效转动惯量与等效力矩均应为等效构件位移的周期性函数。

设某机械在稳定运转阶段，其等效构件在一个周期 φ_T 内所受的等效驱动力矩 M_{ed} 与等效阻力矩 M_{er} 的变化曲线如图 11-5a 所示。当等效构件由起始位置 φ_a 回转至任一位置 φ 时，M_{ed} 与 M_{er} 所做功的差值 ΔW（称为盈亏功）和机械动能的增量 ΔE 分别为

$$\Delta W = \int_{\varphi_a}^{\varphi}[M_{ed}(\varphi)-M_{er}(\varphi)]\mathrm{d}\varphi \tag{11-32}$$

$$\Delta E = \Delta W = \frac{1}{2}J_e(\varphi)\omega^2(\varphi) - \frac{1}{2}J_a\omega_a^2 \tag{11-33}$$

式中，J_a、ω_a 分别为起始位置处等效构件的等效转动惯量与角速度。

图 11-5a 中，在 bc 段与 de 段，因 $M_{ed} >$ M_{er}，故 $\Delta W > 0$，多余的功以 " + " 标识，称为盈功；反之，在 ab、cd 与 ea' 段，由于 $M_{ed} < M_{er}$，故 $\Delta W < 0$，不足的功以 " – " 标识，称为亏功。图 11-5b 表示了以 a 点为基准的 ΔW（或 ΔE）与 φ 的关系。在亏功区，等效构件的角速度因机械动能的减小而下降；在盈功区，等效构件的角速度因机械动能的增大而上升。

若等效力矩与等效转动惯量均为等效构件角位移的周期性函数，则在 M_e、J_e 变化的公共周期内，M_{ed} 与 M_{er} 所做的功相等，机械动能的增量为零。图中，φ_a 至 $\varphi_{a'}$ 的区间即为 M_e 与 J_e 变化的一个公共周期，故

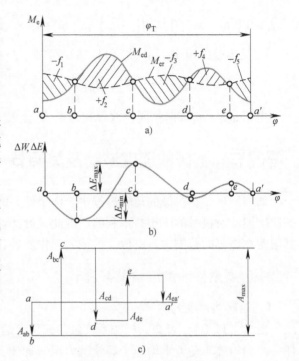

$$\int_{\varphi_a}^{\varphi_{a'}} \left[M_{ed}(\varphi) - M_{er}(\varphi) \right] d\varphi = \frac{1}{2} J_{a'} \omega_{a'}^2 -$$
$$\frac{1}{2} J_a \omega_a^2 = 0 \qquad (11\text{-}34)$$

式中，$J_{a'}$、$\omega_{a'}$ 分别为 $\varphi_{a'}$ 处等效构件的等效转动惯量与角速度。

图 11-5　周期性速度波动的等效力矩与功能增量
a) 等效力矩变化曲线　b) 功能增量变化曲线
c) 能量指示图

于是，经过等效力矩与等效转动惯量变化的一个公共周期，机械的动能又恢复到原来的数值，等效构件的角速度也将恢复到原来的数值。由此可知，在稳定运转阶段，等效构件的角速度将呈现周期性的波动。

2. 速度波动程度的衡量指标

设一个周期 φ_T 内，等效构件角速度的变化如图 11-6 所示，则其平均角速度 ω_m 为

$$\omega_m = \frac{1}{\varphi_T} \int_0^{\varphi_T} \omega(\varphi) d\varphi \qquad (11\text{-}35)$$

工程实际中，若 ω 变化不大，常以最大、最小角速度的算术平均值计算 ω_m，即

$$\omega_m = \frac{1}{2}(\omega_{max} + \omega_{min}) \qquad (11\text{-}36)$$

式中，ω_{max}、ω_{min} 分别为 φ_T 内等效构件的最大、最小角速度。

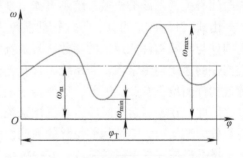

图 11-6　等效构件角速度变化曲线

机械的速度波动程度可用角速度的变化量与平均角速度的比值来反映，该比值称为速度波动系数或速度不均匀系数，一般以 δ 表示，即

$$\delta = \frac{\omega_{max} - \omega_{min}}{\omega_m} \qquad (11\text{-}37)$$

不同类型的机械，所允许的速度波动程度是不同的。表 11-1 给出了常用机械的许

用速度波动系数 $[\delta]$。为使所设计的机械在运转过程中速度波动在允许范围内，必须保证 $\delta \leqslant [\delta]$。

表 11-1　常用机械的许用速度波动系数

机械的名称	$[\delta]$	机械的名称	$[\delta]$
碎石机	$1/5 \sim 1/20$	水泵、鼓风机	$1/30 \sim 1/50$
压力机、剪床	$1/7 \sim 1/10$	造纸机、织布机	$1/40 \sim 1/50$
轧压机	$1/10 \sim 1/25$	纺纱机	$1/60 \sim 1/100$
汽车、拖拉机	$1/20 \sim 1/60$	直流发电机	$1/100 \sim 1/200$
金属切削机床	$1/30 \sim 1/40$	交流发电机	$1/200 \sim 1/300$

3. 周期性速度波动的调节方法

为减少机械运转过程中的周期性速度波动，最常用的方法是安装飞轮。所谓飞轮，就是一个具有较大转动惯量的盘状零件。由于飞轮的转动惯量较大，当系统出现盈功时，它能以动能的形式将多余的能量储存起来，从而使等效构件角速度上升的幅度减小；反之，当系统出现亏功时，飞轮又可释放出其储存的能量，从而使等效构件角速度下降的幅度减小。从这个意义上讲，飞轮在系统中的作用相当于一个容量较大的储能器。

二、非周期性速度波动及其调节

1. 非周期性速度波动产生的原因

机械运转的过程中，若等效力矩呈非周期性的变化，则机械的稳定运转状态将遭到破坏，此时出现的速度波动称为非周期性速度波动。非周期性速度波动多是由于生产阻力或驱动力在机械运转过程中发生突变，从而使系统的输入、输出能量在较长的一段时间内失衡所造成的。若不予以调节，机械的转速将持续上升或下降，严重时会导致"飞车"或停止运转。

2. 非周期性速度波动的调节方法

对于非周期性速度波动，安装飞轮是不能达到调节目的的。这是因为飞轮的作用只是"吸收"和"释放"能量，它既不能创造能量，也不能消耗能量。非周期性速度波动的调节问题可分为以下两种情况：

1）若等效驱动力矩 M_{ed} 是等效构件角速度 ω 的函数且随着 ω 的增大而减小，则该机械系统具有自动调节非周期性速度波动的能力。

如图 11-7 所示，机械稳定运转时，$M_{ed} = M_{er}$，此时等效构件角速度为 ω_S，S 点称为稳定工作点。若某种随机因素使 M_{er} 减小，则 $M_{ed} > M_{er}$，等效构件角速度 ω 会有所上升；但由图可知，随着 ω

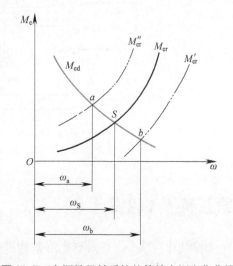

图 11-7　自调性机械系统的等效力矩变化曲线

的上升，M_{ed} 将减小，故可使 M_{ed} 与 M_{er} 自动地重新达到平衡，等效构件将以角速度 ω_b 稳定运转。反之，若某种随机因素使 M_{er} 增大，则 $M_{ed} < M_{er}$，等效构件角速度 ω 会有所下降；但由图可知，随着 ω 的下降，M_{ed} 将增大，故可使 M_{ed} 与 M_{er} 自动地重新达到平衡，等效构件将以角速度 ω_a 稳定运转。这种自动调节非周期性速度波动的能力称为自调性。以电动机为原动机的机械，一般都具有较好的自调性。

2）对于没有自调性或自调性较差的机械系统（如以蒸汽机、内燃机或汽轮机为原动机的机械系统），则必须安装调速器以调节可能出现的非周期性速度波动。

调速器一般有机械式与电子式两类。机械式调速器以 1788 年瓦特发明的离心调速器为代表。蒸汽机得以普及应用，关键在于其速度能够调节。离心调速器的工作原理如图 11-8所示。调速器本体 5 由两个对称的摇杆滑块机构并联而成，滑块 N 与中心轴 P 组成移动副，摇杆 AC、BD 的末端分别装有重球 K，中心轴经锥齿轮 4、3 与原动机 1 的主轴相连，而原动机又与工作机 2 相连。当工作负荷减小时，机械系统的主轴转速升高，调速器中心轴的转速也将随之升高。此时，由于离心力的作用，两重球 K 将逐渐飞起，带动滑块 N 及滚子 M 上升，并通过连杆机构关小节流阀 6，以减少进入原动机的工作介质（燃气、燃油等）。其调节结果是令系统的输入功与输出功相等，从而使机械在略高的转速下重新达到稳态。反之，当工作负荷增大时，主轴及调速器中心轴的转速降低，两重球 K 落下，带动滑块及滚子下降，并通过连杆机构开大节流阀 6，以增加进入原动机的工作介质。经上述调节，系统的输入功与输出功相平衡，机械可在略低的转速下重新达到稳定运动。因此，从本质上讲，调速器是一种反馈控制机构。

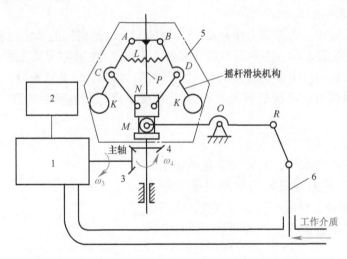

图 11-8　机械式离心调速器工作原理图

1—原动机　2—工作机　3、4—锥齿轮　5—调速器本体　6—节流阀

第五节　飞轮设计

飞轮设计的核心工作是根据等效构件的平均角速度 ω_m 及许用速度波动系数 $[\delta]$ 来确定飞轮的转动惯量。本节将简要介绍飞轮设计的基本原理与方法。

一、等效驱动力矩与等效阻力矩均为等效构件角位移的函数

图 11-5b 中，该系统在 b 点具有最小的动能增量 $\Delta E_{\min}$ 或最大的亏功 $\Delta W_{\min}$，其值等于图 11-5a 中的阴影面积 $-f_1$；而在 c 点，系统具有最大的动能增量 $\Delta E_{\max}$ 或最大的盈功 $\Delta W_{\max}$，其值等于图 11-5a 中的阴影面积 $+f_2$ 与 $-f_1$ 之和。两者之差称为系统的最大盈亏功 W_n，即

$$W_n = \Delta W_{\max} - \Delta W_{\min} = \int_{\varphi_b}^{\varphi_c} \left[M_{ed}(\varphi) - M_{er}(\varphi) \right] \mathrm{d}\varphi \qquad (11\text{-}38)$$

若忽略等效转动惯量中的变量部分（即设 J_e 为常数），则 ω_b、ω_c 分别对应于系统的 $\omega_{\min}$ 与 $\omega_{\max}$。为调节系统的周期性速度波动，设所安装飞轮的等效转动惯量为 J_F，则

$$W_n = \Delta E_{\max} - \Delta E_{\min} = \frac{1}{2}(J_e + J_F)(\omega_{\max}^2 - \omega_{\min}^2) = (J_e + J_F)\omega_m^2 \delta \qquad (11\text{-}39)$$

安装飞轮后，系统的速度波动系数为
$$\delta = \frac{W_n}{\omega_m^2(J_e + J_F)} \qquad (11\text{-}40)$$

为确保安装飞轮后机械系统的速度波动程度在允许的范围内，必须满足 $\delta \leqslant [\delta]$，则应安装飞轮的等效转动惯量为

$$J_F \geqslant \frac{W_n}{\omega_m^2[\delta]} - J_e \qquad (11\text{-}41)$$

式中，J_e 为除飞轮外系统中其余运动构件的等效转动惯量。一般，J_e 远小于 J_F，故 J_e 通常可以忽略不计。于是，式（11-41）可近似写作

$$J_F \geqslant \frac{W_n}{\omega_m^2[\delta]} \qquad (11\text{-}42)$$

分析上述诸式，可知：

1）当 W_n 与 ω_m 一定时，若增大 J_F，则 δ 将减小，可达到降低机械的速度波动程度的目的。

2）若 $[\delta]$ 取值很小，则 J_F 将很大。对于有限的 J_F，不可能使 $\delta = 0$。故不应过分追求机械运转速度的均匀性，否则会导致飞轮过于笨重。

3）当 W_n 与 $[\delta]$ 一定时，J_F 与 ω_m 的平方成反比。因此，为减小飞轮的转动惯量，最好将飞轮安装在机械的高速轴上。

为求解 W_n，首先应确定系统的最小、最大动能增量 $\Delta E_{\min}$ 与 $\Delta E_{\max}$ 出现的位置。如图 11-5a、b 所示，$\Delta E_{\min}$、$\Delta E_{\max}$ 均应出现在 M_{ed} 与 M_{er} 两曲线的交点处。若 M_{ed}、M_{er} 均以 φ 的函数表达式的形式给出，则可由式（11-32）直接积分求得各交点处的 ΔW，进而找到 $\Delta W_{\min}$、$\Delta W_{\max}$ 及其所在的位置，并最终求得系统的最大盈亏功 W_n。若 M_{ed}、M_{er} 均以线图或数值表格的形式给出，则可通过计算 M_{ed} 与 M_{er} 之间所包含的各块面积来计算各交点处的盈亏功 ΔW。确定了 $\Delta W_{\min}$、$\Delta W_{\max}$ 及其所在的位置后，即可求得 W_n。

此外，也可借助能量指示图来确定 W_n。如图 11-5c 所示，任取一点（如 a 点）作为起点，按一定比例用矢量依次表示相应位置处 M_{ed} 与 M_{er} 之间所包含的各块面积的大小与正负。盈功为正，其箭头向上；亏功为负，其箭头向下。由于一个周期 φ_T 的始、末位置系统的动能相等，故能量指示图的首尾应在同一水平线上。由该图可知，系统在 b 点动能最小，而在 c 点动能最大；图中折线的最高、最低点的距离 $A_{\max}$ 所代表的盈亏功即为 W_n。

■■ 二、等效驱动力矩为等效构件角速度的函数，等效阻力矩为等效构件角位移的函数

对于某些机械，如由电动机驱动的压力机、剪床等锻压机械，其等效驱动力矩为等效构件角速度的函数，即 $M_{ed} = M_{ed}(\omega)$；而其等效阻力矩常可简化为图 11-9a 的形式。此类机械的特点为，工作行程等效构件的转角 φ_1 较小，但等效阻力矩 M_{er1} 却很大；空行程等效构件的转角 φ_2 较大，但等效阻力矩 M_{er2} 却很小。其近似的功率曲线如图 11-9b 所示。

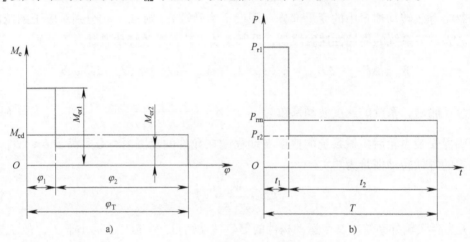

图 11-9　锻压机械的等效力矩与功率曲线
a）等效力矩曲线　b）功率曲线

由于此类机械的许用速度波动系数 $[\delta]$ 往往较大，故在系统中安装飞轮的主要目的不是控制速度波动的大小，而是解决机械的高峰负荷问题。如图 11-9b 所示，若按 P_{r1} 来选择电动机，则空行程功率浪费较大；而若按 P_{r2} 来选择电动机，则工作行程将发生功率不足的现象。此类机械安装飞轮后，空行程电动机输出的多余能量可以储存在飞轮中，工作行程再由飞轮释放出来。这样，即可按一个稳定运转周期 φ_T 或 T 内所消耗的平均功率 P_{rm} 来选择电动机，以减小所需的输入功率 P_d。

机械的生产工艺不同，其功率曲线也不尽相同。图 11-9b 中，等效阻力矩的平均功率为

$$P_{rm} = \frac{P_{r1}t_1 + P_{r2}t_2}{T} \tag{11-43}$$

一般，可近似认为 $P_d = P_{rm}$，则系统的最大盈亏功为

$$W_n = (P_{r1} - P_d)t_1 \tag{11-44}$$

若忽略等效驱动力矩随等效构件角速度的变化，根据一个稳定运转周期内等效驱动力矩与等效阻力矩做功相等的原则，可知近似为常数的等效驱动力矩为

$$M_{ed} = \frac{M_{er1}\varphi_1 + M_{er2}\varphi_2}{\varphi_T} \tag{11-45}$$

则系统的最大盈亏功也可表示为　　　$W_n = (M_{er1} - M_{ed})\varphi_1 \tag{11-46}$

空行程结束时，飞轮将达到最大角速度 ω_{max}；工作行程结束时，飞轮将达到最小角速度 ω_{min}。工作行程中飞轮所释放的能量应等于系统的最大盈亏功，即

$$W_n = \frac{1}{2} J_F (\omega_{max}^2 - \omega_{min}^2) \tag{11-47}$$

故飞轮的转动惯量为
$$J_F = \frac{W_n}{\omega_m^2 \delta} \tag{11-48}$$

为使 $\delta \le [\delta]$，则有
$$J_F \ge \frac{W_n}{\omega_m^2 [\delta]} \tag{11-49}$$

例题 11-2 某蒸汽机-发电机组的等效力矩如图 11-10a 所示。其中，等效阻力矩 M_{er} 为常数，其值为等效驱动力矩 M_{ed} 的平均值 7750N·m；各块阴影面积的大小表示等效力矩所做功的绝对值，且 $f_1 = 1500J$、$f_2 = 1900J$、$f_3 = 1400J$、$f_4 = 2100J$、$f_5 = 1200J$、$f_6 = 100J$；等效构件的转速 $n = 3000r/min$；许用的速度波动系数 $[\delta] = 1/1000$。试计算飞轮的转动惯量 J_F，并指出最大、最小角速度出现的位置。

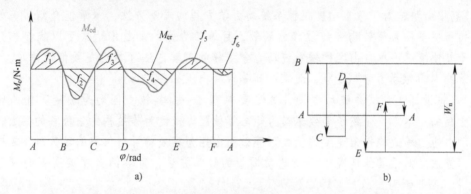

图 11-10 蒸汽机-发电机组的等效力矩与能量指示图

a) 等效力矩变化曲线 b) 能量指示图

解： 由于等效力矩为等效构件角位移的函数，故 J_F 可按式（11-42）计算。为确定系统的最大盈亏功 W_n，可采用以下两种方法：

1）根据各块阴影面积，求出 M_{ed} 与 M_{er} 各交点处的盈亏功 ΔW，并列表如下：

位 置	A	B	C	D	E	F	A
面积代号	0	f_1	$f_1 - f_2$	$f_1 - f_2 + f_3$	$f_1 - f_2 + f_3$ $-f_4$	$f_1 - f_2 + f_3$ $-f_4 + f_5$	$f_1 - f_2 + f_3$ $-f_4 + f_5 - f_6$
$\Delta W / J$	0	1500	-400	1000	-1100	100	0

由此可知，B 点处 ΔW 最大，E 点处 ΔW 最小，即 B、E 两点分别对应系统的 ΔW_{max} 与 ΔW_{min} 出现的位置。若忽略等效转动惯量 J_e 中的变量部分，则 $\omega_{max} = \omega_B$、$\omega_{min} = \omega_E$。因此，系统的最大盈亏功为

$$W_n = \Delta W_{max} - \Delta W_{min} = [1500 - (-1100)]J = 2600J$$

2）根据各块阴影面积，按一定的比例作出系统的能量指示图。图 11-10b 中，最高点 B 与最低点 E 分别对应系统的最大、最小动能增量 ΔE_{max} 与 ΔE_{min} 出现的位置。设等效转动惯量 J_e 为常数，则 ω_B、ω_E 即为等效构件的最大、最小角速度。B、E 两点之间的垂直距离所代

表的盈亏功即为 W_n，故

$$W_n = | -f_2 + f_3 - f_4 | = | -1900 + 1400 - 2100 | J = 2600J$$

将 W_n、n 及 $[\delta]$ 的数值代入式（11-42），可得飞轮的转动惯量为

$$J_F \geqslant \frac{W_n}{\omega_m^2 [\delta]} = \frac{900 W_n}{\pi^2 n^2 [\delta]} = \frac{900 \times 2600}{\pi^2 \times 3000^2 \times \frac{1}{1000}} kg \cdot m^2 = 26.34 kg \cdot m^2$$

文献阅读指南

1）本章采用拉格朗日方程建立多自由度机械系统的动力学方程。关于拉格朗日方程的详细推导过程，可参阅黄昭度、纪辉玉所著的《分析力学》（北京：清华大学出版社，1985）。

2）篇幅所限，对于单自由度机械系统动力学方程的求解方法，本章仅介绍了等效力矩与等效转动惯量均为等效构件角位移的函数，且等效力矩的函数表达式可以直接积分的情况。对于其他情况下单自由度机械系统动力学方程的求解方法（特别是数值解法），可参阅张策所著的《机械动力学》（2 版，北京：高等教育出版社，2008）。

3）飞轮设计是机械系统动力设计的重要内容之一，其核心问题是确定飞轮的转动惯量。限于篇幅，本章仅介绍了等效驱动力矩与等效阻力矩均为等效构件角位移的函数，以及等效驱动力矩为等效构件角速度的函数而等效阻力矩为等效构件角位移的函数时飞轮转动惯量的计算方法。对于其他情况下飞轮转动惯量的计算方法，可参阅孙序梁所著的《飞轮设计》（北京：高等教育出版社，1992）。

思 考 题

11-1 机械的运转过程一般分为几个阶段？各阶段分别具有什么特征？

11-2 如何根据拉格朗日方程建立多自由度机械系统的动力学方程？

11-3 何谓单自由度机械系统的等效动力学模型？系统的等效量如何计算？

11-4 试述机械系统周期性与非周期性速度波动的产生原因及相应的调节方法。

11-5 飞轮设计的基本原理是什么？为什么说飞轮在调速的同时还能起到节约能源的作用？

习 题

11-1 图 11-11 所示的差动轮系中，已知各轮均为标准直齿圆柱齿轮，其齿数分别为 $z_1 = z_2 = 30$、$z_3 = 90$；齿轮 1、3 为主动轮，其转速分别为 $n_1 = 40 r/min$、$n_3 = 80 r/min$；各运动构件的质心均在其相对回转轴线上，其转动惯量分别为 $J_1 = J_2 = 0.02 kg \cdot m^2$、$J_3 = 0.06 kg \cdot m^2$、$J_H = 0.04 kg \cdot m^2$；行星轮 2 的质量 $m_2 = 4kg$；作用于齿轮 1、3 及系杆 H 上的力矩分别为 $M_1 = 100N \cdot m$、$M_3 = 120N \cdot m$、$M_H = 80N \cdot m$，方向如图所示。试建立该机构的动力学方程。

11-2 图 11-12 所示的齿轮-连杆组合机构中，已知轮 1 的齿数及其转动惯量分别为 z_1、J_1；轮 2 的齿数为 z_2，其与曲柄 2′ 为同一构件，质心位于 B 点，对轴 B 的转动惯量为 J_2；滑块 3 与构件 4 的质量分别为 m_3、m_4，其质心分别位于 C 点与 D 点；轮 1 上作用的驱动力矩为 M_1，构件 4 上作用的生产阻力为 F_4。若以曲柄 2′ 为等效构件，试求图示位置机构的等效转动惯量 J_e 与等效力矩 M_e。

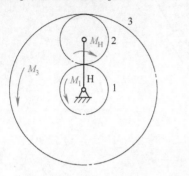

图 11-11 习题 11-1 图

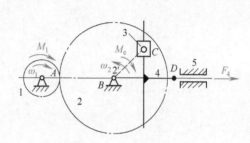

图 11-12 习题 11-2 图

11-3 图 11-13 所示的导杆机构中，已知 $l_{AB}=200\text{mm}$、$\varphi_1=90°$、$\varphi_3=30°$；导杆 3 相对其转轴 C 的转动惯量 $J_3=0.04\text{kg}\cdot\text{m}^2$，其余构件的质量、转动惯量均忽略不计；作用于导杆 3 上的阻力矩 $M_3=30\text{N}\cdot\text{m}$。若以曲柄 1 为等效构件，试求图示位置该机构的等效阻力矩 M_{er} 及等效转动惯量 J_e。

11-4 图 11-14 所示为某机械以主轴为等效构件时，其等效驱动力矩 M_{ed} 在一个工作循环中的变化规律。设主轴转速 $n=750\text{r/min}$；等效阻力矩 M_{er} 为常数；许用速度波动系数 $[\delta]=0.01$。若忽略机械中其余构件的等效转动惯量，试确定系统的最大盈亏功 W_n，并计算安装在主轴上的飞轮转动惯量 J_F。

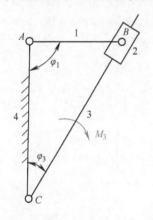

图 11-13 习题 11-3 图

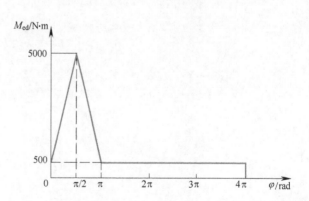

图 11-14 习题 11-4 图

11-5 图 11-15 所示的刨床机构中，已知曲柄转速 $n=200\text{r/min}$；空行程曲柄转角 $\varphi_1=120°$；空行程和工作行程所消耗的功率分别为 $P_{r1}=0.3667\text{kW}$、$P_{r2}=3.667\text{kW}$。若许用速度波动系数 $[\delta]=0.03$，试确定所需的电动机功率，并分别计算在以下两种情况下飞轮的转动惯量 J_F（各运动构件的质量、转动惯量均忽略不计）：

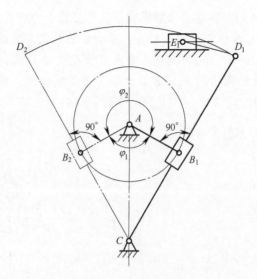

图 11-15　习题 11-5 图

1）飞轮安装在曲柄轴上。

2）飞轮安装在电动机轴上，电动机的额定转速 $n_H = 960 \text{r/min}$。为简化计算，忽略电动机与曲柄之间的减速器的转动惯量。

第十二章 机械的平衡

内容提要 ∨

　　本章介绍机械平衡的目的与分类，重点介绍刚性转子的静、动平衡设计方法，并对刚性转子的静、动平衡试验方法及平面机构总惯性力的完全、部分平衡方法做简要介绍。

第一节　机械平衡的目的、分类与方法

一、机械平衡的目的

　　机械运转时，除回转轴线通过质心并做等速转动的构件外，其余运动构件都将产生惯性力。不平衡的惯性力将在运动副中引起附加的动压力，从而增加运动副的磨损、影响构件的强度并降低机械的效率。此外，由于惯性力的大小和方向随机械的运转而做周期性的变化，将使机械及其基础产生强迫振动。这种周期性的振动将导致机械的工作精度和可靠性下降，零件材料的疲劳损伤加剧，并产生噪声污染。若振动频率接近机械系统的固有频率，还将引起共振，从而可能使机械遭到破坏，甚至危及人员及厂房安全。

　　机械平衡的目的是消除或尽量减小惯性力的不良影响，以改善机械的工作性能、延长机械的使用寿命并改善现场的工作环境。机械的平衡问题在设计高速、重型及精密机械时具有特别重要的意义。

二、机械平衡的分类

　　在机械中，由于各构件的运动形式及结构不同，其平衡问题也不相同。因此，机械的平衡可分为以下两类。

1. 转子的平衡

　　绕固定轴转动的构件常称为转子，其惯性力、惯性力矩的平衡问题称为转子的平衡。根据工作转速的不同，转子的平衡又分为以下两类：

　　（1）刚性转子的平衡　当转子的工作转速与其一阶临界转速之比小于 0.7 时，其弹性变形可以忽略不计，此类转子一般称为刚性转子。刚性转子的平衡问题可以利用理论力学中的力系平衡理论予以解决，本章将主要介绍此类转子的平衡原理与方法。

　　（2）挠性转子的平衡　当转子的工作转速与其一阶临界转速之比等于或大于 0.7 时，

由惯性力引起的弹性变形增大到不可忽略的程度，且变形的大小、形态与工作转速有关，此类转子一般称为挠性转子。挠性转子的平衡问题十分复杂，其平衡原理与方法可参考相关的专题参考文献。

2. 机构的平衡

若机构中含有做往复运动或一般平面运动的构件，其产生的惯性力、惯性力矩无法在构件内部平衡，必须对整个机构进行研究。由于各运动构件所产生的惯性力、惯性力矩可以合成为一个作用于机架上的总惯性力及一个总惯性力矩，故可设法使总惯性力与总惯性力矩在机架上得以完全或部分的平衡。因此，此类平衡问题又称为机构在机架上的平衡。此外，由于总惯性力矩的平衡问题必须综合考虑驱动力矩与生产阻力矩，情况较为复杂，故本章重点介绍平面机构的总惯性力平衡的原理与方法。

三、机械平衡的方法

1. 平衡设计

机械的设计阶段，除应保证其满足工作要求及制造工艺要求外，还应在结构上采取措施，以消除或减少可能导致有害振动的不平衡惯性力与惯性力矩。该过程称为机械的平衡设计。

2. 平衡试验

经平衡设计的机械，尽管理论上已经达到平衡，但由于制造误差、装配误差及材质不均匀等非设计因素的影响，实际生产出来的机械往往达不到原始的设计要求，仍会产生新的不平衡现象。这种不平衡在设计阶段是无法确定和消除的，必须采用试验的方法予以平衡。

第二节　刚性转子的平衡设计

一、静不平衡与动不平衡

转子的径向尺寸 D 与轴向尺寸 b 的比值称为径宽比。对于径宽比 $D/b \geqslant 5$ 的刚性转子，如砂轮、飞轮以及大部分的齿轮和带轮，由于其轴向尺寸较小，故可近似地认为其质量分布于同一回转平面内。对于径宽比 $D/b < 5$ 的刚性转子，如多缸发动机曲轴、汽轮机转子等，由于其轴向尺寸较大，其质量则应视为分布于若干个不同的回转平面内。若转子的质心不在其回转轴线上，则当转子转动时，偏心质量便会产生离心惯性力，从而在运动副中引起附加的动压力。这种不平衡现象在转子静态时即可表现出来，故称为静不平衡。

对于径宽比 $D/b < 5$ 的刚性转子，即使转子的质心位于其回转轴线上，但由于各偏心质量所产生的离心惯性力不在同一回转平面内，所形成的惯性力矩仍将使转子处于不平衡状态。这种不平衡现象只有在转子运动时方能显示出来，故称为动不平衡。

根据径宽比的大小，可将刚性转子的平衡设计问题分为静平衡设计与动平衡设计两种。

二、静平衡设计

对于径宽比 $D/b \geqslant 5$ 的刚性转子，为消除离心惯性力的影响，设计时应首先根据转子的结构确定各偏心质量的大小和方位，然后计算为平衡偏心质量所需增加的平衡质量的大小和方位，以使所设计的转子理论上达到静平衡。该过程称为刚性转子的静平衡设计。

图 12-1a 所示为一盘状转子，已知分布于同一回转平面内的偏心质量为 m_1、m_2 与 m_3，由回转中心至各偏心质量中心的矢径分别为 r_1、r_2 与 r_3。当转子以角速度 ω 等速转动时，各偏心质量所产生的离心惯性力分别为 F_1、F_2 与 F_3。为平衡上述离心惯性力，可在该平面内增加一个平衡质量 m_b，由回转中心至该平衡质量中心的矢径为 r_b，其产生的离心惯性力为 F_b。若 F_b 与 F_1、F_2 及 F_3 的合力 F 为零，即

$$F = F_b + F_1 + F_2 + F_3 = 0 \tag{12-1}$$

则该转子已达到静平衡。

若转子的总质量为 m、总质心的矢径为 e，则

$$m\omega^2 e = m_b\omega^2 r_b + m_1\omega^2 r_1 + m_2\omega^2 r_2 + m_3\omega^2 r_3 = 0 \tag{12-2}$$

即

$$me = m_b r_b + m_1 r_1 + m_2 r_2 + m_3 r_3 = 0 \tag{12-3}$$

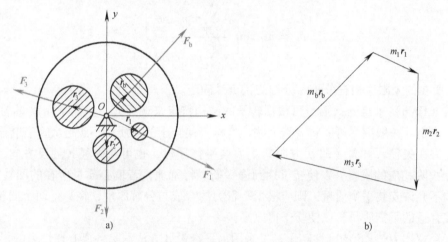

a)   b)

图 12-1 刚性转子的静平衡设计
a）偏心质量的分布 b）质径积矢量多边形

显然，静平衡后该转子的总质心将与其回转中心重合，即 $e = 0$。式（12-3）中，质量与矢径的乘积称为质径积，它表征了同一转速下转子上各离心惯性力的相对大小与方位。

在转子的设计阶段，若已知各偏心质量的大小及其方位，则由下式

$$m_b r_b + \sum_{i=1}^{n} m_i r_i = 0 \tag{12-4}$$

即可求得所需增加的平衡质量的质径积 $m_b r_b$。上式中，n 为同一回转平面内偏心质量的数目。

由上述分析可得如下结论：

1）刚性转子静平衡的条件为各偏心质量的离心惯性力的合力为零或其质径积的矢量和为零。

2）对于径宽比 $D/b \geqslant 5$ 的刚性转子，无论其有多少个偏心质量，均只需适当地增加一个平衡质量即可达到静平衡。换言之，对于径宽比 $D/b \geqslant 5$ 的刚性转子，所需增加的平衡质量的最少数目为 1。

图 12-1b 所示为采用图解法确定平衡质量的质径积 $m_b r_b$ 的过程。此外，$m_b r_b$ 的大小和方位也可采用解析法确定。若以转子的回转中心为坐标原点 O，在回转平面内建立直角坐标系 Oxy，则根据平面汇交力系的平衡方程可得

$$\begin{cases} m_b r_b \cos\theta_b + \sum_{i=1}^{n} m_i r_i \cos\theta_i = 0 \\ m_b r_b \sin\theta_b + \sum_{i=1}^{n} m_i r_i \sin\theta_i = 0 \end{cases} \tag{12-5}$$

式中，θ_i、θ_b 分别为矢径 r_i、r_b 与 x 轴的夹角（由 x 轴正向至 r_i、r_b，沿逆时针方向为正）；r_i、r_b 分别为矢径 r_i、r_b 的大小。

由式（12-5）可知，质径积 $m_b r_b$ 的大小及其方向角分别为

$$m_b r_b = \sqrt{\left(-\sum_{i=1}^{n} m_i r_i \cos\theta_i\right)^2 + \left(-\sum_{i=1}^{n} m_i r_i \sin\theta_i\right)^2} \tag{12-6}$$

$$\theta_b = \arctan\left[\frac{-\sum_{i=1}^{n} m_i r_i \sin\theta_i}{-\sum_{i=1}^{n} m_i r_i \cos\theta_i}\right] \tag{12-7}$$

式中，θ_b 所在的象限应根据分子、分母的正负号确定。

由式（12-6）求得 $m_b r_b$ 后，可根据转子的结构特点来选择 r_b，所需平衡质量的大小 m_b 即可随之确定。一般应尽可能将 r_b 选大些，这样可使转子的总质量不致过大。若转子的实际结构不允许在矢径 r_b 方向（即 θ_b 方向）上安装平衡质量，也可在矢径 r_b 的反方向（即 $-\theta_b$ 方向）上去除相应的质量，以使转子达到静平衡。特别地，若偏心质量所在的回转平面内，实际结构不允许安装平衡质量，则应根据平行力的合成与分解原理，在另外两个回转平面内分别安装合适的平衡质量，以使转子得以平衡。

对于径宽比 $D/b < 5$ 的刚性转子，可采用动平衡设计方法消除各离心惯性力的影响。

三、动平衡设计

19 世纪中叶发明了电动机，出现了径宽比小的转子，便出现了动平衡设计技术。

为消除刚性转子的动不平衡现象，设计时应首先根据转子的结构确定各回转平面内偏心质量的大小和方位，然后计算所需增加的平衡质量的数目、大小及方位，以使所设计的转子理论上达到动平衡。该过程称为刚性转子的动平衡设计。

如图 12-2a 所示，设转子的偏心质量 m_1、m_2、m_3 分别位于三个不同的回转平面 1、2、3 内，其质心矢径分别为 r_1、r_2 与 r_3。当转子以角速度 ω 等速转动时，偏心质量 m_1 所产生的离心惯性力 $F_1 = m_1 \omega^2 r_1$。若在转子上任选两个垂直于转子回转轴线的平面 T'、T''，并设 T' 与 T'' 相距为 l，平面 1 至平面 T'、T'' 的距离分别为 l_1' 与 l_1''，则 F_1 可用平面 T'、T'' 内的平行分力 F_1'、F_1'' 代替（F_1、F_1' 及 F_1'' 应位于同一轴平面内）。

图 12-2a 中，偏心质量 m_1 位于平面 T'、T'' 之间，由理论力学可知

$$F_1' = \frac{l_1''}{l} F_1, \qquad F_1'' = \frac{l_1'}{l} F_1$$

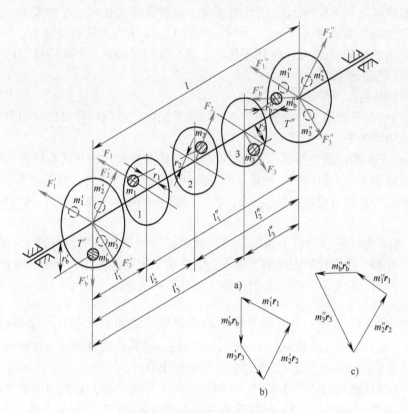

图 12-2　刚性转子的动平衡设计

a) 偏心质量的分布　b) 平面 T' 内的质径积矢量多边形　c) 平面 T'' 内的质径积矢量多边形

设 $\boldsymbol{F}'_1$、$\boldsymbol{F}''_1$ 分别为平面 T'、T'' 内的矢径为 $\boldsymbol{r}_1$ 的偏心质量 m'_1、m''_1 所产生的离心惯性力，则

$$\boldsymbol{F}'_1 = m'_1\omega^2\boldsymbol{r}_1 = \frac{l''_1}{l}m_1\omega^2\boldsymbol{r}_1 \quad \boldsymbol{F}''_1 = m''_1\omega^2\boldsymbol{r}_1 = \frac{l'_1}{l}m_1\omega^2\boldsymbol{r}_1$$

故

$$m'_1 = \frac{l''_1}{l}m_1 \quad m''_1 = \frac{l'_1}{l}m_1 \tag{12-8a}$$

同理可得

$$m'_2 = \frac{l''_2}{l}m_2 \quad m''_2 = \frac{l'_2}{l}m_2 \tag{12-8b}$$

$$m'_3 = \frac{l''_3}{l}m_3 \quad m''_3 = \frac{l'_3}{l}m_3 \tag{12-8c}$$

上述分析表明，平面 1、2、3 内的偏心质量 m_1、m_2 及 m_3，完全可用平面 T'、T'' 内的偏心质量 m'_1 与 m''_1、m'_2 与 m''_2、m'_3 与 m''_3 来替代，它们所产生的不平衡效果是一致的。因此，刚性转子的动平衡设计问题等同于平面 T'、T'' 内的静平衡设计问题。

对于平面 T'、T''，由式（12-4）可得

$$m'_b\boldsymbol{r}'_b + \sum_{i=1}^{3} m'_i\boldsymbol{r}_i = 0 \tag{12-9}$$

$$m''_b\boldsymbol{r}''_b + \sum_{i=1}^{3} m''_i\boldsymbol{r}_i = 0 \tag{12-10}$$

采用图解法或解析法，均可求出质径积 $m'_b\boldsymbol{r}'_b$、$m''_b\boldsymbol{r}''_b$ 的大小及方位。图 12-2b、c 所示分

别为采用图解法确定质径积 $m'_b r'_b$、$m''_b r''_b$ 的过程。适当选择矢径 r'_b、r''_b 的大小，即可求出平面 T'、T'' 内应加的平衡质量 m'_b、m''_b。此时，平面 1、2、3 内的偏心质量 m_1、m_2 与 m_3 即可被平面 T'、T'' 内的平衡质量 m'_b、m''_b 所平衡。一般，将用以校正不平衡质径积的平面 T'、T'' 称为平衡平面或校正平面。

由上述分析可得如下结论：

1）刚性转子动平衡的条件为分布于不同回转平面内的各偏心质量的空间离心惯性力系的合力及合力矩均为零。

2）对于动不平衡的刚性转子，无论其有多少个偏心质量，均只需在任选的两个平衡平面内各增加或减少一个合适的平衡质量，即可达到动平衡。换言之，对于动不平衡的刚性转子，所需增加的平衡质量的最少数目为 2。因此，动平衡也称为双面平衡，而静平衡则称为单面平衡。

3）由于动平衡同时满足静平衡的条件，故经过动平衡设计的刚性转子一定是静平衡的；反之，经过静平衡设计的刚性转子则不一定是动平衡的。因此，对于径宽比 $D/b < 5$ 的刚性转子，只需进行动平衡设计即可消除静、动不平衡现象。

例题 图 12-3 所示为一个安装有带轮的滚筒轴。已知带轮上有一个偏心质量 $m_1 = 0.5\mathrm{kg}$，滚筒上有三个偏心质量 $m_2 = m_3 = m_4 = 0.4\mathrm{kg}$，各偏心质量的分布如图所示，且 $r_1 = 80\mathrm{mm}$，$r_2 = r_3 = r_4 = 100\mathrm{mm}$。试对该滚筒轴进行动平衡设计。

解： 1）为使该滚筒轴达到动平衡，必须任选两个平衡平面，并在两平衡平面内各加一个合适的平衡质量。本题中，可选择滚筒轴的两个端面 T'、T'' 作为平衡平面。

2）根据平行力的合成与分解原理，将各偏心质量 m_1、m_2、m_3 及 m_4 分别分解到平衡平面 T'、T'' 内。

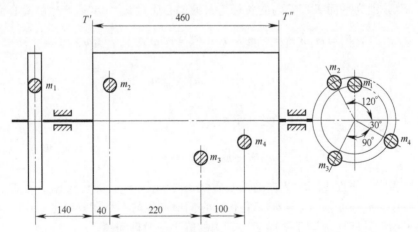

图 12-3　滚筒轴的动平衡设计

平面 T' 内

$$m'_1 = \frac{l''_1}{l}m_1 = \frac{460 + 140}{460} \times 0.5\mathrm{kg} = 0.652\mathrm{kg}$$

$$m'_2 = \frac{l''_2}{l}m_2 = \frac{460 - 40}{460} \times 0.4\mathrm{kg} = 0.365\mathrm{kg}$$

$$m_3' = \frac{l_3''}{l} m_3 = \frac{460 - 40 - 220}{460} \times 0.4\text{kg} = 0.174\text{kg}$$

$$m_4' = \frac{l_4''}{l} m_4 = \frac{460 - 40 - 220 - 100}{460} \times 0.4\text{kg} = 0.087\text{kg}$$

平面 T'' 内

$$m_1'' = \frac{l_1'}{l} m_1 = \frac{140}{460} \times 0.5\text{kg} = 0.152\text{kg}$$

$$m_2'' = \frac{l_2'}{l} m_2 = \frac{40}{460} \times 0.4\text{kg} = 0.035\text{kg}$$

$$m_3'' = \frac{l_3'}{l} m_3 = \frac{40 + 220}{460} \times 0.4\text{kg} = 0.226\text{kg}$$

$$m_4'' = \frac{l_4'}{l} m_4 = \frac{40 + 220 + 100}{460} \times 0.4\text{kg} = 0.313\text{kg}$$

3）平衡平面 T'、T'' 内，各偏心质量的方向角分别为

$$\theta_1' = -\theta_1'' = \theta_1 = 90° \qquad \theta_2' = \theta_2'' = \theta_2 = 120°$$

$$\theta_3' = \theta_3'' = \theta_3 = 240° \qquad \theta_4' = \theta_4'' = \theta_4 = 330°$$

4）平衡平面 T'、T'' 内，平衡质量的质径积的大小及方向角分别为

$$m_b'r_b' = \sqrt{\left(-\sum_{i=1}^{4} m_i' r_i \cos\theta_i' \right)^2 + \left(-\sum_{i=1}^{4} m_i' r_i \sin\theta_i' \right)^2} = \sqrt{19.42^2 + (-64.35)^2}\text{kg} \cdot \text{mm} = 67.22\text{kg} \cdot \text{mm}$$

$$\theta_b' = \arctan\left(\frac{-\sum_{i=1}^{4} m_i' r_i \sin\theta_i'}{-\sum_{i=1}^{4} m_i' r_i \cos\theta_i'} \right) = \arctan\left(\frac{-64.35}{19.42} \right) = 286.79°$$

$$m_b''r_b'' = \sqrt{\left(-\sum_{i=1}^{4} m_i'' r_i \cos\theta_i'' \right)^2 + \left(-\sum_{i=1}^{4} m_i'' r_i \sin\theta_i'' \right)^2} = \sqrt{(-14.06)^2 + 44.35^2}\text{kg} \cdot \text{mm} = 46.53\text{kg} \cdot \text{mm}$$

$$\theta_b'' = \arctan\left(\frac{-\sum_{i=1}^{4} m_i'' r_i \sin\theta_i''}{-\sum_{i=1}^{4} m_i'' r_i \cos\theta_i''} \right) = \arctan\left(\frac{44.35}{-14.06} \right) = 107.59°$$

5）确定平衡质量的矢径大小 r_b'、r_b''，并计算平衡质量 m_b'、m_b''。

不妨设 $r_b' = r_b'' = 100\text{mm}$，则平衡平面 T'、T'' 内应增加的平衡质量分别为

$$m_b' = \frac{m_b'r_b'}{r_b'} = \frac{67.22}{100}\text{kg} = 0.6722\text{kg} \qquad m_b'' = \frac{m_b''r_b''}{r_b''} = \frac{46.53}{100}\text{kg} = 0.4653\text{kg}$$

应当指出，由于偏心质量 m_1 位于平衡平面 T'、T'' 的左侧，故将其产生的离心惯性力 $\boldsymbol{F}_1$ 分解到平面 T'、T'' 内时，$\boldsymbol{F}_1'$ 与 $\boldsymbol{F}_1$ 的方向相同，$\boldsymbol{F}_1''$ 与 $\boldsymbol{F}_1$ 的方向相反。因此，$\boldsymbol{r}_1' = \boldsymbol{r}_1$、$\boldsymbol{r}_1'' = -\boldsymbol{r}_1$，即 $\theta_1' = \theta_1$、$\theta_1'' = -\theta_1$。

第三节　刚性转子的平衡试验

经平衡设计的刚性转子理论上是完全平衡的，但由于制造误差、安装误差以及材质不均

匀等原因，实际生产出来的转子在运转的过程中还可能出现不平衡现象。这种不平衡在设计阶段是无法确定和消除的，因此需要利用试验的方法对其做进一步的平衡。

一、静平衡试验

对于径宽比 $D/b \geqslant 5$ 的刚性转子，一般只需进行静平衡试验，所用的试验设备称为静平衡架。图 12-4a 所示为导轨式静平衡架，其主体部分是位于同一水平面内的两根相互平行的导轨。为减小与转子轴颈的摩擦，导轨的端口常制成刀口状或圆弧状。试验时，将转子的轴颈支承在导轨上，并令其轻轻地自由滚动。若转子上有偏心质量存在，则其质心 S 必偏离回转中心。在重力的作用下，待其停止滚动时，质心 S 必在回转中心的铅垂下方，即 $\varphi = 0$。此时，可在回转中心的铅垂上方任意矢径大小处加一个平衡质量。反复试验，加减平衡质量，直至转子可在任意位置保持静止。导轨式静平衡架结构简单，平衡精度较高，但必须保证两导轨在同一水平面内且相互平行，故安装、调整较为困难。

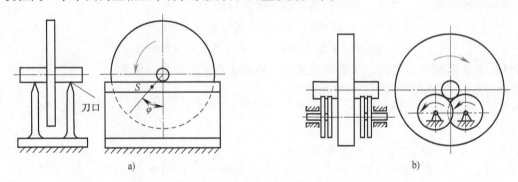

图 12-4　静平衡架
a）导轨式　b）圆盘式

若转子两端的轴颈尺寸不同，可采用图 12-4b 所示的圆盘式静平衡架进行平衡。试验时，将待平衡转子的轴颈放置于分别由两个圆盘所组成的支承上，其平衡方法与导轨式静平衡架相同。圆盘式静平衡架使用方便，其一端支承的高度可以调节；但因圆盘的摩擦阻力较大，故平衡精度不如前者。

二、动平衡试验

对于径宽比 $D/b < 5$ 的刚性转子，必须进行动平衡试验。动平衡试验一般应在专用的动平衡机上完成。动平衡机的种类很多，其构造、工作原理也不尽相同。目前，工业上应用较多的动平衡机是根据振动原理设计的。由于离心惯性力、惯性力矩将使转子产生强迫振动，故支承处振动的强弱直接反映了转子的不平衡情况。通过测量转子支承处的振动信号即可确定需加于两个平衡平面内的平衡质量的大小及方位。

根据转子支承架的刚度大小，一般可将动平衡机分为软支承与硬支承两类。如图 12-5a 所示，软支承动平衡机的转子支承架由两片弹簧悬挂起来，可沿振动方向往复摆动，因其刚度较小，故称为软支承动平衡机。软支承动平衡机的转子工作频率 ω 要远大于转子支承系统的固有频率 ω_n，一般应在 $\omega \geqslant 2\omega_n$ 的情况下工作。硬支承动平衡机的转子直接支承在刚度较大的支承架上，如图 12-5b 所示，转子支承系统的固有频率较大。硬支承动平衡

机的转子工作频率 ω 要远小于转子支承系统的固有频率 ω_n，一般应在 $\omega \le 0.3\omega_n$ 的情况下工作。

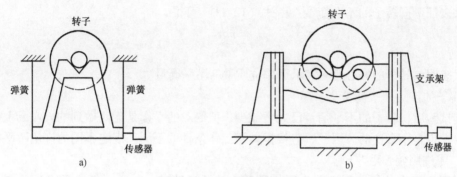

图 12-5　动平衡机的支承

a）软支承　b）硬支承

图 12-6 为一种带计算机系统的硬支承动平衡机的工作原理示意图。该动平衡机由机械装置、振动信号预处理电路及计算机三部分组成。利用动平衡机主轴箱端部的发电机信号作为转速信号与相位基准信号，由发电机拾取的信号经处理后成为方波或脉冲信号，利用方波的上升沿或正脉冲通过计算机的 PIO 口触发中断，使计算机开始与终止计数，以测量转子的回转周期。传感器拾取的振动信号经预处理电路滤波、放大，并调整到 A-D 转换卡所要求的输入量范围内后，即可输入计算机进行数据采集与解算，最后由计算机给出转子两平衡平面内需加平衡质量的大小与方位，而这些工作则是由软件来实现的。

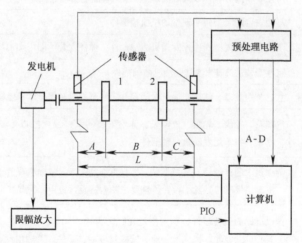

图 12-6　带计算机系统的硬支承动平衡机的工作原理示意图

三、转子的平衡品质

1. 转子不平衡量的表示方法

转子不平衡量的表示方法一般有两种，即质径积表示法与偏心距表示法。

若一个质量为 m、偏心距为 e 的转子，其回转时所产生的离心惯性力可用一个矢径为 r_i 的平衡质量 m_i 加以平衡，即

$$me = m_i r_i \tag{12-11}$$

则该转子的不平衡量可用质径积的大小 $m_i r_i$ 表示。

对于质径积相同而质量不同的两个转子，它们的不平衡程度显然是不同的。因此，需用偏心距来表征不同转子的不平衡量。由式（12-11）可得

$$e = \frac{m_i r_i}{m} \tag{12-12}$$

上式表明，转子的偏心距 e 表示了单位质量的不平衡量。

2. 转子的许用不平衡量及平衡品质

平衡试验后，转子的不平衡量已大大减少，但绝对的平衡是无法做到的。实际上，过高的平衡要求也是不必要的。因此，应根据转子工作条件的不同，规定不同的许用不平衡质径积 $[mr]$ 或许用偏心距 $[e]$。

转子平衡状态的优良程度称为平衡品质。转子运转时，其不平衡量所产生的离心惯性力与转子的角速度 ω 有关，故工程上常用 $e\omega$ 来表征转子的平衡品质。国际标准化组织（ISO）以平衡精度 $A = [e]\omega/1000$ 作为转子平衡品质的等级标准。其中，A、$[e]$ 及 ω 的单位分别为 mm/s、μm 与 rad/s。表 12-1 给出了各种典型刚性转子的平衡品质等级，供使用时参考。

表 12-1　各种典型刚性转子的平衡品质等级

平衡品质等级	平衡精度 $A/(\mathrm{mm/s})$	转子类型示例
G4000	4000	刚性安装的具有奇数气缸的低速[1]船用柴油机曲轴部件[2]
G1600	1600	刚性安装的大型两冲程发动机曲轴部件
G630	630	刚性安装的大型四冲程发动机曲轴部件，弹性安装的船用柴油机曲轴部件
G250	250	刚性安装的高速[1]四缸柴油机曲轴部件
G100	100	六缸及六缸以上高速柴油机曲轴部件，汽车、机车用发动机整机
G40	40	汽车轮、轮缘、轮组、传动轴，弹性安装的六缸及六缸以上高速四冲程发动机曲轴部件，汽车、机车用发动机曲轴部件
G16	16	特殊要求的传动轴（螺旋桨轴、万向联轴器轴），破碎机械和农业机械的零、部件，汽车、机车用发动机特殊部件，特殊要求的六缸及六缸以上发动机曲轴部件
G6.3	6.3	作业机械的回转零件，船用主汽轮机的齿轮，风扇，航空燃气轮机转子部件，泵的叶轮，离心机的鼓轮，机床及一般机械的回转零、部件，普通电动机转子，特殊要求的发动机回转零、部件
G2.5	2.5	燃气轮机和汽轮机的转子部件，刚性汽轮发电机转子，涡轮压缩机转子，机床主轴和驱动部件，特殊要求的大、中型电动机转子，小型电动机转子，涡轮驱动泵
G1.0	1.0	磁带记录仪及录音机驱动部件，磨床驱动部件，特殊要求的微型电动机转子
G0.4	0.4	精密磨床的主轴，砂轮盘及电动机转子，陀螺仪

① 按国际标准，低速柴油机的活塞速度小于 9m/s，高速柴油机的活塞速度大于 9m/s。

② 曲轴部件是指包括曲轴、飞轮、离合器、带轮等的组合件。

第四节　平面机构的平衡

1876 年，德国工程师奥托（N. Otto）制造出第一台四冲程内燃机，其转速仅为 80 ~ 150r/min。20 世纪 30 年代，内燃机的转速迅速提高至 3400r/min。内燃机的高速化是推动机构平衡理论发展的直接因素。

如前所述，对于做往复运动或一般平面运动的构件而言，其产生的惯性力、惯性力矩不能像转子那样由构件本身加以平衡，而必须对整个机构进行研究。机构运动时，各运动构件所产生的惯性力、惯性力矩可以合成为一个作用于机架上的总惯性力 F 及一个总惯性力矩 M。因此，为使机构处于平衡状态，必须满足 $F = 0$ 且 $M = 0$。由于总惯性力矩的平衡问题需综合考虑驱动力矩与生产阻力矩，而驱动力矩、生产阻力矩与机械的工作性质有关，单独平衡总惯性力矩往往没有意义，故本节仅讨论机构总惯性力的平衡问题。

设机构中各运动构件的总质量为 m，其总质心 S 的加速度为 a_S，则机构的总惯性力 $F = -ma_S$。由于 m 不可能为零，故欲使 $F = 0$，必须满足 $a_S = 0$，即机构的总质心应做匀速直线运动或保持静止。在机构的运动过程中，总质心 S 的运动轨迹一般为一封闭曲线，即其不可能永远处于匀速直线运动状态。因此，机构总惯性力平衡的条件是总质心 S 静止不动。

设计机构时，可采用附加平衡质量、构件合理布置或附加平衡机构等方法，使其总惯性力得到完全或部分的平衡。

一、机构总惯性力的完全平衡

1. 附加平衡质量法

对于某些机构，可通过在构件上附加平衡质量的方法来实现总惯性力的完全平衡。确定平衡质量的方法很多，本节仅介绍一种比较简单的质量代换法。

质量代换法的思想是将构件的质量以若干集中质量来代换，并使其产生的动力学效应与原构件的动力学效应相同。如图 12-7 所示，设某构件的质量为 m，构件对其质心 S 的转动惯量为 J_S，则其惯性力 F 的 x、y 方向分量及其惯性力矩分别为

$$\begin{cases} F_x = -m\,\ddot{x}_S \\ F_y = -m\,\ddot{y}_S \\ M = -J_S\alpha \end{cases} \qquad (12\text{-}13)$$

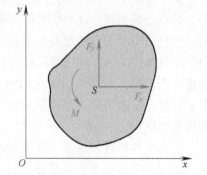

图 12-7　构件的惯性力与惯性力矩

式中，$\ddot{x}_S$、$\ddot{y}_S$ 分别为质心 S 的 x、y 方向加速度分量；α 为构件的角加速度。

现以 n 个集中质量 m_1、m_2、$\cdots$、m_n 来代换原构件的质量 m 与转动惯量 J_S。若要求代换前后动力学效应相同，则应使各代换质量的惯性力的合力等于原构件的惯性力，且各代换质量对构件质心的惯性力矩之和等于原构件对质心的惯性力矩。因此，代换时应满足以下三个条件：

1）各代换质量之和与原构件的质量相等，即

$$\sum_{i=1}^{n} m_i = m \tag{12-14}$$

2）各代换质量的总质心与原构件的质心重合，即

$$\begin{cases} \sum_{i=1}^{n} m_i x_i = m x_S \\ \sum_{i=1}^{n} m_i y_i = m y_S \end{cases} \tag{12-15}$$

式中，x_S、y_S 为构件质心 S 的 x、y 方向坐标；x_i、y_i 为第 i 个集中质量的 x、y 方向坐标。

3）各代换质量对质心的转动惯量之和与原构件对质心的转动惯量相等，即

$$\sum_{i=1}^{n} m_i \left[(x_i - x_S)^2 + (y_i - y_S)^2 \right] = J_S \tag{12-16}$$

将式（12-15）对时间求导两次并变号，可得

$$\begin{cases} -\sum_{i=1}^{n} m_i \ddot{x}_i = -m\ddot{x}_S \\ -\sum_{i=1}^{n} m_i \ddot{y}_i = -m\ddot{y}_S \end{cases}$$

该式左端为各代换质量的惯性力的合力，其右端为原构件的惯性力。显然，满足前两个条件，则代换前后惯性力不变。

若将式（12-16）两端同乘以 $-\alpha$，则

$$\sum_{i=1}^{n} \left\{ -m_i \left[(x_i - x_S)^2 + (y_i - y_S)^2 \right] \alpha \right\} = -J_S \alpha$$

该式左端为各代换质量对构件质心的惯性力矩之和，其右端为原构件的惯性力矩。显然，只有满足条件3），代换前后惯性力矩才能相等。

满足上述三个条件时，各代换质量所产生的总惯性力、惯性力矩分别与原构件的惯性力、惯性力矩相等，这种代换称为质量动代换。若仅满足前两个条件，则各代换质量所产生的总惯性力与原构件的惯性力相同，而惯性力矩不同，这种代换称为质量静代换。应当指出，质量动代换后，各代换质量的动能之和与原构件的动能相等；而质量静代换后，两者的动能并不相等。若仅需平衡机构的惯性力，可以采用质量静代换；但若需同时平衡机构的惯性力矩，则必须采用质量动代换。

代换质量的数目越少，计算就越方便。工程实际中通常采用两个或三个代换质量，并将代换点选在运动参数容易确定的点上，如构件的转动副中心。以下介绍常用的两点代换法。

（1）两点动代换 如图12-8所示，设构件 AB 长为 l，质量为 m，构件对其质心 S 的转动惯量为 J_S。由于代换后其质心仍为 S，故两代换点必与 S 共线。若选 A 为代换点，则另一代换点 K 应在直线 AS 上。

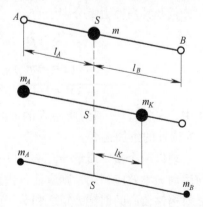

图 12-8 两点质量代换

由式（12-14）～式（12-16）可得

$$m_A + m_K = m \qquad m_A l_A = m_K l_K \qquad m_A l_A^2 + m_K l_K^2 = J_S$$

故

$$\begin{cases} m_A = \dfrac{m J_S}{m l_A^2 + J_S} \\[3mm] m_K = \dfrac{m^2 l_A^2}{m l_A^2 + J_S} \\[3mm] l_K = \dfrac{J_S}{m l_A} \end{cases} \qquad (12\text{-}17)$$

由上式可知，当选定代换点 A 后，另一代换点 K 的位置也随之确定，不能自由选择。

（2）两点静代换　静代换的条件比动代换的条件少了一个方程式（12-16），其自由选择的参数多了一个，故两个代换点的位置均可自由选择。与动代换一样，两代换点必与质心 S 共线。若令两代换点分别位于两转动副的中心 A、B 处，则由式（12-14）及式（12-15）可知

$$m_A + m_B = m \qquad m_A l_A = m_B l_B$$

故

$$\begin{cases} m_A = \dfrac{l_B}{l_A + l_B} m = \dfrac{l_B}{l} m \\[3mm] m_B = \dfrac{l_A}{l_A + l_B} m = \dfrac{l_A}{l} m \end{cases} \qquad (12\text{-}18)$$

如图 12-9 所示的铰链四杆机构中，设运动构件 1、2、3 的质量分别为 m_1、m_2、m_3，其质心分别位于 S_1、S_2 与 S_3。为完全平衡该机构的总惯性力，可先将构件 2 的质量 m_2 代换为 B、C 两点处的集中质量，即

$$\begin{cases} m_B = \dfrac{l_{CS_2}}{l_{BC}} m_2 \\[3mm] m_C = \dfrac{l_{BS_2}}{l_{BC}} m_2 \end{cases} \qquad (12\text{-}19)$$

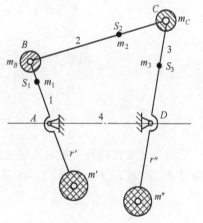

图 12-9　铰链四杆机构总惯性力完全
平衡的附加平衡质量法

然后，可在构件 1 的延长线上加一个平衡质量 m'，并使 m'、m_1 及 m_B 的质心位于 A 点。设 m' 的中心至 A 点的距离为 r'，则 m' 的大小可由下式确定

$$m' = \dfrac{m_B l_{AB} + m_1 l_{AS_1}}{r'} \qquad (12\text{-}20)$$

同理，在构件 3 的延长线上加一个平衡质量 m''，并使 m''、m_3 及 m_C 的质心位于 D 点。平衡质量 m'' 的大小为

$$m'' = \dfrac{m_C l_{CD} + m_3 l_{DS_3}}{r''} \qquad (12\text{-}21)$$

式中，r'' 为 m'' 的中心至 D 点的距离。

包括平衡质量 m'、m'' 在内的整个机构的总质量为

$$m = m_A + m_D \qquad (12\text{-}22)$$

式中
$$\begin{cases} m_A = m_1 + m_B + m' \\ m_D = m_3 + m_C + m'' \end{cases} \tag{12-23}$$

于是，机构的总质量 m 可认为集中在 A、D 两个固定不动点处。机构的总质心 S 应位于直线 AD（即机架）上，且

$$\frac{l_{AS}}{l_{DS}} = \frac{m_D}{m_A} \tag{12-24}$$

机构运动时，其总质心 S 静止不动，即 $a_S = 0$。因此，该机构的总惯性力得到了完全平衡。

采用同样的方法，可对如图 12-10 所示的曲柄滑块机构进行平衡。首先，可在构件 2 的延长线上加一个平衡质量 m'，并使 m'、m_2 及 m_3 的质心位于 B 点。设 m' 的中心至 B 点的距离为 r'，则 m'、m_B 的大小分别为

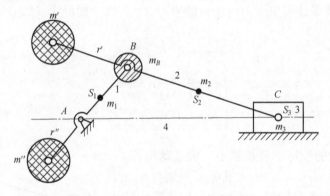

图 12-10　曲柄滑块机构总惯性力完全平衡的附加平衡质量法

$$m' = \frac{m_2 l_{BS_2} + m_3 l_{BC}}{r'} \tag{12-25}$$

$$m_B = m_2 + m_3 + m' \tag{12-26}$$

然后，可在构件 1 的延长线上加一个平衡质量 m''，并使 m''、m_1 及 m_B 的质心位于固定不动点 A。设 m'' 的中心至 A 点的距离为 r''，则平衡质量 m'' 及机构的总质量 m 分别为

$$m'' = \frac{m_1 l_{AS_1} + m_B l_{AB}}{r''} \tag{12-27}$$

$$m = m_A = m_1 + m_B + m'' \tag{12-28}$$

由于机构的总质心位于 A 点，故该机构的总惯性力得到了完全平衡。

2. 对称布置法

若机械本身要求多套机构同时工作，则可采用如图 12-11 所示的对称布置方式，使机构的总惯性力得到完全平衡。由于左、右两部分关于 A 点完全对称，故在机构运动过程中，其质心将保持静止不动。采用对称布置法可以获得良好的平衡效果，但机构的体积会显著增大。

应当指出，上述平衡设计方法虽可使机构总惯性力得到完全平衡，但也存在着明显的缺点。采用附加平衡质量法，因需安装若干平衡质量，将使机构总质量大大增加；将平衡质量安装在做一般平面运动的连杆上时，对结构尤为不利。采用对称布置法，将使机

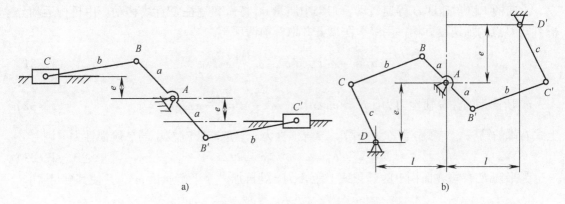

图 12-11 机构总惯性力完全平衡的对称布置法
a) 曲柄滑块机构　b) 铰链四杆机构

构体积增加、结构趋于复杂。因此，工程中设计者也常采用部分平衡法以减小机构总惯性力的不良影响。

二、机构总惯性力的部分平衡

1. 附加平衡质量法

对于图 12-12 所示的曲柄滑块机构，可用质量静代换得到位于 A、B、C 点的三个集中质量 m_A、m_B 及 m_C，其大小分别为

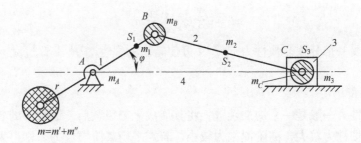

图 12-12 机构总惯性力部分平衡的附加平衡质量法

$$\begin{cases} m_A = m_{1A} = \dfrac{l_{BS_1}}{l_{AB}}m_1 \\[3mm] m_B = m_{1B} + m_{2B} = \dfrac{l_{AS_1}}{l_{AB}}m_1 + \dfrac{l_{CS_2}}{l_{BC}}m_2 \\[3mm] m_C = m_{2C} + m_3 = \dfrac{l_{BS_2}}{l_{BC}}m_2 + m_3 \end{cases} \tag{12-29}$$

由于 A 为固定不动点，故集中质量 m_A 所产生的惯性力为零。因此，机构的总惯性力只有两部分，即 m_B、m_C 所产生的惯性力 F_B、F_C。为完全平衡 F_B，只需在曲柄 1 的延长线上加一个平衡质量 m' 即可。设 m' 的中心至 A 点的距离为 r，则其大小为

$$m' = \frac{l_{AB}}{r}m_B \tag{12-30}$$

设曲柄 1 以角速度 ω 等速转动，则集中质量 m_C 将做变速往复直线移动。由机构运动分析可知 C 点的加速度方程，用级数法展开并取其前两项得

$$a_C \approx -\omega^2 l_{AB}\cos\omega t - \omega^2 \frac{l_{AB}^2}{l_{BC}}\cos 2\omega t \tag{12-31}$$

m_C 所产生的往复惯性力为 $\quad F_C \approx m_C\omega^2 l_{AB}\cos\omega t + m_C\omega^2 \frac{l_{AB}^2}{l_{BC}}\cos 2\omega t \tag{12-32}$

上式右端的第一、二项分别称为一阶、二阶惯性力。若忽略影响较小的二阶惯性力，则

$$F_C = m_C\omega^2 l_{AB}\cos\omega t \tag{12-33}$$

为平衡 F_C，可在曲柄 1 的延长线上距 A 为 r 处再加一个平衡质量 m''，并使其满足

$$m'' = \frac{l_{AB}}{r}m_C \tag{12-34}$$

将 m'' 所产生的惯性力沿 x、y 方向分解，则 $\quad \begin{cases} F_x = -m''\omega^2 r\cos\omega t \\ F_y = -m''\omega^2 r\sin\omega t \end{cases} \tag{12-35}$

将式（12-34）代入式（12-35），可得 $\quad \begin{cases} F_x = -m_C\omega^2 l_{AB}\cos\omega t \\ F_y = -m_C\omega^2 l_{AB}\sin\omega t \end{cases} \tag{12-36}$

由于 $F_x = -F_C$，故 F_x 已将 m_C 所产生的一阶惯性力 F_C 抵消。不过，此时又增加了一个新的不平衡惯性力 F_y，其对机构的工作性能也会产生不利影响。为此，通常可取

$$F_x = -\left(\frac{1}{3} \sim \frac{1}{2}\right)F_C \tag{12-37}$$

即

$$m'' = \left(\frac{1}{3} \sim \frac{1}{2}\right)\frac{l_{AB}}{r}m_C \tag{12-38}$$

这样，既可以平衡一部分往复惯性力 F_C，又可使新增的惯性力 F_y 不致过大，对机械的工作较为有利。

2. 附加平衡机构法

机构的总惯性力一般是一个周期函数，将其展成无穷级数后，级数中的各项即为各阶惯性力。通常一阶惯性力较大，高阶惯性力较小。若需平衡某阶惯性力，则可采用与该阶频率相同的平衡机构。

图 12-13a 所示为以齿轮机构作为平衡机构来抵消曲柄滑块机构的一阶惯性力的情形。显然，其平衡条件为 $m_{e1}r_{e1} = m_{e2}r_{e2} = m_C l_{AB}/2$。若需同时平衡一、二阶惯性力，则可采用如图 12-13b 所示的平衡机构。其中，齿轮 1、2 上的平衡质量 m_e 用以平衡一阶惯性力，而齿轮 3、4 上的平衡质量 m_e' 用以平衡二阶惯性力。这种附加齿轮机构的方法在平衡水平方向惯性力的同时，将不产生铅垂方向的惯性力，故与前述的附加平衡质量法相比，其平衡效果更好。

3. 近似对称布置法

在图 12-14a 所示机构中，当曲柄 AB 转动时，滑块 C 与 C' 的加速度方向相反，其惯性力的方向也相反。但由于采用的是非完全对称布置，两滑块的运动规律并不完全相同，故只能使机构的总惯性力在机架上得到部分平衡。类似地，在图 12-14b 所示机构中，当曲柄 AB 转动时，两连杆 BC、$B'C'$ 及两摇杆 CD、$C'D$ 的惯性力也可以部分抵消。

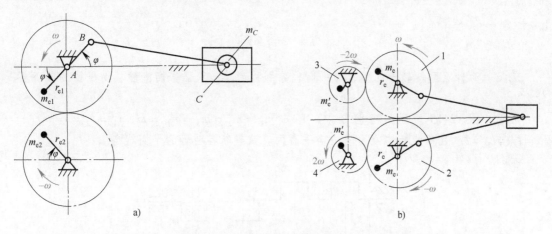

图 12-13　附加齿轮机构实现曲柄滑块机构总惯性力的部分平衡
a）一阶惯性力的平衡　b）一、二阶惯性力的平衡

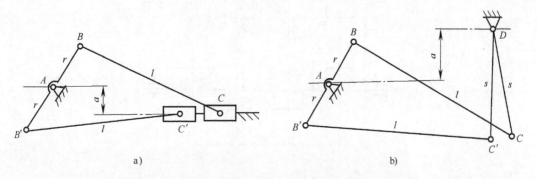

图 12-14　机构总惯性力部分平衡的近似对称布置法
a）曲柄滑块机构　b）铰链四杆机构

文献阅读指南

1）随着工业的发展，高速转子的应用更加广泛。当转子的工作转速接近或超过其一阶临界转速时，由惯性力引起的弹性变形增大到不可忽略的程度，且其变形的大小和形态会随着工作转速发生变化，此类转子一般称为挠性转子。对于挠性转子，不仅要设法平衡其惯性力，还应尽量消除其转动时的动挠度。一般说来，采用刚性转子的动平衡方法是不能解决挠性转子的平衡问题的。挠性转子的平衡理论与具体的平衡方法，可参阅顾家柳、丁奎元、刘启洲等所著的《转子动力学》（北京：国防工业出版社，1985）。

2）机构的平衡包括总惯性力和总惯性力矩的平衡。本章仅研究了构件质心位于其两转动副连线上的平面机构的总惯性力的平衡问题。对于一般平面机构的总惯性力、总惯性力矩的平衡原理与方法，可参阅唐锡宽、金德闻所著的《机械动力学》（北京：高等教育出版社，1983）。对于空间机构的总惯性力、总惯性力矩的平衡问题，可参阅余跃庆、李哲所著的《现代机械动力学》（北京：北京工业大学出版社，1998）。

思　考　题

12-1　为什么刚性转子的静、动平衡也分别称为单、双面平衡？静、动平衡的条件各是什么？

12-2　图 12-15 所示的三曲轴中，已知 $m_1 = m_2 = m_3 = m_4 = m$、$r_1 = r_2 = r_3 = r_4 = r$、$l_{12} = l_{23} = l_{34} = l$，且各曲柄均位于同一轴平面内。试判断各曲轴的平衡状态。

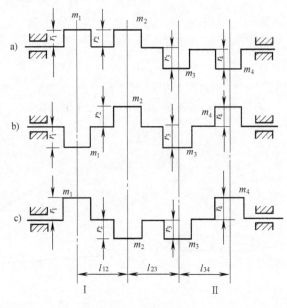

图 12-15　思考题 12-2 图

12-3　为什么做往复运动或一般平面运动的构件，其惯性力不能在构件内部平衡？机构在机架上平衡的条件是什么？

12-4　机构总惯性力的完全、部分平衡方法有哪些？各有何特点？

习　题

12-1　图 12-16 所示为一盘状转子，已知位于同一回转平面内的各偏心质量的大小分别为 $m_1 = 10\text{kg}$、$m_2 = 4\text{kg}$、$m_3 = 8\text{kg}$、$m_4 = 6\text{kg}$；由回转中心至各偏心质量中心的距离分别为 $r_1 = 200\text{mm}$，$r_2 = 400\text{mm}$，$r_3 = 300\text{mm}$，$r_4 = 200\text{mm}$，其方位如图所示。试对该转子进行静平衡设计。

12-2　图 12-17 所示为一径宽比 $D/b > 5$ 的盘状转子，其质量 $m = 300\text{kg}$。该转子存在偏心质量，需对其进行平衡设计。由于结构原因，仅能在平面 I、II 内两相互垂直的方向上安装平衡质量以使其达到静平衡。已知 $l = 80\text{mm}$、$l_1 = 30\text{mm}$、$l_2 = 20\text{mm}$、$l_3 = 20\text{mm}$；各平衡质量的大小分别为 $m_1 = 2\text{kg}$、$m_2 = 1.6\text{kg}$；回转半径 $r_1 = r_2 = 300\text{mm}$。试问：

1）该转子的原始不平衡质径积的大小、方位及其质心 S 的偏心距各为多少？

2）经上述平衡设计，该转子是否已满足动平衡的条件？

3）若转子的转速 $n = 1000\text{r/min}$，其左、右两支承的动反力在校正前、后各为多少？

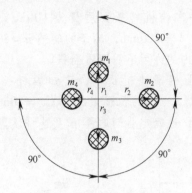

图 12-16 习题 12-1 图

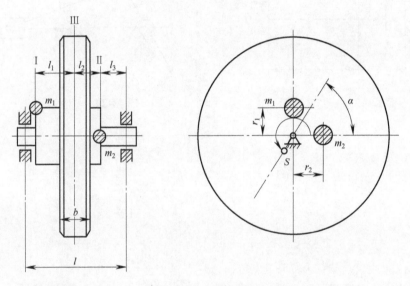

图 12-17 习题 12-2 图

12-3 图 12-18 所示的刚性转子中，已知各偏心质量的大小分别为 $m_1 = 15kg$、$m_2 = 20kg$、$m_3 = 30kg$、$m_4 = 25kg$；它们的回转半径分别为 $r_1 = 400mm$、$r_2 = r_4 = 300mm$、$r_3 = 200mm$，其方位如图所示。若 $l_{12} = l_{23} = l_{34}$，试以 m_1、m_4 所在的平面 I、II 为平衡平面，对该转子进行动平衡设计。

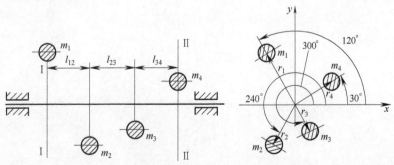

图 12-18 习题 12-3 图

12-4 图 12-19 所示为一汽轮机转子，质量为 100kg，其质心 S 至两平衡平面 Ⅰ、Ⅱ 的距离分别为 $l_1 = 200\text{mm}$、$l_2 = 800\text{mm}$，转子的转速 $n = 8000\text{r/min}$。试确定该转子的平衡品质等级与平衡平面 Ⅰ、Ⅱ 内的许用不平衡质径积。

12-5 图 12-20 所示的曲柄滑块机构中，已知各杆长度分别为 $l_{AB} = 80\text{mm}$、$l_{BC} = 240\text{mm}$，曲柄 1、连杆 2 的质心 S_1、S_2 的位置为 $l_{AS_1} = l_{BS_2} = 80\text{mm}$，滑块 3 的质量 $m_3 = 0.6\text{kg}$。若该机构的总惯性力完全平衡，试确定曲柄质量 m_1 及连杆质量 m_2 的大小。

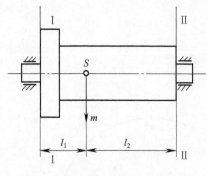

图 12-19 习题 12-4 图

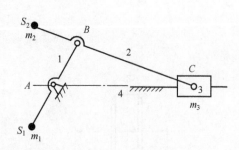

图 12-20 习题 12-5 图

参 考 文 献

[1] 申永胜. 机械原理教程 [M]. 2 版. 北京：清华大学出版社，2005.

[2] 申永胜. 机械原理辅导与习题 [M]. 2 版. 北京：清华大学出版社，2006.

[3] 孙桓，陈作模，葛文杰. 机械原理 [M]. 7 版. 北京：高等教育出版社，2006.

[4] 孙桓. 机械原理教学指南 [M]. 北京：高等教育出版社，1998.

[5] 王知行，邓宗全. 机械原理 [M]. 2 版. 北京：高等教育出版社，2006.

[6] 黄茂林，秦伟. 机械原理 [M]. 北京：机械工业出版社，2002.

[7] 祝毓琥. 机械原理 [M]. 2 版. 北京：高等教育出版社，1986.

[8] 郑文纬，吴克坚. 机械原理 [M]. 7 版. 北京：高等教育出版社，1997.

[9] 邹慧君，等. 机械原理 [M]. 北京：高等教育出版社，1999.

[10] 楼鸿棣，邹慧君. 高等机械原理 [M]. 北京：高等教育出版社，1990.

[11] 杨元山，郭文平. 机械原理 [M]. 武汉：华中理工大学出版社，1989.

[12] 华大年. 机械原理 [M]. 2 版. 北京：高等教育出版社，1984.

[13] 李德锡. 机械原理 [M]. 沈阳：东北大学出版社，1993.

[14] 傅祥志. 机械原理 [M]. 2 版. 武汉：华中科技大学出版社，2000.

[15] 王三民，诸文俊. 机械原理与设计 [M]. 北京：机械工业出版社，2004.

[16] 黄锡恺，郑文纬. 机械原理 [M]. 6 版. 北京：高等教育出版社，1993.

[17] 孟彩芳. 机械原理电算分析与设计 [M]. 天津：天津大学出版社，2000.

[18] 黄纯颖，高志，于晓红，等. 机械创新设计 [M]. 北京：高等教育出版社，2000.

[19] 李立斌. 机械创新设计基础 [M]. 长沙：国防科技大学出版社，2002.

[20] 侯珍秀. 机械系统设计 [M]. 哈尔滨：哈尔滨工业大学出版社，2003.

[21] 黄天铭，邓先礼，梁锡昌. 机械系统学 [M]. 重庆：重庆出版社，1997.

[22] 洪允楣. 机构设计的组合与变异方法 [M]. 北京：机械工业出版社，1982.

[23] 邱宣怀，郭可谦，吴宗泽，等. 机械设计 [M]. 4 版. 北京：高等教育出版社，1997.

[24] 高泽远，等. 机械设计 [M]. 沈阳：东北工学院出版社，1991.

[25] 黄祖德. 机械设计 [M]. 北京：北京理工大学出版社，1992.

[26] 沈继飞. 机械设计 [M]. 2 版. 上海：上海交通大学出版社，1994.

[27] 天津大学机械零件教研室. 机械零件 [M]. 天津：天津科学技术出版社，1983.

[28] 吴宗泽，高志. 机械设计 [M]. 2 版. 北京：高等教育出版社，2009.

[29] 董刚，李建功，潘凤章. 机械设计 [M]. 3 版. 北京：机械工业出版社，1999.

[30] 彭文生，李志明，黄华梁. 机械设计 [M]. 2 版. 北京：高等教育出版社，2008.

[31] 濮良贵，纪名刚，等. 机械设计 [M]. 8 版. 北京：高等教育出版社，2006.

[32] 邱宣怀. 机械设计学习指导书 [M]. 2 版. 北京：高等教育出版社，1992.

[33] 濮良贵，纪名刚. 机械设计学习指南 [M]. 4 版. 北京：高等教育出版社，2006.

[34] 彭文生，黄华梁. 机械设计教学指南 [M]. 北京：高等教育出版社，2003.

[35] 朱龙根. 机械系统设计 [M]. 2 版. 北京：机械工业出版社，2006.

[36] 孔祥东，王益群. 控制工程基础 [M]. 3 版. 北京：机械工业出版社，2011.

[37] 张桂芳. 滑动轴承 [M]. 北京：高等教育出版社，1985.

[38] 徐溥滋，陈铁鸣，韩永春. 带传动 [M]. 北京：高等教育出版社，1988.

［39］ 齐毓霖. 摩擦与磨损 ［M］. 北京：高等教育出版社，1986.

［40］ 许尚贤. 机械零部件的现代设计方法 ［M］. 北京：高等教育出版社，1994.

［41］ 弗尔梅. 机构学教程 ［M］. 孙可宗，周有强，译. 北京：高等教育出版社，1990.

［42］ 扎布隆斯基. 机械零件 ［M］. 余梦生，等译. 北京：高等教育出版社，1992.

［43］ 库德里亚夫采夫. 机械零件 ［M］. 汪一麟，等译. 北京：高等教育出版社，1985.

［44］ 柯勒 R. 机械设计方法学 ［M］. 党志梁，等译. 北京：科学出版社，1990.

［45］ 尼尔 M J. 摩擦学手册 ［M］. 王自新，等译. 北京：机械工业出版社，1984.

［46］ 霍林 J. 摩擦学原理 ［M］. 上海交通大学摩擦学研究室，译. 北京：机械工业出版社，1981.

［47］ 尼曼 G. 机械零件：第 1 卷 ［M］. 余梦生，倪文磐，译. 北京：机械工业出版社，1985.

［48］ 希格利 J E，米切尔 L D. 机械工程设计 ［M］. 4 版. 全永昕，等译. 北京：高等教育出版社，1985.

［49］ 铁摩辛柯 S，盖尔 J. 材料力学 ［M］. 胡人礼，译. 北京：科学出版社，1978.

［50］ 孟宪源. 现代机构手册 ［M］. 北京：机械工业出版社. 2007.

［51］ 周开勤. 机械零件手册 ［M］. 5 版. 北京：高等教育出版社，2006.

［52］ 徐灏. 机械设计手册 ［M］. 2 版. 北京：机械工业出版社，2003.

［53］ 机械工程手册、电机工程手册编辑委员会. 机械工程手册 ［M］. 2 版. 北京：机械工业出版社，1997.

［54］ 机械工程手册、电机工程手册编辑委员会. 电机工程手册 ［M］. 2 版. 北京：机械工业出版社，1997.

［55］ 中国机械工程学会，中国机械设计大典编委会. 中国机械设计大典：第 1～5 卷 ［M］. 南昌：江西科学技术出版社，2002.

［56］ 机械设计手册编委会. 机械设计手册：第 1～6 卷 ［M］. 新版. 北京：机械工业出版社，2004.

［57］《常见机构的原理及应用》编写组. 常见机构的原理及应用 ［M］. 北京：机械工业出版社，1978.

［58］ 黄越平，徐进进. 自动化机构设计构思实用图例 ［M］. 北京：中国铁道出版社，1993.

［59］ 杨廷力. 机械系统基本理论——结构学、运动学、动力学 ［M］. 北京：机械工业出版社. 1996.

［60］ 张策. 机械动力学 ［M］. 2 版. 北京：高等教育出版社，2008.

［61］ 唐锡宽，金德闻. 机械动力学 ［M］. 北京：高等教育出版社，1983.

［62］ 余跃庆，李哲. 现代机械动力学 ［M］. 北京：北京工业大学出版社，1998.

［63］ 彭国勋，肖正扬. 自动机械凸轮机构设计 ［M］. 北京：机械工业出版社，1990.

［64］ 管荣法，汤从心. 凸轮与凸轮机构基础 ［M］. 北京：国防工业出版社，1985.

［65］ 曹惟庆，等. 连杆机构的分析与综合 ［M］. 2 版. 北京：科学出版社，2002.

［66］ 刘葆旗，黄荣. 多杆直线导向机构的设计方法与轨迹图谱 ［M］. 北京：机械工业出版社，1994.

［67］ 李学荣. 新机器机构的创造发明——机构综合 ［M］. 重庆：重庆出版社，1988.

［68］ 黄纯颖. 工程设计方法 ［M］. 北京：中国科学技术出版社，1989.

［69］ 王树人. 圆弧圆柱蜗杆传动 ［M］. 天津：天津大学出版社，1991.

［70］ Engineering Sciences Data：Mechanical Engineering Series，Machine Design：Vol 1 ［M］. London：ESDU，1972.

［71］ 伏尔默 J，等. 连杆机构 ［M］. 石则昌，等译. 北京：机械工业出版社. 1989.

［72］ 帕尔 G，拜茨 W. 工程设计学 ［M］. 张直明，毛谦德，等译. 北京：机械工业出版社，1992.

［73］ 牧野洋. 自动机械机构学 ［M］. 胡茂松，译. 北京：科学出版社，1980.

［74］ CHEN F Y. Mechanical and Design of Cam Mechanisms ［M］. New York：Pergamon Press Inc，1982.

［75］ 黄华梁，彭文生. 创新思维与创造性技法 ［M］. 北京：高等教育出版社，2007.

［76］ 罗玲玲. 大学生创造力开发 ［M］. 北京：科学出版社，2007.

［77］ 刘道玉. 创造思维方法训练 ［M］. 2 版. 武汉：武汉大学出版社，2009.

［78］ 吴宗泽，王忠祥，卢颂峰. 机械设计禁忌 800 例 ［M］. 2 版. 北京：机械工业出版社，2006.

［79］成大先. 机械设计图册［M］. 北京：化学工业出版社，2000.

［80］张春林. 机械创新设计［M］. 2 版. 北京：机械工业出版社，2007.

［81］杨家军. 机械系统创新设计［M］. 武汉：华中科技大学出版社，2000.

［82］邹慧君. 机械系统设计原理［M］. 北京：科学出版社，2003.

［83］张策. 机械动力学史［M］. 北京：高等教育出版社，2009.